Statistik in der Geographie

Susanne Zimmermann-Janschitz

Statistik in der Geographie

Eine Exkursion
durch die deskriptive Statistik

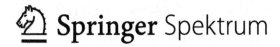 Springer Spektrum

Susanne Zimmermann-Janschitz
Institut für Geographie und Raumforschung
Universität Graz
Graz, Österreich

ISBN 978-3-8274-2611-6   ISBN 978-3-8274-2612-3 (eBook)
DOI 10.1007/978-3-8274-2612-3

Die Deutsche Nationalbibliothek verzeichnet diese Publikation in der Deutschen Nationalbibliografie; detaillierte bibliografische Daten sind im Internet über http://dnb.d-nb.de abrufbar.

Planung und Lektorat: Merlet Behncke-Braunbeck, Sabine Bartels
Redaktion: Regine Zimmerschied

Gedruckt auf säurefreiem und chlorfrei gebleichtem Papier.

Springer Spektrum ist eine Marke von Springer DE. Springer DE ist Teil der Fachverlagsgruppe Springer Science+Business Media
www.springer-spektrum.de

Für Friedl

„Immer zweimal mehr wie Du …“

Statistik in der Geographie oder Geographie und die Macht der Zahlen: Ein Vorwort

Der Grund, der mich bewogen hat, das vorliegende Buch zu verfassen, liegt einerseits in meiner Lehrerfahrung, die ich über zahlreiche Jahre gesammelt habe, andererseits resultiert er aus meinem persönlichen Werdegang – ich habe Mathematik und Geographie studiert, um Schülerinnen und Schüler in diesen Fächern zu unterrichten. Diese Motive lassen sich in einem persönlichen „Glaubenssatz" ausdrücken, der die nachfolgenden Ausführungen begleiten wird: Ich bin der Überzeugung, dass Statistik für jeden Studierenden verständlich sein kann und daher (er-)lernbar ist. Der Enthusiasmus, der hinter diesem Ziel steht, ist natürlich untrennbar mit der persönlichen Bereitschaft verbunden, sich auf das Abenteuer Statistik einzulassen. Andererseits ist es vielfach die schulische Vor- oder Ver-Bildung, die diesem Ansinnen entgegenwirkt und Mathematik auch im Studium als Schreckgespenst erscheinen lässt. Mir ist es ein persönliches Anliegen, diesem Vorurteil entgegenzutreten, entgegenzuwirken und ein Basisverständnis für die Statistik zu wecken. Um dieses Ziel erreichen zu können, muss jedoch vorweg Folgendes seitens der Leserinnen und Leser eingefordert werden: Sie müssen sich mit der Statistik auseinandersetzen wollen, denn sie ist essenzieller und integrativer Bestandteil der Geographie, und Sie müssen sich von eventuell bestehenden Vorurteilen lösen. Denken Sie nicht an den mathematischen Teil der Statistik, sondern an die Geographie – jenes Fach, dem Sie Ihr Studium und letztendlich Ihr (Berufs-)Leben widmen!

An unserem Institut, dem Institut für Geographie und Raumforschung der Karl-Franzens-Universität Graz, werden die Studierenden der Geographie bereits in der ersten Woche im Rahmen einer Orientierungslehrveranstaltung mit den inhaltlichen und organisatorischen Rahmenbedingungen und Strukturen dieses Studiums vertraut gemacht. Daher erfahren sie bereits am Beginn ihres Studiums, dass ein Themenkomplex in der Ausbildung statistische Analysen umfasst. Die Präsentation dieser Inhaltskomponente führt in jedem Jahr erneut zu einem Raunen, das durch die Reihen der Erstsemestrigen geht. Geographie, wie man es aus der Schule kennt, verbindet man üblicherweise weder mit dem massiven Einsatz von Zahlenmaterial noch mit einer umfangreichen technologischen Komponente. Diese Erwartungshaltung oder vielmehr die nicht vorhandene Erwartung, mathematischen Auseinandersetzungen zu begegnen, wird auch dadurch belegt, dass Statistik und mathematische Grundlagen bei den meisten Studierenden der Geographie auch in höheren Semestern nicht gerade zu jenen Fächern zählen, die in der persönlichen Prioritätenreihe weit vorn angesiedelt sind.

Dieser vorherrschenden Grundhaltung der Studierenden gegenüber stehen jedoch nicht nur die gültigen Studienpläne, sondern insbesondere die geographische Praxis wie auch die Anwendungsseite. Spätestens mit dem Kritischen Rationalismus, der auch die Quantifizierung in der Geographie forcierte, hat die Statistik einen fundamentalen Stellenwert in der Geographie und damit auch in der Geographieausbildung gefunden. Mit dem verstärkten Einsatz der (Geo-)Technologien wurde dieses Fundament weiter ausgebaut – davon zeugen statistische Analysetools in Geographischen Informationssystemen (GIS) ebenso wie entsprechende Werkzeuge, die in der Fernerkundung Einsatz finden, sowie Modellierungen oder Szenarioansätze. Gleichzeitig sind es gerade diese Technologien – und dazu zählt auch die Statistik –, die nicht nur das Kopfrechnen in einer von der Informations- und Kommunikationstechnologie dominierten Zeit unnötig erscheinen lassen; Computer und Software übernehmen auch das Abhandeln von statistischen Prozeduren. Die Rechnung per Hand, sozusagen „der Weg zu Fuß", ist obsolet geworden – so argumentieren nicht nur Studierende.

Was an dieser Stelle gerne außer Acht gelassen wird, ist das Faktum, dass die Software zwar vermag, statistische Prozeduren zuverlässig auszuwerten, allerdings sowohl die Methodenwahl als auch die Interpretation der Ergebnisse noch immer auf Seiten der Anwendenden verbleiben – und damit im unmittelbaren Zusammenhang mit deren Kompetenzen stehen. Ein anwendungsorientiertes theoretisches Basiswissen in der Statistik ist demnach sowohl für einen erfolgreichen Einsatz der Software als auch für die zielgerichtete Ergebnispräsentation und Interpretation unumgänglich. Unmittelbar verknüpft mit statistischen Auswertungen ist auch deren Visualisierung – neben Tabellen und Diagrammen spielt für Geographinnen und Geographen selbstverständlich die Karte eine zentrale Rolle, und diese Instrumentarien untermauern wiederum die Bedeutung der Statistik.

Diese Argumente – die Forderung nach Quantifizierung, ein verstärkter Einfluss bzw. die Orientierung an Geotechnologien und der Informations- und Kommunikationstechnologie sowie die damit einhergehende Einforderung entsprechender Kompetenzen – bilden die Basis für drei Zielsetzungen, die in diesem Buch verfolgt werden: An erster Stelle wird natürlich angestrebt, den Studierenden die wichtigsten statistischen Grundlagen zu vermitteln, gepaart mit dem Wunsch, gleichzeitig deren Interesse zu wecken und eine gewisse Begeisterung für die mathematische Seite der Geographie zu schüren. Letztendlich erhebt das Buch den Anspruch, die statistischen Grundlagen und Methoden anhand geographischer Beispiele zu vermitteln und dafür auch ausreichendes Übungsmaterial anzubieten.

Wiederum diesen drei Zielen angepasst folgt auch die Struktur der einzelnen Abschnitte. Viele Lehrbücher im Umfeld der Mathematik stellen den theoretischen Zugang in den Mittelpunkt der Betrachtung, gefolgt von erläuternden Beispielen. Dieser Duktus wird hier gebrochen. Zunächst erfolgt die Festlegung der Lernziele, die den Leserinnen und Lesern den Weg durch den Abschnitt weisen und die Inhalte, die erörtert werden, aufzeigen. Noch vor den theoretischen Ausführungen wird versucht, anhand eines einführenden Beispiels auf die statistische Analyse, die im Abschnitt erarbeitet wird, hinzuführen. Damit sollen die Studierenden zum einen erkennen, wie die statistischen Werkzeuge angewendet werden, zum anderen forciert dieser Zugang das Verständnis in Bezug auf Notwendigkeit und Plausibilität der vorgestellten Tools.

Die Aufbereitung der theoretischen Grundlagen, die für das Verständnis sowohl in Bezug auf die Wahl des statistischen Werkzeugs als auch im Hinblick auf den Ablauf des mathematischen Verfahrens erforderlich sind, orientiert sich zumeist an dem einleitenden Beispiel. Speziell der theoretische Zugang birgt die Gefahr in sich, „zu viel Mathematik" vermitteln zu wollen, zu viel vertiefende Information bereitzustellen bzw. aus der Sicht der Studierenden schlicht „zu theoretisch" zu sein. Ich habe versucht, einen Mittelweg zwischen den mathematischen Grundlagen der Statistik und der Anwendung von Statistik zu wählen, dabei nicht auf essenzielle Informationen zu verzichten, aber durchaus „großzügig" mit der mathematischen Komponente umzugehen, frei nach dem Motto: „So viel wie nötig, so wenig wie möglich!" Diese Sichtweise gibt Studierenden, die der Statistik vorerst abgeneigt sind, die Möglichkeit, sich mit dem Thema zu befassen, und eröffnet gleichzeitig die Chance, einen persönlichen Zugang zu diesem Thema zu finden.

Jeder Abschnitt schließt mit drei Kernelementen: einer Lernbox, einer Kernaussage sowie Übungsbeispielen. Die Lernbox dient dazu, die wesentlichen Inhalte des Abschnitts zusammenzufassen und bei den Leserinnen und Lesern zu verankern. Diese fokussierte Darstellung, die meist in Form einer Grafik gestaltet ist, erlaubt nicht nur die Erfassung der „Quintessenz" auf einen Blick, sondern dient gleichermaßen als Erfolgskontrolle. Die Kernaussage formuliert anschließend den Leitgedanken des Abschnitts nochmals mithilfe weniger Worte. Einem Wunsch, der im Laufe der letzten Jahre immer wieder im Rahmen von Statistiklehrveranstaltungen an mich herangetragen wurde, wird mit einer Sammlung geographischer Übungsbeispiele Rechnung getragen. Diese stellen anhand einer breiten Anwendungspalette die Einsatzmöglichkeiten statistischer Analysen sowohl in der Human- als auch in der Physiogeographie vor und bieten Übungsmöglichkeiten für das soeben Erlernte. Darüber hinaus führen die detaillierten Lösungswege, die unter www.springer.com/978-3-8274-2611-6 verfügbar sind, Schritt für Schritt durch die Übungen.

Inhaltlich begeben wir uns auf eine Reise durch die Statistik, die den Bogen von einem kurzen historischen Überblick über die Definition einer gemeinsamen Nomenklatur bis hin zu den Grundlagen der univariaten und bivariaten deskriptiven Statistik spannt, erweitert durch eine kritische Betrachtung der Interpretation statistischer Ergebnisse und deren Visualisierung sowie von potenziellen Fehlerquellen.

Doch bevor die Reise losgeht, möchte ich noch einigen Personen danken, denn ohne ihre Unterstützung wäre dieses Buch nicht entstanden, obgleich es ein lange gehegter Wunsch von mir war. An oberster Stelle steht dabei wohl zweifelsfrei mein Mann Friedl, der mich auf alle Höhen und Tiefen dieser Exkursion begleitet hat, der mich stets unterstützt hat, meine Gedankengänge korrigiert, mich gefordert und gefördert und mir immer Mut gemacht hat. Durch seine Doppelfunktion, privat wie beruflich, hat sich die Statistik an so manchem Abend zwischen uns gedrängt – danke für Deine Geduld! Meinen Eltern, die mir Konsequenz und Einsatz beigebracht haben, möchte ich aus ganzem Herzen danken – nicht nur, weil ich studieren durfte, sondern weil sie bis heute immer unterstützend an meiner Seite stehen.

Aber nicht nur privater Halt, sondern auch berufliche wie auch durchaus freundschaftliche Förderung (und Forderung) sind an diesem Werk beteiligt. Frau Univ.-Prof. Mag. Dr. Doris Wastl-Walter hat den Grundstein zu diesem Buch gelegt – sie war es, die mich am Geographentag in Wien mit Frau Merlet Behncke-Braunbeck vom Springer-Verlag in Kontakt gebracht und es somit ermöglicht hat, dass aus einem Wunsch und einer Idee jenes Buch, das Sie jetzt in Händen halten, geworden ist. Frau Sabine Bartels danke ich besonders für die zahlreichen Telefonate und ihre Geduld im Zuge der Umsetzung dieses Buches. Frau Regine Zimmerschied gilt mein Dank für die konsequente, exakte und kritische Korrektur des Manuskripts.

Wären nicht meine Studierenden, denen ich sowohl für die Diskussionen, die Herausforderungen und die Möglichkeit, sie zu unterrichten, danken möchte, hätte sich das Bedürfnis, ein Statistikbuch zu verfassen, wohl nie eingestellt. Auch meinen Kolleginnen und Kollegen am Institut gilt mein aufrichtiger Dank, denn sie haben mich in einer für mich sehr herausfordernden Zeit ertragen und auch gestützt. Im Sekretariat bin ich immer auf wohlwollende Hilfe und aufmunternde Worte gestoßen – einen sehr emotionalen Dank dafür. Ich möchte auch einige Namen nennen, denn sie haben insbesondere zu den Beispielen mit ihren Projekten, Praktika und Erfahrungen beigetragen und mir im stetigen Diskurs Anregungen geliefert. Mein Dank gilt vor allem Herrn Ass.-Prof. Dr. Franz Brunner, Herrn V.Ass. Mag. Dr. Wolfgang Fischer, Herrn Ao. Univ.-Prof. Dr. Reinhold Lazar, Herrn Ao. Univ.-Prof. Mag. Dr. Gerhard Lieb, Frau MMag. Dr. Judith Pizzera, Herrn Univ.-Prof. Dr. Oliver Sass, Herrn Ao. Univ.-Prof. Mag. Dr. Wolfgang Sulzer, Herrn em. O. Univ.-Prof. Dr. Herwig Wakonigg und, in seiner Funktion als Institutsvorstand, Herrn O. Univ.-Prof. Dr. Friedrich M. Zimmermann, der mir den nötigen Freiraum eingeräumt hat. Herrn Prof. Dr. Michael Leitner, Department of Geography und Anthropology der Louisiana State University, und Herrn Dr. Alexander Podesser, Leiter des Lawinenwarndienstes Steiermark und der Regionalstelle Steiermark der Zentralanstalt für Meteorologie und Geodynamik, möchte ich ein herzliches Danke für die unbürokratische Bereitstellung von Daten aussprechen. Nicht vergessen möchte ich Herrn Sebastian Rascher, der mir dankenswerter Weise die GPS-Daten seiner Wanderung auf den Arenal zur Verfügung gestellt hat, und Herrn Egon Loidolt für die Bilder des Arenal.

Mit diesen Dankesworten möchte ich jetzt schließen, Ihnen eine erfolgreiche Exkursion und viel Spaß und Erfolg wünschen. Machen wir uns also auf die Reise …

Eine erfolgreiche Exkursion beginnt mit einer guten Vorbereitung: Einleitung und Überblick

Es ist schon richtig, es liegt ein Grundlagenlehrbuch der Statistik vor Ihnen – Sie haben sich nicht geirrt! Sie fragen sich jetzt bestimmt, was denn dieser Titel zu bedeuten hat oder vielmehr, was Statistik mit einer geographischen Exkursion zu tun haben soll. Diesbezüglich bin ich Ihnen wohl eine Erklärung sowie einige erläuternde Gedanken schuldig.

Die langjährige Erfahrung im Umgang mit statistischen Analysen und insbesondere in der Lehre von statistischen Inhalten hat mir zweierlei Erkenntnisse beschert. Erstens: Statistik wird von den Studierenden nicht unbedingt wohlwollend und mit Freude oder gar Enthusiasmus angenommen, vielmehr ist der erste Zugang zu diesem Thema meist „reserviert" oder zumindest „indifferent". Daran knüpft aber unmittelbar die zweite Erkenntnis an: Diese Unsicherheit, dieser Respekt, lassen sich zumeist in grundlegende Bereitwilligkeit, bisweilen sogar in Begeisterung umwandeln, versucht man, die Statistik realitätsnahe und praxisbezogen anzuwenden, weist auf deren Schwachstellen und Unzulänglichkeiten hin und hält die zugrunde liegende Theorie von tiefgründigen mathematischen Inhalten fern. Allen Mathematikerinnen und Mathematikern sei an dieser Stelle gedankt, dass sie für die kompakte mathematische Darstellung in den folgenden Ausführungen Verständnis aufbringen bzw. über die eine oder andere „Oberflächlichkeit" hinwegsehen. Der Grund hierfür liegt keinesfalls in einer geminderten Wertschätzung der Mathematik, sondern vielmehr in dem Anliegen, die Statistik „schmackhaft" zu machen. Für mich ist in diesem Zusammenhang der Weg das Ziel – womit wir auch schon beim Thema wären.

Die Idee, mit Ihnen eine Exkursion zu unternehmen, kann ich am besten in Anlehnung an ein bekanntes Zitat von Matthias Claudius ausdrücken: „Wenn einer eine Reise tut, dann kann er was erleben …"

Im Zuge der Vorbereitungen zu diesem Buch habe ich überlegt, mit welchem Thema und welchen Inhalten ich angehende Geographinnen und Geographen in den Bann der Statistik und damit natürlich auch in den Bann dieses Buches ziehen könnte. Auf der Suche nach Themenbereichen, wofür sich alle Geographie-Studierenden nahezu uneingeschränkt begeistern lassen, bin ich sehr rasch zum Themenkomplex des Reisens gelangt. Der Wissensdurst, neue Kultur- und Naturräume zu erkunden, ist wohl allen Geographinnen und Geographen gemein; daher hat es sich angeboten, eine gemeinsame Reise durch die Grundlagen der Statistik anzustreben. Da sich dieses Buch besonders an Studierende des Faches richtet und damit die aktive Erarbeitung neuer Inhalte verknüpft mit geographischen Inhalten im Vordergrund steht, möchte ich Sie zu einer Exkursion durch die Statistik einladen.

Was haben jedoch eine geographische Exkursion und ein Statistiklehrbuch gemeinsam? Ich werde versuchen, diese Parallelen vorweg zu skizzieren:

Am Beginn steht an dieser Stelle natürlich das **Lernziel**, das angestrebt wird. Im Fall der geographischen Exkursion ist dieses Ziel dadurch definiert, dass Studierende Themenbereiche, die sie im Hörsaal in der Theorie vermittelt bekommen, „im Feld", in der Realität, an praktischen Beispielen und unterstützt durch das Wissen von Expertinnen und Experten erleben, interaktiv erarbeiten und erkunden. Das Ziel eines Statistiklehrbuches ist – wie sollte es auch anders sein –, Statistik basierend auf theoretischen Grundlagen zu vermitteln und anhand von Beispielen zu illustrieren. Überträgt man das Lernziel der Exkursion auf jenes des Statistikbuches, werden wir Statistik interaktiv und nachvollziehbar gestalten, realitätsnah an praktischen Beispielen anwenden und „erleben" – wir hauchen dem statistischen Kontext geographisches Leben ein.

Dafür reicht es allerdings nicht aus, geographische Beispiele zu verwenden, auch die **Struktur** des Buches wird an die einer Exkursion angepasst. Sehen wir uns zuerst die Struktur einer geographischen Exkursion an: Bevor man eine geographische Exkursion antreten kann, sind umfangreiche Vorbereitungen erforderlich. Dazu zählen einerseits inhaltliche Vorarbeiten, andererseits organisatorische Vorbereitungen.

Beginnen wir bei den **inhaltlichen Vorbereitungen**. Damit eine geographische Exkursion erfolgreich ist und die Studierenden einen möglichst großen persönlichen und inhaltlichen Gewinn generieren, werden vorbereitende Lehrveranstaltungen abgehalten, damit sie mit der Thematik, der sie vor Ort begegnen werden, vertraut gemacht werden und das neu erworbene Wissen in ein Gesamtsystem einfügen können. Zusätzlich wird das Theoriewissen mit Erfahrungen vorangegangener Reisen auf Basis von Reiseführern und Exkursionsführern erweitert. Die Lernerfahrung beschränkt sich also nicht nur auf die Exkursion selbst, sondern startet bereits im Vorfeld der Reise.

Ähnlich verhält es sich in unserem Statistikbuch. Wir werden, bevor wir uns auf Formeln und Rechenbeispiele stürzen, uns mit ein wenig Theoriewissen vorbereiten. Dazu zählen zum einen ein geschichtlicher Rückblick und die Antwort auf die Frage, wie eigentlich die Geographie zur Statistik kam. Zum anderen ordnen wir die eigentliche statistische Analyse – den Rechenprozess – in einen Forschungsprozess ein und wagen einen Blick über den „Tellerrand" unseres Buches, indem wir die deskriptive Statistik, der wir uns hier widmen, in die gesamte Statistik einzugliedern versuchen.

Aber die inhaltlichen Vorbereitungen alleine reichen nicht aus, damit wir uns auf die eigentliche Reise begeben können – dazu bedarf es noch einiger **organisatorischer Vorkehrungen**. Was müssen wir im Vorfeld erledigen, und was benötigen wir auf der Reise? Um die Reisedokumente und Impfungen muss man sich rechtzeitig kümmern, Tagespläne legen fest, wann wir wo sein müssen, und diverse Utensilien wie Digitalkamera, Schriftmaterial, Unterlagen und Karten sind bereitzulegen.

Ebenso benötigen wir im Statistiklehrbuch einen organisatorischen Aspekt. Dieser gewährleistet, dass wir uns alles zurechtlegen, was wir „unterwegs" benötigen. Wir starten mit Basisinformationen über die Destination gefolgt von Grundlagen, die wir für die statistischen Analysen benötigen, einer Landkarte, die durch Konventionen eine einheitliche Sprache festlegt, und Tagesplänen, die jeden Abschnitt strukturieren. Dieser Aufbau verhilft zu einer Vereinheitlichung des Lernprozesses und zu einer besseren Orientierung „unterwegs".

Damit haben wir die Vorbereitungen abgeschlossen, uns ausreichend informiert, in die Theorie geschnuppert sowie alles für eine spannende Exkursion bereitgelegt. Die Exkursion kann beginnen. Zweifelsfrei sind wir beim spannendsten Teil unseres Unterfangens angelangt, der Reise selbst. Die Route ist gewählt, die Koffer sind gepackt, und es geht los.

Auf einer Exkursion ist es üblich, unterschiedliche Themenbereiche einzelnen Tagesetappen zuzuordnen, also Schwerpunktthemen zu vergeben. Auch diesen Zugang übertragen wir auf unsere statistische Reise und gliedern das Buch in Etappenziele.

Vor der ersten Etappe holen wir uns allerdings noch eine „Wegzehrung": die **Daten**. Auch diese erfordern eine nähere Betrachtung aus statistischem Blickwinkel.

Unsere erste Tagesetappe ist eine **Tour auf den Vulkan**. Wenn wir diese Trekkingtour aus Exkursionssicht beschreiben, steht die zurückgelegte Strecke im Mittelpunkt der Betrachtung und wird durch markante Wegpunkte, Streckenlänge, Höhenunterschiede entlang der Route und das Anforderungsprofil charakterisiert.

In der Statistik steht der „Vulkan" als Metapher für die Verteilung einer Variablen. Um die Tour auf den Vulkan näher zu beschreiben, benötigen wir wiederum einige statistische Kenngrößen. Es sind dies die Parameter der beschreibenden (deskriptiven) Statistik. Die (statistische) Tour wird in Bezug auf ihre Mitte durch die sogenannten Lageparameter beschrieben, Streuungsparameter skizzieren das Anforderungsprofil und die Wegzeiten, und die formbeschreibenden Parameter geben Auskunft über das Profil der Strecke. Die Tour auf den Vulkan macht uns, statistisch gesprochen, mit den grundlegenden Parametern der beschreibenden Statistik vertraut – Zentren, Breite und Form einer Verteilung. Auch das Beispiel, das wir auf dieser Etappe verwenden, dreht sich um den Vulkan und charakterisiert das Ausbruchsverhalten mit den eben dargestellten Parametern.

Ausgestattet mit diesem Basiswissen, wagen wir uns nun in andere Gefilde vor und orientieren uns inhaltlich auf unserer Exkursion von der Physiogeographie hin zur Humangeographie. In der zweiten Etappe wenden wir uns daher der **Stadtgeographie** zu und rücken anstelle einer „Gipfelbesteigung" den städtischen Bereich in den Mittelpunkt der Betrachtung. Wegzeiten, Anforderungsprofile und Höhenunterschiede sind für diese Zielsetzung nicht mehr geeignet – hier sind andere Parameter gefordert. Der Raum oder vielmehr die räumliche Ausdehnung von Phänomenen tritt in den Mittelpunkt und wird zum Untersuchungsgegenstand. Damit wird die Beschreibung von Verteilungen wie von Straftaten, Unfallpunkten, Gesundheitseinrichtungen, sozialen Phänomenen etc. zum Ziel dieser Etappe.

In der Statistik lässt sich Raum allerdings nicht mehr mit einer einzigen Variablen beschreiben – dazu bedarf es zweier Variablen, die sich in Form von Koordinaten darstellen lassen. Die Parameter, die wir auf der Stadtetappe untersuchen, sind allerdings wieder an die Parameter der Tour auf den Vulkan angelehnt – nur dass sie nicht die Verteilung einer

Variablen, sondern die Verteilung von zwei Variablen untersuchen. Wir sind noch immer in der deskriptiven Statistik, allerdings haben wir unser Untersuchungsspektrum um eine Variable ausgeweitet. Auch hier bestimmen wir das Zentrum und die Ausdehnung des räumlichen Phänomens, allerdings in Form der räumlichen Lage- und Streuungsparameter.

Da unsere Exkursion weder rein physisch-geographisch noch rein humangeographisch ausgerichtet sein soll, versuchen wir in der dritten Etappe in einem integrativen Zugang die beiden Themenbereiche miteinander zu verknüpfen. Die dritte Etappe ist daher einer Kombination beider Inhalte gewidmet, die Aspekte der Humangeographie in Form von Charakteristika einer Stadt mit physisch-geographischen Komponenten verknüpft. Das Experiment, dem wir uns zuwenden, nennt sich **städtischer Naturraum oder natürlicher Stadtraum** und spiegelt jenes Spannungsfeld wider, das aus der Verbindung von Physiogeographie und Humangeographie resultiert. Gleichzeitig eröffnen sich daraus neue Potenziale, indem man versucht, den Zusammenhang von Naturraum und städtischem Leben zu identifizieren.

Aus statistischer Sicht ist diese Untersuchung eines Zusammenhangs von Merkmalen mit der Regressions- und Korrelationsanalyse betitelt. Wir bleiben also auch in der Statistik in diesem Spannungsfeld zwischen Physiogeographie und Humangeographie und legen den Fokus auf die Frage nach dem Zusammenhang, den wir identifizieren, aber auch quantifizieren wollen. Das Ziel der dritten statistischen Etappe besteht also darin festzustellen, ob und wie bzw. wie stark Merkmale zusammenhängen. Als Beispiel dafür fungiert der Kinderanteil als gesellschaftlicher Indikator, dem der Grünflächenanteil als „Natur"indikator gegenübergestellt wird.

Mit dieser dritten Etappe endet unsere Exkursion. Aber ebenso wenig, wie eine Exkursion mit der Rückkehr in die Heimatdestination endet, soll oder vielmehr kann das vorliegende Statistiklehrbuch mit den letzten inhaltlichen Ausführungen zu Regression und Korrelation schließen. Vergleichbar mit einer gelungenen Urlaubsreise, die mit einem Rückblick im Freundeskreis, dem Betrachten von Fotos, umrahmt mit Erzählungen über das Erlebte, in die Erinnerungen Einzug hält, bedarf eine Exkursion einer Nachbereitung, um das neu generierte Wissen zu sichern.

Im Zuge der Nachbereitung einer Exkursion entsteht üblicherweise ein **Exkursionsbericht**, der das Erlebte, Erarbeitete und Gesehene in Wort und Bild dokumentiert. Die Vorarbeiten und das aufbereitete Theoriewissen werden natürlich in dieses Dokument integriert. Zusätzlich zu den Erlebnissen sollte der Exkursionsbericht allerdings auch eine kritische Reflexion enthalten, also den Erkenntnisgewinn sichtbar machen – leider wird das gerne vergessen.

Ähnlich verhält es sich auch in der Statistik und in unserem Buch. Um das Ergebnis aus den statistischen Analysen zu sichern, sei es in Form einer Zahlentabelle, eines Einzelwertes oder in Form einer grafischen Visualisierung, schließen wir unsere Ausführungen mit einem Exkursionsbericht. Dieser beginnt – ganz einfach und plausibel – mit dem Erkenntnisgewinn, der kritischen Reflexion, oder statistisch formuliert, der Interpretation. Diesem Punkt kommt, obwohl gerne vernachlässigt, eine entscheidende Rolle im statistischen Prozess zu. Vergisst man nämlich, jene Erkenntnisse, die man „unterwegs" erhalten hat – die Ergebnisse – zu interpretieren, generiert man keinen Mehrwert aus der „Reise", der Analyse. Statistische Daten und Analyseergebnisse ohne entsprechenden Kommentar und ohne die Beantwortung der Ausgangsfragestellung verlieren ihren Wert und sind, isoliert betrachtet, lediglich Zahlen ohne Aussagekraft. Ebenso bietet der Exkursionsbericht Platz, auf Irrwege, Gefahren und Hindernisse hinzuweisen, denen man unterwegs begegnet. Statistisch betrachtet sprechen wir von potenziellen Fehlerquellen, die man sich sowohl bei der Datenrecherche, aber auch bei der Analyse und Darstellung der Resultate bewusst machen sollte.

Letztendlich sind Bilder für den Exkursionsbericht unabdingbar – ebenso wie dies Diagramme in der Statistik sind. Aber nur Bilder alleine machen noch keinen guten Exkursionsbericht aus – sie ergänzen und drücken aus, was nur schwer in Worte zu fassen ist, bzw. untermauern die Textbausteine. Auch in der Statistik gilt, dass ein Diagramm oft mehr sagt als tausend Worte – vorausgesetzt es entspricht den wichtigsten Dos and Don'ts, den Diagrammregeln.

Zuletzt werden wir noch die Macht der Daten und Bilder thematisieren. Ein Reisebericht oder Exkursionsbericht vermag es, mit beeindruckenden Illustrationen und Berichten neue Interessenten für die Destination zu begeistern – allerdings stimmt das Geschriebene nicht immer mit den Gegebenheiten vor Ort überein.

Auch oder insbesondere im Kontext der Statistik existiert ein analoges Potenzial der Beeinflussung. Mithilfe von Statistiken und Diagrammen werden Informationen und Ergebnisse vielfach an Rahmenbedingungen angepasst. Die gezielte Auswahl, Selektion und Darstellung von Daten steuern, wie Information transportiert wird. Dieser Einblick in die „Macht" von Daten und Bildern rundet nicht nur unseren Exkursionsbericht ab, sondern entlässt die Leserinnen und Leser mit hoffentlich geschärftem Blick in den Alltag und schafft die Grundlage für weitere Reisen in neue Destinationen der Statistik.

Inhaltsverzeichnis

Exkursionsvorbereitungen: Verständnisgrundlagen und Buchstruktur

Wie wir bereits in der Einleitung festgestellt haben, beginnt eine erfolgreiche Exkursion mit einer umfassenden und guten Vorbereitung, und diese wiederum startet bei der organisatorischen Komponente. Dabei ist festzuhalten, dass sich Organisation und Inhalt nicht immer klar trennen lassen bzw. es auch aus didaktischer Sicht nicht unbedingt sinnvoll ist, diese zu trennen.

Vorrangig ist es nötig, sich einen Überblick zu verschaffen, wohin die Reise führt bzw. welche Detailziele angestrebt werden. Diese Vorausschau fungiert gewissermaßen als Einstimmung auf die Exkursion, klärt ab, welche Ziele einerseits angesteuert und welche andererseits aus unterschiedlichsten Gründen außer Acht gelassen werden, und offeriert gleichzeitig Anknüpfungspunkte für zukünftige Forschungsreisen (Abschn. 1.1). Diese Vorbereitungen münden unter anderem in diversen Checklisten, deren Aufgabe es ist sicherzustellen, dass alles, was für die Reise benötigt wird, im Vorfeld erledigt bzw. auch in die Koffer gepackt wird (Abschn. 1.2). Für jede Geographin und jeden Geographen ist die (Land-)Karte ein unverzichtbares Utensil für unterwegs. Kein anderes Medium, weder GPS noch Navigationssystem, kann die analoge Karte ersetzen – sie fungiert als Arbeitsgrundlage für Kartierungen, kann beschrieben und mit Notizen versehen werden. Und vor allem: Sie spricht, wenn auch mit unterschiedlichen Symbolen versehen, immer dieselbe, vereinheitlichte Sprache, unabhängig von der Destination und dem Nutzer (Abschn. 1.3). Um einen guten Überblick über die Etappenziele zu erhalten, ist die Erstellung einzelner Tagespläne unabdingbar. Sie stellen die diversen Detailziele in einer einheitlichen, vergleichbaren und klar gegliederten Struktur dar. Mithilfe dieses Aufbaus wird es den Exkursionsteilnehmerinnen und -teilnehmern erleichtert, sich mit den einzelnen Etappen auseinanderzusetzen, diese im Detail zu erarbeiten und anschließend für sich zu summieren (Abschn. 1.4).

S. Zimmermann-Janschitz, *Statistik in der Geographie*, DOI 10.1007/978-3-8274-2612-3_1,
© Springer-Verlag Berlin Heidelberg 2014

2. Ich halte die Formalismen so gering wie möglich, ohne dabei inhaltliche Abstriche vornehmen zu müssen. In diesem Sinn widmen wir uns so weit den mathematischen Grundlagen, wie diese zum Verständnis der vorgestellten Theorien und Beispiele benötigt werden. Verweise auf weiterführende Literatur bieten der interessierten Leserschaft die Möglichkeit, zusätzliche und umfassende Informationen zum Thema zu erhalten.

3. Außerdem lege ich das Augenmerk auf den Blick hinter die Kulissen. Es geht darum, Zusammenhänge sichtbar zu machen und zu erfassen. Wenn Geographinnen und Geographen unterwegs sind, bewegen sie sich nicht ausschließlich als (Be-)Reisende, sondern eher als Erforschende, blicken genauer hin, fragen nach, versuchen zu verstehen – genauso verhält es sich mit der Statistik. Der kritische Blick „hinter die Daten" führt zu einem Erkenntnisgewinn und bringt versteckte Informationen zum Vorschein.

Das, was auf der Checkliste für eine erfolgreiche und erkenntnisbringende Exkursion noch fehlt, sind eine Portion Neugier, Aufgeschlossenheit und Offenheit Neuem gegenüber, die Lust auf Mehr und natürlich auch ein gewisser Mut, der für das Entdecken von Unbekanntem unentbehrlich ist.

Spätestens hier angekommen, wenden wir uns den grundlegenden und unumgänglichen Formalismen zu, die wir für die späteren Ausführungen benötigen.

Beispiel 1.1
Stellen Sie sich folgende Situation vor: Die Exkursionsleitung hat die Aufgabe, vor Antritt der Exkursion zu überprüfen, ob die eingegangenen Zahlungen der Exkursionsteilnehmer mit den Kosten der Exkursion übereinstimmen. Da die Studierenden zwar verpflichtet sind, die Exkursion gemeinsam anzutreten, es ihnen aber gestattet ist, den Aufenthalt vor Ort zu verlängern, also den Rückflug zu einem späteren Zeitpunkt anzutreten, entstehen für den Flug pro teilnehmende Person unterschiedliche Tarife. Darüber hinaus sind auch für die Unterbringung verschiedene Kosten zu kalkulieren, je nachdem, ob es sich um Ein-, Zwei- oder Vierbettzimmer handelt. Die einfach überschlagsmäßige Kopfrechnung scheidet aus diesem Grund aus. Tabelle 1.1 listet nun die entstehenden Kosten pro Person auf, die Summe aller Eingänge ist mit dem Kontostand abzugleichen. Da sich dieses Buch vornehmlich an Studierende der Geographie wendet, listet die Tabelle als Exkursionsteilnehmer die Namen bedeutender Geographen auf.

Tab. 1.1 Kostenaufstellung für Flug und Unterkunft der teilnehmenden Personen an der „Statistikexkursion" 2012

lfd. Nr. (i)	teilnehmende Personen	Flugkosten pro Person in Euro	Rückreisetermin	Variablenbezeichnung für Flugkosten (x_i)	Kosten für die Unterkunft pro Person in Euro	Personenzahl pro Zimmer/ Tage	Variablenbezeichnung für Kosten Unterkunft (y_i)
1	H. Bobek	1.081	Gruppe	x_1	650	4/10	y_1
2	W. Christaller	1.081	Gruppe	x_2	930	1/10	y_2
3	R. Geiger	1.245	individual	x_3	1.581	1/17	y_3
4	W. Hartke	1.177	individual	x_4	975	4/15	y_4
5	A. Hettner	1.081	Gruppe	x_5	650	4/10	y_5
6	A. Humboldt	1.177	individual	x_6	975	4/15	y_6
7	W. Köppen	1.177	individual	x_7	975	4/15	y_7
8	E. Neef	1.081	Gruppe	x_8	850	2/10	y_8
9	A. Penck	1.081	Gruppe	x_9	650	4/10	y_9
10	F. Ratzel	1.081	Gruppe	x_{10}	850	2/10	y_{10}
11	C. Ritter	1.081	Gruppe	x_{11}	650	4/10	y_{11}
12	A. Wegener	1.177	individual	x_{12}	975	4/15	y_{12}
	Summe	13.520			10.711		

Ohne überschwänglich an mathematische Formeln und Funktionen zu denken, wird die Exkursionsleitung sich eines Taschenrechners bedienen, zuerst die Spaltensummen berechnen, danach die Teilsummen addieren und so zum gewünschten Ergebnis gelangen.

Zur Berechnung der Teilsummen addiert man demnach die Flugkosten aller Personen, gefolgt von den Kosten für die Unterkunft. Diese beiden Zwischensummen zählt man zusammen und erhält das gewünschte Ergebnis:

Summe der Flugkosten:

$$13.520 = 1.081 + 1.081 + 1.245 + 1.177 + \ldots + 1.081 + 1.177 \qquad (1.1)$$

Summe der Übernachtungskosten:

$$10.711 = 650 + 930 + 1.581 + 975 + \ldots + 650 + 975 \qquad (1.2)$$

Gesamtsumme:

$$24.231 = 13.520 + 10.711 \qquad (1.3)$$

Natürlich entsprechen obige Darstellungen zwar der intuitiven Vorgehensweise, allerdings nicht den formalen Kriterien, die wir in einem Statistikbuch benötigen.

Daher streben wir eine Darstellung mithilfe einer mathematischen Funktion an. Dazu werden anstelle der individuellen Beiträge die Variablenbezeichnungen verwendet: x für die Flugkosten mit einem entsprechenden Index i für die jeweilige Person, y für die Übernachtungskosten, ebenfalls mit einem Index i für die einzelne Person:

Für (1.1) ergibt sich folgende Schreibweise:

$$f(x) = x_1 + x_2 + x_3 + x_4 + \ldots + x_{11} + x_{12} \tag{1.4}$$

und letztendlich eine formale Darstellung mittels der Summe:

$$\sum_{i=1}^{12} x_i = x_1 + x_2 + x_3 + x_4 + \ldots + x_{11} + x_{12} \tag{1.5}$$

Das Summenzeichen $\sum$ (Sigma) steht stellvertretend für die Addition und der Index i durchläuft, den einzelnen Personen entsprechend, die Werte von eins bis zwölf. Eins bildet dabei die untere Summationsgrenze, zwölf in diesem Fall die obere Summationsgrenze. Dasselbe Prozedere wenden wir für die Übernachtungskosten an und schreiben, ausgehend von (1.2):

$$f(y) = y_1 + y_2 + y_3 + y_4 + \ldots + y_{11} + y_{12}$$

$$\sum_{i=1}^{12} y_i = y_1 + y_2 + y_3 + y_4 + \ldots + y_{11} + y_{12} \tag{1.6}$$

Formalisiert ergibt sich die Gesamtsumme dann aus (1.3):

$$f(x) + f(y) = \sum_{i=1}^{12} x_i + \sum_{i=1}^{12} y_i \tag{1.7}$$

Diese Gesamtsumme lässt sich noch vereinfachen, da der Index bei beiden Summen den gleichen Wertebereich einnimmt. Sowohl die Flug- als auch die Übernachtungskosten werden für alle zwölf Personen aufsummiert:

$$\sum_{i=1}^{12} x_i + \sum_{i=1}^{12} y_i = \sum_{i=1}^{12} (x_i + y_i) \tag{1.8}$$

Diese Darstellung (1.8) entspricht der (spaltenweisen) Summation der Einzelkosten pro Person aus Tab. 1.1:

$$\sum_{i=1}^{12} (x_i + y_i) = (1.081 + 650) + (1.081 + 930) + (1.245 + 1581) + \ldots + (1.177 + 975) = 24.231 \tag{1.9}$$

Aus diesem kurzen Beispiel ergibt sich damit die grundlegende Darstellung einer Addition unter Verwendung der Summe durch

$$f(x) = x_1 + x_2 + \ldots + x_{n-1} + x_n$$

$$f(x) = \sum_{i=1}^{n} x_i \tag{1.10}$$

Der Summenindex durchläuft dabei die Werte von $i = 1$ bis $i = n$. n steht für die allgemeine Bezeichnung der oberen Summationsgrenze und wird durch den jeweiligen Wert im Anwendungsbeispiel ersetzt, der in der Regel der Anzahl der Untersuchungselemente entspricht. Für den Fall, dass i nicht mit eins, sondern bei einem beliebigen Wert m beginnt, lautet die Summe:

$$f(x) = \sum_{i=m}^{n} x_i \tag{1.11}$$

Obwohl, einmal hier angekommen, sich dieser Ausgangspunkt aus mathematischer Sicht hervorragend dafür eignen würde, die wichtigsten Regeln im Umgang mit der Funktion der Summen bzw. Indizes auszuführen, möchte ich dafür auf die entsprechenden Kapitel verweisen – einerseits haben Sie sich bis dorthin etwas mehr mit der mathematischen Komponente unserer Exkursion vertraut gemacht, andererseits sind Erklärungen und Ausführungen „vor Ort" immer augenscheinlicher und plausibler als ohne praktischen Konnex.

Dieses einfache Einführungsbeispiel hat jedoch – auch wenn dies vielleicht vielversprechend, aber nicht glaubhaft klingt – den Großteil des mathematischen Wissens wiederholt. Der Umgang mit Summen begleitet uns während der gesamten Exkursion, wird dabei natürlich in der Komplexität steigen; unter Beachtung der Grundregeln sind damit die Verständnisgrundlagen für die weiteren Ausführungen geschaffen. Die inhaltliche (mathematische) Checkliste, die wir für unsere Exkursion benötigen, enthält

- Grundkenntnisse im Umgang mit reellen Zahlen,
- die Berechnung von Summen,
- den Umgang mit Potenzen und Wurzeln,
- die damit verbundenen Regelwerke.

Aber wo verbirgt sich die restliche Mathematik? Eine ehrliche Antwort: zwischen den Zeilen! Das heißt natürlich nicht, dass wir in diesem Statistikbuch ohne mathematische Kenntnisse auskommen. Aber Sie werden in Ihrem Studium kaum gefordert sein, komplexere statistische Analysen „zu Fuß", also analog per Hand, durchzurechnen – dafür gibt es hinlänglich Statistiksoftware, die für einfachere Analysen bei Tabellenkalkulations- bzw. Spreadsheet-Paketen beginnt und bis zu umfangreichen Statistiksoftwareprogrammen reicht – die Lösungen erhalten Sie damit „per Knopfdruck". Sehr wohl wird von Ihnen aber verlangt zu wissen, welche Analyse angewendet werden darf, was die Analyse bewirkt und was die Ergebnisse bedeuten. Genau hier setzen wir mit der Mathematik an – inhaltlich und nur rudimentär formal. Denn dies ist, aus meinen Erfahrungen heraus, die eigentliche Herausforderung an Sie: den Spagat zu schaffen zwischen theoretischem Rahmen- und Hintergrundwissen und der eigentlichen Anwendung an einem praktischen Beispiel. Verständnis für das, was eine Formel bewirkt, ist entscheidend – „herunterrechnen" alleine ist zu wenig. Eine Exkursion gewinnt nicht nur durch die Einzelbeiträge an Mehrwert gegenüber einer herkömmlichen Reise – sie setzt eine Destination in einen globalen Kontext, bildet inhaltliche Brücken und verbindet unterschiedlichste Themenbereiche zu einem vernetzten, integrativen und systemischen Ganzen. Diese ganzheitliche Sichtweise, die Betrachtung von Inhalten aus unterschiedlichen Perspektiven, macht eine geographische Exkursion zu einer Art „Abenteuerreise", und der Lerngewinn wächst mit dem persönlichen Engagement und der Bereitschaft, etwas zu dieser Wissensgenerierung in Richtung einer Wissensvermehrung beizutragen.

Wie Sie sehen, sind die mathematischen Anforderungen an unsere Exkursion nicht sehr hoch, wohl aber jene an Ihr Einfühlungsvermögen und den Willen, sich kritisch mit der Materie auseinanderzusetzen – und damit selbstverständlich auch mit den mathematischen Bestandteilen. Mit diesem Beitrag Ihrerseits steht einem Gelingen der Exkursion nichts mehr im Wege.

1.3   Die (Land-)Karte: Konventionen und Notationen

Wenn Sie diverse Literatur zum Thema Statistik in die Hand nehmen, werden Sie darin zahlreiche unterschiedliche Bezeichnungen, Symbole, Notationen und Vereinbarungen finden, die allerdings alle derselben Systematik folgen. Eine Parallele dazu gibt es in der Geographie in Bezug auf die zahlreichen Möglichkeiten, sich in einem Raum zu orientieren. Ein approbiertes Mittel ist und bleibt hierfür die analoge topographische Karte – auch sie verwendet eine eigene Sprache und Symbolik, um Beziehungen bzw. Bezüge, im konkreten Fall räumlicher Art, darzustellen (Hake, Grünreich und Meng, 2002, S. 25). Auf unserer Exkursion dient uns die Karte in zweierlei Hinsicht: Einerseits werden wir die Karte in der Vorbereitungsphase einsetzen, um uns – im wahrsten Sinn des Wortes – ein Bild von den Gegebenheiten, die uns vor Ort erwarten, zu machen, andererseits wird sie im Gelände eingesetzt, damit wir uns „verorten" und orientieren können. Da Sie als Geographinnen und Geographen über die nötige Kartenkompetenz verfügen, um Karten entsprechend „lesen" zu können, liegt es folglich in der Natur der Sache, dass Sie auch mit mathematischen Symbolen problemlos zurechtkommen. Trotzdem ist es erforderlich, vorab einen kurzen Überblick über die wichtigsten Notationen zu geben – gleichsam eine Kartenlegende, um einerseits Einheitlichkeit, andererseits Lesbarkeit und darüber hinaus Vergleichbarkeit zu anderen Konventionen zu gewährleisten (Tab. 1.2).

Bitte beachten Sie, dass diese Notationen eine Vereinbarung für das vorliegende Buch darstellen, in der Literatur hingegen andere, oft für einen Fachbereich spezifische Schreibweisen verwendet werden.

Tab. 1.2 Übersicht der verwendeten Symbole und Notationen

Symbol	Erläuterung
N	Anzahl der Elemente einer Grundgesamtheit; Umfang der Grundgesamtheit
n	Anzahl der Elemente einer Stichprobe; Stichprobenumfang
e_i mit $1 \leq i \leq n$	statistische Einheit; Element; Merkmalsträger
X	Merkmal; Variable
a_j mit $1 \leq j \leq m$ und $m \leq n$	Merkmalsausprägungen
x_i mit $1 \leq i \leq n$	Merkmalswerte; Beobachtungswerte
$x_{(i)}$ mit $1 \leq i \leq n$	geordnete Merkmalswerte
h_i	absolute Häufigkeit
f_i	relative Häufigkeit
H_i	absolute Summenhäufigkeit
F_i	relative Summenhäufigkeit
x_{min} bwz. $x_{(1)}$	minimaler Wert einer Verteilung
x_{max} bzw. $x_{(n)}$	maximaler Wert einer Verteilung
b	Klassenbreite
k	Anzahl der Klassen
x_i^*	Klassenmitte
$[x_i; x_j]$	geschlossenes Intervall; in der Klasse sind beide Grenzen enthalten
$]x_i; x_j[$	offenes Intervall; in der Klasse sind die Klassengrenzen nicht enthalten
$]x_i; x_j]$ $[x_i; x_j[$	nach unten bzw. oben offenes Intervall; in der Klasse sind die untere bzw. obere Klassengrenze nicht enthalten
$\bar{x}_{mod}$	Modus
$\bar{x}_{med}$	Median
$\bar{x}_p$	p-Quantil
$\bar{x}_{0,25} = Q_1$ $\bar{x}_{0,5} = Q_2$ $\bar{x}_{0,75} = Q_3$	erstes Quartil zweites Quartil drittes Quartil
$\bar{x}$	arithmetisches Mittel; gewichtetes arithmetisches Mittel
$\bar{x}_G$	geometrisches Mittel; gewichtetes geometrisches Mittel
$\bar{x}_H$	harmonisches Mittel; gewichtetes harmonisches Mittel
w	Spannweite

Tab. 1.2 *Fortsetzung*

Symbol	Erläuterung
IQR	Interquartilsabstand, Quartilsabstand
MQR	mittlerer Quartilsabstand
Q_p	Interquantilsabstand, Quantilsabstand
$\overline{Q}_p$	Semiquantilsabstand, mittlerer Quantilsabstand
$\overline{d}$	durchschnittliche absolute Abweichung
s^2	(empirische) Varianz
s	(empirische) Standardabweichung
v	Variationskoeffizient
a_3	Momentkoeffizient der Schiefe
a_P	Pearson'sche Schiefe
a_4	Wölbung
$\overline{P} = (\overline{x}, \overline{y})$	arithmetisches Mittelzentrum
$\overline{P}_g = (\overline{x}_g, \overline{y}_g)$	gewichtetes arithmetisches Mittelzentrum
$\overline{P}_{med} = (\overline{x}_{med}, \overline{y}_{med})$	Medianzentrum
s_d	Standarddistanz
θ, s_x, s_y	Rotationswinkel und Achsen der Standardabweichungsellipse
a, b bzw. k, d	Parameter der Regressionsgerade
h_{ij}	absolute Häufigkeiten der Merkmalspaare (x_i, y_j)
f_{ij}	relative Häufigkeiten der Merkmalspaare (x_i, y_j)
$h_{i.}$ und $h_{.j}$	absolute Randhäufigkeiten
$f_{i.}$ und $f_{.j}$	relative Randhäufigkeiten
h_{ij}^e	erwartete Häufigkeiten der Merkmalspaare (x_i, y_j)
R^2	Bestimmtheitsmaß
r	Produkt-Moment-Korrelationskoeffizient nach Pearson
r_s	Rangkorrelationskoeffizient nach Spearman
C	Kontingenzkoeffizient nach Pearson
C_{korr}	korrigierter Kontingenzkoeffizient nach Pearson

Jetzt haben wir unser Reisegepäck nahezu zusammen – die Destination ist gewählt, die Ziele sind gesteckt, die Checklisten sind abgearbeitet und das Rüstzeug, die Utensilien, vorbereitet – es bleibt lediglich abzuklären, was uns, sowohl aus organisatorischer als auch aus inhaltlicher Sicht betrachtet, während der einzelnen Tagesetappen erwartet.

1.4 Die Tagespläne: Struktur der Abschnitte

Durch die Erstellung von Tagesplänen, die jeden einzelnen Tag unserer Exkursion zeitlich, organisatorisch wie auch inhaltlich strukturieren, wird nicht nur der reibungslose Ablauf der Reise gewährleistet, sondern selbstverständlich auch sichergestellt, dass die Ziele, die wir uns gesteckt haben, erreicht werden. Jeder Tag beginnt dabei mit der Vermittlung des Lernzieles (Abschn. 1.4.1), gefolgt von einem kurzen Ausblick, was uns an diesem Tag erwartet (Abschn. 1.4.2). Die Expertinnen und Experten erläutern tagsüber anhand praktischer Beispiele im Gelände die örtlichen Gegebenheiten wie auch Besonderheiten und führen damit das Theoriewissen „aus dem Hörsaal" weiter (Abschn. 1.4.3). Damit dieses Wissen gefestigt wird, müssen die neuen Inhalte von den Teilnehmerinnen und Teilnehmern dokumentiert werden, sowohl in Form einer Mitschrift wie auch durch entsprechendes Bildmaterial (Abschn. 1.4.4). Die Kernaussage (Abschn. 1.4.5) formuliert den Leitgedanken des Abschnitts nochmals mit wenigen Worten. Letztendlich runden vergleichende und weiterführende Übungsbeispiele den Eindruck eines Tages ab (Abschn. 1.4.6). Die einzelnen Tage ergeben – wie zuvor bereits angeführt – einen arrondierten und vernetzten Einblick in die bereiste Destination und wachsen letztendlich zu einer Einheit zusammen. Es macht also wenig Sinn, sich lediglich auf die Tagesetappen zu beschränken und einzelne Inhalte losgelöst zu betrachten. Erst in der Summe ist es möglich, die Destination in ihrer gesamten Komplexität zu erfassen.

1.4.1 Die „Morgenansprache": Lernziele der Tagesetappe

Jeder Tag beginnt mit der gleichen Prozedur: Die Exkursionsgruppe versammelt sich in der Lobby der Unterkunft, das Leitungsteam stellt in einer kompakten Übersicht die Tagesetappe vor, erläutert die Inhalte und Ziele des Tages, fasst die Anforderungen zusammen und verteilt Arbeitsaufgaben. Da sich dieses Ritual täglich wiederholt, haben es die Studierenden als „Morgenansprache" tituliert.

Diese Morgenansprache gibt es auch in dem vorliegenden Buch: Zu Beginn jedes Abschnitts und vor den inhaltlichen Ausführungen wird in einer Übersichtsbox das Lernziel des Abschnitts kurz vorgestellt und skizziert. Die Lernziele decken drei bedeutende Funktionen ab:

Lernziele

- Anhand der Lernziele ist es möglich, sich inhaltlich zu orientieren – Sie wissen, was im nächsten Abschnitt auf Sie zukommt.
- Lernziele strukturieren die Inhalte – Wichtiges wird aus der Gesamtdarstellung gelöst, hervorgehoben und betont.
- Anhand der Lernziele können Sie am Ende des Abschnitts überprüfen, ob Sie diese Zielsetzungen erreicht haben – Lernziele unterstützen daher die Erfolgskontrolle.

Dem Lernziel angefügt werden Sie auch immer eine Anlehnung an unsere Exkursion finden und aus diesem stetigen Vergleich hoffentlich Energie für die nachfolgenden Schritte ableiten.

1.4.2   Ein Blick durch das Fernglas: Ein geographisches Praxisbeispiel

Wenn wir an unserem ersten Standort angekommen sind und auch wissen, welche Themen und Aspekte uns dort interessieren (Lernziele), dann zücken wir zuerst einmal eines unserer geographischen Utensilien – in diesem Fall nicht die Karte, sondern (sinngemäß) das Fernglas, um uns einen ersten Überblick über das Gebiet zu verschaffen. Wir lassen den Blick rundum schweifen und die (Kultur-)Landschaft auf uns wirken. Der erste Eindruck streicht vielfach die markantesten Facetten hervor, ohne dass wir genau wissen, was uns denn so nachhaltig beeindruckt.

Im Fall der Statistik folgt den Lernzielen daher in zahlreichen Abschnitten ein praxisnahes Beispiel. Exemplarisch kann damit der Inhalt vorgestellt werden, ohne von Beginn an bzw. vorab den Fokus auf die Mathematik zu legen. Der Vorteil für Geographinnen und Geographen: Sie werden nicht durch die Mathematik „abgelenkt", das Hauptaugenmerk liegt auf dem Zusammenhang und auf der inhaltlichen, geographischen Sichtweise. Mit dieser Änderung des Blickwinkels kommt hier noch etwas zum Tragen, wenn es um das Verständnis von Statistik geht: Der von mir viel zitierte „Hausverstand" bleibt wach. In den Lehrveranstaltungen ist es häufig so, dass, sobald eine „mathematische" Frage gestellt wird, die Intuition und das logische Denken aussetzen und wilden Gedankenkonstrukten Platz machen, während die eigentliche Lösung sehr einfach ist, sozusagen auf der Hand liegt. Einführende Beispiele, die den mathematischen Ausführungen vorangestellt werden, verfolgen demnach folgende Ziele:

> **Beispiel**
> - Die intuitive Annäherung und Hinführung zum weiteren Inhalt: Die statistische „Unbefangenheit" eröffnet einen weiten Blickwinkel.
> - Eine Fokussierung auf die geographische Fragestellung und auf Lösungsansätze: Die Statistik tritt in den Hintergrund, die Problemlösung inkludiert eine breite Palette an Gedankenzugängen.
> - Ein All-in-one-Ansatz: Statistischer Inhalt wird in Kombination mit geographischen Problemstellungen vorgestellt.

Die Statistik wird sozusagen durch die Hintertür in das Beispiel integriert, womit das gesamte Potenzial, das in den Studierenden steckt – und dieses ist bemerkenswert groß – hervorgelockt und dem logischen Denken wieder Platz eingeräumt wird. Die logische Reflexion muss allerdings verstärkt angewandt und trainiert werden, da sie aus dem Alltagsleben meiner Auffassung nach weitgehend verschwunden zu sein scheint – diese Aufgabe wird mittlerweile überwiegend von der uns umgebenden Technik ausgeführt.

1.4.3 Expertise vor Ort: Theorierahmen und Erläuterungen

Nachdem wir uns nun ein erstes Bild gemacht haben – sowohl aus geographischer wie auch aus mathematischer oder statistischer Sicht –, ist unser Entdeckungs- und Forschergeist gänzlich geweckt. Die Erkenntnis, dass sich vor unseren Augen etwas Besonderes, Unbekanntes, Neues auftut, reicht nicht aus. Wir wollen wissen, was hinter den Phänomenen steckt, die sich uns darstellen. Zahlreiche Fragen entwickeln sich in diesem Zusammenhang, zum Beispiel: Wie kommt es dazu? Was sind die Rahmenbedingungen für diese Entwicklung? Welche Konsequenzen folgen daraus? Um auf unsere Fragen Antworten zu erhalten, können wir einerseits in der Literatur nachlesen – dazu fehlt uns allerdings auf der Exkursion die Gelegenheit. Deshalb werden wir uns der Expertise der Kolleginnen und Kollegen vor Ort bedienen – und unser Wissen mit deren Hilfe ergänzen.

Unser geographisch-statistischer Wissensdurst wird zwar durch das einleitende Beispiel geschürt, allerdings reicht dieses nicht aus, um den statistischen Aspekt des Beispiels ausreichend zu beleuchten bzw. zu erklären. Daher folgt nach der Einleitung eine kritische Auseinandersetzung mit dem theoretischen, statistischen Hintergrund. Zum einen wird mit diesen Ausführungen die erforderliche Theorie vorgestellt, gleichzeitig wird versucht, diesen durchaus formalen Zugang mit beschreibenden Worten zu erklären. Neben den mathematischen Definitionen streichen Aufzählungen von Vor- und Nachteilen, Listen von Regeln und Kriterien die zentralen Gesichtspunkte der Erläuterungen plakativ hervor und gewährleisten die rasche Erfassung der vermittelten Inhalte. Darüber hinaus wird speziell auf Fragen im praktischen Kontext eingegangen:

- Für welche Daten darf der Parameter berechnet bzw. die entsprechende Analyse herangezogen werden?
- Was sind Herausforderungen, die im Zusammenhang mit dem Parameter/der Analyse auftreten?
- Wofür eignet sich der Parameter/die Analyse besonders gut?
- Hauptaugenmerk liegt auf einer kompakten Präsentation der Inhalte und dem anwendungsrelevanten Anteil der Argumentationen.

Um Ihnen den Umgang mit Formeln und Funktionen zu erleichtern, ist am Ende des Buches eine **Formelsammlung** als Kopiervorlage bereitgestellt. Das Auswendiglernen von Formeln zählt nicht zu jenen Zielen, die dieses Buch verfolgt, vielmehr ist es ein Anliegen, dass Sie diese verstehen und anwenden können. Das Formelheft fungiert demnach gleichermaßen als Leitfaden und Nachschlagefibel.

1.4.4 Block und Bleistift: Festhalten des Erlernten und Erfolgskontrolle

Auch wenn die lokalen Expertinnen und Experten ihr regionales Wissen und ihre Erfahrungen bereitwillig an uns weitergeben – die Fülle und Vielfalt der Informationen macht es nahezu unmöglich, diese „abzuspeichern" und zu behalten, obwohl dies sicherlich nicht auf mangelndes Interesse zurückzuführen ist. Um ein umfassendes Spektrum an neuen Fakten aufnehmen und daraus neues Wissen generieren zu können, bleibt es uns nicht erspart, Schreibblock und Stift zu zücken, um Wesentliches schriftlich festzuhalten. Ob mithilfe dieser Notizen ein bestehendes Skriptum ergänzt oder ein neuer Exkursionsbericht verfasst wird, hängt dann von den jeweiligen Vorgaben der Exkursionsleitung ab.

In unserem Buch verhält es sich ähnlich: Zwar sind wir nach diesem umfassenden statistischen Theorieinput sozusagen schlauer, aber wie kann gewährleistet werden, dass die essenziellen Inhalte im Gedächtnis bleiben? Dafür steht die Lernbox, die gemeinsam mit der Kernaussage und den Übungsbeispielen jeden Abschnitt abschließt. In der **Lernbox** werden die wichtigsten Inhalte des Abschnitts überblicksmäßig zusammengefasst. Da Bilder eher im Gedächtnis bleiben als Texte, wird diese Zusammenfassung der Inhalte meist mit einer Grafik visualisiert.

Lernbox

❏ Sie strukturiert die Inhalte nach Priorität – nur Wesentliches ist in der Lernbox enthalten.

❏ Sie gibt einen schnellen Überblick über die wesentlichen Inhalte.

❏ Sie festigt die zuvor präsentierten Inhalte durch die komprimierte Darstellung.

❏ Sie dient als Erfolgskontrolle – und gibt Antworten auf die Lernziele, die zu Beginn des Abschnitts aufgestellt wurden. Die Lernbox fungiert als Lernunterstützung und Evaluierungshilfe zugleich.

1.4.5 Blitzlicht und GPS: Wichtiges auf den Punkt gebracht

Auf der Exkursion entstehen – nicht zuletzt um Situationen zu skizzieren und landschaftliche, kulturelle oder persönliche Eindrücke festzuhalten – Fotografien, Momentaufnahmen, Skizzen. Diese Illustrationen verdichten die Wirklichkeit und gelten in dieser Form als empirische Daten (Selke, 2004). Nicht zuletzt aufgrund der Bedeutung dieser visuellen Instrumente wird die Geographie vielfach als „visuelle Disziplin" bezeichnet (Rose, 2003).

Obwohl wir uns mit der Lernbox diesem illustrativen Gedanken verschreiben, bedienen wir uns darüber hinaus einer Verschriftlichung des Grundgedankens, dem der jeweilige Abschnitt folgt. Ein „Snapshot", ein Blitzlicht oder, geotechnologisch formuliert, das GPS bringt die zentrale Botschaft auf den Punkt. Mit einem Satz bzw. mit wenigen Worten und möglichst pointiert, fasst die Kernaussage den Abschnitt nochmals zusammen.

Kernaussage

Die Kernaussage bringt den wichtigsten Gedanken des Abschnitts mit wenigen Worten auf den Punkt.

1.4.6   Der Reiseführer: Eine Sammlung von Übungsbeispielen

Wer von uns Geographinnen und Geographen fährt schon unvorbereitet auf eine Exkursion? Genau genommen ist es unseren Studierenden nicht einmal möglich, ohne inhaltliche Vorbereitung an einer Exkursion teilzunehmen – Praktika, Vorlesungen und Seminare bereiten den wissenschaftlichen Boden für neue Erfahrungen und Erkenntnisse auf. Aber nicht nur Fachliteratur muss vorweg zur Hand genommen werden, die meisten Studierenden greifen auch zur allgemein gebräuchlichen Literatur – zum Reiseführer, um sich einen Eindruck zu verschaffen und sich über Besonderheiten, Sehenswürdigkeiten etc. einer Destination zu informieren. An dieser Stelle sei angemerkt, dass der Griff zur Hardware – damit meine ich ein gebundenes Buch – bei den Studierenden (und nicht nur bei diesen) vielfach durch das Internet als Informationsquelle ersetzt wird. Im touristischen Sinne sind Reiseführer nichts anderes als eine Zusammenschau von Good-Practice-Beispielen – sie vermitteln eine mehr oder weniger umfassende Sammlung von Standorten bzw. Empfehlungen, was es zu bereisen gilt – eine Liste von *must have, must see, must know*. Diese Liste wird durch „Insidertipps" aufgepeppt, die natürlich von weiteren Tausenden Reisenden gelesen werden. Die daraus resultierende (touristische) Massenbewegung ist genau jener Punkt, den wir aus statistischer Sicht anstreben.

Gerade in einem Bereich, wo die Anwendung und Umsetzung an praktischen Beispielen im Vordergrund stehen, bietet sich auch in der Statistik der Gebrauch eines „Reiseführers" an – weniger als Unterstützung bei der Vorbereitung als vielmehr im Zusammenhang mit der Nachbereitung von neu Gelerntem. Der Reiseführer als Sammlung von Übungsbeispielen lässt sich im statistischen Kontext als Zusammenstellung von Beispielen aus verschiedenen Anwendungsbereichen sehen, der dazu dient, einerseits das erworbene Wissen zu festigen, andererseits den Ablauf von Analysen im praxisnahen Umfeld durchzuführen und diese auf andere Szenarien zu transferieren. Abgerundet werden diese Übungsbeispiele durch die Skizzierung der Lösungswege. Da der Umfang der Übungsbeispiele den Rahmen des Buches sprengen würde, werden diese online zur Verfügung gestellt (www.springer.com/978-3-8274-2611-6).

An dieser Stelle möchte ich darauf hinweisen, dass die Notationen bewusst den Definitionen entsprechend angewendet wurden. Dies bezieht sich in erster Linie auf die Benennung der Variablen und Indizes, auch im Falle zweier Variablen und Merkmale, die in einem Beispiel gleich benannt wurden – es handelt sich also nicht um Nachlässigkeit, sondern um eine willentliche Übereinstimmung. Eine weitere Anmerkung gilt der Rechengenauigkeit: Abweichungen der Ergebnisse im Falle des Nachrechnens sind auf Rundungsfehler zurückzuführen.

Mit der Bereitstellung der Lösungen ist gewährleistet, dass der statistische Inhalt nachvollziehbar und transparent dargestellt wird. Die Lösungswege enden nicht – entgegen den herkömmlichen Zugängen – mit einer Zahl bzw. einem Ergebnis. Sie werden mit der Interpretation des Ergebnisses sowie einer rückwirkenden Sichtweise im Kontext der eingangs formulierten Problemstellung erweitert. Übungsbeispiele mit Lösungsweg und Interpretation, gegebenenfalls auch alternative Lösungsansätze – ein Rundumblick, der alle (statistischen) Highlights der Anwendung hervorzuheben versucht. Um die Anwendungsorientierung der Beispiele zu unterstreichen, stellen die Übungsbeispiele eine Zusammenschau von Anwendungen aus Projekten, Fallbeispielen, wissenschaftlichen Artikeln etc. dar. Maßgebliche Unterstützung habe ich hierfür seitens der Mitglieder des Instituts gefunden – auch an dieser Stelle möchte ich mich nochmals dafür bedanken.

Vorbereitung oder schon Teil der Reise? – Grundlagen der Statistik

2

2.1 Bereits beschrittene Wege: Die Geschichte der Statistik

Lernziele

- nachvollziehen, aus welchen Gründen sich die Statistik entwickelt hat
- die Haupteinsatzbereiche der Statistik anführen
- die Strömungen in der Statistik benennen und inhaltlich skizzieren

Wenn wir uns jetzt in eine uns bislang unbekannte Destination begeben, die Koffer gepackt, die Utensilien vorbereitet haben, möchten wir natürlich wissen, was uns erwartet. Welchen Menschen, welchen Kulturen werden wir begegnen? Auf welche Kultur- und Naturlandschaften werden wir treffen? Welche klimatischen Bedingungen finden wir vor? Wie gestaltet sich die Landschaft, wie die Fauna und Flora? Und da wir Geographinnen und Geographen sind, möchten wir es natürlich „genau" wissen, auch Details kennen und bedienen uns für eine erste Orientierung der Zahlen und Fakten, die unsere Destination quantitativ umschreiben.

Mit diesen Fragen sind wir wieder mitten in der Statistik angelangt – diesmal in ihrer Entwicklungsgeschichte. Statistik oder vielmehr ihre Ansätze reichen weit in die Vergangenheit zurück, und es gibt, ähnlich, wie dies für viele Forschungsbereiche und Entwicklungen gilt, (zumindest) zwei Auslöser für deren Genese – einerseits waren es wirtschaftliche Fragestellungen, andererseits militärische Zwecke, die den Ursprung für erste Erfassungen der Bevölkerung in Form von Zählungen begründet haben. Gleichgültig, ob Herrscher bzw. Politiker wissen wollten, über wie viele Untertanen sie walten, um daraus das Potenzial an Steuereinkünften zu ermitteln, oder ob ein Heer aus kriegerischem Ansinnen die Anzahl wehrkräftiger Männer benötigte – was seinerzeit vor fast 5.000 Jahren mit Volkszählungen, sei es in Ägypten, China, Persien oder Rom, begann (Menges, 1960), hat bis in die heutige Zeit seine Bedeutung nicht verloren. Da es sich bei den Volkszählungen lediglich um Darstellungen mithilfe von Tabellen und Übersichten handelte, also noch keine mathematischen Analysen in den Auswertungen inkludiert waren, zeichnet diese

S. Zimmermann-Janschitz, *Statistik in der Geographie*, DOI 10.1007/978-3-8274-2612-3_2,
© Springer-Verlag Berlin Heidelberg 2014

amtliche Statistik, unter der sie in der Literatur firmiert, für die erste Strömung in der Statistik verantwortlich, allerdings ohne die konkrete Bezeichnung „Statistik" zu benutzen (Krug, Nourney und Schmidt, 2001; Pflaumer, Heine und Hartung, 2009). Mit der Entstehung der Nationalstaaten in Europa etablierten sich zunehmend statistische Ämter, Behörden und Institutionen, die einem verstärkten Bedarf an Informationen und Daten zu Staat, Wirtschaft und Gesellschaft Rechnung trugen. Insbesondere für die im Bereich der Humangeographie tätigen Geographinnen und Geographen besitzt diese amtliche Statistik, die auch heute noch unter anderem in Form von Volkszählungen fortgeführt wird – die Vereinten Nationen befürworteten nach dem Zweiten Weltkrieg Volkszählungen in Zehnjahresabständen (Grohmann, 2011) –, einen hohen Stellenwert; sie liefert die Datengrundlagen für zahlreiche weiterführende statistische Analysen (Abschn. 3.1.2).

Beginnend mit der Mitte des 17. Jahrhunderts wurde der „Statistik" eine weitere Bedeutung verliehen, indem sie noch stärker mit dem Begriff „Staat" (vom italienischen *statista* für „Staatsmann") in Verbindung gebracht wurde. Ein Jahrhundert später setzte Gottfried Achenwall (1719–1772) den Begriff „Statistik" mit der Staatskunde gleich, die als eine „Wissenschaft vom (gegenwärtigen) Zustande des Staates oder des Zuständlichen im Staate" beschrieben wurde (Knies, 1850, S. 10). Die Diskussion rankte sich zu diesem Zeitpunkt darum, ob Statistik eine Gegenwartsbeschreibung darstellt oder auch die Vergangenheit abgebildet wird und, vor allem, was alles dieser Statistik anzugehören hat, wie weit diese Zustandsbeschreibung des Staates reichen soll. Der augenscheinlichste Vergleich, was dieser statistische Ansatz umschreibt, ist wohl der Vergleich zum Staat als einem Gemälde: „Der Statistiker ist ein Maler, der euch abzeichnet, wie ihr in dem Augenblick seid, da ihr euch ihm vorstellt" (Gioja, zit. nach Knies, 1850, S. 58). Die Auflistungen von Zahlen, Daten und Fakten wurden durch Dokumentationen ergänzt, der Staat und sein Sozialgefüge wurden sprichwörtlich inventarisiert. Da diese Bestrebungen in erster Linie ihren Ursprung an den deutschen Universitäten genommen haben, trägt diese Strömung den Namen **Universitätsstatistik**. Auch in dieser statistischen Periode dominierte die Beschreibung durch Tabellen, Kennzahlen, Indizes und deren Vergleiche, ergänzt durch qualitative Erläuterungen (Weischer, 2007). Dieser Ansatz lässt sich auch auf die Geographie übertragen. Im Kleinen Prinzen skizziert Saint-Exupéry (1983, S. 12) den „Geographen" als jemanden „… der weiß, wo sich die Meere, die Ströme, die Städte, die Berge und die Wüsten befinden". Auch die traditionelle Geographie folgt(e) dem Schema der Beschreibung von Staaten bzw. Ländern in Hinblick auf Geographie, Geomorphologie, Bevölkerungsstruktur, Sozialstruktur etc. Zwar hat sich dieser Blickwinkel in der modernen Paradigmenvielfalt der Geographie geändert, ist ausgedehnt und/oder eingeschränkt worden, die Reminiszenzen sind allerdings noch immer vorhanden – zumindest was das Verständnis von den Inhalten der Geographie, aber auch von Statistik in der breiten Gesellschaft betrifft.

Zeitgleich, also ebenso ungefähr mit der Mitte des 17. Jahrhunderts zu datieren, entwickelte sich der Wunsch, ausgehend von den Daten der amtlichen Statistik auch einen Blick in die Zukunft zu werfen und etwa die Entwicklung der Bevölkerung eines Staates in einem absehbaren Zeitraum abschätzen zu können. Grundlage für diese Vorausschau bildeten die Geburten- und Sterbetafeln, die seitens der amtlichen Statistik in regelmäßigen

Abschnitten ermittelt wurden. Sucht man nach einem Namen, der mit dieser Strömung der Statistik, die als **politische Arithmetik** bezeichnet wird, ursächlich in Verbindung gebracht wird, wird John Graunt (1620–1674) federführend genannt (der zeitgleich in manchen geschichtlichen Darstellungen im Zuge der Wahrscheinlichkeitstheorie angeführt ist). Er hat aus den Geburten- und Sterbeziffern von London beispielsweise die durchschnittliche Lebenserwartung berechnet oder Aussagen über die Altersstruktur getätigt (Schnell, Hill und Esser, 2008). Wiederum rückte die quantitative Darstellung in den Vordergrund, darüber hinaus wurden Regelmäßigkeiten bzw. Gesetzmäßigkeiten in den Daten gesucht, aus denen Schlussfolgerungen gezogen werden konnten. Neben bevölkerungsgeographischen Fragen – und damit haben wir wiederum den Bezug zur und die Bedeutung für die Geographie hergestellt – befasste sich Sir William Petty (1623–1687) mit der Erfassung des Wirtschafts- und Sozialgefüges von Irland, schrieb über die „politische Anatomie Irlands" und setzte sich in diesem Kontext sogar mit budgetären Fragen auseinander (Schnell, Hill und Esser, 2008; Weischer, 2007), andere wiederum untersuchten die Problematik der Rentenzahlungen. Während die politische Arithmetik in Großbritannien zusehends an Bedeutung gewann, fristete sie zu Beginn in Deutschland nahezu ein Schattendasein, da ihr die Universitätsstatistik starke Konkurrenz bot. In diesem Machtkampf standen umfangreiche Beschreibungen den quantitativen Analysen gegenüber – letztendlich lösten die „Quantifizierer" die Universitätsstatistik ab und verhalfen insbesondere den Naturwissenschaften zu mehr Empirie.

Die politische Arithmetik mit ihrer Suche nach Gesetzmäßigkeiten nimmt eine Zwischenstellung zwischen der Universitätsstatistik und einer weiteren Strömung der Statistik ein, der **Wahrscheinlichkeitsrechnung**. Mit der Wahrscheinlichkeitsrechnung beginnt ein neuer, gänzlich anderer Zugang zur Statistik, der sich erst im 20. Jahrhundert mit den restlichen Richtungen vereint. Während den letzten Strömungen der Statistik durchaus ein Naheverhältnis zur Geographie zuzuschreiben ist, entstammt die Wahrscheinlichkeitsrechnung dem Glücksspiel – zwar könnte man auch hier die Anbindung über den Tourismus herstellen, dies wäre aber im historischen Kontext doch etwas weit her geholt. Während erste Aufzeichnungen über die Ansätze zur Wahrscheinlichkeitsrechnung in der Literatur ähnlich weit zurückreichen wie jene der amtlichen Statistik – das Glücksspiel hat es bereits in der Antike gegeben –, wird häufig das Jahr 1654 als eigentliche Geburtsstunde der Wahrscheinlichkeitsrechnung genannt.

Zwar belegen unterschiedliche Dokumente, die bis in das 13. Jahrhundert zurückreichen, die kritische Auseinandersetzung mit der Frage der Gewinnaufteilungen bei Glücksspielen, aber erst der Briefwechsel zwischen Blaise Pascal (1623–1662) und Pierre Fermat (1601–1665) über die zu erwartenden Ergebnisse beim Würfelspiel prägen die Grundbegriffe „Wahrscheinlichkeit" und „Erwartung" oder, wie Pascal es nannte, „Wert der Hoffnung" (Wirths, 1999; Wußing, 2008). Die Möglichkeit, Vorhersagen zu quantifizieren und nicht nur anzunehmen, prägt einen neuen Denkansatz, eine selbstständige Disziplin der Mathematik und auch umfangreiche Sammlungen von Schriften und Lehrbüchern. Zu Beginn dominiert von Fragen des Glücksspieles, das in dieser Zeit nicht nur in Frankreich sehr populär war – auch heute wird das Würfel-Beispiel zumeist als Erklärungsansatz in der

Stochastik herangezogen –, erkannten die Forscher sehr bald die weitreichende Bedeutung ihrer Untersuchungen. Ohne in diesem Kontext auf die zahlreichen bedeutenden Namen wie Bernoulli, Bayes etc. einzugehen – ihre Namen finden sich in mathematischen Theoremen, Sätzen und Definitionen wieder –, seien noch einige wichtige Namen mit Reputation, die für eine Richtungswendung in der Stochastik verantwortlich zeichnen, angeführt. Dazu zählt Pierre-Simon Laplace (1749–1827), der am Beginn des 19. Jahrhunderts mit seinen Werken und der Definition einer Rechenvorschrift, des „Maßes der Wahrscheinlichkeit", sowie Untersuchungen zu Beobachtungsfehlern die Wahrscheinlichkeitsrechnung erneut belebte, ebenso wie Siméon Denis Poisson (1781–1840), der die Frage der Anwendungsmöglichkeiten der Wahrscheinlichkeitsrechnung im Gerichtswesen im Hinblick auf gerechte Urteile beleuchtete. Laplace führte ferner die Gedanken von Graunt zum Thema Lebenserwartung und Sterblichkeit weiter. Nicht zu vergessen in dieser Auflistung ist natürlich auch Carl Friedrich Gauß (1777–1855), auf den unter anderem die Methode der kleinsten Quadrate (Exkurs 3.4) und die Normalverteilung (Abschn. 3.2.5) zurückgehen. Mit Laplace und Poisson wurde die Wahrscheinlichkeitsrechnung auf Fragestellungen aus anderen Wissenschaftsbereichen ausgedehnt; so zählten Physik und Astronomie zu weiteren Schwerpunkten der Forschung (Wußing, 2008).

In den nächsten Jahrzehnten verlagerte sich der Schauplatz der Forschung zum Thema Wahrscheinlichkeit nach Russland – auch diese Spur ist aus den Namen der großen Mathematiker abzulesen (z. B. Tschebyscheff, Marko). Am Beginn des 20. Jahrhunderts griff der österreichische Mathematiker Richard von Mises (1883–1953) erneut das Thema der Anwendbarkeit der Wahrscheinlichkeitsrechnung auf. Er versuchte entgegen Laplace, der die Wahrscheinlichkeit eines Ereignisses im Vorhinein (a priori) basierend auf mathematischen Modellen ermittelte, die statistische Wahrscheinlichkeit aus den relativen Häufigkeiten einer Serie von Zufallsereignissen (a posteriori) zu berechnen (Eckey, Kosfeld und Türck, 2005). Doch erst im Jahr 1933 gelang es Andrej Kolmogoroff (1903–1987), mittels eines Axiomensystems, bestehend aus drei „Rechenregeln" der Wahrscheinlichkeitsrechnung, ein umfassendes mathematische Fundament zu verleihen; dies war sozusagen der Zeitpunkt der Verschmelzung der einzelnen Strömungen der Statistik und gleichzeitig der Beginn der **modernen Statistik**. (*Anmerkung:* Diese Feststellung darf durchaus als oberflächlich angesehen werden, da in diesem Kontext auf eine Diskussion der Ansätze der modernen Statistik, denen verschiedene Philosophien zugrunde liegen, verzichtet werden muss.) Beginnend mit diesem mathematischen Fundament boomte die Wahrscheinlichkeitsrechnung und drang, unterstützt von der Entwicklung der Naturwissenschaften, in zahlreiche andere Disziplinen vor. Zusätzlich forcierte die Entfaltung der digitalen Technik den Einsatz des Computers und verhalf der Statistik zu noch größerem Zuspruch, sowohl in der Anwendung als auch – von dieser gefördert – in der theoretischen Forschung.

Da wir auf unserer Exkursion aber nur einen vergleichsweise kurzen Rückblick wagen, wird hier auf eine weiterführende Darstellung der aktuelleren Entwicklungen der Wahrscheinlichkeitsrechnung bzw. Stochastik verzichtet bzw. auf die Literatur verwiesen. Die Konsequenz aus unserem historischen Rückblick besitzt allerdings weitreichende Folgen für unser Buch – darin begründen sich einerseits die unterschiedlichen Definitionen (Abschn. 2.3), die mit dem Themenbereich Statistik verknüpft werden. Anderseits spiegelt sich die geschichtliche Entwicklung von Statistik auch im allgemeinen Verständnis bzw. der Auffassung darüber, was man unter Statistik versteht, wider. Sowohl wissenschaftliche Definitionen als auch das allgemeine Verständnis über Statistik sind natürlich untrennbar miteinander verwoben und beeinflussen sich gegenseitig. Letztendlich besitzt die Geschichte auch entscheidenden Einfluss auf die Auswahl der Inhalte, die als statistische Grundlagen für das Studium vorgestellt werden.

Lernbox

Fassen wir die wichtigsten Etappen in der Entwicklungsgeschichte der Statistik zusammen (siehe Abb. 2.1).

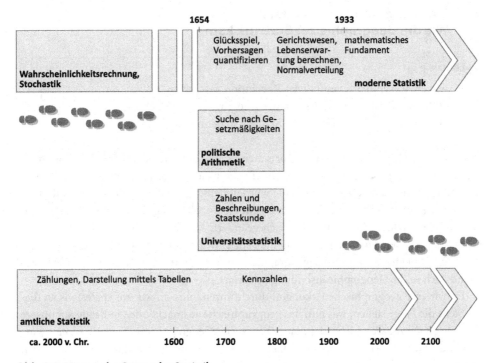

Abb. 2.1 Historische Genese der Statistik.

Kernaussage

Die Statistik als Wissenschaft resultiert aus praktischen Fragestellungen – der Wunsch, Prognosen aus Tatbeständen abzuleiten und unsere (Um-)Welt in Zahlen zu verpacken, gipfelt in einer neuen Forschungsdisziplin.

Übung 2.1.1

Überlegen Sie sich, für wen Statistiken in früherer Zeit relevant waren und in welcher Form Statistiken Bedeutung erlangt haben. Welche Personen, Institutionen bzw. Organisationen und Verbände haben damit die Entwicklung der Statistik vorangetrieben? Die Lösungen zu den Übungsaufgaben sind jeweils unter www.springer.com/978-3-8274-2611-6 zu finden.

Übung 2.1.2

Welche statistischen Inhalte aus der historischen Entwicklung finden sich auch heute noch in unserem Alltag. Führen Sie dazu einige Beispiele an.

2.2 Eine *geographische* Exkursion: Wie die Geographie zur Statistik kam

---

Lernziele

- wissen, was in der quantitativen Revolution geschehen ist
- erklären, wie sich die Statistik in der Geographie entwickelt hat
- aktuelle Trends in Bezug auf die Statistik benennen und interpretieren

---

Wie bereits den Ausführungen zur historischen Genese der Statistik zu entnehmen ist, handelt es sich bei der modernen Statistik um eine vergleichsweise junge Wissenschaft. Auch die Anknüpfungspunkte zur Geographie wurden herausgestrichen – nicht zuletzt deshalb haben wir einen Blick auf die Geschichte geworfen –, allerdings hat sich auch dieser Zugang in den letzten Jahrzehnten drastisch geändert. Mittlerweile hat die Statistik in der Geographie wie auch in anderen Disziplinen sprichwörtlich Einzug gehalten und ist somit nicht nur probates Mittel in der geographischen Forschung, sondern wird dementsprechend auch in die Geographieausbildung integriert.

Da wir eine geographische Exkursion durchführen, müssen wir uns spätestens an dieser Stelle die Frage stellen, was nun das **geographische** ausmacht oder, in Bezug auf unsere Ausführungen zur Geschichte der Statistik, wie jetzt Geographie und Statistik vereint wurden und, in diesem Kontext, wann die Geographie zur Statistik kam bzw. seit wann sie sich statistischer Analysen bedient.

Und jetzt kommt die überraschende Antwort – zumindest, wenn Sie dieses Datum in Relation zu Ihrem Geburtsdatum stellen. Erst in den 1970er Jahren hat man in der Geographie begonnen, sich statistischer Methoden zu bedienen. Davor galt die Beschreibung von Ländern unterstützt durch Datenmaterial, wie sie die amtliche Statistik zur Verfügung stellte, als ausreichend. Den Auftakt hierfür – obwohl es schwierig ist, ein exaktes Datum zu nennen, da es sich bei einer Veränderung von Gedankenzugängen in der Wissenschaft immer um Prozesse handelt – bildet der Kieler Geographentag im Jahr 1969. An jenem besagten Geographentag haben junge Wissenschaftlerinnen und Wissenschaftler sowie die

Studierenden „mehr Wissenschaftlichkeit" in der Geographie gefordert und damit gleichzeitig eine Abwendung vom tradierten, länderkundlichen, beschreibenden Schema. Basis für diese Forderung bildete die Habilitation von Dietrich Bartels zum Thema „Zur wissenschaftstheoretischen Grundlegung einer Geographie des Menschen", in der er auf die Bedeutung des Raumbezugs und die Theoriebildung für die Geographie hinwies (Werlen, 2008, S. 188 ff.). Es entstand der Wunsch nach theoriegeleiteter Forschung, Nachvollziehbarkeit und Praxisbezug. Ein Umdenken setzte ein, und es bildete sich ein neues Paradigma, ein Leitbild für die Forschung, das den Raumbezug in den Vordergrund rückte – dieser Raumbezug wird aktuell auch von anderen Wissenschaften wie der Medizin, der Soziologie etc. wiederentdeckt, was, wie bereits erwähnt, unter dem Begriff *spatial turn* firmiert (Döring und Thielmann, 2008). Dieser chorologische Zugang – im Zeitalter von Google Maps & Co. heute selbstverständlich und kaum mehr wegzudenken –, der den Standortbezug, eine Verortung und die Relation von Objekten zueinander in den Vordergrund stellt, prägt ab sofort die geographische Wissenschaft. Ziel der Geographie ist nunmehr die „Erfassung und Erklärung erdoberflächlicher Verbreitungs- und Verknüpfungsmuster im Bereich menschlicher Handlungen und ihrer Motivationskreise, [...]" (Bartels, 1970, S. 33). (*Anmerkung*: Die Chorologie stellt eine „Wissenschaft von den kausalen Zusammenhängen der in einem bestimmten geografischen Raum auftretenden Erscheinungen und Kräfte" dar (Bibliographisches Institut GmbH, 2011).)

Im Zuge dieser **quantitativen Revolution**, wie diese Entwicklung auch genannt wird, wird Geographie zu einer Raumwissenschaft, die versucht, Gesetzmäßigkeiten im Sinne räumlicher Muster zu finden, quantitative Verfahren einzubeziehen und damit mathematisch-statistischen Analysen Platz zu verleihen. Ziel ist eine intersubjektiv nachprüfbare Theoriegrundlage, die dem Popper'schen Gedanken des **Kritischen Rationalismus** folgt, der unter anderem die

- „[...] Problemorientierung [...]
- [...] Betonung des Hypothesenentwurfes im Zuge von Theoriebildung [...]
- [...] selektive, theoriebegründete Beobachtung und Modellbildung [...] sowie
- [...] Nachprüfbarkeit und messbares, möglichst quantitatives Vorgehen [...]"

betont (Backé, 1983, S. 7).

Auch in der Geographie, ähnlich wie in der Statistik, hat sich parallel zur quantitativen Revolution nahezu zeitgleich eine weitere Denkschule, die Münchner Schule der Sozialgeographie, entwickelt – als wichtigste Vertreter seien hier Jörg Maier, Reinhard Paesler, Karl Ruppert und Franz Schaffer angeführt –, die nach ersten „quantitativen" Anfängen die Basis für weitere Ansätze mit verstärkt qualitativer Orientierung legte. Nicht zuletzt aufgrund dieser methodischen Differenzen zeigte sich eine deutliche Tendenz der Auseinanderentwicklung von Physischer Geographie und Humangeographie. Seit dem Münchner Symposium zu integrativen Ansätzen in der Geographie (Heinritz, 2003) ist eine Trendumkehr sichtbar, die unter dem Blickwinkel der dritten Säule der Geographie versucht, qualitative und quantitative Forschungsansätze im Bereich der Mensch-Umwelt-Beziehungen miteinander zu verknüpfen (Weichhart, 2008). Allerdings konnte sich bisher kein neues, integratives Paradigma in der Geographie fundiert durchsetzen.

Wie schon aus diesen Ausführungen zu entnehmen ist, blieb es nicht bei der Ausformung eines einzelnen Paradigmas für die moderne Geographie – im Gegenteil. In den letzten Jahrzehnten haben sich zahlreiche Gedankengebäude entfaltet, von denen sich manche ergänzen, andere wiederum in starker Konkurrenz zueinander stehen. Für die Statistik, oder vielmehr die Geographie, ist jedoch von Bedeutung, dass seit der quantitativen Revolution statistische Verfahren einen festen Stellenwert in der Geographie – gleichgültig ob in der Physiogeographie, in der Humangeographie oder in der Integrativen Geographie – eingenommen haben. Diese Inklusion von mathematischen Analysen, Modellierungen und die Technologieorientierung werden zusätzlich, wie auch schon zuvor erwähnt, durch die Etablierung der geographischen Technologien weiter vorangetrieben. Nicht mehr ausschließlich der Einsatz von ausgereifter und potenter Statistiksoftware gibt Zeugnis von der quantitativen Perzeption, statistische Analysen bzw. Prozesse sind auch in der Fernerkundungssoftware und in den Geographischen Informationssystemen zu finden. Was an dieser Stelle besonders wichtig anzumerken ist: Die Statistik – und damit meine ich nicht die mathematisch-theoretische Disziplin – lebt in der Geographie nicht per se. Das bedeutet, dass Statistik – ähnlich wie andere Werkzeuge bzw. Tools – nur Relevanz besitzt, wenn sie mit Inhalten gefüllt wird. Und wieder kommen wir zu unseren vorhergehenden Ausführungen zurück, in denen wir schon einmal festgehalten haben, dass ohne Problemstellung und abschließender Interpretation jedwedes statistische Verfahren wertlos wird (Abschn. 1.1).

Lernbox

Wann und wie statistische Analysen in die Geographie integriert wurden, zeigt Abb. 2.2.

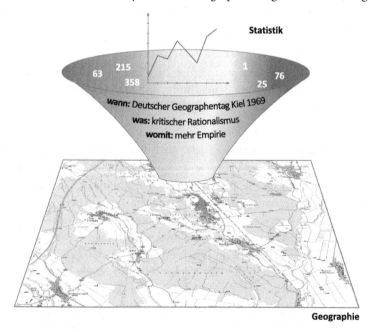

Abb. 2.2 Statistik in der Geographie.

Kernaussage

Obwohl die amtliche Statistik in der Geographie schon lange verankert ist, hat die Berechnung von statistischen Parametern erst mit dem Deutschen Geographentag in Kiel
1969 – mit der Forderung nach mehr Wissenschaftlichkeit – in die Geographie Einzug
gehalten.

Übung 2.2.1

Suchen Sie in der Bibliothek und im Internet nach Büchern, die die Begriffe „Geographie" und „Statistik" miteinander verbinden. Skizzieren Sie kurz, welche Werke Sie
gefunden haben, aus welcher Zeit diese stammen und welche Inhalte darin behandelt
werden.

2.3   Zur Wahl des Exkursionszieles: Deskriptive oder schließende Statistik und die Einsatzbereiche der Statistik in der Geographie

Lernziele

- den Begriff „Statistik" abgrenzen
- beschreibende von schließender Statistik unterscheiden
- Anwendungsbereiche von Statistik in der Geographie beschreiben
- Verwendungsziele der Statistik in der Geographie erläutern

Nach einer ausführlichen Auseinandersetzung mit den Ursprüngen der Statistik, sowohl
in einem umfassenden historischen Kontext als auch spezifisch in der Vergangenheit der
Geographie, haben wir die Fragen

- Welchem Teil der Statistik wenden wir uns zu?,
- Was genau ist unter dem Begriff „beschreibende Statistik" zu verstehen?,
- Wozu benötigen wir die Statistik?

noch immer nicht ausreichend bzw. ausführlich beantwortet. Wohin führt uns also unsere Exkursion? Warum ist es zu dieser Auswahl der Destination gekommen? Und welchen
geographischen Mehrwert erwarten wir uns?

Welchem Teil der Statistik wenden wir uns zu?

Eine kleinmaßstäbige Definition des Exkursionszieles haben wir eingangs bereits mit „der
Statistik" getroffen. Wie Sie schon vermuten, ist dieser Begriff zu umfassend, weist zu viele
Teilbereiche auf, um diese in einem einführenden Lehrbuch durchzuarbeiten – es bedarf also einer weiteren Einschränkung. Aus der historischen Genese der Statistik lassen sich zwei
wesentliche Strömungen ablesen, die mit der amtlichen Statistik sowie der Universitätsstatistik einerseits, die sich der Beschreibung von Daten mithilfe unterschiedlicher Darstellungsformen widmeten, und der Wahrscheinlichkeitsrechnung andererseits, die sich mit

der Abschätzung zukünftiger Ereignisse beschäftigt und dementsprechend umfassender Analysetechniken bedarf, abbilden lassen.

Spinnt man diese Gedanken weiter, stehen wir vor einer Weggabelung und müssen uns entscheiden: Ist es die beschreibende Statistik, die wir in den Mittelpunkt unserer Betrachtungen stellen, oder wollen wir eher die Wahrscheinlichkeitsrechnung bzw. die aus ihr resultierende sogenannte schließende Statistik näher untersuchen? Um es an dieser Stelle gleich vorwegzunehmen – die Route führt uns durch die **beschreibende Statistik**, da sie aus meiner persönlichen Sicht die essenzielle Grundlage für jedes weitere Verständnis statistisch-analytischer Untersuchungen bildet und sich darüber hinaus hervorragend dafür anbietet, die für die Anwendung von statistischen Analysen nötige logische Denkweise zu schärfen bzw. zu festigen.

Was genau ist unter dem Begriff „beschreibende Statistik" zu verstehen?

Und alternativ dazu, was ist mit „schließender Statistik" gemeint? Warum betrachtet man diese beiden Teilbereiche getrennt, und wie ist die Relation dieser beiden Teilbereiche zum allgemeinen Verständnis von Statistik?

Beginnen wir bei der letzten Frage: Wie wird der Begriff „Statistik" in der breiten Öffentlichkeit verstanden? Da gibt es zum einen die Sichtweise, dass es sich bei der Statistik quasi um Datenobjekte handelt: um Auflistungen von Daten, Zahlentabellen, um Grafiken; mit Statistik werden allerdings auch Institutionen in Verbindung gebracht, die für die Erfassung von Daten verantwortlich zeichnen. Zum anderen wird unter Statistik die Summe der mathematischen Techniken, Rechenverfahren und analytischen Abläufen verstanden – es handelt sich bei Statistik also um Verfahren, die auf die Daten angewendet werden. Der Fokus liegt einmal auf den Daten, das andere Mal auf den Analysen. In der Fachliteratur findet man eine große Bandbreite von Definitionen vor – so wie dies im Übrigen für viele Fachtermini der Fall ist (denken Sie nur an den Begriff der Nachhaltigkeit oder ähnliche schlagkräftige Bezeichnungen), eine eindeutige Definition fehlt. Die nachfolgenden Umschreibungen – und hier ist bewusst nicht der Begriff „Definition" gewählt – formulieren diese beiden Sichtweisen der Statistik, stehen stellvertretend für die Vielzahl an vorliegenden Darstellungen, erheben jedoch keinen Anspruch auf Allgemeingültigkeit. Einen kurzen Überblick über unterschiedliche Definitionen können Sie etwa bei Degen und Lorscheid (2011) nachlesen.

▸ **Definition** „Zum einen versteht man unter ‚einer Statistik' die Zusammenstellung von Daten zur Beschreibung realer Erscheinungen bestimmter Umweltausschnitte" (Schulze, 2007, S. 1). ▪

Die analysenorientierte Betrachtung bringt folgende Beschreibung hervor:

▸ **Definition** „Zum anderen faßt man unter dem Begriff ‚Statistik' die Gesamtheit des methodischen Instrumentariums zusammen, mit dessen Hilfe man zu quantitativen Ergebnissen gelangt" (Schulze, 2007, S. 1). ▪

Da wir hier eine facheinschlägige, geographische Exkursion unternehmen und somit eine wissenschaftliche Zielsetzung mit der Reise verbinden, werden wir uns für die weiteren Ausführungen der umfassenden Beschreibung bedienen. Dazu gehen wir noch einen Schritt weiter und schärfen unseren Blick in Bezug auf die Methoden, die uns die Statistik bietet. Womit wir bei der eingangs formulierten Frage angekommen sind: Was unterscheidet die deskriptive von der schließenden Statistik?

Beispiel 2.1
Unsere Exkursion führt uns in ein landwirtschaftliches Gebiet mit Gemüse- und Maisfeldern. An einem kleinen Maisfeld fällt auf, dass die Pflanzen eine unterschiedliche Größe und Färbung zeigen. Die Exkursionsleiterin gibt Ihnen die Aufgabe, mögliche Ursachen hierfür herauszufinden. Da Sie Physiogeographin bzw. Physiogeograph sind, nehmen Sie einige Bodenproben und untersuchen diese im Hinblick auf die Bodenfeuchte. Fein säuberlich protokollieren Sie die Messergebnisse und fertigen eine Tabelle an, die pro Probenstandort die Bodenfeuchte auflistet. Ohne es zu wissen, haben Sie sich dabei bereits einer Methode der beschreibenden Statistik bedient.

Beispiel 2.2
Als weiteres Beispiel können wir die Kostenaufstellung für unsere Exkursion (Tab. 1.1) heranziehen, aus der nicht nur die individuellen Kosten ablesbar sind, sondern neben der Gesamtsumme etwa die durchschnittlichen Flug- bzw. Unterkunftskosten ermittelt werden können.

Die **beschreibende** oder **deskriptive Statistik** stellt, wie der Name schon sagt, Wege und Mittel bereit, um **Daten** zu **beschreiben**. Zu dieser Charakterisierung zählen nicht nur wörtliche Beschreibungen im Sinne einer Interpretation, sondern es beginnt mit der Ordnung des Datenmaterials in Form von Tabellen, Gliederungen, Klassifizierungen sowie Gruppierungen. Bereits durch eine übersichtliche Aufbereitung des Datenmaterials kommt es zu einem Informationsgewinn. In einem weiteren Schritt wird versucht, eine Datenmenge mithilfe von statistischen Messzahlen, sogenannten Parametern, zu kennzeichnen und anschließend mittels Diagrammen und eventuell Karten zu visualisieren. Unter anderem ist es das Ziel, die in allen Untersuchungsobjekten vorhandene Information zu verdichten bzw. komprimiert darzustellen. Üblicherweise werden die Untersuchungsobjekte mit der Gesamtmenge aller verfügbaren Daten übereinstimmen. Wird eine Auswahl aus der Gesamtmenge – eine Stichprobe – getroffen, stimmt das Ergebnis der deskriptiven Statistik nur für die entsprechende Auswahl – Rückschlüsse auf die Gesamtmenge sind nicht zulässig.

Ein weiterer Ansatz, der unter anderem strukturentdeckende Verfahren wie beispielsweise die Clusteranalyse umfasst und als wesentlichen Bestandteil der Analysen die **Visualisierung** der Daten inkludiert, geht auf John W. Tukey (1977) zurück. Die **Explorative Datenanalyse** (EDA) ist im Bereich zwischen der deskriptiven und schließenden Statistik anzusiedeln, bedient sich der Mittel der deskriptiven Statistik, versucht aber darüber hinaus, neue Hypothesen im Sinn der schließenden Statistik zu erstellen (Sachs, 1990, S. 39).

Beispiel 2.3

Die Messergebnisse für die Bodenfeuchte haben ergeben, dass in einem Bereich des Maisfeldes aufgrund des sandigen Bodens die Feuchte sehr niedrig ist und daher der Mais kümmert. Stolz berichten Sie der Exkursionsleitung über das Ergebnis. Da die Methode erfolgreich war, wird die Aufgabe ausgeweitet, und die Exkursionsgruppe soll nun eine Bewertung der Bodenfeuchte für sämtliche Ackerflächen vornehmen, unabhängig von den darauf kultivierten Pflanzen, und daraus eine „Feuchtekarte" skizzieren. Das Problem ist allerdings, dass die zu beprobende Fläche mehrere Hektar umfasst – damit können Sie die Bodenproben nur „möglichst gut" über diese Fläche verteilen.

Um für diese Problemstellung ein zufriedenstellendes Ergebnis zu erhalten, können Sie entweder die Bodenproben an die unterschiedlichen Böden anpassen – dazu müssten Sie allerdings bereits im Vorfeld über die Beschaffenheit der Böden Bescheid wissen – oder aus den einzelnen Proben auf die gesamte Fläche folgern. Da Sie eine Feuchtekarte erstellen sollen, müssen Sie auch für die nicht beprobten Bereiche einen Wert für die Bodenfeuchte angeben und werden die entsprechenden Werte auf Basis der vorliegenden Werte schätzen – mit den Mitteln der schließenden Statistik verleihen Sie dieser Untersuchung die nötige empirische Grundlage, indem Sie ausgehend von einer Auswahl von Proben auf die Gesamtfläche Rückschlüsse ziehen.

Insbesondere wenn die Anzahl der Untersuchungsobjekte zu groß oder sogar unendlich ist, wird eine (endliche) Auswahl aus diesen Objekten vorgenommen. Daten für die Gesamtheit aller Untersuchungsobjekte fehlen demnach. Diese Auswahl entspricht im Fachjargon der Stichprobe, die anschließend analysiert wird. Die Ergebnisse, die aus der Untersuchung der Stichprobe resultieren, lassen Rückschlüsse auf alle Objekte, die Grundgesamtheit, wie sie statistisch genannt wird, zu. Daher spricht man in diesem Fall von der **beurteilenden**, **analytischen**, **induktiven** oder **schließenden Statistik** oder auch **Inferenzstatistik**.

Für die schließende Statistik reichen die Mittel und Verfahren der deskriptiven Statistik nicht mehr aus, denn das Schließen von der Stichprobe auf die Grundgesamtheit ist mit einem Unsicherheitsfaktor behaftet. Mithilfe der **Wahrscheinlichkeitstheorie** kann man diese „Unsicherheit" bewerten bzw. berechnen. Somit bildet die Wahrscheinlichkeitsrechnung die Grundlage für die schließende Statistik und übernimmt gleichermaßen eine Brückenfunktion zwischen bewertender und beurteilender Statistik (Lernbox am Ende des

Abschnitts). Die Vorgehensweise in der beurteilenden Statistik ähnelt zum Teil jener der beschreibenden Statistik. Für eine Stichprobe werden Parameter ermittelt, die beruhend auf den Grundlagen der Wahrscheinlichkeit auf die Grundgesamtheit mit einem, salopp formuliert, gewissen Maß an Gültigkeit, das heißt mit einer bestimmten Sicherheit, übertragen werden. Auf der Basis der Stichprobenergebnisse werden die Parameter für die Grundgesamtheit „geschätzt". Der Schätzung wird mithilfe der Wahrscheinlichkeitstheorie ein entsprechendes Maß an Gültigkeit verliehen.

Das Schätzen ist aber nur ein Anwendungsbereich der Inferenzstatistik – ein weiterer wichtiger Aspekt, der hier zumindest Erwähnung finden soll, ist das Testen. Dabei werden nicht Parameter, ausgehend von einer Stichprobe für eine Grundgesamtheit geschätzt, sondern die Stichprobe wird dazu verwendet, Aussagen hinsichtlich ihrer Gültigkeit für die Grundgesamtheit zu überprüfen – zu testen. Dazu wird für die Grundgesamtheit eine Annahme, eine Hypothese, getroffen. Mithilfe der Stichprobe wird festgestellt, ob diese Annahme zutrifft oder verworfen werden muss; die Wahrscheinlichkeitsrechnung deckt hierbei wieder die Gültigkeit bzw. Sicherheit dieser Annahme ab.

Dem aufmerksamen Studierenden ist vielleicht in den letzten Ausführungen aufgefallen, dass sich in Bezug auf die Erläuterungen der Methoden der deskriptiven und induktiven Statistik deutliche Parallelen zur historischen Genese der Statistik ablesen lassen. Ferner zeigt sich daraus deutlich, dass die Inferenzstatistik deutlich jüngeren Datums ist und gleichzeitig, da sie der Grundlage der Wahrscheinlichkeitsrechnung bedarf und jene der deskriptiven Statistik weiterführt, ein eigenes Theoriegebäude verlangt. Dies begründet wiederum die engere thematische Auswahl für das vorliegende Lehrbuch (Abschn. 1.1).

Wozu benötigen wir die Statistik?

Obwohl wir uns bislang ausführliche Gedanken darüber gemacht haben, seit wann der Statistik in der Geographie eine bedeutende Rolle zugesprochen wurde und mit welchen Methoden wir uns auseinandersetzen werden, haben wir uns bislang noch nicht überlegt, **welche Bedeutung** der Statistik in der Geographie zukommt. Da die Erkenntnisse der Geographie in vielen Teilen auf dem empirischen Forschungsprozess basieren, ist der Einsatz von statistischen Analysen einerseits als Argumentationsunterstützung, andererseits als Beweissicherung unumgänglich. Die Statistik ist Teil eines Methodenpakets, das sowohl in der Physio- wie auch in der Humangeographie den wissenschaftlichen Forschungsprozess fundiert.

Beispiel 2.4
Wenn Sie Ihr Studium beginnen und nicht im nahen Umfeld Ihrer Universität zu Hause sind, werden Sie sich vermutlich eine Wohnung für die Dauer Ihres Studiums suchen. Vielleicht noch nicht bei Ihrer ersten Unterkunft, allerdings bestimmt im

Laufe der Zeit, werden Sie Ihre Standortwahl nach unterschiedlichen Kriterien, die Ihnen wichtig sind, verfeinern – seien dies Indikatoren für die Wohnung selbst (Größe, Stockwerk, Nähe zur Universität etc.) oder Indikatoren, die das Wohnumfeld betreffen (Verfügbarkeit eines Lebensmittelgeschäfts, von Gastronomiebetrieben etc.). Eigentlich ist diese Standortsuche bereits ein höchst geographischer Prozess, der im Kontext der Wohnungswahl mit dem Begriff der Lebensqualität assoziiert werden kann. Sowohl räumliche Faktoren (Distanz) wie auch persönliche Faktoren (Anzahl von Objekten) fließen in die Analyse ein – im Fall dieser persönlichen Standortentscheidung wohl ohne diese zu formalisieren.

Beispiel 2.5

Der touristische Bereich betrifft uns persönlich – auf unserer Exkursion sogar unmittelbar als Teilnehmerinnen und Teilnehmer –, jeder von uns fährt in den Urlaub. Aus geographischem Blickwinkel werden wir als Reisende allerdings zum Untersuchungsobjekt. Der eine Blickwinkel ist der des Urlaubenden, er stellt die Frage nach der Art bzw. Qualität der Unterkunft, wie viele Zimmer das Hotel hat, wie viele Gäste sich im Urlaubsort tummeln oder welche Attraktionen bzw. Angebote vor Ort besucht werden können. Die Perspektive der Geographin bzw. des Geographen verschiebt sich in Richtung der Frage nach der durchschnittlichen Aufenthaltsdauer, der Bettenauslastung, der Abschätzung einer zukünftigen Entwicklung oder etwa der Frage nach der Größe und Ausweisung touristischer Regionen.

Beispiel 2.6

Seit mehr als 130 Jahren – und seit dem Jahr 1958 durch das Institut für Geographie und Raumforschung der Universität Graz – werden am Gletscher des Großglockners, der Pasterze, Gletschermessungen durchgeführt (Lieb, 1995; 2004). Ziel dieser Messungen ist es, die Änderung in der Mächtigkeit des Gletschers, seine Längsbewegungen sowie seine durchschnittliche Bewegungsrate zu ermitteln. Aus diesen Messdaten lassen sich in der Folge Vergleiche zu vergangenen Jahren erstellen, die Gletscherbewegung der Pasterze in Relation zu anderen Gletschern setzen und eine zukünftige Entwicklung skizzieren. Diese **Prognose** kann mittels mathematischer Modelle gefestigt werden, die anhand von Parametern wie etwa Temperatur, Exposition, Niederschlag, Hangneigung etc. die Bewegungen des Gletschers simulieren. Die Änderung der Parameter ermöglicht darüber hinaus die Darstellung unterschiedlicher Szenarien.

Wie Sie diesen Beispielen entnehmen können, gibt es zahlreiche Anwendungsbereiche für statistische Analysen in der Geographie – diese reichen von einfachen Berechnungen bis hin zu umfangreichen Modellierungen oder multivariaten Analysen. Es lässt sich kaum ein Themenbereich der Geographie finden, der ohne Daten und Zahlenmaterial auskommt – Sie arbeiten ständig damit:

- Tabellen und Diagramme (nehmen Sie nur einen Reiseführer zur Hand ...) verschaffen einen ersten Überblick über die Daten.
- (Thematische) Karten fungieren vielfach als Visualisierungen statistischer Kennzahlen (Bevölkerungsstruktur, Karten über Industriestandorte etc.) oder stellen räumliche Verteilungen dar (Ernteerträge, Gefahrenzonen, Routen von Wirbelstürmen etc.).
- Parameter und Indizes reduzieren Daten auf Kernaussagen, Entwicklungen werden für Monitoring verwendet oder begleiten (Forschungs-)Prozesse (Bevölkerungsprognosen, Altersstrukturindizes, Schadstoffbelastungen, Energieverbrauch etc.).
- Typisierungen entdecken neue Strukturen (Gemeindetypisierungen aufgrund von Wirtschafts- oder Tourismusdaten, Vegetationstypen etc.).
- Zeitreihenanalysen skizzieren Veränderungen (Entwicklung von Waldbeständen, Arbeitslosenentwicklung etc.).
- Zusammenhänge und Abhängigkeiten von Indikatoren und Entwicklungen bringen versteckte Informationen zum Vorschein (Verbauungsdichte und Temperatur, Peripherieeffekte, Konsumverhalten und Haushaltsgrößen etc.).
- Qualitative versus quantitative Bewertungen stellen Theorieansätze gegenüber (Verhalten sozialer Gruppen am Arbeitsmarkt, Mobilitätsverhalten etc.).
- Interpolation von räumlichen Messwerten füllen vorhandene Datenbestände auf (Temperaturverteilungen, Sonnenscheindauer, Bodenpreise etc.).
- 3-D-Modellierungen und Überflüge unterstützen die Vorstellungskraft (Höhenmodelle, Stadtmodelle etc.).
- Szenarien erlauben eine Abschätzung zukünftiger Entwicklungen (Effekte von Raumplanungsansätzen etc.).
- Modellierungen machen Entwicklungen verständlich (Gletschermodelle, Klimamodelle etc.).
- Fernerkundung und Geographische Informationssysteme generieren neue (räumliche) Informationsebenen (Lebensqualität einer Stadt, Versiegelungsflächen, Landnutzungen etc.).

Neben den mathematischen Zielen der Statistik und ihren anwendungsorientierten Zielen im Bereich der Geographie möchte ich mit einigen Gedankenanregungen und Begründungen, warum Statistik für Geographinnen und Geographen wichtig ist, diese Ausführungen beenden.

Der Mehrwert statistischer Ergebnisse für die Geographin und den Geographen besteht zweifelsfrei in der Unterstützung wissenschaftlicher Aussagen, in der Bestätigung von theoretischen Ansätzen und der Generierung neuer Information aus verfügbaren (räumlichen) Daten – Statistik ist demnach im klassischen Sinn eine **wissenschaftliche Methode**.

In der praktischen Arbeit der Geographie dient Statistik – denken Sie an ein Gespräch mit einem Bürgermeister oder anderen Entscheidungsträgern – natürlich als entscheidungsunterstützendes Instrument oder sogar als **Entscheidungsgrundlage**.

Ganz pragmatisch gesehen, ist aus diesem Grund die Statistik für alle Geographie-Studierenden allerdings auch **Teil der Ausbildung** und wesentlicher Bestandteil des Studiums – in anderen Worten ein „Muss".

Das sind jene Argumente, die für eine Auseinandersetzung mit der Statistik sprechen. Es gibt aber noch weitere Gründe, warum Statistik für jeden Geographie-Studierenden hohe Relevanz besitzt. Der klar strukturierte Ablauf eines (empirischen) Analyseprozesses (Abschn. 2.4) – und dies trifft nicht nur auf statistische Untersuchungen zu – nimmt in der Geographie nicht zuletzt durch den Bedeutungsgewinn der Technologien einen zunehmend wichtigen Stellenwert ein. Daran knüpft eine Denkstruktur an, die man als mathematisch-logisch bezeichnen könnte; diese Denkmuster werden gefördert, **logisches Denken** – und ebenso der „Hausverstand" – forciert.

Statistik begegnet uns neben Studium und Wissenschaft auch **im Alltag**, insbesondere in den Medien. Eine **kritische Betrachtung der vermittelten Information** schützt vor Fehlinformation, mitunter sogar vor Manipulation. Das Hinterfragen und Reflektieren von Statistik erfordern jedoch umfassendes Grundwissen sowie die Fähigkeit, statistische Informationen zu interpretieren.

Mit Statistik sind Sie also sowohl für Ihre weitere Ausbildung, aber auch für den Alltag gewappnet. Im Laufe der Zeit werden Sie sogar feststellen, dass Ihnen Statistik Spaß macht – so wie Sie wohl jede Reise, beruflich oder privat, als Geographin bzw. Geograph wahrscheinlich immer als Exkursion ansehen werden.

Lernbox

Abbildung 2.3 visualisiert die wesentlichen Inhalte und den Zusammenhang von deskriptiver und induktiver Statistik.

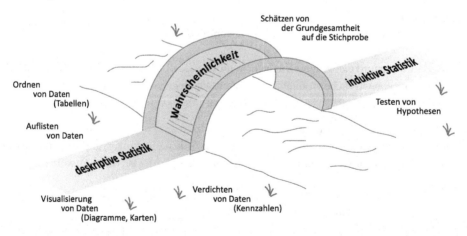

Abb. 2.3 Deskriptive und induktive Statistik.

> **Kernaussage**
>
> Deskriptive Statistik ist ein Instrument zur Beschreibung von Datenbeständen, während die induktive Statistik mit den Mitteln der Wahrscheinlichkeitsrechnung Schlüsse, die auf Basis einer Stichprobe gezogen werden, auf die Grundgesamtheit umlegt.

> **Übung 2.3.1**
>
> Nehmen Sie (Ihre) Schulbücher aus Geographie und Wirtschaftskunde zur Hand und durchforsten Sie diese nach statistischen Inhalten. Listen Sie auf, welche Arten von Statistiken Sie in den Büchern gefunden haben.

> **Übung 2.3.2**
>
> Gehen Sie in die Fachbibliothek, wählen Sie jeweils drei humangeographische und physisch-geographische Lehrbücher aus und suchen Sie nach Anwendungsbeispielen, in denen Statistiken verwendet werden.

> **Übung 2.3.3**
>
> Recherchieren Sie in Online-Journals fünf Fachartikel zu den Themenbereichen Klima, Bevölkerung, Tourismus, Mobilität und Wirtschaft und untersuchen Sie, ob und, wenn ja, welche Statistiken in diese Artikel eingebunden sind.

2.4 Eine geographische Exkursion besteht nicht nur aus der Reise: Ablauf eines empirischen Forschungsprozesses

> **Lernziele**
>
> - den empirischen Forschungsprozess darstellen
> - einzelne Prozessschritte näher erklären und auf dieser Basis in der Folge umsetzen
> - sich der Bedeutung der iterativen Eigenschaft des Prozesses bewusst sein

Der Arbeitsaufwand für eine Exkursion darf nicht unterschätzt werden: Umfangreiche Vorbereitungen, die Exkursion selbst und anschließend an die Reise noch das Einarbeiten der gewonnenen Information in einen Bericht sowie die Aufbereitung der Fotos und Informationen für Vorträge vor Kommilitonen, Freunden und Bekannten sind vonnöten. Für die Exkursionsleitung kommt die Organisation hinzu: Neben Flug, Bus, Unterkünften etc. müssen die Route geplant, Ansprechpartner kontaktiert, Inhalte aufbereitet und Literatur recherchiert werden. Auch nach der Exkursion bedarf es einer intensiven Nachbereitungsphase – so ist beispielsweise den unterstützenden Personen zu danken, Berichte sind zu reflektieren, und die Abrechnung muss durchgeführt werden. Eine Exkursion besteht zweifelsfrei aus mehr als nur der Reise selbst.

Die statistische Analyse wird gleichermaßen von einem wissenschaftlichen Rahmen flankiert, der als **empirischer Forschungsprozess** bezeichnet wird. In diesem empirischen

Forschungsprozess sind der eigentlichen statistischen Analyse der Prozess der Problem-formulierung und die Entwicklung des Forschungsdesigns vorangestellt, im Anschluss er-folgen die Interpretation und Reflexion der Ergebnisse (siehe Lernbox am Ende des Ab-schnitts). Beim Forschungsprozess selbst handelt es sich um einen **iterativen Prozess**, der von Rückkoppelungsschleifen durchsetzt ist.

Ein statistisches Problem stellt sich ebenso wenig plötzlich dar, wie das Exkursionsziel der Exkursionsleitung einfach vor Augen schwebt. In vielen Fällen resultiert die Problem-stellung aus der intensiven Auseinandersetzung mit einem Themenbereich bzw. mit einer Fragestellung – ein Exkursionsziel ergibt sich häufig aus einem persönlichen Fachschwer-punkt oder der eigenen Forschung.

Die ① **Auswahl der Forschungsfrage** – gleichgültig ob Auftragsforschung, angewandte Forschung oder selbstbestimmte Forschung – und damit verbunden die klare Abgrenzung der Fragestellung sowie die Darstellung der Zielsetzung bilden den Auftakt des Forschungs-ablaufs. Eine exakte Formulierung des Untersuchungszieles unterstützt die Strukturierung des Forschungsablaufs und erleichtert somit das Erreichen dieser Zielsetzung. Überzeich-net formuliert, bestimmt die Präzision der Forschungsfrage sogar die Qualität der Ergeb-nisse.

Die Festlegung des Exkursionszieles garantiert zwar noch nicht, dass ich mein ange-strebtes Ziel erreiche, erleichtert aber dieses Ansinnen. Je genauer das Ziel von anderen möglichen Zielen im Umfeld (z. B. Berggipfel) abgegrenzt wird, desto konsequenter kann ich es verfolgen.

Unter Zuhilfenahme der Fachliteratur und von Expertisen sowie gestützt auf die eige-ne Erfahrung wird die Forschungsfrage in ein Theoriegebäude gehüllt. Der ② **theoreti-sche Rahmen** kann dabei aus bestehenden Theorien abgeleitet oder von Theorien anderer Forschungs- bzw. Anwendungsbereiche adaptiert werden. Andernfalls ist die Entwicklung eigener theoretischer Ansätze erforderlich (Schnell, Hill und Esser, 2008). Die Theorie-bildung basiert in der Geographie häufig auf einer Modellierung – dabei reduziert das Modell die umfassenden Informationen der Realwelt und komprimiert sie in einem Da-tenmodell unter Verzicht auf nicht relevante Information. Je nach Fragestellung geht mit dem theoretischen Fundament der Entwurf von Hypothesen einher, die im Rahmen der Untersuchung – je nach Forschungszugang – falsifiziert und damit verworfen oder verifi-ziert und damit bestätigt werden.

Im Falle unseres Exkursionszieles wird der theoretische Rahmen aus den Wissensberei-chen der Physio- und Humangeographie aufgespannt, die speziell für unser ausgewähltes Gebiet relevant sind. Ob es sich dabei um klimatische Aspekte, Bodentypen, die Struktur der Landwirtschaft und Anbaugebiete oder städtische Indikatoren handelt, hängt von den Besonderheiten ab, die unsere Destination prägen.

Basierend auf den theoretischen Grundlagen und dem gewählten Modell, wird im nächsten Schritt die Wahl des ③ **Forschungsdesigns** und parallel dazu die ③ **Operationa-lisierung** festgelegt, wobei diese beiden Prozesse miteinander verflochten sind bzw. sich gegenseitig beeinflussen. Diese gegenseitige Abhängigkeit von Operationalisierung und Forschungsdesign wird im Gesamtprozess (Lernbox am Ende des Abschnitts) durch dieselbe Nummer illustriert. Das Forschungsdesign zeichnet Umfang und Abfolge der Schritte, die in der Untersuchung durchgeführt werden auf, inklusive der anzuwendenden Methoden. Die Operationalisierung, die Art der Datengewinnung, die Informationen in Daten überführt, bestimmt umgekehrt das Forschungsdesign, da der Ablauf der Untersuchung sich auch an die verwendeten Mittel anpasst.

Einerseits bestimmt die Wahl der Forschungsmethode – seien dies qualitative Methoden wie Interviews oder quantitative Vorgehensweisen wie im statistischen Fall – die Wahl der Werkzeuge: Spreche ich mit dem Gemeindevorsteher, um detaillierte Informationen zur Entwicklung der Infrastruktur in einer Gemeinde zu erhalten, oder richte ich eine Umfrage mittels Fragebogen an sämtliche Einwohnerinnen und Einwohner der Gemeinde, deren Ergebnisse ich unter Verwendung der Statistik auswerte? Umgekehrt legt die Entscheidung darüber, ob ich die Bürgerinnen und Bürger in meine Untersuchung mit einbeziehe, konsequenterweise die methodischen Möglichkeiten fest, die mir für einen partizipativen Zugang zur Verfügung stehen.

Es folgt nun jener Prozess, der, beginnend bei der Auswahl der Untersuchungsobjekte bis zur Datenanalyse, häufig fälschlicherweise als statistische Analyse wahrgenommen wird. Mit der ④ **Auswahl der Untersuchungseinheit** wird darüber entschieden, ob sämtliche Elemente einer Grundgesamtheit in die Untersuchung mit einbezogen werden oder ob eine Stichprobe gezogen werden muss, sowie welche Merkmale untersucht werden. Häufig unterliegt diese Entscheidung zwischen einer Voll- oder Teilerhebung einem Pragmatismus, da in der Regel nicht alle erforderlichen Informationen verfügbar sind bzw. erhoben werden können, sei es aus praktischen Gründen oder aufgrund von Kostenfaktoren.

Bleiben wir bei unserem Beispiel des Bürgermeisters und den Gemeindebürgerinnen und -bürgern. Es bedarf keiner umfangreichen Überlegung, ob ich den Bürgermeister als Einzelperson interviewen kann. Allerdings muss ich mir darüber Gedanken machen, ob ich alle Bürgerinnen und Bürger befragen kann – dies hängt unter anderem von Faktoren wie der Gemeindegröße ab, dem mir zur Verfügung stehenden Zeitbudget, der Altersstruktur der zu Befragenden etc.

Für die eigentliche ⑤ **Datenerhebung** steht zum einen ein Set an Techniken bereit, das allerdings durchaus an den jeweiligen Forschungsbereich angepasst ist (als Besonderheit der Geographie sei in diesem Fall die Fernerkundung angeführt). Eng mit der Erhebungsart verflochten ist die Datenquelle, die dafür Verwendung findet – sind die Daten bereits in anderem Zusammenhang erhoben worden, oder ist man gezwungen, die Daten selbst zu erfassen? Auf beide Bereiche wird in Abschn. 3.1.2 gesondert eingegangen.

Als Techniken haben wir zuvor schon die Befragung mittels Interview bzw. basierend auf Fragebögen angeführt, als weiteres Beispiel können wir die Entnahme von Bodenproben zur Messung der Bodenfeuchte heranziehen.

Jetzt steht uns ein Konvolut an Daten in analoger oder digitaler Form zur Verfügung. Es sei denn, die Daten stammen aus bereits vorhandenen Statistiken – vielfach ist auch dieses Material zu adaptieren –, ist man gezwungen, im Schritt der ⑥ **Datenaufbereitung** die Daten in das für das anzuwendende Verfahren notwendige und kompatible Format zu bringen. Erst mit entsprechend aufbereitetem Datenmaterial kann in einem weiteren Schritt analytisch gearbeitet werden. Die Organisation der Daten in einer bearbeitbaren Form inkludiert die Ordnung und Verdichtung der Daten – dies umfasst Arbeitsschritte von der Codierung und Tabellierung bis hin zur Integration in eine Datenbank oder Implementierung in eine Statistiksoftware. Ein wichtiger Aspekt bei der Datenaufbereitung besteht in der **Fehlerkontrolle** und Datenbereinigung – werden Datenfehler nicht entdeckt, kommt es zur Fehlerfortpflanzung, der Fehler wächst dabei im ungünstigsten Fall drastisch, woraus fehlerhafte oder mitunter falsche Ergebnisse resultieren.

Um dies plakativ zu illustrieren: Ist eine unserer Bodenproben unter 50 weiteren Proben falsch, hat das vermutlich für die Bewässerung des gesamten Tales geringe Auswirkungen. Ist eine unserer fünf Bodenproben für das kleine Maisfeld falsch – das Messergebnis hat eine ausreichende Feuchte gezeigt – und wird aufgrund der Messwerte dieser Teil des Feldes nicht bewässert, hat dies einen völligen Verlust der Maispflanzen zur Folge: Sie vertrocknen.

Erst jetzt sind wir bei der ⑦ **Datenanalyse** angelangt, für die uns qualitative, quantitative bzw. explorative Methoden zur Auswahl stehen, wobei darüber hinaus bei den quantitativen Verfahren zwischen deskriptiven und induktiven statistischen Analysen unterschieden wird (Abschn. 2.3). Den deskriptiven Verfahren sind sämtliche weitere Ausführungen gewidmet, daher verzichten wir an dieser Stelle auf eine gesonderte Beschreibung.

Unser Hauptaugenmerk liegt im vorliegenden Kontext auf der statistischen Analyse im mathematisch-technischen Sinn; der Darstellung und ⑧ **Interpretation der Ergebnisse** und den daraus resultierenden Rückschlüssen kommt jedoch ebenso große Bedeutung im empirischen Forschungsprozess zu. Daher sind diese Bereiche von der Datenanalyse gelöst und werden als eigener Punkt dargestellt. Während die statistischen Analysen heute vorwiegend mithilfe von Statistiksoftware bzw. Tabellenkalkulationen durchgeführt werden, überzeichnet also „per Knopfdruck" oder „Mausklick" stattfinden, bleibt die Formulierung der Konsequenzen dem Anwender überlassen. In Abhängigkeit von dessen (Fach-) Verständnis, Wissen und letztendlich auch der Erfahrung können die Ergebnisse in Wert gesetzt werden.

So etwa spiegeln die Ergebnisse unserer Befragung hinsichtlich der Infrastruktur der Gemeinde eine drastische Entwicklung wider: Zu viel Infrastruktur für die gemessene Einwohnerzahl bedeutet geringe Auslastung, mangelnde Wartung, hohe Kosten und damit wiederum sinkende Akzeptanz in der Bevölkerung. Die Konsequenz aus dieser Information kann der Vorschlag für den Rückbau der Infrastruktur, die Schließung oder auch eine Schwerpunktsetzung sein – dies hängt wiederum von den Möglichkeiten der Gemeinde ab, aber auch vom „Fingerspitzengefühl" des wissenschaftlichen Teams. Datenanalyse und Ergebnisinterpretation sind im Bedarfsfall wichtige Ansatzpunkte für eine Remodellierung bzw. Umformulierung oder Neuausrichtung der Forschungsfrage.

Im wissenschaftlichen Bereich ist es die Publikation oder der Fachvortrag, in der Praxis handelt es sich um die Verwendung der Resultate als Basis für Empfehlungen, Prognosen, Handlungsanleitungen, Entscheidungsgrundlagen bzw. -unterstützungen, im besten Fall als Auftakt für Umsetzungsprozesse – wir sprechen von der ⑨ **Dissemination der Ergebnisse**. Ein Forschungsergebnis erfährt erst dann Auswirkungen, wenn es den Schreibtisch verlässt – mit anderen Worten, wenn es „unter das Volk" kommt. Als Diskussionsgrundlage, Konzept oder Vorlage im Sinn des Good-Practice-Beispiels steigt es in seiner Wertigkeit und mit ihm die Notwendigkeit und Akzeptanz der Forschung.

Erst wenn die Messungen der Bodenfeuchte und die daraus resultierende Bodenfeuchtekarte in der Rückführung der Ergebnisse zu den Verantwortlichen vor Ort oder rein hypothetisch etwa in einer „Anleitung für die Generierung von Bodenfeuchtekarten" mündet, hat sie an Wert gewonnen, der über unsere Exkursion selbst hinausgeht.

Lernbox

Abbildung 2.4 zeigt die Einordnung der statistischen Analyse in den empirischen Forschungsprozess.

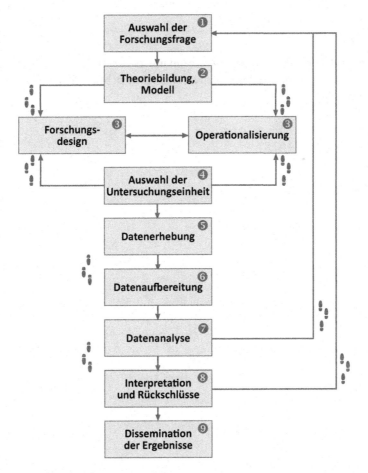

Abb. 2.4 Der empirische Forschungsprozess (Basierend auf Schnell, Hill und Esser, 2008).

Kernaussage

Die statistische Analyse ist in einen empirischen Forschungsprozess eingebettet, der für die Formulierung und Beantwortung einer Forschungsfrage vollständig durchlaufen werden muss und iterativ gestaltet sein kann.

Übung 2.4.1

In einem Projektpraktikum ist es Ihre Aufgabe, die Lebensqualität Ihres Wohnbezirks zu bewerten. Wie gehen Sie an diese Fragestellung heran? Skizzieren Sie die einzelnen Schritte des Forschungsablaufs.

Übung 2.4.2

Im Rahmen eines Feldpraktikums sind Sie gefordert, Standorte für Biotope zu erfassen und zu kartieren. Geben Sie die einzelnen Schritte in einem Forschungsprozess an.

Übung 2.4.3

Es ist Ihre Aufgabe, die Landnutzung an zehn unterschiedlichen Standorten Ihres Bundeslandes zu erfassen und in Bezug auf Nachhaltigkeit zu beurteilen. Wie lösen Sie diese Problemstellung?

Die Exkursion kann beginnen: Die Statistik selbst wird zur Exkursion

3

Der empirische Forschungsablauf hat uns gezeigt, dass die statistische Analyse einen vergleichsweise kleinen Teilbereich im gesamten Forschungsdesign einnimmt. Trotzdem ist die Exkursion selbst, die eigentliche Reise in die Zieldestination, nach wie vor der spannendste Bestandteil des Unterfangens „Exkursion", in das wir uns jetzt endgültig vorwagen.

3.1 Utensilien für unterwegs: Grundkonzepte der Statistik

Karte, Utensilien wie Block und Bleistift, Kamera etc. sind vorbereitet, und wir haben definiert, dass unsere Exkursion in alle Bereiche der Geographie vordringen soll – sowohl in die physische Geographie wie auch in die Humangeographie, und dabei fungiert die Statistik nicht nur als Mittel zum Zweck, sondern wird integrativer Bestandteil unserer Reise, sozusagen zur Reise selbst.

3.1.1 Kulturreise, Expedition in die Natur oder etwas von beidem?

Lernziele

- die Auswirkungen der Problemstellung und der Zielsetzung für den Forschungs-/ Projektablauf erkennen
- wichtige Aspekte bei der Formulierung von Problemstellungen kennen lernen und beachten

Im Rahmen einer Exkursion verlangt das Ansinnen, möglichst viele Teilbereiche der Geographie abzudecken, zum einen, dass man die Etappenziele so wählt, dass sich die vielfältigen Inhalte auch einbringen lassen, zum anderen, dass das Leitungsteam den Studierenden vor Ort alle dazu nötigen Informationen, Erläuterungen, Zusammenhänge präsentiert – in vielen Fällen ist es daher sinnvoll, lokale Expertinnen und Experten beizuziehen, da diese

S. Zimmermann-Janschitz, *Statistik in der Geographie*, DOI 10.1007/978-3-8274-2612-3_3,
© Springer-Verlag Berlin Heidelberg 2014

über „Insiderwissen" verfügen – und wie wir aus dem Urlaub wissen, zählen die Insider-tipps meist zu den wertvollsten.

Um den Informationsgewinn zu maximieren, ist daher bereits im Zuge der Reisepla-nung eine Koordination mit den Kolleginnen und Kollegen vor Ort sinnvoll, um jene In-halte, die besprochen und präsentiert werden sollen, zu bestimmen sowie zu detaillieren. Analog dazu verhält es sich in einem Forschungsprozess. Mit einer umfassenden und präzi-sen Problemdefinition kann sprichwörtlich bestimmt werden, „wohin die Reise geht". Erst wenn festgelegt ist, was ich untersuche, kann ich bestimmen, welches Forschungsdesign zu wählen ist, welche Daten dazu recherchiert werden müssen und letztendlich wie die Daten aufbereitet und analysiert werden (können).

Auf den ersten Blick scheint es einfach, eine **Problemstellung zu formulieren** bzw. in Kombination dazu, die **Zielsetzung festzulegen**. Bei genauer Betrachtung, scheitern je-doch viele Projekte bereits an diesem entscheidenden Schritt. Die Problemformulierung wird in der Literatur stets als entscheidend für einen erfolgreichen Forschungsablauf dar-gestellt – aber welche Kriterien hat die Formulierung der Fragestellung zu erfüllen? Die Problemformulierung wird mittels einer Frage oder einem Satz abgebildet, wobei folgende Überlegungen zu inkludieren sind:

- Welchen Erkenntnisgewinn erwarte ich mir von der Beantwortung meiner Frage-stellung?
- Was ist nicht Teil meines Problems?
- Wohin will ich mit meiner Lösungsstrategie, wohin nicht?

Diese Fragen werden wir unter einigen weiteren Prämissen beantworten: Ein Problem, das für mich eine persönliche Herausforderung darstellt, besitzt ein entsprechendes Potenzial, ist demnach ausreichend **interessant**. Dies alleine reicht allerdings nicht aus – die Problem-stellung muss auch **bewältigbar** sein, was bedeutet, dass sie mit den mir zur Verfügung ste-henden Mitteln und Methoden lösbar sein muss. An weiterer Stelle ist die wissenschaftliche oder gesellschaftliche **Relevanz** anzuführen; diese wird am (potenziellen) ökologischen, sozialen oder ökonomischen Mehrwert – um an den Nachhaltigkeitsgedanken anzuknüp-fen – abgelesen (Meier Kruker und Rauh, 2005).

Darüber hinaus ist es erforderlich, in die Fragestellung mehrere Dimensionen zu in-kludieren, die auch im weiteren Forschungsablauf entscheidende Bedeutung haben: Die **inhaltliche Dimension** beantwortet die Frage nach dem **Was**. Die **zeitliche Dimension** bildet eine zeitliche Einschränkung ab und beantwortet die Fragen nach dem **Wann**. Die **räumliche Dimension** gibt Antwort auf die Frage nach dem **Wo**. Die **gesellschaftliche** bzw. **soziale Dimension** schließt die Frage nach dem **Wer** ein (Wytrzens et al., 2010).

> **Beispiel 3.1**
> Folgende einfache Überlegung: Wir kehren zurück zu unserem Beispiel des Mais-feldes (Beispiel 2.1 und Beispiel 2.3). Sie erinnern sich: Die Maispflanzen sind

unterschiedlich gediehen und waren teilweise gelblich verfärbt. Sie hatten die Aufgabe, die Ursache dafür herauszufinden, und haben diese unter Zuhilfenahme von Bodenproben gelöst.

Genau genommen war die Problemstellung aber nicht hinreichend genau formuliert. Die Fragestellung lautete lediglich zu ermitteln, warum die Maispflanzen so unterschiedlich wachsen – eine sehr breit angesiedelte Frage, die, ohne es auszuformulieren, ihre erste Einschränkung bereits dadurch erhält, dass Sie Physiogeographin bzw. Physiogeograph sind und daher selbstverständlich von den Ihnen zur Verfügung stehenden Mitteln ausgehen. Sie hätten beispielsweise zur Beantwortung auch einfach den Landwirt befragen können. So werden Sie aber vermutlich physiogeographische Methoden in Betracht ziehen, um die Fragestellung einzugrenzen, also lautet die Frage bereits: Welche physisch-geographischen Ursachen gibt es für die Veränderungen der Maispflanzen in bestimmten Bereichen der Anbaufläche? Damit grenzen Sie bereits alle nicht geographischen Elemente des Themas aus, wie etwa Aspekte der Sortenwahl, der Genveränderung der Pflanzen, von Schädlingsbefall etc. Trotz ausreichenden Interesses werden Sie weitere Einschränkungen vornehmen (müssen) – so ist es etwa nicht möglich, obgleich es sehr spannend wäre, außerordentliche Wetterphänomene wie Hagelschlag oder Überschwemmungen in Ihre Untersuchungen miteinzubeziehen, da darüber keine Informationen (keine Daten) zur Verfügung stehen, ebenso wie jene Aspekte außer Acht gelassen werden, die nicht kalkulier- oder einschätzbare Ursachen betreffen. Es bleiben Einflussfaktoren wie Sonnenscheindauer, Niederschlagsmengen, Bodenbeschaffenheit, Bodenfeuchte, Hangneigung und Exposition etc. für Ihre Untersuchung übrig. Da Ihre Zielsetzung darin besteht, aus der Ursache eine Änderung abzuleiten, werden Sie die Faktoren noch in Bezug auf ihre Beeinflussbarkeit bewerten.

Ihre Forschungsfrage wird demnach lauten: Welche messbaren, physisch-geographischen Faktoren beeinflussen den Wuchs von Maispflanzen an dem vorliegenden Untersuchungsstandort? Damit können Sie das Problem gegenüber sämtlichen nicht (physisch-)geographischen Einflussfaktoren und nicht beeinflussbaren oder messbaren Größen abgrenzen. Als Zielsetzung können Sie die Beeinflussung des Ursache-Wirkungs-Gefüges zugunsten eines besseren Pflanzenwuchses festlegen. Die Dimensionen der Fragestellung können mit den messbaren physisch-geographischen Faktoren für den Wuchs (was?), dem Untersuchungsstandort (wo?), der Wachstumsperiode der Pflanzen (wann?) summiert werden.

Beispiel 3.1 zeigt, dass zahlreiche Überlegungen nötig sind, um eine Fragestellung möglichst detailliert, zugleich aber knapp und prägnant mit einem Satz zu formulieren. Neben der Machbarkeit (in dem Fall ist die Untersuchung des Feldes mit den uns zur Verfügung stehenden Mitteln wie etwa Niederschlagsdaten, Bodenmessungen etc. durchführbar) und der Relevanz (der Landwirt ist zweifellos an der Lösung der Fragestellung interessiert) spielt der Ausblick auf die anzuwendenden Methoden (in unserem Fall Messungen und deren statistische Auswertungen) für die Fragestellung eine Rolle. Zusätzlich unterscheiden sich die Anforderungen an die Formulierung der Problemstellungnoch in Bezug auf den jeweiligen Forschungsbereich, die Methodenwahl – quantitative versus qualitative Ansätze – oder werden um weitere Fragen wie etwa jene der Ethik der Forschungsfrage ergänzt (z. B. Bortz und Döring, 2006; Wallnöfer und Eurich, 2008).

Mit der Problemdefinition ist der erste Schritt im Forschungsprozess getan, der Rahmen abgesteckt und das Ziel festgelegt. Eingebettet in den theoretischen Rahmen (② in Abschn. 2.4), der in Beispiel 3.1 durch die Bodenkunde festgelegt wird, wagen wir uns zum nächsten Punkt – der Wahl des Forschungsdesigns bzw. der Operationalisierung (③ in Abschn. 2.4).

„Unter Operationalisierung versteht man die Schritte der Zuordnung von empirisch erfassbaren, zu beobachtenden oder zu erfragenden Indikatoren zu einem theoretischen Begriff. Durch Operationalisierung werden Messungen der durch einen Begriff bezeichneten empirischen Erscheinungen möglich" (Atteslander, 2010, S. 46). In diesem Schritt werden die Begrifflichkeiten in der Forschungsfrage mittels Indikatoren konkretisiert, die wiederum einen Überbegriff für reale Daten darstellen. Erst nach der Festlegung und Charakterisierung der Indikatoren, die in eine (statistische) Untersuchung einfließen, wird es möglich, diese mit Werten zu „füllen". Bevor also mit der „Recherchearbeit" begonnen werden kann und Daten erfasst werden, sind die Beschreibungen in messbare Größen umzuwandeln, die durch einen Indikator betitelt werden. Erst nach der Operationalisierung kann mit der Datenakquise begonnen werden.

Lernbox

Die Problemstellung/Forschungsfrage inkludiert die Fragen nach

- ❏ den Dimensionen was?, wann?, wo?, wer?,
- ❏ der Machbarkeit,
- ❏ der Relevanz (ökologisch, ökonomisch, gesellschaftlich),
- ❏ den anzuwendenden Methoden,
- ❏ dem persönlichen Interesse.

Kernaussage

Da die Qualität des Forschungsergebnisses entscheidend von der Fragestellung abhängt, ist die Forschungsfrage klar und einfach zu formulieren – wenn möglich in einem Satz – sowie in ihrem Umfang deutlich einzugrenzen.

Übung 3.1.1.1

Nehmen Sie nochmals die Aufgabenstellungen der Übung 2.4.1, Übung 2.4.2 und Übung 2.4.3 zur Hand. Formulieren Sie die drei Forschungsfragen möglichst exakt, grenzen Sie diese mithilfe der Formulierung ab und gehen Sie möglichst sparsam mit der Länge der Formulierung um.

3.1.2 Das Reisegepäck: Datenrecherche und Datengewinnung

Lernziele

- erkennen, worauf bei der Datenrecherche zu achten ist
- wissen, welche Möglichkeiten es gibt, Daten zu akquirieren
- eine Übersicht über die wichtigsten Datenquellen im deutschsprachigen Raum erhalten

---

Sie würden wohl nie auf die Idee kommen, ohne Gepäck zu verreisen, oder? Gleichgültig ob Exkursion, Erholungsreise, Natur- oder Kulturtrip – wir sind es gewohnt, insbesondere in unserer Wohlstandsgesellschaft, je nach Destination und Zielsetzung ein entsprechendes Equipment mitzunehmen. Ohne entsprechende Kleidung, Kosmetika, persönliche Artikel etc. machen wir uns erst gar nicht auf den Weg – analog verhält es sich in der Statistik. Ohne entsprechendes Datenmaterial ist es nicht möglich, eine Analyse durchzuführen. Beginnen wir also, die Koffer zu packen und unsere Daten zu sammeln bzw. zusammenzutragen.

Die Datenrecherche bzw. Datenakquisition ist zumeist mit einem erheblichen Aufwand verbunden, daher widmen wir dieser Vorbereitungsphase ein paar Gedanken. Nicht zuletzt durch das Internet hat sich die Verfügbarkeit von Daten in den letzten Jahren deutlich verbessert. Bis in die 1990er Jahre musste man sich, sowohl als Wissenschaftlerin bzw. Wissenschaftler wie auch als Studierende bzw. Studierender, Daten aus analogen Statistiken zusammensuchen, die in Form der amtlichen Statistik oder analogen Karten (Abschn. 2.1) zugänglich waren. Damit haben wir bereits ein wesentliches Unterscheidungsmerkmal von Daten bzw. Datenquellen benannt – die Bereitstellung von Daten in **analoger** oder **digitaler Form**.

Da in unserer Zeit der Großteil der (wissenschaftlichen) Recherchen, gleichgültig, ob Literatursuche, Datenerhebung oder die Ermittlung anderer Art von Informationen auf digitaler Ebene erfolgt, ist es an dieser Stelle besonders wichtig, auf die **analogen Datenquellen**, die vor allem in den Bibliotheken der Universitäten oder in Institutionen, Gemeinden etc. aufliegen, hinzuweisen. Der Griff zu den Volkszählungsergebnissen in Buchform ist im Zeitalter der Informations- und Kommunikationstechnologien noch immer genauso bedeutend, wie jener nach einem herkömmlichen Fachbuch.

Ein weiteres Unterscheidungsmerkmal von Daten bezieht sich nur indirekt auf deren Quelle, sondern in erster Linie auf den Preis, also die **Kosten**, die für Daten entstehen. Je nach Verwendungszweck, Umfang der Daten und bereitstellender Institution bzw. Datenquelle fallen Entgelte in unterschiedlicher Höhe an – dieser Faktor stellt sich insbesondere für Studierende als wesentliches Kriterium bei der Datenakquisition heraus.

Jene Untergliederung, die zumeist in der Literatur bei der Betrachtung von Datenquellen genannt wird, ist die **Art der Datenerhebung**. Darunter versteht man den eigentlichen Ursprung der Daten und unterscheidet diesbezüglich zwischen **Primär- und Sekundärdaten**.

Sekundärdaten sind Daten, die bereits von anderen Autoren im Zuge eines Projekts bzw. in einem anderen Kontext erfasst wurden. Sie liegen meist in verarbeiteter, tabellarischer Form vor, vielfach sogar digital. Ein bedeutender Vorteil, der mit sekundärem Datenmaterial einhergeht, besteht darin, dass der Zugriff auf diese Daten häufig (allerdings nicht immer) kostenfrei oder – im Vergleich zum Kostenaufwand bei einer Datenerhebung – kostengünstig ist. Gleichzeitig ist daran aber auch der Nachteil geknüpft, dass das Datenmaterial in einem anderen Zusammenhang erhoben wurde. Dies bedeutet, dass die Daten möglicherweise nicht optimal auf die eigene Fragestellung abgestimmt sein müssen und in Bezug auf Zeitraum oder Zeitrahmen, Genauigkeitsniveau, Bezugsrahmen (Person, Fläche, etc.) nicht mit den eigenen Anforderungen übereinstimmen. Daraus resultiert, dass entweder die Fragestellung an die Datenlage angepasst werden oder aber die Datenerhebung in Eigenregie durchgeführt werden muss.

> **Beispiel 3.2**
> Für die Untersuchung des Maisfeldes haben wir in Beispiel 3.1 Parameter wie Sonnenscheindauer, Niederschlagsmengen, Bodenfeuchte etc. festgelegt. Wenn möglich, werden wir in unserem Untersuchungsrahmen auf bereits erhobene Daten zurückgreifen. Die vorliegenden Daten stammen vom ansässigen Geologischen Dienst und werden uns kostenlos zur Verfügung gestellt. Leider umfassen die Bodenfeuchtedaten Standorte im Tal, die unser Maisfeld nicht ausreichend repräsentieren, und auch der Erhebungszeitpunkt endet bereits vor fünf Jahren und ist somit nicht aktuell genug, um daraus Schlüsse auf die gegenwärtige Situation ziehen zu können. Es bleibt uns für unsere Untersuchung nur, den Indikator „Bodenfeuchte" aus der Analyse wegzulassen oder eigene Bodenfeuchtemessungen durchzuführen. Die Problematik, die daraus entsteht, wird in Beispiel 3.3 aufgezeigt.

Die Bezugsebenen Zeitrahmen, räumlicher Rahmen sowie inhaltliche Ausrichtung oder, genauer gesagt, die Definition des Indikators, der erhoben wurde, bilden die Kernkriterien, anhand derer entschieden wird, ob auf bereits vorhandene Daten zurückgegriffen werden kann oder eine Primärerhebung sinnvoll ist. Diese Kriterien stellen auch die Basis dar, anhand derer eine Gliederung der Daten erfolgen kann. Die folgende Übersicht von **Sekundärdatenquellen** orientiert sich an der inhaltlichen Komponente, im vorliegenden Fall am Fachgebiet, dem sie vordergründig zugeordnet sind bzw. in dem sie vorwiegend Verwendung finden:

- **Zensusdaten** und **Befragungsergebnisse**: Diese Daten wurden meist bereits im Hinblick bzw. im Zusammenhang mit einer anderen statistischen Auswertung erhoben. Sie liegen häufig in reiner Textform vor oder sind bereits in tabellarischer Form aufbereitet. In einigen Fällen wurden bereits statistische Analysen wie etwa Mittelwertberechnungen durchgeführt. Als wichtige Beispiele sind hier Ergebnisse der amtlichen Statistik, von Forschungseinrichtungen, Interessensvertretungen, aber auch von Meinungsforschungsinstituten und Firmen anzuführen – denken Sie etwa an die Charakteristika, die unser Exkursionsgebiet kennzeichnen: Diese umfassen aktuelle Bevölkerungszahlen ebenso wie Wirtschaftsdaten und reichen von Klimawerten bis hin zu geologischen Eckdaten.

- Diverses **Bildmaterial**: Auch Fotos können als Ursprung für statistische Daten herangezogen werden. Sie dokumentieren als Momentaufnahmen unterschiedlichen Datums in erster Linie Veränderungen über eine Zeitperiode hinweg und stehen an der Schnittstelle zum nächsten Fachbereich, der Fernerkundung und Photogrammetrie.

- **Fernerkundung** und **Photogrammetrie**: Luftbilder, Satellitenbilder und Orthofotos werden als Grundlage für (herkömmliche) Klassifikationen von Erscheinungen der Erdoberfläche herangezogen. Sie finden auf der Basis verschiedener statistischer Analysen, die Verfahren wie Maximum-Likelihood-Methode bis hin zur Clusteranalyse umfassen, statt. Ein Beispiel hierfür wäre die Ausweisung von Maisanbauflächen im Exkursionsgebiet auf der Grundlage von Luftbildern unter Zuhilfenahme der typischen Muster und Strukturen von Maisfeldern.

- Die **Kartographie** fungiert in Bezug auf die Statistik in zweierlei Hinsicht: Sie ist einerseits Visualisierungsinstrument statistischer Kenngrößen und Ergebnisse, andererseits dienen ihre Produkte vice versa als Datengrundlage. Sowohl topographische, insbesondere aber thematische Karten und Diagramme liefern Informationen, die mithilfe statistischer Analysemethoden weiterverarbeitet werden können. An dieser Stelle sind insbesondere Atlanten angeführt, die raumrelevante Daten themenorientiert darstellen. Ob Sie einen Blick auf eine Wetterkarte werfen oder sich mit interaktiven Karten über eine Tourismusdestination informieren, Karten bieten in jedem Fall einen Ausgangspunkt für die Generierung von Datenmaterial für statistische Analysen.

- In Weiterführung der kartographischen Produkte ist hier an letzter Stelle das **Geographische Informationssystem (GIS)** genannt, das als Endprodukt eine Karte und als weitere essenzielle Datenquelle zusätzlich eine Datenbank aufweist. Die Kombination von (raumbezogenen) Daten und deren Verortung liefert im Hinblick auf die Statistik zusätzliche Möglichkeiten, die, insbesondere was den Raumbezug betrifft, häufig nicht in Wert gesetzt werden. Statistische Analysen können in einem Geographischen Informationssystem sowohl systemintern unter Verwendung entsprechender Tools sowie auch außerhalb des GIS durchgeführt werden; ähnlich wie im Bereich der Fernerkundung ist das Potenzial diesbezüglich umfassend. Insbesondere webbasierte Geographische Informationssysteme finden als Datenquellen Verwendung, da sie sich durch ihre freie Verfügbarkeit auszeichnen.

Es sei an dieser Stelle darauf hingewiesen, dass die obige thematische Klassifikation von Datenquellen nur eine Variante der Gliederung von sekundären Datenquellen darstellt. Eine weitere Gliederungsebene ist der vorliegenden Klassifikation inhärent. Daten können ebenso auf Basis ihrer Bezugsebene – dies findet sich auch in den Skalenniveaus im folgenden Abschnitt wieder – strukturiert werden. Hierbei unterscheidet man zwischen Daten, die **ad personam** erfasst werden, also personen- oder objektbezogenen Daten, und die zu Gruppen, etwa basierend auf Baublöcken oder administrativen Grenzen, zusammengefasst werden. Im Bereich der Sekundärdaten kann aus Datenschutzgründen (zumindest in der amtlichen Statistik) nicht auf das Einzelobjekt rückgeschlossen werden (Abschn. 4.1). Beispiele für personenbezogene Daten wären Altersangaben, Einkommensverhältnisse, Daten über Betriebsstrukturen, Infrastrukturdaten, Daten zu Tourismusbetrieben etc.

Den personenbezogenen Daten stehen **Datenkontinuen** gegenüber, wie sie für flächenhafte Ereignisse angegeben werden. Dabei ist darauf zu achten, wie diese Datenkontinuen zustande kommen: So entsprechen lediglich Bildmaterialien wie Fotos oder Daten aus der Fernerkundung tatsächlichen Kontinuen, während beispielsweise Niederschlagskarten aus Punktwerten „interpoliert" werden – der Dateninterpolation liegt allerdings wieder ein statistisches Verfahren zugrunde. Unter flächenhaften Daten kann man sich beispielsweise den Flächenwidmungsplan für das Exkursionsgebiet ebenso vorstellen wie die Vegetations- oder ausgewiesene Gefahrenzonen.

Jetzt wissen Sie zwar, in welchen Themenbereichen Sie nach Daten für Ihre Analysen suchen können und welche Bezugsebenen Sie vorfinden werden, aber **wo** letztendlich Daten zu finden sind, darüber haben Sie bislang noch immer keine Auskunft erhalten. Das **Wo** ist auch insofern eine schwierige Fragestellung, als sich die Anzahl der Datenquellen beliebig ausweiten lässt und es daher den Rahmen jedes Lehrbuches sprengen würde, eine Auflistung hierfür zu geben. Tabelle 3.1 soll daher so verstanden werden, dass sie einen ersten Überblick zum Thema „Quellen von sekundärem Datenmaterial" liefert – sie kann und soll keinen Anspruch auf Vollständigkeit erheben und dient lediglich einer ersten Orientierung. Die Tabelle enthält darüber hinaus Internetzitate, und obwohl sich diese

Tab. 3.1 Eine Auswahl wichtiger Datenquellen im Überblick – Österreich, Deutschland und die Schweiz

Österreich	Deutschland	Schweiz
Statistik Austria http://www.statistik.at	Statistisches Bundesamt Deutschland http://www.destatis.de	Bundesamt für Statistik http://www.bfs.admin.ch
Statistische Ämter der Länder	Statistische Ämter des Bundes und der Länder http://www.statistikportal.de	
Ein Blick auf die Gemeinde … http://www.statistik.at/ blickgem/index.jsp	Stadt- und Landkreise, Länder und Bund (Regionaldatenbank Deutschland) http://www.regionalstatistik.de	REGIONAL (enthält für alle Kantone und Gemeinden der Schweiz vergleichbare statistische Porträts in Tabellenform sowie zu einzelnen dieser Gebietseinheiten auch weiterführende statistische Informationen) http://www.bfs.admin.ch/bfs/ portal/de/index/regionen/ regionalportraets/ gemeindesuche.html

Tab. 3.1 *Fortsetzung*

Österreich	Deutschland	Schweiz
Integriertes Statistisches Informationssystem (ISIS) http://www.statistik.at/web_de/ services/datenbank_isis/ index.html	Statistisches Informationssystem des Bundes (STATIS-BUND) https:// www-genesis.destatis.de/ genesis/online/logon	Online-Recherche STAT-TAB http://www.pxweb.bfs.admin .ch/dialog/statfile.asp?lang=1
Mikrodaten für Forschung und Lehre http://www.statistik.at/web_de/ services/mikrodaten_fuer_for schung_und_lehre/index.html	Forschungsdatenzentren (Mikrodaten) http://www.forschungsdaten zentrum.de/datenangebot.asp	
Geodaten der Statistik Austria http://www.statistik.at/web_de/ services/geodaten/index.html		Basisgeometrien ThemaKart http://www.bfs.admin.ch/bfs/ portal/de/index/regionen/ thematische_karten/01/02.html
	Informationssystem der Gesundheitsberichterstattung des Bundes http://www.gbe-bund.de	
Neun Länder – ein Geo-Service http://www.geoland.at/		Stat@las Schweiz (interaktiver Statistischer Atlas der Schweiz) http://www.atlas.bfs.admin.ch/ core/projects/13/de-de/ viewer.htm?13.0.de
Bundesamt für Eich- und Vermessungswesen (BEV) http://www.bev.gv.at	Bundesamt für Kartographie und Geodäsie http://www.bkg.bund.de	Geoportal des Bundes http://www.geo.admin.ch
Geologische Bundesanstalt http://www.geologie.ac.at	Bundesanstalt für Geowissenschaften und Rohstoffe http://www.bgr.bund.de	Bundesämter (Raumentwicklung, Landwirtschaft, Umwelt) http://www.bfs.admin.ch/bfs/ portal/de/index/ dienstleistungen/geostat/ gis-links.html
Umweltbundesamt http:// www.umweltbundesamt.at		ENVIROCAT (Schweizerischer Umweltdatenkatalog) http://www.envirocat.ch
Geologische Bundesanstalt http://www.geologie.ac.at	Bundesanstalt für Geowissenschaften und Rohstoffe http://www.bgr.bund.de	
Zentralanstalt für Meteorologie und Geodynamik http://www.zamg.ac.at	Deutscher Wetterdienst http://www.dwd.de	MeteoSchweiz (Bundesamt für Meteorologie und Klimatologie) http://www.meteoschweiz. admin.ch/web/de/services/ datenportal.html

Tab. 3.1 *Fortsetzung*

Österreich	Deutschland	Schweiz
Wirtschaftskammer Österreich (Zahlen, Daten Fakten) http://portal.wko.at/wk/ startseite_ch.wk?dstid=0 &chid=96		
	Deutsches Zentrum für Luft- und Raumfahrt (DLR) http://www.dlr.de/dlr/ desktopdefault.aspx/ tabid-10002	
		Stat@las Europa (Interaktiver Statistischer Atlas der europäischen Regionen) http://www.atlas.bfs.admin.ch/ core/projects/18/de-de/ viewer.htm?18.0.de
Eurostat (Statistisches Amt der Europäischen Union) http://epp.eurostat.ec.europa.eu/portal/page/portal/eurostat/home/		
Satellitenbetreiber		
Markt- und Meinungsforschung, Wirtschaftsforschungsinstitute, Verbände		

grundsätzlich rasch ändern können, wird davon ausgegangen, dass nachfolgend genannte Institutionen ihre Adressen über einen längeren Zeitraum beibehalten.

Beispiel 3.3

Obwohl uns der Geologische Dienst Daten zur Verfügung gestellt hat, mussten wir feststellen, dass unser Gebiet nicht ausreichend beprobt wurde – weder der Zeitrahmen noch Anzahl und Verortung der Messstellen reichen für unsere Fragestellung aus. Wir sind somit gezwungen, eigene Erhebungen durchzuführen und an selbst gewählten Messstellen Bodenproben zu entnehmen und zu analysieren – eine Primärerhebung ist erforderlich. Diese Primärerhebung stellt uns gleich vor mehrere Herausforderungen: die Wahl der Standorte der neuen Messstellen, die Art der Beprobung, die Methodik bei der Analyse der Proben etc. Da wir auch die Ergebnisse des Geologischen Dienstes verwenden und mit den eigenen Messergebnissen kombinieren möchten, sind diesbezügliche Hintergrundinformationen nötig – die Metadaten.

Vorweg aber noch einige Informationen zu den **Primärdaten** und den Möglichkeiten, diese zu erheben. Zu Primärdaten zählen jene Daten, die für eine Untersuchung spezifisch ermittelt und erhoben werden. Es handelt sich um Daten, die noch nicht vorliegen oder die nicht in geeigneter, eventuell unvollständiger Form vorliegen. Wie aus Beispiel 3.3 deutlich wird, ist natürlich auch die Erhebung von Primärdaten mit einigen Vor-, aber auch Nachteilen verbunden. Der Vorteil von Primärdaten liegt eindeutig darin, dass diese optimal an die jeweilige Untersuchung angepasst und auf diese abgestimmt werden können. Sowohl der Zeitrahmen als auch der räumliche und inhaltliche Bezugsrahmen, die Informationsträger und der Datenumfang sind frei wählbar. Dem gegenüber steht in den meisten Fällen der Aufwand der Erhebung, der in zeitlicher sowie kostenmäßiger Dimension zu Buche schlägt. Im Vergleich zu Sekundärdaten sind Primärdaten in der Regel unter diesen Aspekten als „teuer" zu bezeichnen. Es gilt letztendlich abzuwägen, welche Wahl der Datenerhebung getroffen wird, es sei denn, es liegen keinerlei Daten vor – dann ist eine Primärerhebung unumgänglich.

Beispiel 3.4
Wir mussten feststellen, dass die ersten Auswertungen der Daten des Geologischen Dienstes nicht ausreichen – ebenso wie die eigenen Bodenproben –, um geeignete Rückschlüsse auf die Ursachen für das unterschiedliche Wachstum abzuleiten. Es scheint unabdingbar, zusätzlich Informationen zu sammeln und Daten über extreme Wetterphänomene der letzten Monate in Erfahrung zu bringen. Wie aber können Sie an diese Informationen herankommen? Welche Möglichkeiten stehen dafür zur Verfügung? Der erste Gedanke, den Sie haben, ist es, Kontakt mit den zuständigen Behörden aufzunehmen, die Genossenschaft der Landwirte aufzusuchen und über ein Gespräch (Interview) die benötigte Information zu generieren. Leider müssen Sie feststellen, dass die zuständige Beamtin Ihnen nicht weiterhelfen kann – ein neuer Weg ist erforderlich. Vielleicht gelangen Sie über die Landwirte selbst an die Daten. Sie beschließen, die Bauern anzurufen und mit ihnen persönlich zu sprechen. Damit Sie jedoch allen Landwirten dieselben Fragen stellen, legen Sie sich einen „Spickzettel" in Form eines Fragenkatalogs zurecht. Obwohl Sie von der überwiegenden Zahl der Bauern bereitwillig Auskunft bekommen, beschreiben die Daten die extremen Wetterphänomene nicht in zufriedenstellendem Maß, sind zu ungenau und unvollständig. Es bleibt Ihnen nur der Weg, die Daten auf schriftlichem Weg zu ermitteln. Dafür verfassen Sie einen Fragebogen, der an alle Einwohnerinnen und Einwohner versandt wird.

Basierend auf der Forschungsfrage und der damit verbundenen Zielsetzung werden Daten aus der Realwelt unter Zuhilfenahme verschiedener Methoden ermittelt. Diese Verfahren orientieren sich wiederum an der jeweiligen Wissenschafts- bzw. Forschungskultur, der man angehört. Plakativ gesprochen, unterscheiden sich Human- und Physiogeographinnen und -geographen nicht nur in den Gedankenzugängen, sondern auch in den vorwiegend angewandten (Erhebungs-)Methoden. Verlässt man die Disziplin der Geographie,

werden darüber hinaus noch zusätzliche Erhebungsmethoden, wie etwa die Inhaltsanaly-
se, relevant. Im Anschluss sind jene Datenerhebungsmethoden überblicksmäßig skizziert,
die im Bereich der Geographie besonders häufig Anwendung finden. Auf eine detaillierte
Beschreibung der einzelnen Methoden wird aus Platzgründen an dieser Stelle verzichtet
und auf die einschlägige Literatur verwiesen, die den individuellen Methoden ausreichend
Platz widmet. Diese überblicksmäßige Darstellung ist auch der Grund dafür, dass die Untergliederung in bzw. Zuordnung zu qualitativen bzw. quantitativen Verfahren entfällt. Die
wesentlichen **Primärerhebungsverfahren** in der Geographie sind:

- Befragung (schriftlich/mündlich)
- Beobachtung
    - Kartierung, Vermessung, Verortung mittels GPS
    - Fernerkundung, Laserscanning etc.
- Experiment

Die **Befragung** ist eine Erhebungsmethode, die ihre Wurzeln in der (empirischen) Sozialforschung hat und daher in der Sozialforschung wie in den Wirtschaftswissenschaften,
insbesondere in der Marktforschung, entsprechend breite Anwendung findet. Im Mittelpunkt der Befragung steht die Kommunikation zwischen einer interviewenden und einer befragten Person, die entweder **mündlich** oder **schriftlich** erfolgen kann. An die Art
der Befragung sind unterschiedliche Zielsetzungen geknüpft; die Wahl der Befragungsart
hängt demzufolge unmittelbar von dem damit einhergehenden Ziel ab. In jedem Fall ist
ein übergeordnetes Ziel beider Methoden auszumachen: geeignete Daten für eine Untersuchung zu gewinnen. Die Wissenschaftlichkeit einer Befragung – die sich somit von einem
alltäglichen Gespräch klar abgrenzen lässt – wird durch mehrere Kriterien charakterisiert.
Eine wissenschaftliche Befragung wird durch ein klar festgelegtes Ziel gekennzeichnet, ist
theoriegeleitet und wird in ihrem gesamten Ablauf kontrolliert (Atteslander, 2010, S. 111 f.).
Darüber hinaus erfüllt sie die Gütekriterien der Eignung bzw. **Gültigkeit** (Validität) – die
Fragen eignen sich dazu, die erforderlichen Informationen tatsächlich zu erheben – sowie der **Zuverlässigkeit** (Reliabilität) – die Antworten sind reproduzierbar (Abschn. 4.2)
(Scholl, 2009, S. 21). In den meisten Fällen baut die Befragung daher auf einem „Ablaufschema", einem Leitfaden oder einer standardisierten Grundlage auf. Diesem Leitfaden,
aber auch dem schriftlichen Fragebogen ist großes Augenmerk zu widmen, denn von der
Qualität dieser Basis hängt in entscheidendem Maß das Ergebnis der Befragung ab. Nicht
zuletzt deshalb ist dem Thema in der Literatur ausreichend Platz gewidmet (z. B. Brace,
2008; Kirchhoff et al., 2010; Möhring und Schlütz, 2010; Porst, 2009; Moosbrugger und
Kelava, 2012), und Sie sollten sich vor einer Befragung damit eingehend auseinandersetzen.

Um Ihnen die Auswahl der Befragungsart zu erleichtern, gibt Ihnen Tab. 3.2 einen Überblick über die Zielsetzungen sowie wichtige Vor- und Nachteile der einzelnen Befragungen.
Dabei ist anzumerken, dass sich insbesondere der Kostenfaktor von Befragungen – dazu
zählen Faktoren wie Zeit, Aufwendungen für Reisen, Telefongebühren, Portokosten etc. –
in den letzten Jahren mit der raschen Entwicklung der Informations- und Kommunikati-

Tab. 3.2 Zielsetzung, Vor- und Nachteile der einzelnen Primärerhebungsmethoden

Befragungsart		Zielsetzung	Vorteile	Nachteile
schriftlich	Fragebogen	Erfassung einer großen Datenmenge	Reichweite Anonymität visuelle Unterstützung möglich keine Beeinflussung durch interviewende Person komplexere Fragen möglich Reflexion der Fragen möglich	Befragungssituation nicht beeinflussbar keine Rückfragen möglich keine Hilfestellung möglich Qualität der Antworten Stringenz der Fragen Rücklaufquote eventuell Nachrecherche erforderlich hoher Auswertungsaufwand
	Online-Befragung (internet-basiert, per E-Mail)	rasche Ermittlung großer Datenmengen mit breiter Streuung	Reichweite Anonymität multimediale Unterstützung möglich geringer Auswertungsaufwand (durch automatisierte Datenerfassung)	Einschränkung der Zielgruppe (Internetnutzende) Blockierung durch SPAM-Filter **geringe Bereitschaft** hohe Abbruchrate unrichtige Angaben (Avatar-„Phänomen") Befragungssituation nicht beeinflussbar keine Rückfragen möglich keine Hilfestellung möglich Länge des Fragebogens
mündlich	persönliches Interview, Face-to-Face-Interview	Erfassung detaillierter Informationen zu einem **Thema**	unmittelbares Ergebnis hohe Antwortquote Rückfragen möglich Hilfestellung möglich Komplexität der Fragen visuelle Unterstützung möglich Befragungssituation beeinflussbar	hoher Aufwand Repräsentativität fehlende Anonymität Beeinflussung durch den Interviewer Interviewfehler
	Telefoninterview	rasche Ermittlung von Information	Reichweite unmittelbares Ergebnis Rückfragen möglich Hilfestellung möglich	eingeschränkte Zielgruppe bedingte Anonymität Rücklaufquote keine komplexen Fragen möglich keine visuelle Unterstützung

Erweitert auf Grundlage von Bortz und Döring, 2006; Hüttner und Schwarting, 2002; Scholl, 2009 onstechnologie geändert hat und diesem Veränderungsprozess noch immer unterworfen ist. Daher sind diese Kostenfaktoren nicht in Tab. 3.2 integriert.

Ähnlich der Befragung ist auch die **Beobachtung** ein systematisiertes Datenerhebungsverfahren und besitzt ein grundlegendes Schema, dem die beobachtende Person folgt, ebenso wie eine theoretische Fundierung – allerdings fehlt in der Beobachtung der Aspekt der Kommunikation. Sie basiert auf der unmittelbaren Wahrnehmung von Sachverhalten oder Verhaltensweisen. Damit geht auch ein entscheidender Vorteil der Beobachtung einher – weder die beobachtete noch die beobachtende Person verfälschen die Beobachtungssituation. Werden Beobachtungen durch technische Hilfsmittel unterstützt (Messungen, Zählungen etc.) sind sie darüber hinaus durch einen hohen Grad an **Objektivität** gekennzeichnet. Der damit verbundene Nachteil besteht darin, dass es weder für Sachverhalte noch für Verhaltensweisen eine Begründung gibt und die Motivationen der handelnden Personen nicht in Erfahrung gebracht werden können. Je nach Beobachtungsziel bedient sich die bzw. der Beobachtende unterschiedlicher Verfahren, die sowohl in den Natur- wie auch in den Humanwissenschaften gleichermaßen hohe Bedeutung besitzen. Man unterscheidet zwischen:

- Fremd- und Selbstbeobachtung,
- standardisierter versus nicht standardisierter Beobachtung (in Abhängigkeit davon, ob der Beobachtung ein klar definierter Kriterien- bzw. Merkmalskatalog zugrunde gelegt ist),
- teilnehmender versus nicht teilnehmender Beobachtung (je nachdem, ob die Beobachterin oder der Beobachter in die Untersuchung integriert ist),
- offener versus verdeckter Beobachtung (darauf ankommend, ob die beobachteten Personen wissen, dass sie Teil einer Untersuchung sind),
- Feld- und Laborbeobachtung (in Abhängigkeit davon, ob die Beobachtungssituation natürlich gegeben ist oder künstlich geschaffen wurde) (Kromrey, 2009; Kuß und Eisend, 2010, 136 ff.).

In der Geographie sind an dieser Stelle zwei Methoden eigens hervorzuheben, die der Beobachtung zugeordnet werden, aber gleichzeitig an der Schnittstelle zur Messung stehen. Dabei handelt es sich zum einen um die **Kartierung**, zum anderen um die **Fernerkundung**. In beiden Fällen werden Daten mit Raumbezug (Geodaten) erfasst; die Informationen besitzen demnach eine Verortung in einem Bezugs- bzw. Koordinatensystem. In der Fernerkundung werden Objekte basierend auf ihrer elektromagnetischen Strahlung (reflektiert oder emittiert) berührungsfrei aufgenommen. Die Fernerkundung erlaubt somit die Beobachtung der Erdoberfläche aus großer Distanz und liefert damit detaillierte Informationen und Bilddaten über großflächige Gebiete (Albertz, 2009). Auf den ersten Blick mag diese Art der Primärdatenerfassung fern dem Endanwender sein, denkt man etwa an Satellitenbilder, doch auch der Einsatz von Drohnen oder Laserscannern wird der Fernerkundung zugeordnet, womit die Datenerhebung tatsächlich durch den Studierenden bzw. den Wissenschaftler durchgeführt wird. Eine Weiterführung der Beobachtung bildet auch die Kartierung: Objekte, Sachverhalte bzw. deren Eigenschaften werden – eventuell unter Verwendung technischer Hilfsmittel wie Vermessung oder Global Positioning System (GPS) – verortet. Das Ergebnis dieses Prozesses ergibt eines der wichtigsten Arbeitsmittel für Geographinnen und Geographen: die Karte (Kohlstock, 2010).

An letzter Stelle wird in diesem Kontext das **Experiment** vorgestellt. Obwohl an das Ende der Aufzählung gefügt, entspricht die vorliegende Reihung der Methoden der Primärdatenerfassung keinesfalls einer Wertung. Im Gegenteil – aus physiogeographischer Sichtweise könnte man die Darstellung der Priorität der Erhebungsmethoden genau umgekehrt zu jenen der Humangeographie sehen –, das Experiment bildet jedoch für beide Disziplinen eine wichtige primäre Ressource für Datenmaterial. Als Experimente werden Analysen bezeichnet, die im Feld – in einer natürlichen Umgebung – oder im Labor – in einer künstlichen Umgebung – Auswirkungen eines aktiven Eingriffs durch den Wissenschaftler untersuchen und quantifizieren (Barsch, Billwitz und Bork, 2000). Mithilfe eines Experiments ist es möglich, Hypothesen sowie kausale Zusammenhänge zu überprüfen.

> **Beispiel 3.5**
> Im Fall unseres Maisfeld-Beispiels erhalten wir die Bodenfeuchte durch eine einfache Messung. Um welchen Boden sich es allerdings handelt, kann nicht mehr durch ein Messverfahren im Gelände bestimmt werden. Die Studierenden müssen dafür die Bodenproben im Labor mit einem geeigneten Verfahren analysieren. So erhalten sie beispielsweise mit der Siebanalyse die Anteile von Ton, Schluff und Sand, anhand derer die Bodenart ausgewiesen werden kann.

Obwohl nicht zu den Erfassungsmethoden zugeordnet, aber nicht weniger bedeutsam für jede (statistische) Analyse ist die Protokollierung der den Daten zugehörigen **Metadaten**. Bei Metadaten handelt es sich, einfach formuliert, um „Daten über Daten". Diese Bezeichnung inkludiert bereits die Erklärung. Mit Metadaten wird der Vorgang der Datenerhebung beschrieben – Metadaten enthalten sämtliche Informationen zu den Daten: wer die Daten zu welchem Zeitpunkt oder in welchem Zeitraum (wann) mit welcher Methode (wie), an welchem Standort bzw. in welchem Gebiet (wo) erhoben hat. Für die Weiterverarbeitung der Daten ist es darüber hinaus erforderlich, Angaben zur Definition und Benennung von Variablen (Codierung), Formate und Pfadangaben, die Datenqualität (geometrische und thematische Genauigkeit), Datenrechte etc. zu dokumentieren (de Lange, 2006, S. 207 f.). Ausschließlich durch die gewissenhafte Erfassung von Metadaten wird gewährleistet, dass Datenmaterial von Dritten weiterverarbeitet werden kann – leider mangelt es speziell bei Geodaten oft an nötigen Detailangaben.

Beispiel 3.6

Noch einmal strapazieren wir unser Maisfeld-Beispiel. Wir haben freundlicherweise Daten vom lokalen Geologischen Dienst erhalten. Am Beispiel der Niederschlagswerte wird die Bedeutung von Metadaten erkennbar. Nehmen wir an, wir haben zwölf unterschiedliche Zahlenreihen in einer Excel-Tabelle vorliegen. Die Spaltenüberschriften in der Tabelle weisen die einzelnen Monate aus – allerdings gibt es keinen Hinweis darauf, um welches Jahr es sich dabei handelt. Ebenso fehlen neben der Bezeichnung der Standorte mit fortlaufenden Nummern genaue Angaben über die exakte Lage der verzeichneten Messpunkte. Es stehen uns letztendlich zwei Möglichkeiten zur Verfügung, mit den Daten umzugehen. Wir können die erforderliche Information durch eine Rückfrage beim Geologischen Dienst in Erfahrung bringen – vorausgesetzt die Information ist vorhanden. Oder wir verzichten auf die Daten, gesetzt den Fall, die Information ist nicht mehr ermittelbar.

Lernbox

Die wesentlichen Quellen für geograpische Daten sind (Abb. 3.1):

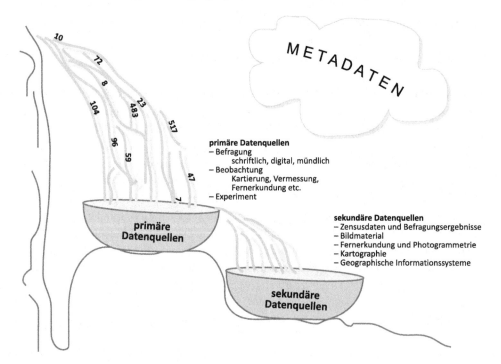

Abb. 3.1 Datenquellen im Überblick.

Kernaussage

Von den erhobenen Daten hängt zu einem wesentlichen Teil der Erfolg der Untersuchung ab. Je nach Untersuchungsziel greift man auf bestehendes Datenmaterial (Sekundärdaten) zurück oder recherchiert bzw. erhebt eigene Daten (Primärerhebung).

Übung 3.1.2.1

Geben Sie an, ob es sich bei den jeweiligen Daten um Daten aus einer primären oder sekundären Datenquelle handelt. Die Daten zur Übungsaufgabe sind unter www.springer.com/978-3-8274-2611-6 zu finden. Führen Sie die Quellstatistik an, wenn es sich um Daten aus einer sekundären Quelle handelt bzw. schlagen Sie eine Erhebungsmöglichkeit im Falle von Primärdaten vor.

Übung 3.1.2.2

Recherchieren Sie für diese Übung (die Daten liegen online vor), ob und welche Metainformationen verfügbar sind.

3.1.3 Hinweise zu den Etappenzielen: Merkmale, Merkmalswerte und Skalenniveaus

Lernziele

- Begriffe wie Grundgesamtheit, Merkmale, Merkmalswerte etc. unterscheiden
- diese Begriffe in untersuchungsrelevantem Kontext anwenden
- die Auswirkung von Skalenniveaus auf Analysen erkennen
- analyserelevante Eigenschaften der Merkmale bzw. Variablen verstehen

Mit der Sammlung der erforderlichen Daten für die Untersuchung oder, um es im Kontext unserer Exkursion zu formulieren, mit der Bereitstellung des Reisegepäcks und des persönlichen Equipments, sind wir für die einzelnen Etappen der Reise bereit. Die Notwendigkeit von geeignetem Reisegepäck ist wohl unbestritten, allerdings muss ich, insbesondere wenn ich etwa eine Flugreise unternehme, meinen Koffer wohlsortiert füllen, da ich nicht unbegrenzte Mengen mitnehmen kann bzw. darf. Ich überlege mir daher im Vorfeld oder spätestens im Zuge des Kofferpackens, was ich unterwegs und an meiner Destination alles benötige – nicht zuletzt dafür ist es erforderlich, die Destination bzw. die Etappen näher zu skizzieren. Ebenso wie ich einen Koffer nicht wahllos fülle – ich habe zumeist eine Liste mit Dingen, die ich unbedingt brauche –, sammle ich für eine statistische Untersuchung nicht beliebige Daten zusammen, sondern fertige auch hier eine „Liste" an, die jene Informationen aufzeigt, die in die Untersuchung einfließen sollen. Diese Liste resultiert in der Statistik aus der Forschungsfrage, und die Benennung der Objekte auf dieser Liste erfolgt in der Phase der Operationalisierung (Abschn. 3.1.1).

Der Kofferinhalt repräsentiert also indirekt nicht nur die Anforderungen der Destination an die Ausrüstung, sondern insbesondere jene der einzelnen Etappenziele unserer geographischen Exkursion. Dies bedeutet konkret nicht nur, dass ich mich für das Gelände anders ausrüste wie für den Besuch einer Forschungseinrichtung – Bergschuhe, Pullover und Regenjacke versus leichte und formelle Bekleidung –, sondern gleichzeitig, dass der Kofferinhalt sämtliche Anforderungen an das Equipment entlang der Reise abdeckt. Der Kofferinhalt für eine statistische Untersuchung entspricht somit all jenen Informationen, die für diese Untersuchung gebraucht werden. Gleichgültig in welcher Form diese Informationen vorliegen – ob als Symbole, Zeichen, Text oder Zahlen –, werden sie im weiteren Verlauf als Daten bezeichnet. Daten sind sozusagen das Rohmaterial, aus dem sich Information zusammensetzt. Im Zuge der Operationalisierung ist es nötig, einige „Kriterien", die das Equipment der Daten näher charakterisieren, festzulegen.

Beispiel 3.7

Wir bewegen uns auf der Exkursion bereits in Richtung des ersten Etappenzieles, wir sind unterwegs „auf den Vulkan". Da dieses Etappenziel vorwiegend dem Schwerpunkt der Physiogeographie gewidmet ist, orientieren sich auch unsere Fragen danach: Welche Besonderheiten können an einem Vulkan untersucht werden? Die Fragestellungen reichen von Bodenuntersuchungen, Gesteinsproben, Vegetationsbedeckung, Temperaturmessungen (Luft und Boden) bis hin zur Geomorphologie. Besonders beeindruckt sind wir beim Erreichen eines relativ nahen Gipfels – da der Vulkan aktiv ist, haben wir die Gelegenheit, kleinere Ausbrüche zu beobachten. Ebenso wie der Begriff „relativ" muss auch der Begriff „kleiner" verhältnismäßig verstanden werden: So spuckt der Vulkan Fontänen von mehreren Metern in die Luft!

Sofort entsteht die Frage, ob es einfach nur Glück ist, dass wir eine Eruption beobachten können, oder ob der Vulkan öfter ausbricht. Die erste statistische Untersuchung bietet sich mit folgender Fragestellung an: Wie sieht das Ausbruchsverhalten dieses Vulkans im Verlauf eines Jahres aus?

Dazu benötigen wir möglichst exakte Messungen (Zählungen) der Ausbruchsaktivitäten pro Tag über den gesamten Bemessungszeitraum – ein ganzes Jahr – hinweg. Gezählt wird dabei, wie oft am Tag bzw. sogar in welcher Form der Vulkan eruptiert.

Bei dem Vulkan, dessen Ausbruchsverhalten wir untersuchen, handelt es sich um den Arenal in Costa Rica. Die Daten sind der Seite des Observatorio Vulcanológico y Sismológico de Costa Rica, Universidad Nacional (OVSICORI-UNA), entnommen. Fehlende Daten wurden durch fiktive Werte bzw. Nullwerte ersetzt.

Im Zuge der statistischen Untersuchung ist es – bevor es an die Recherche und Auswertung der Daten geht – in einem ersten Schritt erforderlich, vorab einige Begriffe festzulegen. Diese Konventionen erleichtern im Folgenden die Durchführung von Analysen sowie den Umgang mit den Daten.

Statistische Masse

In einem ersten Schritt legen wir die Daten fest, die in eine statistische Untersuchung einfließen. Die Menge dieser Daten wird als **statistische Masse**, **statistische Grundmenge**, **Grundgesamtheit**, **Population** oder **Kollektiv** bezeichnet.

▸ **Definition** Die **statistische Masse** umfasst all jene Elemente, die für eine statistische Untersuchung Relevanz besitzen. Für die Bestimmung der statistischen Masse sind inhaltliche, zeitliche und räumliche Abgrenzungskriterien erforderlich. ■

Bevor wir auf unser Vulkan-Beispiel zurückkommen, seien an dieser Stelle einige weitere Beispiele für statistische Massen in der Geographie genannt. Typische Vertreter statistischer Massen in der Humangeographie sind Bevölkerungen (Einwohnerinnen und Einwohner) – also im wahrsten Sinne des Wortes Populationen, die sich auf unterschiedliche administrative Einheiten (Stadt, Gemeinde, Bezirk etc.) beziehen, zum Beispiel Berufstätige, Arbeitslose, Gäste in Tourismusbetrieben oder Regionen, Wirtschaftsbetriebe, Produkte und Kunden. Ebenso unbegrenzt ist die Liste von statistischen Massen im physiogeographischen Bereich: Sie umfasst Klimawerte (Temperatur, Niederschlag, Luftfeuchtigkeit etc.), Bodenmessungen, die Bodenbedeckung durch Vegetation, einfache Höhenangaben etc.

Um festzustellen, wie sich eine statistische Masse zusammensetzt, sind Abgrenzungskriterien erforderlich. Sowohl die inhaltliche wie auch die zeitliche Komponente der genannten Abgrenzungskriterien kann nochmals spezifiziert und untergliedert werden. Einerseits muss unterschieden werden, ob alle Elemente der statistischen Grundmenge unmittelbar an der Untersuchung teilnehmen oder ob nur eine Auswahl in die Analysen mit einbezogen wird (④ in Abschn. 2.4). Fließen alle Elemente in die Analyse mit ein, spricht man von einer **Gesamterhebung**; wird ein Ausschnitt aus den Elementen gewählt, handelt es sich um eine **Teilerhebung** oder **Stichprobe**. Die Anzahl der Elemente der Grundgesamtheit wird mit der Bezeichnung N, jene einer Stichprobe mit n versehen. Für die Angabe von Formeln ist es üblich, die statistische Untersuchungsmenge mit n zu bezeichnen, da die Formeln sowohl für Stichproben wie für Grundgesamtheiten Geltung besitzen. (*Anmerkung*: Auf die Bedeutung von Freiheitsgraden, also die Angabe von $n-1$ in Formeln, wird an gegebener Stelle hingewiesen.) An dieser Stelle ist es besonders wichtig, darauf hinzuweisen, dass in der deskriptiven Statistik sowohl mit Stichproben wie auch mit Grundgesamtheiten gearbeitet wird. Wird in einer deskriptiven Untersuchung eine Stichprobe verwendet, gelten die Ergebnisse jedoch ausschließlich für diese Stichprobe – Rückschlüsse auf die Grundgesamtheit sind nicht zulässig, dafür werden die Methoden der schließenden Statistik benötigt (Abschn. 2.3). Für die Auswahl einer Stichprobe aus der Grundgesamtheit stehen unterschiedliche Verfahren zur Verfügung (Raithel, 2008, S. 54 ff.). Ein wichtiger Aspekt aller dieser Verfahren ist die **Repräsentativität** – jener Faktor, der beschreibt, wie gut die Stichprobe die Grundgesamtheit widerspiegelt. Da das Thema Stichprobe und somit auch die dazugehörigen Auswahlverfahren an der Schnittstelle zur schließenden Statistik bzw. Inferenzstatistik steht, wird an dieser Stelle auf eine detaillierte Beschreibung der Verfahren verzichtet. Auch hier sollen einige Beispiele illustrieren, wie die beiden Begriffe zu verstehen sind und warum sie benötigt werden.

Im Fall der Bevölkerung einer Stadt wird deutlich, dass in eine Untersuchung durchaus die gesamte Bevölkerung mit einbezogen werden kann – die Anzahl der Personen ist endlich; in der Sekundärliteratur, zum Beispiel in den Volkszählungsergebnissen, wird die Stadtbevölkerung im Hinblick auf unterschiedliche Eigenschaften (Alter, Geschlecht, Einkommen, Wohnung etc.) dargestellt. Wenn Sie jedoch über dieselbe Stadtbevölkerung Informationen unter Verwendung eines Fragebogens erfassen wollen, stehen Sie vor einem Problem: Sie verfügen nicht über die Möglichkeit, jede Person zu befragen, Sie sind gezwungen, eine Stichprobe zu ziehen. Dafür gibt es zahlreiche Gründe, wie etwa das Alter (Kleinkinder), die Frage der Erreichbarkeit (Adresse), ganz abgesehen von der Bereitschaft zur Beantwortung des Fragebogens. Ein ähnliches Beispiel liefert die Bestimmung der Schneedeckenhöhe. Im Vergleich zur Anzahl von Bewohnerinnen und Bewohnern in einem abgegrenzten Gebiet ist es nicht möglich, die Mächtigkeit einer Schneedecke (auch in einem abgegrenzten Territorium) zu ermitteln. Da unendlich viele Messpunkte in diesem Bereich möglich wären, ist es erforderlich, eine Auswahl an Standorten, die ihre nähere Umgebung möglichst gut abbilden, zu treffen. Die Schneedeckenhöhe wird an diesen Standorten gemessen und auf die restliche Fläche „interpoliert", geschätzt.

Die Untergliederung des zeitlichen Kriteriums stützt sich auf den zeitlichen Bezug, der im Rahmen der Festlegung der Elemente der statistischen Masse herangezogen wird. Dabei kann es sich entweder um einen **Zeitpunkt** oder um einen **Zeitrahmen** handeln. Dient ein Zeitpunkt als Entscheidungsgrundlage, ob ein Element Teil einer statistischen Grundmasse ist oder nicht, bezeichnet man die resultierende statistische Masse als **Bestandsmasse**. Die Definition der Bestandsmasse erfolgt an einem **Stichtag** mit exakter Zeitangabe. Reicht ein einzelner Zeitpunkt für diese Entscheidung nicht aus, beispielsweise im Falle von Ereignissen, wird ein **Zeitraum** bzw. Zeitintervall verwendet. Man spricht dann von einer **Ereignis-**, **Punkt-** oder **Bewegungsmasse**. Insbesondere für die Geographie ist eine Ergänzung der beiden Begriffe „Bestandsmasse" und „Bewegungsmasse" erforderlich und sinnvoll: **Fortschreibungen** setzen sich sowohl aus Bestands- wie auch Bewegungsmassen zusammen. Einer Bestandsmasse – ausgehend von einem Zeitpunkt – wird eine Bewegungsmasse, die eine Veränderung über einen Zeitraum repräsentiert, hinzugefügt. Das Ergebnis dieses Verfahrens bildet wieder eine Bestandsmasse, die fortgeschriebene Masse. Da die Bewegungsmasse in diesem konkreten Fall auf die Bestandsmasse Bezug nimmt, wird sie als **korrespondierende Masse** bezeichnet. Die Notwendigkeit der Berechnung von Fortschreibungen liegt meist im Fehlen von Daten für den aktuell(er)en Zeitpunkt.

Ein klassisches Beispiel für Fortschreibungen in der Geographie ist althergebracht – die Fortschreibung einer Bevölkerung. Die weit in die Geschichte zurückreichende Methode der Inventarisierung eines Staates (Abschn. 2.1), die Volkszählung, ermittelt an einem Stichtag – für die Volkszählung im Jahr 2001 in Österreich wurde der 15. Mai als Stichtag festgesetzt – die Anzahl an Personen im Staat und gliedert diese sowohl nach (räumlichen) administrativen Einheiten wie auch nach Eigenschaften. Eine Volkszählung stellt demnach eine Bestandsmasse dar. Da seit dem Jahr 2001 in Österreich keine Volkszählung stattgefunden hat, muss die aktuelle Bevölkerungszahl über die Veränderungen in diesem Zeitraum ermittelt werden. Dazu werden die Lebendgeborenen und Zugewanderten des Zeitraumes nach der Volkszählung bis zu einem neuerlichen Stichtag (zum Beispiel 31.12.2011) dem Volkszählungsergebnis von 2001 hinzugefügt, Gestorbene und Abgewanderte werden weggerechnet. Die Zahl aller Geborenen, Gestorbenen und Zu- bzw. Abgewanderten deckt ein Zeitintervall ab, ist daher eine Bewegungsmasse und in vorliegendem Fall sogar eine korrespondierende Masse. Mit der Bevölkerungszahl zum Stichtag 31.12.2011 liegt wieder eine Bestandsmasse vor, die, da sie sich aus einer Bestandsmasse und einer korrespondierenden Masse errechnet und nicht erhoben wird, auch als Fortschreibung bezeichnet wird.

Statistische Einheit

Wie aus der Definition der statistischen Masse hervorgeht, setzt sich diese aus einzelnen „Elementen" zusammen. Auch diese Elemente tragen eine konventionelle Bezeichnung, sie werden **statistische Einheit**, **Untersuchungseinheit**, **Proband** oder **Merkmalsträger** genannt.

▸ **Definition** Die **statistische Einheit** e_i $(1 \leq i \leq n)$ stellt das Untersuchungselement und somit die kleinste, nicht weiter unterteilbare Einheit in einer statistischen Untersuchung dar. Diese statistische Einheit trägt jene Information (auch als Merkmal X bezeichnet), die im Zentrum der statistischen Untersuchung steht. ▪

Das Charakteristikum einer statistischen Einheit ist demnach eine bestimmte Information, ein Merkmal, das für die statistische Untersuchung eine Rolle spielt. Träger dieser Eigenschaft, Merkmalsträger, können Personen, Organisationen, Objekte, Ereignisse etc. sein. Im Fall der oben angeführten Volkszählungsergebnisse stellen die Personen die Merkmalsträger bzw. statistischen Einheiten dar, bei der Schneedeckenuntersuchung sind es die einzelnen Messungen, die als Merkmalsträger fungieren. Aus dem unmittelbaren Zusammenhang ergibt sich die nächste Definition, die des Merkmals.

Merkmal, Variable

▸ **Definition** Jene Eigenschaft eines Untersuchungselements, die für die statistische Untersuchung von Bedeutung ist, wird als **Merkmal X** des Elements bezeichnet. Eine statistische Einheit weist mindestens ein Merkmal auf, kann aber ebenso durch mehrere Merkmale gekennzeichnet sein. ▪

Personen als statistische Einheiten können in Bezug auf die Eigenschaften Geschlecht, Alter, Familienstand, Ausbildung, Hauptwohnsitz, Einkommen etc. untersucht werden, Organisationen wie touristische Betriebe im Hinblick auf Ausstattung, Anzahl der Beschäftigten, Bettenzahl, Auslastungsgrad. Messkampagnen wiederum können nach den Kriterien ihrer geographischen Lage, dem Messergebnis wie beispielsweise der Schneedeckenhöhe oder der Beschaffenheit der Schneedecke (Körnung, Wassergehalt etc.) bewertet werden. Eine Pflanze als Objekt wiederum wird hinsichtlich ihrer Eigenschaften Familie, Gattung und Standort klassifiziert.

Merkmale tragen vielfach auch die Bezeichnung **Variable**; beide Begriffe werden synonym verwendet. Ein weiterer Begriff, der häufig gleichbedeutend für Merkmal oder Variable in der Literatur genutzt wird, ist jener des **Indikators**. Doch hier wird zur Vorsicht geraten: In Abhängigkeit von der Wissenschaftsdisziplin (Natur-, Sozialwissenschaften) werden diese Begriffe verschieden interpretiert. In vorliegendem Kontext wird der Begriff „Variable" aus dem mathematischen Blickwinkel betrachtet und bezeichnet jene Merkmale, die mindestens zwei Ausprägungen besitzen und eine messbare Größe repräsentieren (Ferschl, 1985, S. 20; Jann, 2005, S. 10; Schlittgen, 2003, S. 4). Dieser Erklärungsansatz unterstreicht jenen Zugang, der den Begriff „Merkmal" als theorieorientiert und den Begriff „Variable" als umsetzungsorientiert ausweist. Ähnlich gelagert ist der Ansatz bei der Definition des Begriffs „Indikator". Ein Indikator „übersetzt" ein Merkmal, das man nicht unmittelbar erfassen kann, in eine oder mehrere messbare Größen. Nicht unmittelbar fassbare Merkmale werden in den Sozialwissenschaften als latent bezeichnet (Raithel, 2008, S. 34 f.).

Als Beispiel sei hier das Merkmal „Lebensqualität einer Stadt" genannt. Diese kann nicht unmittelbar erfasst oder gemessen werden, es bedarf verschiedener Indikatoren, die ein Maß für die Lebensqualität bilden und den Grad der Lebensqualität „anzeigen" wie beispielsweise die Lärmbelastung, Erreichbarkeit des öffentlichen Verkehrsnetzes oder etwa die Nähe von Nahversorgern.

Eine bedeutende Eigenschaft aus geographischer Sicht ist der **Standort** von Untersuchungselementen, da mit diesem Merkmal einerseits spezielle Datenformen, die Geodaten, andererseits spezifische (räumliche) Analysen verknüpft sind. Speziell im Hinblick auf die Informations- und Kommunikationstechnologie, die insbesondere in der Statistik sowie in den Geotechnologien eingesetzt wird, sei noch angemerkt, dass es für die **Bezeichnung von Variablen** in der Informations- und Datenverarbeitung eigene Konventionen gibt, die den problemlosen Umgang und Austausch von Informationen unterstützen. Zu diesen Konventionen zählen unter anderem:

- die Verwendung von sprechenden Variablenbezeichnungen,
- der Verzicht auf Umlaute und Leerzeichen,
- die Beachtung von Groß- und Kleinschreibung (*case-sensitive*), da diese in den meisten Programmen unterschieden wird,
- die Vermeidung von Schlüsselwörtern der Programmiersprachen.

Der Versuch, diese Konventionen im Kontext dieses Buches einzuhalten, erleichtert den unumgänglichen Schritt bei der Anwendung von Tabellenkalkulationssoftware, Statistik-paketen und Datenbanken, ist aber auch für Geographische Informationssysteme sowie Fernerkundungssoftware relevant.

Merkmalsausprägung

Wir sind schon ein gutes Stück in die Basisbegriffe der Statistik vorgedrungen, allerdings noch immer nicht auf der eigentlichen Datenebene angelangt. Bislang haben wir Begriffe eingeführt, die in Form von Bezeichnungen stellvertretend für die nähere Beschreibung von Elementen (Merkmalsträgern) stehen. Listet man nun für diese Merkmale die konkreten Eigenschaften auf, so erhält man die **Merkmalsausprägungen**, **Merkmalskategorien** oder **Modalitäten** des Elements. Bei Merkmalsausprägungen handelt es sich auch um Kategorien, die in der Realität eventuell nicht angenommen werden.

▸ **Definition** **Merkmalsausprägungen** a_j mit $(1 \leq j \leq m; m \leq n)$ eines Merkmals X umfassen jene Manifestationen, die ein Merkmal im Rahmen einer statistischen Untersuchung annehmen kann. ▪

Ziehen wir das Beispiel der Schneedeckenhöhe nochmals heran: Die Schneedeckenhöhe kann unterschiedliche Werte im Rahmen unserer Messungen annehmen, die sich von null (kein Schnee vorhanden) bis zu einer mehrere Meter hohen Schneedecke erstrecken.

Merkmalswert

Im Unterschied zu den zahlreichen potenziellen Ausprägungen, also den Merkmalsausprägungen, ist der **Merkmals-** oder **Beobachtungswert** jener tatsächliche Wert, der sich für unsere Schneedeckenmessung an einem Punkt ergibt. Es handelt sich um einen konkreten Wert, und wir sprechen von einem Beobachtungswert oder Merkmalswert von 285,5 cm.

▸ **Definition** Der **Merkmalswert** x_i mit $(1 \leq i \leq n)$ ist jener Wert, den ein Merkmal X in einer statistischen Untersuchung tatsächlich annimmt. ▪

Mit der Definition des Merkmals- oder Beobachtungswertes sind wir nun endlich auf der Ebene der **Daten** angekommen. Der Vollständigkeit halber sei aber auch hier noch darauf hingewiesen, dass in der Literatur häufig nicht zwischen den Begriffen „Merkmalsausprägung", „Merkmalswert" und „Beobachtungswert" unterschieden wird.

Im Fall des Untersuchungsobjekts eines touristischen Betriebs an einem Standort, dessen Ausstattungsgrad wir feststellen möchten, unterscheidet man üblicherweise zwischen privaten und gewerblichen Beherbergungsbetrieben als Merkmalsausprägungen. Unser Betrieb besitzt den Merkmalswert „3-Sterne-Hotel". An unserem Vulkan-Beispiel illustrieren wir nochmals sämtliche Begriffe.

Beispiel 3.8

Um das Ausbruchsverhalten des Vulkans beurteilen zu können, ist es erforderlich, basierend auf den zuvor definierten Begriffen, die einzelnen Ausbrüche des Vulkans in einer festgelegten Zeitspanne zu ermitteln. Damit haben wir die Grundgesamtheit unserer Untersuchung beschrieben: die Ausbrüche des Vulkans im Verlauf eines Jahres. Jene Eigenschaft, die uns im Rahmen unserer ersten Analyse interessiert, ist das Ausbruchsverhalten. Die statistische Einheit wird mit dem einzelnen Ausbruch des Vulkans bezeichnet. Dabei muss ich festlegen, was unter Ausbruch zu verstehen ist: Reicht es, wenn der Vulkan eine Gaswolke freisetzt, oder definieren wir einen Ausbruch erst ab jenem Moment, wenn der Vulkan flüssiges oder festes Material freisetzt? – Alles eine Frage der Vereinbarung, die aber getroffen werden muss, sodass alle beobachtenden Personen die gleichen Ereignisformen erfassen.

Das Merkmal der Untersuchung wird mit „Art des Vulkanausbruchs" festgelegt. Der Beobachtungszeitraum umfasst ein ganzes Jahr, wir sprechen demnach von einer Bewegungsmasse, die Grundgesamtheit sind sämtliche Ausbrüche, die der Vulkan in einem Jahr tätigt.

Merkmalsausprägungen für das Freisetzen des vulkanischen Materials sind sämtliche Erscheinungsformen von Ausbrüchen; dazu zählen Gasexplosionen ebenso wie Explosionen mit Gesteinsbrocken, das Austreten von Asche und/oder Lava in unterschiedlicher Konsistenz mit oder ohne Gasbeimengungen. Es ist bekannt, dass unser Vulkan nur festes Gestein und Lava „spuckt", daher sind das unsere Merkmalswerte, wobei jeder einzelne Ausbruch erfasst wird.

Qualitative versus quantitative Merkmale

Tabelle 3.3 gibt einen Überblick und Vergleich der erläuterten Begriffe statistische Masse, statistische Einheit, Merkmal, Merkmalsausprägung und Merkmalswert.

Lediglich die rechte Spalte, der Merkmalswert, macht sowohl durch die Begriffsbezeichnung „Wert" wie auch durch die Darstellung des Ergebnisses ersichtlich, dass es sich tatsächlich um Daten handelt. Auf den zweiten Blick ist aber rasch ersichtlich, dass es Unterschiede zwischen diesen Daten gibt – einerseits sind es verbale Beschreibungen eines Zustands, andererseits handelt es sich um Zahlen –, also das, was wir aus dem Alltag eigentlich mit dem Begriff „Daten" verbinden.

Anhand dieses Unterschieds lässt sich eine in weiterer Folge wichtige Gliederung von Merkmalen ableiten – die Gliederung in **quantitative** und **qualitative Merkmale**, die Unterscheidung von **häufbaren** von **nicht häufbaren** Merkmalen und die Angabe, ob ein **dichotomes** oder **polytomes** Merkmal vorliegt.

Qualitative Merkmale, wie die Bezeichnung schon andeutet, umfassen jene Merkmale, deren Werte „um- bzw. beschrieben" werden. Die Merkmalsausprägungen liegen demnach in Form einer **verbalen Beschreibung**, in Worten, vor, die einzelnen Ausprägungen ste-

Tab. 3.3 Statistische Grundbegriffe zur Beschreibung untersuchter Objekte illustriert an geographischen Beispielen

statistische Masse (n)	statistische Einheit (e_i)	Merkmal (X)	Merkmalsausprägung (a_j)	Merkmalswert für ein Untersuchungsobjekt (x_i)
Vulkanausbrüche des Arenal im Jahr 2008 (Grundgesamtheit, Bewegungsmasse)	Ausbruch des Vulkans	Art des Vulkanausbruchs bzw. freigesetztes Material	Gas Asche Lava (dünnflüssig, zäh) Gesteinsbrocken sämtliche Kombinationsmöglichkeiten der Eigenschaften	Lava
touristische Beherbergungsbetriebe im Jahr 2011 in Graz (Grundgesamtheit, Bewegungsmasse)	Beherbergungsbetrieb	Unterkunft nach Kategorie	private Ferienwohnungen/-häuser Privatquartiere nicht/ auf Bauernhof gewerbliche Ferienwohnungen/-häuser 1-/2-Sterne-Hotel 3-Sterne-Hotel 4-/5-Sterne Hotel übrige gewerbliche Betriebe (Kurheime, Jugendherbergen, …)	3-Sterne-Hotel
Pegelstand der Mur vom 21.01. bis 28.01.2012 (Stichprobe, Bewegungsmasse)	Messung an einer Messstelle	Wasserstand	Wasserstand zwischen 90 und 130 cm	118 cm (gemessen am 23.01.2012 um 14.00 Uhr)
Schneedecke in einem abgegrenzten Bereich am 25.02.2009 (Stichprobe, Bestandsmasse)	Messung an einem Messpunkt	Höhe der Schneedecke	Mächtigkeit in cm (0–500 cm)	285,5 cm

Daten: OVSICORI-UNA, 2011; Land Salzburg, 2012

hen nicht miteinander in Beziehung. Das wesentlichste Unterscheidungsmerkmal zu den quantitativen Merkmalen besteht allerdings darin, dass diese Qualitäten **nicht zählbar** und **nicht messbar** sind, sie spiegeln keine erfassbare „Größe" wider. Die Ausprägungen lassen sich eindeutig voneinander abgrenzen, wodurch Kategorien bzw. Klassen entstehen. Untersucht man eine statistische Einheit im Hinblick auf ein qualitatives Merkmal, kann man lediglich feststellen, ob das Element die **Eigenschaft aufweist** oder nicht. Darüber hinaus ist qualitativen Merkmalen auch keine Ordnung inhärent. Liegt eine Rangordnung in den

Daten vor, lässt sich also eine Beziehung, ein Vergleich zwischen den Merkmalsausprägungen herstellen, spricht man von **Rangmerkmalen**.

Die Eigenschaften dichotom sowie häufbar beziehen sich ausschließlich auf qualitative Merkmale. **Dichotom** (gegensätzlich polytom) bedeutet laut Duden so viel wie „zweigeteilt", das heißt, es gibt für ein dichotomes Merkmal lediglich zwei Ausprägungen (Bibliographisches Institut GmbH, 2011). Wenn diese Ausprägungen in Zahlen dargestellt werden, so wie dies aus der Informationstechnik bekannt ist, also in Null und Eins, spricht man von binärer Darstellung. Die **Häufbarkeit** eines Merkmals nimmt auf die Zahl der Merkmalsausprägungen Bezug, die eine statistische Einheit annehmen kann. Bislang sind wir davon ausgegangen, dass ein Merkmalsträger durch ein oder mehrere Merkmale gekennzeichnet wird und einer der Merkmalswerte pro Merkmal auf das Element zutrifft. Es kann jedoch der Fall eintreten, dass mehrere Merkmalswerte auf ein und denselben Merkmalsträger zutreffen – dann spricht man von einem häufbaren Merkmal.

Diese Beispiele für dichotome und häufbare Merkmale geben Spezialfälle der qualitativen Merkmale wieder, dennoch illustrieren sie deutlich die Ausprägung der Merkmale in Form von Worten und Beschreibungen. Tabelle 3.3 listet die Merkmalsausprägungen für die beiden Merkmale „Art des Vulkanausbruchs" und „Unterkunft nach Kategorie" auf; auch diese werden durch verbale Begriffe charakterisiert.

Beispiel 3.9

Einige Beispiele sollen diese neuen Begriffe illustrieren: Als Standardbeispiel für ein dichotomes Merkmal wird immer wieder das „Geschlecht" einer Person mit den zugehörigen Ausprägungen „männlich" oder „weiblich" angeführt. Richten wir den Fokus auf geographische Beispiele, wäre hier etwa das Beispiel von Regen-, Frost- oder Nebeltagen anzuführen. Ebenso dichotom ausgeprägt sind die Merkmale „Ritzbarkeit" von Gestein oder die Angabe, ob eine Person pendelt oder nicht. Sehr oft finden dichotome Merkmale auch in Fragebögen für Alternativfragen Verwendung.

Ein häufbares Merkmal aus dem humangeographischen Bereich wäre beispielsweise das Verkehrsverhalten. Es kann nicht nur ein Verkehrsmittel gewählt werden, um eine Destination zu erreichen, es besteht auch die Möglichkeit, mehrere Verkehrsmittel (zu Fuß gehen, öffentliches Verkehrsmittel etc.) zu kombinieren. Ein weiteres Beispiel entnehmen wir der Kriminalstatistik: Es ist nicht ausgeschlossen, dass ein und dieselbe Person mehrere Delikte begeht (Raub, Betrug, tätlicher Angriff etc.). Ebenso kann ein Gebäude mehrere Funktionalitäten beinhalten – es besitzt im Erdgeschoss Verkaufsräume, im ersten Stock Büros, und in den oberen Etagen dient es als Wohnraum. In der physischen Geographie nehmen wir ein Beispiel aus dem agrarischen Bereich: Eine landwirtschaftliche Nutzfläche kann mit mehreren Nutzpflanzen bepflanzt werden – so ist die Kombination von Weinbau mit Futterklee oder von Kaffeepflanzen mit schattenspendenden Bananenstauden durchaus üblich. Betrachtet man das Gefahrenpotenzial von Standorten, können diese durch mehrere

Naturgefahren gleichzeitig bedroht werden, gleichgültig, ob es sich dabei um Hochwasser, Lawinen oder Muren etc. handelt.

Quantitativen Merkmalen (Variablen) lassen sich **reelle Zahlen** $\mathbb{R}$ als Merkmalsausprägungen zuordnen. Die Ermittlung der Merkmalswerte erfolgt durch Zählen oder Messen, wobei ein Gütekriterium für die Daten in der entsprechenden **Messgenauigkeit** zu finden ist. Für quantitative Daten existiert ein Nullpunkt – diese Tatsache ermöglicht es, die einzelnen Merkmalswerte miteinander in Beziehung zu setzen, zu vergleichen und Abstände zwischen den Werten zu ermitteln. Umfasst ein quantitatives Merkmal abzählbar viele Ausprägungen, spricht man von **diskreten Merkmalen**. Diskrete Merkmale werden häufig durch den Vorgang des Zählens erfasst, sie nehmen ganzzahlige Werte in Form von natürlichen Zahlen $\mathbb{N}$ an. Dem gegenüber stehen **stetige** oder **kontinuierliche Merkmale**, die jeden beliebigen Wert aus einem Intervall annehmen können und meist aus einem Messvorgang resultieren. Die Anzahl der Merkmalsausprägungen ist unendlich, die Werte sind nicht mehr abzählbar.

Der Großteil der Variablen, die in der Geographie Verwendung finden, sind den quantitativen Merkmalen zuzuordnen. Ob es sich um Bevölkerungs- oder Übernachtungszahlen, Wirtschaftsindikatoren wie das Bruttosozialprodukt, Belegschaftsgrößen oder Branchenindizes handelt oder ob wir Niederschlagsmengen, Temperaturgradienten, die Bodenchemie, Vegetationsperioden und Luftgütekriterien untersuchen – allen diesen Merkmalen sind zahlenmäßige Größenangaben zuordenbar. Sie bilden die Grundlage für die überwiegende Zahl statistischer Analysen – von der Bestimmung eines Mittelwertes bis hin zur räumlichen Analyse. Während die Merkmalswerte von stetigen Merkmalen, vereinfacht gesprochen, durch Kommazahlen gekennzeichnet sind – Temperaturangaben, Längen-/Flächenmaße, Höhenangaben, Druckwerte –, spiegeln diskrete Merkmale „unteilbare Größen" wider, etwa Personen, Haushalte oder Pflanzen. Diskrete Merkmale können selbst durch eine feinere Messgenauigkeit oder bessere Instrumente nicht mit größerer Genauigkeit ermittelt werden.

Darüber hinaus gibt es Merkmale, die sozusagen „zwischen" den beiden Formen diskret und stetig liegen – jene der **quasi-diskreten Merkmale** und, vice versa, die der **quasi-stetigen Merkmale**. Genau genommen handelt es sich bei diesen Arten von Merkmalen nicht um neue Kategorien von Merkmalen, vielmehr entstehen diese Mischformen aus der praktischen Anwendung. In der Umsetzung lässt sich die Eigenschaft „abzählbar" bzw. „nicht abzählbar" oder „überabzählbar" nicht immer eindeutig feststellen; die Werte eines diskreten Merkmals können so dicht angeordnet sein, dass sie praktisch nicht mehr voneinander unterscheidbar sind, weshalb diese als quasi-stetig bezeichnet werden. Eine besser vorstellbare Erläuterung des Begriffs wäre die Darstellung von Nachkommastellen, obwohl diese keinem reellen Wert entsprechen. Ein Betrag von 3,4525 Euro existiert nicht, zumal es lediglich 3 Euro und 45 Cents in Realität gibt. Weitere illustrative Beispiele hierfür wären Umsatzzahlen von Betrieben, Einkommen, Devisenumrechnungen und allgemein monetäre Informationen, die genauere Werte ausweisen, als die entsprechende Währung tatsächlich besitzt.

Umgekehrt ist es in Abhängigkeit vom Messvorgang bzw. den zugrunde liegenden Einheiten in manchen Fällen nicht möglich, unendlich viele bzw. unendlich genaue Werte zu erzielen, obwohl theoretisch ein stetiges Merkmal vorliegt – die Werte verhalten sich quasi-diskret. Geographische Beispiele für quasi-diskrete Merkmale wären die Sonnenscheindauer in Stunden, Altersangaben in Jahren, Niederschlagsmengen in Litern pro Quadratmeter; die Werte werden (so wie es etwa die Absolutskala (s. u.) vorsieht) auf ganze Einheiten gerundet, obwohl theoretisch eine höhere Messgenauigkeit erzielt werden kann. Auch eine Klassifizierung von Daten kann stetige in quasi-diskrete Merkmale überführen (Fahrmair, Kneib und Lang, 2009, S. 16 f.; Bourier, 2011, S. 12).

Explizit wird an dieser Stelle allerdings darauf hingewiesen, dass die beiden Begriffe „quasi-diskret" und „quasi-stetig" in der Literatur keiner strengen Trennung unterliegen und wechselseitig verwendet werden.

Eine wichtige Erkenntnis aus diesen Ausführungen ist, dass die Grenzen zwischen diskreten und stetigen Merkmalen „gebeugt" werden können – sei es durch eine genauere Definition und damit Einschränkung oder Ausweitung des Merkmals und der untersuchten Eigenschaft oder durch Klassifizierung und Gruppierung der Merkmalsausprägungen. Damit wird wieder die Bedeutung der Operationalisierung sowie der exakten Problemabgrenzung ersichtlich (Abschn. 2.4).

Skalenniveaus

Im Laufe der Vorbereitungen für unsere Exkursion haben wir festgestellt, dass die Wahl der Utensilien für den erfolgreichen Verlauf der Reise von entscheidender Bedeutung ist. In ebenso entscheidendem Maße bestimmt das **Skalenniveau** von Daten deren **Informationsgehalt** und hat erhebliche Auswirkungen auf die Analysemöglichkeiten, die für diese Daten zur Verfügung stehen. Fehlen mir bestimmte Gerätschaften, Materialien oder Ausrüstungsstücke für bestimmte Etappen auf meiner Exkursion, kann ich diese Ziele nicht anstreben – habe ich also nicht die passende Datengrundlage, kann ich in der Statistik gewisse Analysen nicht durchführen bzw. im Anschluss an die Analyse nicht sinnvoll interpretieren.

Sie können Skalenniveaus auch noch aus einer anderen Perspektive im Zusammenhang mit unserer Exkursion betrachten. Wie schon in den einleitenden Ausführungen erläutert, dürfen nur jene Studierenden an der Exkursion teilnehmen, die als Vorbereitung weiterführende Lehrveranstaltungen absolviert haben. Mit den vorbereitenden Vorlesungen, Praktika und Seminaren generieren Sie Wissen, das Ihnen auf der Reise zugutekommt. Mit jeder weiteren Lehrveranstaltung gewinnen Sie an Informationen über die Destination – ähnlich ist auch die Hierarchie der Skalenniveaus zu verstehen.

Dementsprechend hoch ist der Stellenwert der folgenden Ausführungen anzusehen. Das Skalenniveau von Daten, das sich aus den vorhergehenden Erläuterungen zu qualitativen und quantitativen Merkmalen unmittelbar ableiten lässt, beinhaltet das **Analyse- und Interpretationspotenzial**, das die Daten beinhalten. Es ergibt sich aus der Wahl eines

Merkmals für eine statistische Einheit und kann daher im Zuge der Operationalisierung beeinflusst werden. Für unsere Beobachtungen am Vulkan bedeutet dies, dass ich als Merkmal eines Ausbruchs vorerst einmal feststellen kann, ob der Vulkan ausbricht oder nicht (Ausbruch ja/nein) – ich erfasse dazu einfach die Ausbrüche pro Tag. Richtet sich mein Interesse nicht nur darauf, ob der Vulkan ausbricht, sondern ebenso darauf, wie der Vulkan eruptiert, ermittle ich auch das Ausbruchsmaterial pro Ausbruch.

Beispiel 3.10

Nehmen wir unsere Beispiele aus Tab. 3.3 und betrachten die qualitativen Merkmale „Art des Vulkanausbruchs" und „Kategorie der Unterkunft". Die „Werte" für die einzelnen Vulkanausbrüche wie auch für die einzelnen Kategorien der Unterkünfte liegen als Beschreibungen vor. Ich benötige kein umfassendes mathematisches Wissen, um zu erkennen, dass ich diese Merkmalswerte nicht miteinander verrechnen kann. Nicht einmal die einfachsten mathematischen Operationen wie Addition und Subtraktion sind möglich: Es ergibt einfach keinen Sinn, „Gase" von „Lava" zu subtrahieren oder ein „4-/5-Sterne-Hotel" mit einem „Privatquartier am Bauernhof" zu multiplizieren. Einzig und allein der Vergleich von zwei Merkmalsausprägungen ergibt eine plausible Aussage. Somit ist es mir möglich festzustellen, ob zwei Betriebe einer Region ein und derselben Kategorie angehören oder nicht. Auch für den Fall, dass verbale Beschreibungen durch eine zahlenmäßige Codierung ersetzt werden, wie dies häufig in der Statistik durchgeführt wird (beispielsweise 1 für „Gase", 2 für „Asche", 3 für „Lava" und 4 für „Gesteinsbrocken"), ist es zwar formal möglich, diese miteinander zu verrechnen – ich kann die Merkmalswerte 1 und 2 addieren –, ich erhalte aber dennoch keine gültige Aussage: Die Vermengung von Gasen und Asche resultiert nicht in Lava.

Aus Beispiel 3.10 geht die Notwendigkeit der Festlegung von Voraussetzungen für mathematisch-statistische Operationen deutlich hervor und erscheint auch plausibel. Ausgehend von der Messbarkeit von Merkmalen definierte der Psychophysiker Stanley Smith Stevens jene vier Skalenniveaus, die bis heute den Großteil der statistischen Literatur und Analysen dominieren:

- Nominalskala,
- Ordinalskala,
- Intervallskala,
- Rationalskala.

Diese Skalenniveaus unterliegen einer Hierarchie. Die hierarchische Gliederung hat den Effekt, dass mit höherwertigem Skalenniveau einerseits zusätzliche mathematische Operationen zulässig werden, andererseits die Skalenniveaus einander bedingen: So ist jeder Merkmalswert, der rationalskaliert ist, auch intervallskaliert, der Umkehrschluss ist jedoch ungültig. Intervall- und Rationalskala tragen aufgrund der Zuordnung reeller Zahlen die Bezeichnung **metrische Skala**. An dieser Stelle ist anzumerken, dass die vier Skalen von Stevens weder unumstritten noch die einzige Möglichkeit der Klassifikation von Skalen sind (Saint-Mont, 2011). Es existiert darüber hinaus nicht immer eine eindeutige Zuordnung von Merkmalen zu Skalen bzw. ist eine Überführung von Merkmalen etwa durch Klassifikationen möglich.

Nominalskala

Die Ausprägungen von **nominalskalierten** oder **klassifikatorischen Merkmalen** liegen – wie Beispiel 3.10 illustriert – in verbaler Form als **Bezeichnungen** oder Namen vor, können aber auch mittels Zahlen codiert werden und sind den qualitativen Merkmalen zugeordnet. Die Codierung mithilfe von Zahlen ersetzt gleichermaßen den verbalen Ausdruck durch eine Ziffer bzw. Zahl, diese fungieren jedoch als Symbole und sind nicht als natürliche Zahlen zu verstehen. Die statistische Masse lässt sich aufgrund der Merkmalsausprägungen in **Gruppen** einteilen, die voneinander unterscheidbar sind; die Elemente einer Gruppe besitzen allerdings die gleichen Merkmalswerte. Die mathematischen Operationen bzw. Beziehungen, die zwischen zwei Merkmalswerten möglich sind, beschränken sich auf den **Vergleich** von Werten. Die Merkmalswerte von Elementen sind dann entweder gleich oder verschieden. Im Fall der Nominalskala ist es daher nur möglich, den Modus sowie den Kontigenzkoeffizienten zu bestimmen.

Ordinalskala

> **Beispiel 3.11**
> Auch das Merkmal „Unterkunft nach Kategorie" besitzt verbal dargestellte Ausprägungen: 1-, 2- oder 3-Sterne-Hotel, etc. Im Unterschied zur „Art des Vulkanausbruchs" lassen sich die Kategorien jedoch bewerten, wie deutlich aus den verschiedenen Preisen, die der Gast für die Kategorien entrichten muss, hervorgeht. Die Einordnung der Unterkünfte in Kategorien basiert auf einem definierten Leistungskatalog, der für jede Kategorie einen Mindeststandard bzw. ein Leistungs- und Ausstattungspaket vorsieht.

Ordinalskalierte oder komparative Daten liegen – ebenso wie nominalskalierte Daten – in **verbaler** oder zahlenmäßig codierter **Form** vor; es handelt sich um Ausprägungen von qualitativen Merkmalen, genauer gesagt um Rangmerkmale. Zusätzlich zum Vergleich von Werten ist es möglich, eine Wertung, Reihung oder Ordnung der Ausprägungen vorzunehmen. Die Wertung der Ausprägungen gestattet die Aussage, dass eine Merkmalsausprägung „größer" oder „kleiner" als eine andere Merkmalsausprägung ist: Die Kategorie eines „4-/5-Sterne-Hotels" bietet dem Gast einen größeren Komfort in Form einer besseren Ausstattung als eine „Jugendherberge". Die **Ordnung** der Merkmalsausprägungen erlaubt jedoch keine Aussage über die Distanz oder Ähnlichkeit benachbarter Merkmalsausprägungen.

Unter dem mathematischen Blickwinkel betrachtet, erlaubt die Ordinalskala die Berechnung von Quantilen und des Spearman'schen Korrelationskoeffizienten.

Intervallskala

Wir verlassen nun die verbale Informationsebene und wenden uns den zahlenmäßig ausgeprägten Werten zu.

Beispiel 3.12

Pegelstände wie auch Höhen von Schneedecken werden gemessen. Und trotzdem besteht ein entscheidender Unterschied in den Ergebnissen und ihrer Interpretation. Während die Schneedecke von ihrer untersten Begrenzung weg gemessen wird (0 cm = kein Schnee), erfolgt die Messung des Pegelstandes ausgehend vom Wasserstand mithilfe einer Pegellatte, deren Nullpunkt (Pegelnullpunkt genannt) allerdings beliebig gewählt wird. In naturnahen Gewässern liegt Pegelnull gewöhnlich unter dem niedrigsten Wasserstandniveau.

Die Merkmalsausprägungen von intervallskalierten Daten entsprechen reellen Zahlen, liegen also in numerischer Ausprägung vor und werden den quantitativen Merkmalen zugezählt. Damit wird die größenmäßige Abschätzung von Abständen zwischen den Merkmalsausprägungen berechenbar. Aus der Ermittlung dieser Abstände bzw. Intervalle leitet sich ferner die Bezeichnung dieser Skala ab. Ab diesem Skalenniveau ist es nun möglich, grundlegende Rechenoperationen – in diesem Fall Addition und Subtraktion – durchzuführen; die Berechnung von Relationen ist für intervallskalierte Daten jedoch nicht erlaubt. Die Ursache dafür liegt im **Fehlen eines natürlichen Nullpunktes**. Für intervallskalierte Daten existiert zwar ein Nullpunkt, dieser wird allerdings beliebig festgesetzt. Mit dem Intervallskalenniveau ist eine große Bandbreite an statistischen Parametern berechenbar (siehe Lernbox am Ende des Abschnitts).

Beispiel 3.13

Aus dem Vergleich der Pegelstände der Mur kann man ablesen, dass der Pegel an der Station Mörtelsdorf vom 23.01.2012 (10:00 Uhr) bis zum 25.01.2012 (23:30 Uhr) um 27 cm zugenommen hat. Diese Pegelveränderung kann jedoch nicht mittels eines Prozentsatzes ausgedrückt werden.

Rationalskala

Schließlich sind wir an jenem Skalenniveau angelangt, das sowohl aus rechentechnischer Sicht wie auch seitens des Informationsgehalts als „höchstes" Skalenniveau bezeichnet wird. Man spricht bereits ab dem Intervallskalenniveau von **metrischen Daten** bzw. Daten auf Niveau der **Kardinalskala** – dies drückt einerseits die Ausprägung der Werte in numerischer Form aus sowie das Zugrundeliegen natürlicher Wert- oder Maßeinheiten für die Merkmalsausprägungen. Auf dem Skalenniveau der **Rational-** oder **Verhältnisskala** ist zusätzlich zur Identifikation, Ordnung und Abstandsermittlung von Merkmalsausprägungen die Berechnung von **Verhältnissen** zwischen den Werten möglich. Diese Verhältnisse können auch sinnvoll interpretiert werden. Die Ursache hierfür liegt im Vorhandensein eines absoluten natürlichen Nullpunktes. Abstände zwischen Merkmalsausprägungen werden damit vergleichbar – als mathematische Operation liegen diesem Gedankengang Multiplikation und Division zugrunde.

Beispiel 3.14
Was für den Pegelstand der Mur keine plausible Antwort ergeben hat, lässt sich für die Schneedeckenhöhe feststellen: Eine Schneedecke von 50 cm ist halb so dick wie jene mit einer Höhe von 100 cm. Für die Ermittlung der Schneedecke besitzt der Meterstab einen natürlichen Nullpunkt; die Mächtigkeit von Schneedecken an unterschiedlichen Standorten kann somit miteinander in Beziehung gesetzt werden. Der Nullpunkt am Meterstab ist ein natürlicher, absoluter Nullpunkt, was bedeutet, dass der Wert null nicht unterschritten werden kann.

Absolutskala
Eine Sonderform der Rationalskala nimmt die Absolutskala ein. Zwar besitzt die Absolutskala einen absoluten natürlichen Nullpunkt, die Ermittlung von Anteilen und Proportionen ist allerdings nicht sinnvoll, denn es liegt eine natürliche Maßeinheit zugrunde, die sich – einfach formuliert – auf ganze Einheiten bzw. ganzzahlige Werte bezieht. Als geographische Beispiele kann man Sterbefälle, Anzahl von Ereignissen wie Blitzschläge, Nebeltage, Zahl der Tage mit Schneedecke, Verkehrsunfälle, Kriminaldelikte, Anzahl von Berufstätigen, Stückzahlen von Vieh etc. anführen.

Skalentransformation

Beispiel 3.15
Wir sind auf unserer Exkursion unterwegs und fahren im Bus durch eine Ortschaft. Ein Display an einer Bank zeigt das aktuelle Datum, die Uhrzeit und die Temperatur: 77 °F. Da wir es gewohnt sind, Temperaturen in Grad Celsius zu messen, müssen wir umrechnen und stellen fest, dass die Außentemperatur angenehme 25 °C beträgt. Statistisch betrachtet, haben wir eine Skalentransformation der Temperaturwerte von Fahrenheit in Celsius vorgenommen. Obwohl dieses Beispiel sehr oft

in Statistikbüchern Verwendung findet, illustriert es wohl am besten die Idee und Notwendigkeit von Skalentransformationen und findet daher auch in diesem Buch Verwendung.

In der Praxis ist es aus mannigfaltigen Gründen nötig, Merkmalsausprägungen zwischen unterschiedlichen Skalen zu verschieben, sei es um die Information besser verarbeiten, verstehen oder interpretieren zu können. Die Übertragung der Merkmalswerte von einer Skala zu einer anderen Skala wird als **Transformation** bezeichnet. Bereits in den Ausführungen zur Nominalskala haben wir eine Skalentransformation vorgenommen: die Codierung von verbalen Ausprägungen als Zahlen. Dabei wurde jeder Merkmalsausprägung – die Art des Materials, das der Vulkan freisetzt – eindeutig eine neue Merkmalsausprägung – Ziffer von 1 bis 4 – zugeordnet. Ein entscheidender Faktor bei Transformationen besteht darin, dass das Skalenniveau der ursprünglichen Skala erhalten bleiben muss, es sei denn, die Skala wird, entsprechend der hierarchischen Struktur der Skalen, in eine niederwertigere Skala überführt. Dabei ist jedoch zu bedenken, dass Information verloren geht. Die Skalentransformationen folgen je nach Skalenniveau einem Regelsatz, der die Eigenschaften der jeweiligen Skala repräsentiert:

Auf Ebene der Nominalskala sind **eineindeutige Transformationen** möglich; jeder Merkmalsausprägung wird genau eine andere Merkmalsausprägung zugeordnet und umgekehrt. Die Eigenschaft der Unterscheidbarkeit bleibt bei der Transformation erhalten – zwei Objekte, die vor der Skalentransformation denselben Merkmalswert annahmen, sind auch nach der Transformation mit derselben Eigenschaft ausgestattet. Im Fall der Ordinalskala dürfen **monotone Transformationen** angewendet werden. Darunter versteht man eine Verschiebung der Skala, wobei die Reihung oder Rangordnung erhalten bleiben muss.

Aus den mathematischen Eigenschaften der Intervall- und Rationalskala geht hervor, dass **lineare Transformationen** für die Intervallskala sowie **proportionale Transformationen** für die Rationalskala Gültigkeit besitzen. Eine lineare Transformation verschiebt die Merkmalswerte um einen Faktor auf der Skala, während die proportionale Transformation sich einer anteilsmäßigen Änderung der Werte bedient (Voss, 2004, S. 27 ff.). Anzumerken ist darüber hinaus, dass für die Absolutskala keine Transformationen zulässig sind.

Beispiel 3.16
Als Beispiel der eindeutigen Transformation für nominalskalierte Daten haben wir bereits die Codierung von Daten erwähnt. Verwenden wir zur Illustration nochmals die Merkmalsausprägungen der Vulkanausbrüche aus Tab. 3.3. Den Ausbruchsmaterialen Gas, Asche, Lava und Gesteinsbrocken weisen wir eine Codierung zu: 1 für Gas, 2 für Asche, 3 für dünnflüssige Lava, 4 für Gesteinsbrocken und 5 für zähe

Lava. Um uns aus Gründen der Vergleichbarkeit einer anderen Untersuchung anzugleichen, müssen wir eine Umcodierung der Materialien vornehmen (Tab. 3.4).

Tab. 3.4 Änderung der Codierung der Werte der Ausbruchmaterialien des Vulkans durch eindeutige Transformation

Ausbruchmaterial	ursprüngliche Codierung		neue Codierung $\hat{=}$ eineindeutige Transformation
Gas	1	→	1
Asche	2	→	2
dünnflüssige Lava	3	→	4
Gesteinsbrocken	4	→	3
zähe Lava	5		5

Jeder Wert wird genau einem neuen Wert zugeordnet und umgekehrt.

Für Daten mit ordinalem Skalenniveau haben wir festgehalten, dass die Reihenfolge der Werte erhalten bleiben muss. Die monotone Transformation verschiebt dabei die Werte, wie beispielsweise im Fall dieser Frage einer Erhebung des Mobilitätsverhaltens von Studierenden (Tab. 3.5).

Tab. 3.5 Umcodierung der Werte des Mobilitätsverhaltens von Studierenden durch monotone Transformation

Wie häufig benutzen Sie in einem Monat das Fahrrad, um zur Universität zu gelangen?	ursprünglicher Wert		monoton transformierter Wert
nie	0	→	0
einmal pro Woche	1	→	10
mehrmals pro Woche	5	→	40
täglich	9	→	100

Für intervallskalierte Daten greifen wir nochmals Beispiel 3.14 auf und rechnen von Fahrenheit auf Celsius mittels linearer Transformation um (Tab. 3.6).

Tab. 3.6 Umrechnung von Grad Fahrenheit in Grad Celsius durch lineare Transformation

Temperatur in Grad Fahrenheit (y)		Temperatur in Grad Celsius $\hat{=}$ linear transformierter Wert $f(x) = \frac{5}{9} \cdot y - \frac{160}{9}$
77 °F	→	25 °C
93 °F	→	34 °C
52 °F	→	11 °C
21 °F	→	−6 °C

Bleibt noch die Darstellung der proportionalen Transformation von rationalskalierten Daten (Tab. 3.7). Wir verwenden als Beispiel wieder den Transfer von Maßeinheiten zwischen verschiedenen Regionen. So ist etwa die „Umrechnung" von Meilen in Kilometer nötig, um Entfernungen besser bewerten oder abschätzen zu können; auch der Vergleich zwischen nautischen bzw. Seemeilen, Meilen und Kilometern sei hier erwähnt.

Tab. 3.7 Umrechung von Meilen in Kilometer bzw. Seemeilen durch porportionale Transformation

Kilometer $\hat{=}$ proportional transformierter Wert $f(x) = 1{,}609y$		Meile (y)		Seemeile $\hat{=}$ proportional transformierter Wert $f(x) = 0{,}869y$
1,61	←	1	→	0,87
8,05	←	5	→	4,35
278,36	←	173	→	150,34

Für die praktische Anwendung bei der Bestimmung des Skalenniveaus kann der Entscheidungsbaum in Abb. 3.2 helfen.

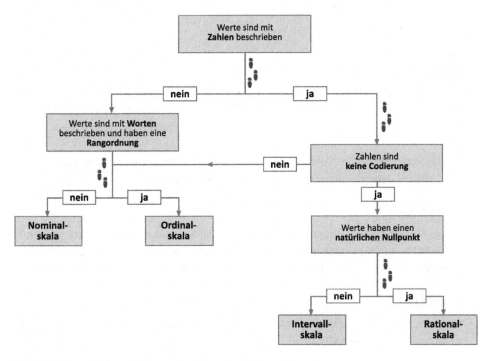

Abb. 3.2 Entscheidungshilfe zum Festlegen des Skalenniveaus.

Wir fassen die statistischen Grundbegriffe in Abb. 3.3 zusammen und geben in Tab. 3.8 einen Überblick über die Skalenniveaus von Merkmalen.

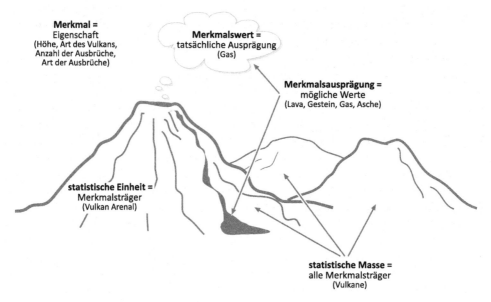

Abb. 3.3 Statistische Grundbegriffe.

Die statistischen Grundbegriffe – statistische Masse, Grundgesamtheit, Stichprobe, statistische Einheit, Merkmalsträger, Merkmal, Variable, Merkmalsausprägung und Merkmalswert – bilden eine gemeinsame Sprache für die weiteren statistischen Ausführungen.

Das Skalenniveau der Daten bildet die Grundlage für die Wahl der statistischen Analysen, die auf dem jeweiligen Skalenniveau durchführbar sind.

Geben Sie für die aufgelisteten Merkmale – die Daten sind unter www.springer.com/ 978-3-8274-2611-6 verfügbar – je drei Merkmalsausprägungen an und stellen Sie fest, ob es sich um qualitative oder quantitative, stetige oder diskrete Merkmale handelt.

Bewerten Sie, welchem Skalenniveau die gegebenen Merkmale – die Daten sind online zu finden – zuzuordnen sind.

Tab. 3.8 Skalenniveaus von Merkmalen, Eigenschaften, zulässige Rechenoperationen und Parameter im Überblick.

Merkmal	Skalenniveau		Eigenschaft	mathematische Operation	inhaltsbasierte Berechnung von Parametern
qualitative Merkmale/ klassifikatorische Merkmale	Nominalskala	topologische Skala	Identifikation	$x_i = y_j$ $x_i \neq y_j$	Modus Kontingenzkoeffizient
	Ordinalskala		Identifikation Reihung	$x_i = y_j$ $x_i < y_j$ $x_i > y_j$	Quantile (Median) Korrelationskoeffizient nach Spearman
quantitative Merkmale/ komparative Merkmale	Intervallskala	metrische Skala, Kardinalskala	Identifikation Reihung Berechnung von Abständen	$x_i = y_j$ $x_i < y_j$ $x_i > y_j$ $x_i = x_j + a$ $x_i = x_j - b$ $x_i + x_j = c$	arithmetisches Mittel Spannweite Quartilsabstand mittlere absolute Abweichung Varianz Standardabweichung lineare Regression Produkt-Moment-Korrelationskoeffizient nach Pearson
	Rationalskala		Identifikation Reihung Berechnung von Abständen Berechnung von Verhältnissen	$x_i = y_j$ $x_i < y_j$ $x_i > y_j$ $x_i = x_j + a$ $x_i = x_j - b$ $x_i + x_j = c$ $x_i = a \cdot x_j$ $x_i = x_j \div b$ $x_i \cdot x_j = c$	geometrisches Mittel harmonisches Mittel Variationskoeffizient
	Absolutskala		identisch zur Rationalskala		

(vertikal: wachsender Informationsgehalt)

Basierend auf Bahrenberg, Giese und Mevenkamp, 2010, S. 18; Jann, 2005, S. 192 f

3.2 Erste Etappe: Tour auf den Vulkan – Einblicke in die deskriptive Statistik

Es ist schon erstaunlich, wie viel an Vorbereitung und Vorwissen erforderlich ist, um eine Exkursion erfolgreich durchführen zu können. Gut gerüstet nähern wir uns jetzt dem ersten Etappenziel, der **Tour auf den Vulkan**. Auf einer **geographischen** Exkursion gilt es, möglichst die gesamte Bandbreite, die uns die Geographie anbietet – und speziell durch diesen breiten Zugang zeichnet sich die Geographie schließlich aus –, vor Ort zu erfassen, zu untersuchen, zu analysieren und zu dokumentieren. Auf der ersten Etappe widmen wir uns dem Realraum selbst, der im Sinne eines Containerraumes (Budke und Wienecke, 2009, S. 15) erkundet werden soll. Am Fuße des Vulkans angekommen, beschließen wir, aus der Vielzahl der Fragestellungen, die sich vor Ort anbieten – diese reichen von der Untersuchung lokaler Gegebenheiten (Landwirtschaft, Boden, Vegetation etc.) bis hin zu übergeordneten Themenbereichen wie Plattentektonik, Vulkanismus etc. – einen Untersuchungsschwerpunkt für dieses Etappenziel herauszugreifen. Da in den vorliegenden Ausführungen die Vermittlung statistischer Inhalte im Vordergrund steht und die Geographie als Anwendungsraum fungiert, wählen wir erstens die Messung des Streckenverlaufs mittels GPS als Aktivität aus, zweitens möchten wir, wie in Abschn. 3.1.3 bereits begonnen, das Ausbruchsverhalten des Vulkans näher analysieren. Die GPS-Daten eignen sich besonders gut, um eine Parallele zu den Inhalten der deskriptiven Statistik herzustellen und die einzelnen Parameter zu erläutern (Die Daten sind online unter www.springer.com/978-3-8274-2611-6 zu finden). Diese Messergebnisse können zur Ermittlung von Steigungswerten, zur Erstellung eines Höhenprofils, als Grundlage des Geocaching sowie als Ausgangsinformation für weitere Touren herangezogen werden. Auch wir verwenden einen bestehenden GPS-Track, um uns am Vulkan zu orientieren und einem bereits zurückgelegten Weg nachzufolgen. Die Eruptionsdaten des Vulkans illustrieren nochmals plakativ die Parameter an einem rein geographischen Beispiel.

Bislang haben wir die Zeit – auch aus statistischer Sicht – mit Vorarbeiten verbracht. Die Tour auf den Vulkan legt nun, in Anknüpfung an Abschn. 3.1.3, den Fokus auf ein Merkmal, die Merkmalswerte sowie die Verteilung dieser Werte. Ziel ist es, die **Verteilung eines Merkmals mit einzelnen Parametern näher zu charakterisieren** – der Weg auf den Vulkan wird sinnbildlich zum Weg durch die Grundlagen der Statistik. Die statistischen Parameter der Verteilung eines Merkmals bzw. einer Variablen sind demnach mit wichtigen Eckpunkten unserer Tour auf den Vulkan vergleichbar: So geben beispielsweise Tourenbücher einen kurzen Überblick über die einzelnen Routen an und skizzieren diese durch die Angabe der Gesamtlänge, den zu überwindenden Höhenunterschied, Zeitangaben zur Dauer der Tour, Schwierigkeitsgrad etc. Entsprechend wird die Fülle an statistischen Einzeldaten – Hunderte GPS-Daten machen es schwierig, sich einen Streckenverlauf vorzustellen – durch Parameter zu reduzieren versucht, denn dies erleichtert die Lesbarkeit, den Vergleich und die Interpretation der statistischen Daten.

In einem ersten Schritt wird dazu die Vielzahl an Informationen bzw. Daten geordnet, im Bedarfsfall klassifiziert und tabellarisch dargestellt. Erst auf der Grundlage eines aufbereiteten Datenmaterials können in der Folge wichtige Parameter ermittelt werden. Um im stetigen Fortkommen auf unserer Exkursion die Sicht für das Ganze nicht zu verlieren, werfen wir einen kurzen Blick zurück auf das Ablaufschema des empirischen Forschungsprozesses, um unseren aktuellen Standort festzulegen: Wir stellen fest, dass wir (endlich) am Punkt der **Datenaufbereitung** angelangt sind (⑥ Datenaufbereitung; Abschn. 2.4).

3.2.1   Der Ausgangspunkt: Ordnen des Datenmaterials, Häufigkeiten

Lernziele

- das Rohdatenmaterial ordnen, strukturieren und organisieren
- Häufigkeiten berechnen und interpretieren
- den Informationsverlust bei der Klassifizierung erläutern
- die Klassifizierung von Daten vornehmen

Die Messwerte, die das GPS im Lauf der Tour aufzeichnet, bilden die Datengrundlage für die Bewertung bzw. Beschreibung der Tour auf den Vulkan. Bevor wir mit den Auswertungen beginnen, ist es jedoch nötig, sich einen groben Überblick über das Datenmaterial zu verschaffen. Die Daten liegen ungeprüft, also eventuell noch mit Fehlern behaftet (Abschn. 4.2), vor und sind ungeordnet, entsprechen also der Reihenfolge ihrer Aufnahme. Die Vielzahl der Höhenangaben – immerhin hat das GPS nahezu 600 Werte protokolliert – lässt keinen direkten Rückschluss auf die Besonderheiten der Tour zu. Viel mehr als Ausgangshöhe und Gipfelhöhe und einen groben Streckenverlauf können wir nicht ablesen. Wir beschließen, die Daten zuerst einmal zu ordnen – auch wenn uns dabei jene Information verloren geht, die das Streckenprofil ergibt, also wie viele An- und Abstiege wir überwinden müssen. Da die Daten sehr umfangreich sind, beschließen wir, die Struktur des Ordnens an einem einfacheren Beispiel, dem Vulkan-Beispiel, zu üben.

Beispiel 3.17
Der Vulkan Arenal bietet, ähnlich dem Stromboli, die Gelegenheit, oft mehrere Ausbrüche am Tag zu beobachten. Da wir allerdings nicht die Möglichkeit haben, einen längeren Zeitraum auf unserer Exkursion in der Nähe des Vulkans zu verweilen, müssen wir auf Sekundärdaten zurückgreifen. Um die Übersichtlichkeit zu erhalten, verwenden wir nur einen Monat als Beobachtungszeitraum. Gleichgültig ob wir die Anzahl der Eruptionen in Eigeninitiative aufnehmen oder ob diese automatisiert

über Wärmesensoren protokolliert werden, ergibt sich folgende Urliste:

1; 0; 4; 2; 1; 0; 0; 0; 1; 1; 0; 0; 0; 1; 0; 0; 0; 6; 2; 2; 4; 3; 1; 0; 1; 3; 3; 1; 3; 0; 0.

Die Zahlen geben die Anzahl der Ausbrüche pro Tag wieder, beginnend mit dem 01.10.2008, endend mit 31.10.2008. Die gesamte Liste umfasst demnach 31 Zahlen.

Obwohl auf die Visualisierung von statistischen Daten erst in Abschn. 4.3 ausführlich eingegangen wird, illustrieren wir unsere Urliste mithilfe eines Säulendiagramms, ohne auf die Details der Erstellung dieser Grafik einzugehen (Abb. 3.4).

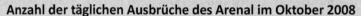

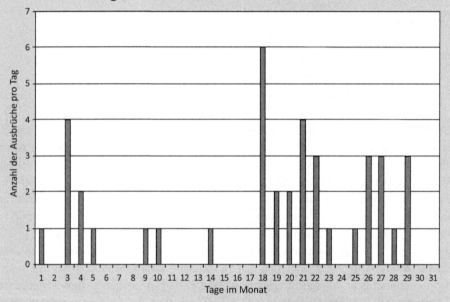

Abb. 3.4   Darstellung der ungeordneten, nicht aggregierten Merkmalswerte.

In den meisten Untersuchungen, die auf Primärerhebungen basieren, fallen die Daten entsprechend der Reihenfolge der Erhebung an; ihnen wohnt keine Reihung inne. Die daraus entstehende Liste an Daten $(x_1, x_2, \ldots, x_i, \ldots, x_n)$ wird als **Urliste**, **Beobachtungsreihe** oder **statistische Reihe** bezeichnet. Urlisten resultieren beispielsweise aus Verkehrszählungen, entstehen im Zuge von mündlichen Befragungen wie etwa persönliche Daten oder als Messergebnisse, die von Messstationen automatisiert aufgezeichnet werden wie Temperaturwerte, Luftgütewerte, Lärmmesswerte, Bodenfeuchtedaten etc.

Wird die Urliste anhand eines Merkmals in absteigender oder aufsteigender Reihenfolge geordnet, spricht man von einer **Primärtafel** oder **Rangwertliste** $(x_{(1)} \leq x_{(2)} \leq \ldots \leq x_{(i)} \leq$

... $\leq x_{(n)}$). Bereits an dieser Stelle kommt das Skalenniveau von Merkmalen zum Tragen: Für Merkmale mit nominalem Skalenniveau ist eine Reihung nicht durchführbar, da die Merkmalsausprägungen gleichwertig nebeneinander stehen. Bislang entsteht – mit der Ausnahme, dass sowohl der Minimalwert als auch der Maximalwert ausgewiesen werden – kein essenzieller Mehrwert, die Datenmenge entspricht noch dem Umfang des Ausgangsmaterials.

Beispiel 3.18

Die Primärtafel der Eruptionsdaten des Vulkans liest sich wie folgt:

$$0 \leq 0 \leq 0 \leq \ldots \leq 3 \leq 4 \leq 4 \leq 6$$

Obwohl an dieser Stelle nur ein Teil der Daten aufgelistet wird, erkennen wir bereits, dass sich einige Werte wiederholen. Die Idee liegt nahe, die Daten für eine bessere Übersichtlichkeit zu gruppieren. Wir zählen dazu einfach ab, wie oft die Werte 0, 1, 2, 3, 4, 5 und 6 in der Liste auftreten, wie oft der Arenal gar nicht, einmal, zweimal etc. pro Tag im Oktober 2008 ausgebrochen ist.

Eine weitere Sortierung der Daten und der erste Zugang zum Begriff der **Häufigkeit** erfolgt über eine **Strichliste**. Dazu werden in einer Tabelle (Beispiel 3.19) sämtliche Merkmalsausprägungen eines Merkmals aufgelistet – je nach Skalenniveau mit oder ohne Reihung bzw. Sortierung. Im Anschluss wird die Urliste bzw. die Primärtafel durchgearbeitet und pro auftretendem Merkmalswert ein Strich neben die Merkmalsausprägung gesetzt. An dieser Stelle sei angemerkt, dass die Erstellung von Strichlisten in erster Linie für kleine Untersuchungsmengen Verwendung findet und eher einem intuitiven Zugang entspricht. Meist wird aus den Rohdaten unmittelbar eine **Häufigkeitstabelle** erstellt, da die Daten digital verarbeitet werden. Häufigkeitstabellen enthalten neben der Aufzeichnung der absoluten Häufigkeit zusätzlich **relative Häufigkeiten** sowie die **absoluten** und **relativen Summenhäufigkeiten**.

Beispiel 3.19

Aus der Primärtafel für die Vulkandaten (Tab. 3.9) wird eine Strichliste geformt, die Striche werden als Häufigkeiten ausgewiesen.

Aus Tab. 3.9 erkennt man, dass es an den meisten Tagen des Monats keinen Ausbruch gegeben hat. Ebenso kann man ablesen, dass die größte Aktivität mit einem Ausbruch pro Tag zu verzeichnen ist und es gelegentlich zu mehreren Eruptionen am Tag kam. Darüber, ob es eine Konzentration der verstärkten Aktivität innerhalb des Zeitraums gab, geben die vorliegenden Daten keine Auskunft mehr, da die Detaildaten durch die Ermittlung der Häufigkeiten verloren gegangen sind.

Tab. 3.9 Primärtafel der Eruptionen des Arenal für Oktober 2008

Anzahl der Eruptionen pro Tag (a_j)	Anzahl der Tage im Untersuchungszeitraum	Anzahl der Tage im Untersuchungszeitraum (h_j)
$a_1 = 0$	ᚎᚎᚎ/////	$h_1 = 13$
$a_2 = 1$	ᚎᚎ///	$h_2 = 8$
$a_3 = 2$	///	$h_3 = 3$
$a_4 = 3$	////	$h_4 = 4$
$a_5 = 4$	//	$h_5 = 2$
$a_6 = 5$		$h_6 = 0$
$a_7 = 6$	/	$h_7 = 1$

Daten: OVSICORI-UNA, 2011

Abbildung 3.5 zeigt diese Daten nochmals auf einen Blick: Die Häufigkeit der Ausbrüche pro Tag wird auf der x-Achse aufgetragen, die Anzahl der Tage auf der y-Achse. Für die Darstellung mittels Säulendiagramm dürfen gleichermaßen Absolut- wie auch Relativwerte verwendet werden – dabei gilt es lediglich, die Skalierung der Achsen zu beachten.

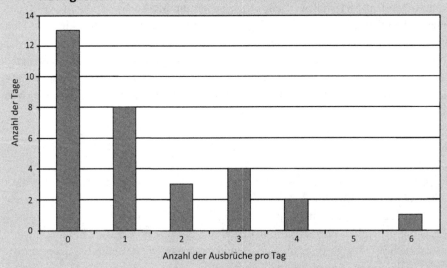

Abb. 3.5 Absolute Häufigkeiten.

Absolute und relative Häufigkeiten

Beispiel 3.19 zeigt deutlich, dass die Daten in Tab. 3.9 im Vergleich zu den Rohdaten wesentlich strukturierter und übersichtlicher sind. Zudem erfolgt mit der Darstellung durch Häufigkeiten eine Reduktion der Datenmenge. Gleiche Werte werden zusammengefasst, die Anzahl der Werte spiegelt ihre Relation zu allen Werten der Untersuchungsmenge wider. Häufigkeiten werden demnach als Anzahl gleicher Werte in einem Datenbestand definiert. Häufigkeiten können sowohl absolut wie relativ ausgedrückt werden – man spricht daher von **absoluten** bzw. **relativen Häufigkeiten**.

▶ **Definition**   Die **absolute Häufigkeit**, bezeichnet mit h_j für $h(a_j)$ und $j = 1, \ldots, m$, gibt die Anzahl der statistischen Einheiten an, welche die Merkmalsausprägungen a_j für ein Merkmal X in einer statistischen Masse annehmen.   ■

Die **Eigenschaften** der absoluten Häufigkeiten sind rasch erläutert:

- Die absolute Häufigkeit ist gleich der Anzahl jener Merkmalswerte, die eine bestimmte Merkmalsausprägung a_j aufweisen.
- Absolute Häufigkeiten können Werte zwischen null und der Anzahl der Elemente der statistischen Masse (n) annehmen. Ist eine Merkmalsausprägung zwar theoretisch möglich, aber der Wert in der Untersuchung tatsächlich nicht vorhanden, ist die entsprechende absolute Häufigkeit null – diese Ausprägungen werden in Abhängigkeit von den Daten nicht immer in den Häufigkeitstabellen verzeichnet. Nehmen hingegen alle Elemente der Untersuchung die gleiche Merkmalsausprägung an, besitzen sie also denselben Merkmalswert, ist die absolute Häufigkeit identisch mit der Anzahl der Elemente der statistischen Masse.
- Dementsprechend ist die Summe der absoluten Häufigkeiten gleich der Anzahl der Elemente der statistischen Masse (n):

$$\sum_{j=1}^{m} h_j = n \quad \text{mit} \quad m \leq n \tag{3.1}$$

Beispiel 3.20

Die absolute Häufigkeit jener Tage, an denen der Vulkan nicht ausgebrochen ist, also die Merkmalsausprägung „0 (kein Ausbruch)" aufweist, ist 13. Zur Ermittlung dieser Anzahl werden in der Urliste oder auch Primärtafel jene Merkmalswerte abgezählt, die den Wert null für „keinen Ausbruch" haben (Abb. 3.5).

Die absolute Häufigkeit mit dem Wert null bedeutet in unserem Vulkan-Beispiel, dass der Vulkan an keinem Tag im Monat Oktober fünfmal ausgebrochen ist. Da der Vulkan im Zeitraum Oktober ein vergleichsweise gleichmäßiges Ausbruchsverhalten zeigt, gibt es in der Verteilung keinen „Ausreißer" – also keinen Tag, an dem der

Vulkan ungewöhnlich viele Eruptionen gezeigt hat. Noch im September 2008 hingegen war der Vulkan an einem Tag mit 76 Eruptionen besonders aktiv. In Relation zu den maximal 24 Ausbrüchen täglich im restlichen Jahr kann man diesen Wert eindeutig als „Ausreißer" bezeichnen. Zählt man alle absoluten Häufigkeiten oder Striche in Tab. 3.9 zusammen, erhält man die Anzahl der Tage im Beobachtungszeitraum; diese beträgt 31.

▷ **Definition** Die **relative Häufigkeit**, bezeichnet mit f_j für $f(a_j)$ und $j = 1, \ldots, m$, gibt den Anteil der statistischen Einheiten an einer statistischen Masse an, welche die Merkmalsausprägungen a_j für ein Merkmal X annehmen:

$$f_j = f(a_j) = \frac{h(a_j)}{n} \tag{3.2}$$

Die Werte von f_j liegen stets zwischen null und eins. ▪

Die **Besonderheiten** der relativen Häufigkeiten lauten zusammengefasst:

- Die relative Häufigkeit ist gleich dem Anteil der absoluten Häufigkeit an der statistischen Masse.
- Relative Häufigkeiten können Werte zwischen null und eins annehmen. Ist eine Merkmalsausprägung zwar theoretisch möglich, aber der Wert in der Untersuchung tatsächlich nicht vorhanden, ist die entsprechende relative Häufigkeit null; nehmen hingegen alle Elemente der Untersuchung die gleiche Merkmalsausprägung an, besitzen sie also denselben Merkmalswert, ist die relative Häufigkeit eins.
- Dementsprechend ist die Summe der relativen Häufigkeiten gleich eins:

$$\sum_{j=1}^{m} f_j = 1 \quad \text{mit} \quad m \leq n \tag{3.3}$$

Relative Häufigkeiten werden insbesondere für den **Vergleich von mehreren Untersuchungen** benötigt, da die absoluten Häufigkeiten für statistische Massen mit verschiedenen Umfängen nicht miteinander in Beziehung gesetzt werden können bzw. dürfen. Durch die Multiplikation der relativen Häufigkeiten mit dem Wert 100 erzielt man **Prozentwerte**. Diese Prozentwerte entsprechen damit wieder unserem intuitiven Verständnis von Anteilen, die im Alltag üblicherweise ebenso mit Prozentanteilen angegeben werden. Der Wertebereich erstreckt sich dementsprechend von 0 % bis 100 %.

Beispiel 3.21

Tabelle 3.10 zeigt die Anzahl der Eruptionen des Arenal sowie die zugehörigen Häufigkeiten.

Tab. 3.10 Die Eruptionen des Arenal für Oktober 2008 nach absoluter und relativer Häufigkeit sowie absoluter und relativer Summenhäufigkeit

Anzahl der Eruptionen pro Tag (a_j)	Anzahl der Tage im Untersuchungszeitraum mit a_j Eruptionen (h_j)	Anteil der Tage am gesamten Untersuchungszeitraum mit a_j Eruptionen (f_j)	Anteil der Tage am gesamten Untersuchungszeitraum mit a_j Eruptionen in Prozent	tageweise summierte Anzahl der Tage im Untersuchungszeitraum mit bis zu a_j Eruptionen (H_j)	tageweise summierte Anteile der Tage am gesamten Untersuchungszeitraum mit bis zu a_j Eruptionen (F_j)
$a_1 = 0$	$h_1 = 13$	$f_0 = 0{,}42$	42	$H_1 = 13$	$F_1 = 0{,}42$
$a_2 = 1$	$h_2 = 8$	$f_1 = 0{,}26$	26	$H_2 = 21$	$F_2 = 0{,}68$
$a_3 = 2$	$h_3 = 3$	$f_2 = 0{,}10$	10	$H_3 = 24$	$F_3 = 0{,}78$
$a_4 = 3$	$h_4 = 4$	$f_3 = 0{,}13$	13	$H_4 = 28$	$F_4 = 0{,}91$
$a_5 = 4$	$h_5 = 2$	$f_4 = 0{,}06$	6	$H_5 = 30$	$F_5 = 0{,}97$
$a_6 = 5$	$h_6 = 0$	$f_5 = 0{,}00$		$H_6 = 30$	$F_6 = 0{,}97$
$a_7 = 6$	$h_7 = 1$	$f_6 = 0{,}03$	3	$H_7 = 31$	$F_7 = 1{,}00$
Summe $\sum$	31	1,00	100		

Daten: OVSICORI-UNA, 2011

Den größten Anteil nehmen jene Tage im Untersuchungszeitraum ein, an denen keine Eruption stattgefunden hat, nämlich 42 %; das entspricht mehr als zwei Fünftel aller Tage. Gefolgt wird dieser Wert von 26 % aller Tage mit einem einzelnen Ausbruch, also knapp mehr als einem Viertel der Tage im Monat und je 10 % und 13 % der Tage mit zwei oder drei Ausbrüchen. Tabelle 3.10 verdeutlicht, dass der Anteil – insbesondere der Prozentanteil – die Information noch stärker verallgemeinert und relativiert und damit vergleichbar macht. Damit erhöht sich die Interpretierbarkeit, da uns Prozentsätze vertrauter als reine Anteile erscheinen.

Abbildung 3.6 stellt die unterschiedlichen Häufigkeiten im Vergleich dar.

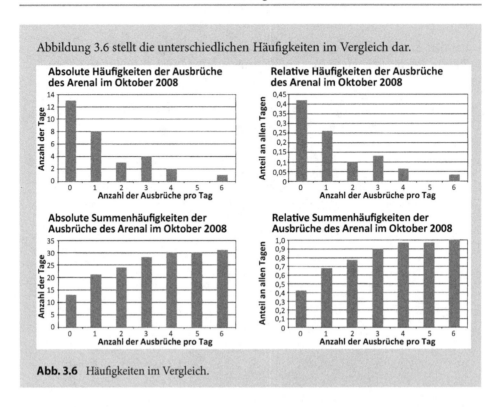

Abb. 3.6   Häufigkeiten im Vergleich.

Im Zusammenhang mit unserer Exkursion könnten wir die Berechnung von absoluten und relativen Häufigkeiten mit Kurzberichten bzw. themenbezogenen Präsentationen auf unserer Tagesetappe vergleichen. Wie wir gesehen haben, dienen Häufigkeiten dazu, die **Rohdaten zu verdichten** und komprimiert darzustellen. Auch Kurzberichte zu einem Thema entlang der Exkursionsroute haben die gleiche Zielsetzung – sie sollten den Studierenden an Ort und Stelle einen raschen Überblick über das Gesehene bzw. Erlebte bieten, sei es in Form eines Referats zu Karstformen, da wir vor Kegelkarstfelsen stehen, oder zum Thema der Urban-Blight-Phänomene, in Anbetracht von verfallenden Gebäuden und leeren Geschäften in einer Stadt etc. Auch Kurzreferate präsentieren verdichtete, kompakte Information zu einem Thema.

Doch damit nicht genug: Wir werden im Folgenden versuchen, die Information, also das Datenmaterial, **noch stärker** zu **komprimieren** – bis hin zu einzelnen Parametern, die eine Verteilung von Merkmalen beschreiben. Auf unserer Exkursion bieten sich analog dazu weitere Formen der komprimierten Darstellung von Information an. Zum einen gibt es die Möglichkeit, jeden Abend – ähnlich dem Ausblick am Morgen – eine Zusammenfassung der Tagesinhalte zu geben. Es liegt auf der Hand, dass diese Gesamtschau die wichtigsten Inhalte der Tagesetappe verdichtet – sie ergibt sich aus der laufenden „Aufsummierung" der Informationen über den Tag hinweg. Gleichzeitig ist verständlich, dass es erforderlich ist, zugunsten des Gesamtüberblicks Detailinformationen wegzulassen. Eine Parallele in der Statistik wäre dazu in den Summenhäufigkeiten herzustellen, die wir uns mittels der nächsten Ausführungen erarbeiten.

In der Statistik gibt es eine zusätzliche Möglichkeit, neben absoluten und relativen Häufigkeiten sowie der Ermittlung von statistischen Parametern, Daten in einer übersichtlichen Form zu präsentieren. Dazu werden die Daten der Urliste in Klassen zusammengefasst – mit dem gleichen Effekt wie bei einer Tageszusammenfassung: Detailinformationen gehen zugunsten einer besseren Übersicht verloren. Auf unserer Exkursion könnte man jedoch die Tagesetappen mit dieser Klassifizierung in Relation setzen: Jede Tagesetappe ist einer bestimmten Thematik zugeordnet – auf unserer Exkursion versuchen wir etwa Schwerpunkte zur Physio- und Humangeographie zu setzen und dabei bestimmte Themen (wie das Vulkanthema) herauszugreifen. Natürlich ist es möglich, an jedem Tag und Standort zu versuchen, sämtliche Aspekte der Geographie zu beleuchten – dies überschreitet einerseits aber die Aufnahmefähigkeit der Studierenden und ist gleichzeitig ein Problem in Bezug auf die zeitliche Komponente.

Ein weiterer Aspekt, auf den hier hingewiesen werden muss, spielt in der Geographie eine entscheidende Rolle – die Visualisierung von Daten, gleichgültig ob in Form von Diagrammen oder als thematische Karten. Da im Zuge der Auseinandersetzung mit Visualisierungen in der Statistik auch einige Regelwerke in diesem Buch entwickelt werden, sei an dieser Stelle auf Abschn. 4.3 verwiesen, der sich an die rechnerisch-statistischen Ausführungen anschließt. Trotzdem werden immer wieder Diagramme, allerdings ohne weitere Erläuterungen, in den Text bzw. die Beispiele eingebaut, da sie essenziell zum Verständnis der Ausführungen beitragen.

Absolute und relative Summenhäufigkeiten

Wenden wir uns also der Zusammenfassung des Tages zu – den **Summenhäufigkeiten**, **kumulativen** oder **kumulierten Häufigkeiten**. Wie der Name und auch die obige Erläuterung verraten, wird bei der Ermittlung der Summenhäufigkeit ein schrittweises Addieren der absoluten bzw. relativen Häufigkeiten bis zu einer bestimmten Merkmalsausprägung a_j durchgeführt. Dementsprechend resultieren aus diesem Vorgang die gleichnamigen **absoluten** und **relativen Summenhäufigkeiten**. Sie geben die Anzahl bzw. den Anteil aller statistischen Einheiten bis zu einer bestimmten Merkmalsausprägung an.

▸ **Definition**   Die **absolute Summenhäufigkeit** H_j für $H(a_j)$ gibt die Anzahl aller statistischen Einheiten bis zu einer Merkmalsausprägungen a_j an:

$$H_j = H(a_j) = h_1 + h_2 + \ldots + h_j = \sum_{i=1}^{j} h_i \qquad (3.4)$$

Auch die absoluten Summenhäufigkeiten besitzen spezielle **Eigenschaften**:

- So ist es nicht möglich, die Summenhäufigkeiten für nominalskalierte Merkmale zu ermitteln. Nominalskalierte Merkmale besitzen keine natürliche Rangordnung oder Reihenfolge, weshalb diese nicht in einer Häufigkeitstabelle geordnet dargestellt werden können.
- Die absolute Summenhäufigkeit ist gleich der Anzahl der Merkmalswerte, die kleiner oder gleich der Merkmalsausprägung a_j sind.
- Die absolute Summenhäufigkeit der letzten Merkmalsausprägung in einer geordneten Liste von Merkmalsausprägungen ist gleich der Anzahl der Elemente der statistischen Masse (n):

$$H_m = \sum_{i=1}^{m} h_i = n \quad \text{mit} \quad m \leq n \tag{3.5}$$

▸ **Definition** Die **relative Summenhäufigkeit** F_j für $F(a_j)$ gibt den Anteil der statistischen Einheiten an allen Einheiten bis zu einer Merkmalsausprägungen a_j an:

$$F_j = F(a_j) = f_1 + f_2 + \ldots + f_j = \sum_{i=1}^{j} f_i = \sum_{i=1}^{j} \frac{h(a_i)}{n} \tag{3.6}$$

∎

Für die relative Summenhäufigkeit gilt:

- Die relative Summenhäufigkeit F_j ist gleich dem Anteil aller Merkmalswerte, die kleiner oder gleich der Merkmalsausprägung a_j sind.
- Dies bedeutet ebenso, dass die relative Summenhäufigkeit dem Anteil der absoluten Summenhäufigkeit an der statistischen Masse entspricht.
- Relative Summenhäufigkeiten können ebenso wie relative Häufigkeiten Werte zwischen null und eins annehmen.
- Die relative Summenhäufigkeit für die letzte Merkmalsausprägung in einer Häufigkeitstabelle ist stets eins:

$$F_m = \sum_{i=1}^{m} f_i = 1 \quad \text{mit} \quad m \leq n \tag{3.7}$$

Beispiel 3.22
An den absoluten Summenhäufigkeiten in Tab. 3.10 ist beispielsweise abzulesen, dass an fast allen Tagen im Monat, nämlich an 28 von 31 Tagen, nicht mehr als drei Ausbrüche pro Tag stattgefunden haben:

$$H_4 = H(a_4) = h_1 + h_2 + h_3 + h_4 = \sum_{i=1}^{4} h_i =$$
$$= 13 + 8 + 3 + 4 = 28 \tag{3.8}$$

In Tab. 3.10 liest man dazu ab, wie groß die absolute Summenhäufigkeit der Merkmalsausprägung $a_4 = 3$ ist: die absolute Summenhäufigkeit $H_4 = 28$ – dies bedeutet, dass der Vulkan an 28 Tagen nie, einmal, zweimal oder dreimal ausgebrochen ist. In relativen Anteilen gesprochen und ausgedrückt durch die relative Summenhäufigkeit F_4, sind dies 91 % von (oder 0,91 Anteile an) allen Tagen:

$$F_4 = F(a_4) = f_1 + f_2 + f_3 + f_4 = \sum_{i=1}^{4} f_i =$$

$$= 0,42 + 0,26 + 0,10 + 0,13 = 0,91$$

(3.9)

An drei Viertel aller Tage finden hingegen nur bis zu zwei Eruptionen statt, was durch den Wert $F_2 = 0,78$ bestätigt wird (vgl. dazu auch Abb. 3.6).

Klassifizierung von Daten

Wird die Menge der Rohdaten durch die Häufigkeitstabelle nur unzureichend reduziert – dies tritt insbesondere dann auf, wenn die Anzahl der unterschiedlichen Merkmalsausprägungen sehr groß ist –, liegt es nahe, die Datenmenge noch weiter zu reduzieren. Die Zusammenfassung von Daten zu Klassen verfolgt das Ziel, eine unüberschaubare Menge von Daten und damit gleichzeitig die Häufigkeitstabelle zu **vereinfachen**, woraus nicht nur ein besserer **Überblick** über die Daten resultiert, sondern die Menge an Daten auch komprimiert wird. Ebenso wie bei der Summenhäufigkeit ist dies an den **Verlust von Detailinformationen** gekoppelt. Die individuelle Information über eine statistische Einheit wird durch die gesamte Klasse überdeckt bzw. wird in der Klasse verborgen.

Auf unserer Exkursion ist es vergleichsweise einfach, Themenschwerpunkte zu definieren, da sich diese auf die Tagesetappen bzw. an Standorten entlang der Exkursionsroute anbinden lassen. Wie aber sieht die Klassifizierung von Merkmalsausprägungen aus, wie geht man dabei vor, und, vor allem, was muss dabei berücksichtigt werden?

Beginnen wir bei der Einteilung einer Untersuchungsmenge in Klassen. Bislang haben wir aus statistischer Perspektive klare Festlegungen von Begriffen, sogar Vorschriften und Definitionen kennen gelernt, allerdings auch bereits angemerkt, dass es nicht immer klare Abgrenzungen von und Zuordnungen zu Begrifflichkeiten gibt – man denke etwa an den Stetigkeitsbegriff. Gleichermaßen existieren für die Klassifizierung von Daten – wenngleich auch unterschiedliche – **Richtlinien**, die sich auf die **Schritte** bei der Klassenbildung, **Kriterien** für die Einteilung in Klassen und die **Berechnung** der Klassenzahl beziehen.

Beispiel 3.23

Wir haben unsere Messungen ausgedehnt und ein gesamtes Jahr lang (366 Tage, denn 2008 war ein Schaltjahr) die Aktivität des Arenal an seinen täglichen Eruptionen gemessen. Unsere Häufigkeitstabelle verfügt über 17 verschiedene Merkmalsausprägungen, wobei die Zahl der Aktivitäten, die nicht in Erscheinung getreten sind, weggelassen wurde.

Die Häufigkeitstabelle ergibt folgendes Bild (Tab. 3.11):

Tab. 3.11 Die Eruptionen des Arenal von November 2007 bis einschließlich Oktober 2008

Anzahl der Eruptionen pro Tag (a_j)	Anzahl der Tage im Untersuchungszeitraum mit a_j Eruptionen (h_j)	Anteil der Tage am gesamten Untersuchungszeitraum mit a_j Eruptionen (f_j)	tageweise summierte Anzahl der Tage im Untersuchungszeitraum mit bis zu a_j Eruptionen (H_j)	tageweise summierte Anteile der Tage am gesamten Untersuchungszeitraum mit bis zu a_j Eruptionen (F_j)
0	202	0,5519	202	0,5519
1	37	0,1011	239	0,6530
2	29	0,0792	268	0,7322
3	28	0,0765	296	0,8087
4	11	0,0301	307	0,8388
5	12	0,0328	319	0,8716
6	11	0,0301	330	0,9016
7	9	0,0246	339	0,9262
8	4	0,0109	343	0,9372
9	3	0,0082	346	0,9454
10	3	0,0082	349	0,9536
11	2	0,0055	351	0,9590
12	8	0,0219	359	0,9809
13	1	0,0027	360	0,9836
18	1	0,0027	361	0,9863
24	4	0,0109	365	0,9973
76	1	0,0027	366	1,0000
Σ	366	1,0000		

Daten: OVSICORI-UNA, 2011

Bereits auf den ersten Blick ist zu erkennen, dass Tab. 3.11 vergleichsweise umfangreich ist. Zwar ist die Interpretation ohne größeren Aufwand durchführbar – auch hier kann man ablesen, dass es an nahezu drei Viertel aller Tage nur zu maximal zwei

Ausbrüchen gekommen ist, da $F_3 = 0{,}7322$, und es ist unschwer zu erkennen, dass jene Tage, an denen der Arenal ruhig blieb, überwiegen –, ein Vergleich zu anderen Zeiträumen oder Perioden bleibt auf der Grundlage der vorliegenden Häufigkeitstabelle aber verwehrt.

Da wir nicht ganz glücklich mit dieser Übersicht sind, wählen wir einen alternativen Zugang: Wir betrachten weiterhin die Anzahl der Eruptionen pro Jahr, aggregieren jetzt allerdings die Zahl der Ausbrüche zu Gruppen bzw. Klassen: kein Ausbruch, ein bis drei Ausbrüche, vier bis sechs Ausbrüche, sieben bis neun Ausbrüche, mehr als zehn Ausbrüche. Diese Klasseneinteilung entspricht unserer intuitiven Einschätzung und folgt keiner formalen Regel. Die Zuordnung der Werte zu den einzelnen Klassen bedarf keiner weiteren Erläuterung. In Summe werden sämtliche 366 Tage eines Jahres den vorliegenden Klassen zugewiesen; daraus können die relativen Häufigkeiten ebenso ermittelt werden wie die entsprechenden Summenhäufigkeiten (Tab. 3.12).

Tab. 3.12 Klassifizierte Eruptionen des Arenal nach deren Anzahl für den Zeitraum November 2007 bis einschließlich Oktober 2008

Anzahl der Eruptionen (a_j)	Anzahl der Tage mit a_j Eruptionen im Jahr (h_j)	Anteil der Tage mit a_j Eruptionen im Jahr (f_j)	Anzahl der Tage mit bis zu a_j Eruptionen im Jahr (H_j)	Anteile der Tage mit bis zu a_j Eruptionen im Jahr (F_j)
kein Ausbruch	202	0,55	202	0,55
1–3	94	0,26	296	0,81
4–6	34	0,09	330	0,90
7–9	16	0,04	346	0,95
mehr als 10	20	0,05	366	1,00
Σ	366	1,00		

Daten: OVSICORI-UNA, 2011

Im Zuge der Ergebnisaufbereitung unserer Exkursion finden wir nun zusätzliche Unterlagen aus den Vorjahren, die über das Ausbruchsverhalten des Vulkans Auskunft geben, und es drängt sich die Frage auf, wie sich das Ausbruchsverhalten im Laufe der Zeit verändert hat. Da wir lediglich auf eine Auswahl von Daten Zugriff haben, fassen wir diese nach Monaten zusammen – diese Klassierung der Rohdaten soll uns einen Vergleich ermöglichen (Tab. 3.13).

Tab. 3.13 Anzahl der Eruptionen des Vulkans für die Monate Oktober bis Dezember im Vergleich zwischen 2006, 2007 und 2008

Monat	Anzahl der Eruptionen
Oktober 2006	245
Oktober 2007	51
Oktober 2008	40
November 2006	204
November 2007	64
November 2008	keine Angaben
Dezember 2006	221
Dezember 2007	180
Dezember 2008	52

Daten: OVSICORI-UNA, 2011

Diese Klassierung reduziert die Zahl der 276 Einzelwerte auf übersichtliche neun Nennungen (auf eine Kreuztabellierung wird an dieser Stelle bewusst verzichtet). Der Vergleich zwischen den Jahren macht deutlich, dass sich die absolute Anzahl der Ausbrüche des Vulkans von 2006 bis 2008 im beobachteten Zeitraum (deutlich) verringert hat.

Die Vorgehensweise der Einteilung von Merkmalsausprägungen in Klassen erfolgt durch die Unterteilung des gesamten Wertebereichs, der alle Ausprägungen umfasst, in Gruppen, die als **Klassen** bezeichnet werden. Dabei wird vorausgesetzt, dass eine ausreichend große Anzahl an Merkmalswerten vorliegt, in der Literatur wird vielfach das Minimum von 30 Werten genannt. Die Klassen bestehen aus benachbarten Merkmalsausprägungen und werden durch obere und untere Klassengrenzen bestimmt, wobei auf einige grundlegende Kriterien bei der Erstellung von Klassen zu achten ist. Im nächsten Schritt werden die Merkmalswerte den einzelnen Klassen zugeordnet, die absolute Häufigkeit gibt jetzt die Anzahl der statistischen Einheiten mit der entsprechenden Merkmalsausprägung **für jede Klasse** an. In Bezug auf die Eigenschaften von Merkmalen ist anzumerken, dass Klasseneinteilungen vielfach für quantitative, metrische Merkmale erforderlich sind, dabei bleibt die Eigenschaft diskreter Merkmale erhalten, stetige Merkmale werden mit einer Klassifizierung in quasi-stetige oder sogar diskrete Merkmale übergeführt.

Bei der **Bestimmung einer Klasseneinteilung** gibt es jetzt einige kritische Punkte, die es zu beachten gilt bzw. die nur in Abhängigkeit von der Fragestellung zu beantworten sind. Dazu zählt zuerst einmal die Festlegung der Anzahl der zu ermittelnden Klassen sowie der Klassenbreite, gefolgt von der Definition der Klassengrenzen und der Klassenmitten. Die nachfolgende Auflistung skizziert schrittweise den Vorgang der Ermittlung einer Klasseneinteilung unter Berücksichtigung dieser wesentlichen Aspekte:

- **Ermittlung des Wertebereichs x_{min} bis x_{max}:** Aus dem Wertebereich, genauer gesagt aus der Differenz der oberen und unteren Begrenzung des Wertebereichs, wird die **Spannweite** berechnet – sie dient als Grundlage für die Berechnung der Klassengrenzen:

$$w = x_{max} - x_{min} \tag{3.10}$$

Besonderheit: Vielfach kommt es vor, dass „Ausreißer" in Form einzelner Extremwerte die Verteilung verzerren. Die Extremwerte liegen deutlich außerhalb des Wertebereichs der meisten Merkmalswerte. Eine Lösung bieten in diesem Fall die **offenen Randklassen**. Da die Ausreißer sowohl am unteren wie auch am oberen Ende des Wertebereichs angesiedelt sein können, spricht man genauer von **unten** bzw. **oben offenen Randklassen** oder **Flügelklassen**. Randklassen fehlt jeweils eine der beiden Klassengrenzen. Dies drückt sich durch Begriffe wie „über", „mehr als", „unter", „weniger als" oder mathematisch durch verkehrte eckige Klammern] [, die ein offenes Intervall symbolisieren, aus. Wenn irgendwie möglich, sollten offene Randklassen vermieden werden.

- **Bestimmung der Klassenanzahl k:** Steht der Wertebereich fest, ist die Anzahl der Klassen k festzulegen. Von der Anzahl der Klassen hängt unter anderem ab, wie groß der **Informationsverlust** ausfällt. Durch das Zusammenfassen von Einzelwerten zu Klassen geht natürlich die Information der Einzelwerte verloren. Je mehr Klassen gewählt werden, desto geringer ist dieser Informationsverlust, desto geringer fällt gleichzeitig die Reduktion der Datenmenge aus. Es gibt zahlreiche Vorschläge für die Wahl der minimalen und maximalen Klassenzahl. Es ist jedoch schwer, an dieser Stelle einen einzigen Richtwert anzugeben, der für sämtliche Klasseneinteilungen geeignet ist und damit Gültigkeit besitzt. Dies muss immer in Relation zur Fragestellung und zur Datenmenge gesehen werden. Die Richtwerte für die Anzahl der Klassen liegen zwischen fünf und 20 Klassen. Generell gilt folgender Leitgedanke, ohne eine genaue Zahl für die Anzahl der Klassen zu nennen: die geringstmögliche Anzahl von Klassen mit der größtmöglichen Menge an Information. Darüber hinaus gibt es unterschiedliche Regeln zur rechnerischen Ermittlung der Klassenanzahl (Tab. 3.14).

Tab. 3.14 Regeln für die Abschätzung der Anzahl zu ermittelnder Klassen einer Klasseneinteilung

Autoren	Formel mit k gleich Anzahl der Klassen
nach Velleman	$k \approx \sqrt{n}$
nach Dixon und Kronmal	$k \approx 10 \cdot \log_{10}(n)$
nach Sturges	$k \approx 1 + 3{,}32 \cdot \log_{10}(n)$
nach DIN 55302 (diese Norm ist allerdings im Jahr 1991 ausgelaufen)	für $n \leq 100$ mind. 10 für $n \leq 1.000$ mind. 13 für $n \leq 10.000$ mind. 16

Polasek, 1994; Jeske, 2003; Degen und Lorscheidt, 2011

- **Berechnung der Klassenbreite b:** Mithilfe der Spannweite und der Klassenzahl ist es nun möglich, die Klassenbreite zu definieren. Sie wird mithilfe der folgenden Formel ermittelt:

$$b = \frac{x_{max} - x_{min}}{k} \tag{3.11}$$

Besonderheit: Üblicherweise wird der Wert gerundet bzw. eine „günstige" Klassenzahl auf dieser Basis festgeschrieben.

- **Ermittlung der unteren und oberen Klassengrenzen x_j^u und x_j^o:** Nach der Festlegung der gewünschten Anzahl an Klassen ist es an der Zeit, die Klassengrenzen der Klassen festzusetzen. Dabei ist zu beachten, dass die **untere Klassengrenze** der untersten Klasse dem kleinsten Merkmalswert der Daten entspricht bzw. diesen unterschreitet, ebenso wie die obere Klassengrenze der obersten Klasse am bzw. über dem größten Merkmalswert zu liegen kommt. **Charakteristische Eigenschaften** von Klassengrenzen sind ihre eindeutige Zuordnung zu einer Klasse, die **lückenlose Abdeckung** des Wertebereichs sowie die Einfachheit (ganzzahlig).

  Hinweis: In der allgemeinen Schreibweise von Klassen wird häufig auf die Exaktheit der Angabe der Klassengrenzen verzichtet – an die Stelle der mathematischen Schreibweise tritt vielfach der Bindestrich „–", der stellvertretend für „von ... bis" steht, beispielsweise 0–5, 5–10, 10–20 etc. Aus dieser Schreibweise geht nicht hervor, ob die Klassengrenze der Klasse angehört oder nicht: Die Zuordnung bleibt in diesem Fall der Leserschaft überlassen. Für eine bessere Lesbarkeit sowie die korrekte Interpretation der Klassen wird hier die eindeutige mathematische Schreibweise angeregt und in den weiteren Ausführungen berücksichtigt.

  Besonderheiten: Die Zuordnung der Merkmalswerte ist nicht immer eindeutig. So kann es vorkommen, dass ein Merkmalswert exakt **auf einer Klassengrenze** zu liegen kommt. Es bleibt dem Anwender überlassen, welcher Klasse der Merkmalswert zugeordnet oder ob dieser je zur Hälfte der oberen oder unteren Klasse zugerechnet wird. Zu beachten ist hier lediglich, dass für eine statistische Masse stets die gleiche Vorgehensweise herangezogen und dies für eine Interpretation vermerkt wird.

  Da wir auch die **Geodaten** in diesem Kontext nicht aus den Augen verlieren möchten, sei darauf hingewiesen, dass es etwa in Geographischen Informationssystemen **zusätzliche Klassifikationsmöglichkeiten** von Geodaten gibt. So stehen Algorithmen wie unter anderem jener der „natürlichen Grenzen" – Brüche in Form von großen Unterschieden in den Daten werden als Klassengrenzen festgelegt – bzw. „geometrische Klassifizierung" zur Verfügung, die Daten aufgrund ihrer geometrischen Besonderheiten aggregieren (Smith de, Longley und Goodchild, 2011, online).

- **Die Bedeutung der Klassenmitte x_j^*:** Für die nachfolgenden Ausführungen besitzt die Klassenmitte einen besonderen Stellenwert. Da in die Berechnung zahlreicher statistischer Parameter, beispielsweise des Mittelwertes für Häufigkeitsverteilungen, die Einzelwerte herangezogen werden, wird für die Berechnung dieser Parameter für klassierte Daten ein **Stellvertreter der einzelnen Klassen** benötigt – auf die individuellen Werte kann, wie angemerkt, nicht mehr zurückgegriffen werden. Als Stellvertreter fungiert für die j-te Klasse die Klassenmitte x_j^* – sie repräsentiert das entsprechende Werteintervall. Aus diesem Grund ist die Wahl der Klassenmitte in Form eines ganzzahligen

Wertes empfehlenswert. Formal wird die Klassenmitte über das arithmetische Mittel der oberen und unteren Klassengrenze berechnet.

Besonderheiten: Die Klassenmitte für oben bzw. unten offene Randklassen kann nicht direkt ermittelt werden. In der Praxis wird die Klassenmitte der offenen Randklassen in Annahme einer äquivalenten Klassenbreite gleich wie für die restlichen Klassen festgelegt. Die Klassenbreite der übrigen Klassen wird demnach auf die offene Randklasse übertragen und auf dieser Grundlage das arithmetische Mittel der Klassengrenzen errechnet.

- **Besetzungsdichte, Besatzdichte oder Häufigkeitsdichte** d_j**:** Insbesondere bei Klassen mit unterschiedlicher Klassenbreite wird die Besetzungsdichte als relatives Maß herangezogen. Darüber hinaus dient sie als Grundlage für die Ermittlung weiterer Parameter, beispielsweise der Modalklasse etc.:

$$d_j = \frac{h_j}{x_j^o - x_j^u} \tag{3.12}$$

Die Besetzungsdichte einer Klasse erweitert somit Aussagekraft der absoluten Häufigkeit, da sie diese in Beziehung zur jeweiligen Klassenbreite setzt. Damit relativiert sie die ungleichen Klassenbreiten und ermöglicht den Vergleich von Klassen untereinander.

Weitere wichtige Kriterien bei der Klassifizierung von Daten:

- Achten Sie darauf, dass sämtliche Merkmalswerte in die Klassifizierung einfließen, der gesamte Wertebereich muss abgedeckt sein.
- Vermeiden Sie Klassen ohne Merkmalswerte, also leere Klassen.
- Wählen Sie möglichst gleich breite Klassen. Die Wahl ungleicher Klassenbreiten führt sowohl bei der Interpretation wie auch bei der Visualisierung zu Problemen.
- Dabei ist wichtig, dass die Werte in den Klassen möglichst gleichmäßig verteilt sind.
- Vermeiden Sie eine Überdeckung von Klassen – die Klassengrenzen sollen unmittelbar aneinandergrenzen.
- Gehen Sie bei der Wahl der Klassengrenzen so vor, dass die einzelnen Klassengrenzen und möglichst auch die Klassenmitten ganzzahlige Werte annehmen.

Um diesen zahlreichen Schritten und Regeln bei der Einteilung einer Datenmenge in Klassen ein Gesicht zu verleihen, setzen wir diese in obiger Reihenfolge an unserem Vulkan-Beispiel (Beispiel 3.21) um.

Beispiel 3.24

Die Klassifizierung der Ausbruchsdaten des Vulkans kann obigen Ausführungen zufolge anhand unterschiedlicher Kriterien erfolgen. Auf der Grundlage der in Tab. 3.14 angegebenen Regeln zur Abschätzung der Klassenzahl erhalten wir zwischen zehn und 25 Klassen, die für eine Klasseneinteilung zu ermitteln wären. Wir entscheiden uns für die Berechnung von zehn Klassen.

Die Spannweite errechnet sich aus der Differenz von maximalem und minimalem Merkmalswert:

$$w = x_{max} - x_{min} = 76 - 0 = 76 \tag{3.13}$$

Daraus folgt die Klassenbreite:

$$b = \frac{x_{max} - x_{min}}{k} = \frac{w}{k} = \frac{76}{10} \approx 8 \tag{3.14}$$

Auf der Grundlage der Spannweite und Klassenbreite können wir die in Tab. 3.15 vorgenommene Klasseneinteilung bestimmen.

Tab. 3.15 Klassifizierte Anzahl der Eruptionen des Arenal für den Zeitraum November 2007 bis einschließlich Oktober 2008

klassifizierte Anzahl der Eruptionen (a_j) von … bis unter	Anzahl der Tage mit a_j Eruptionen im Jahr (h_j)	Anteil der Tage mit a_j Eruptionen im Jahr (f_j)	Anzahl der Tage mit bis zu a_j Eruptionen im Jahr (H_j)	Anteile der Tage mit bis zu a_j Eruptionen im Jahr (F_j)	Klassen-mitte (x_j^*)	Besetzungs-dichte der Klasse (d_j)
0 < 8	339	0,93	339	0,93	4	42,38
8 < 16	21	0,06	360	0,98	12	2,63
16 < 24	1	0,00	361	0,99	20	0,13
24 < 32	4	0,01	365	1,00	28	0,50
32 < 40	0	0,00	365	1,00	36	0,00
40 < 48	0	0,00	365	1,00	44	0,00
48 < 56	0	0,00	365	1,00	52	0,00
56 < 64	0	0,00	365	1,00	60	0,00
64 < 72	0	0,00	365	1,00	68	0,00
72 < 80	1	0,00	366	1,00	76	0,13
$\sum$	366	1,00				

Daten: OVSICORI-UNA, 2011

In diesem Fall beträgt die Klassenbreite für alle Klassen $b = 8$, die Klassenmitte x_j^* wird aus dem arithmetischen Mittel der Klassengrenzen berechnet. Nehmen wir als Beispiel die Kategorie der „8 bis unter 16 Ausbrüche pro Tag". Um es nochmals kurz in Erinnerung zu rufen: Der Querbalken über einer Zahl, auch Periodenstrich genannt, bedeutet, dass sich diese Stelle unendlich (periodisch) wiederholt:

$$x_{[8;16]}^* = \frac{x_{[8;16]}^u + x_{[8;16]}^o}{2} = \frac{8 + 15,\bar{9}}{2} = 11,\bar{9} \approx 12 \tag{3.15}$$

Die Klassendichte d_j setzt die Klassenbreite in Relation zur absoluten Häufigkeit in der Klasse:

$$d_{[8;16]} = \frac{h_{[8;16]}}{x^o_{[8;16]} - x^u_{[8;16]}} = \frac{21}{15,\overline{9} - 8} = 2,63 \tag{3.16}$$

Aus Tab. 3.15 kann man entnehmen, dass die Klasseneinteilung weder eine gleichmäßige Aufteilung der Daten ergibt, noch zu einer äquivalenten Besetzungsdichte der Klassen führt. Es ergeben sich sogar einige leere Klassen. Ursache hierfür ist einerseits der „Ausreißer" in der Verteilung – jener Tag im September 2008, an dem der Vulkan 76-mal ausbrach. Andererseits auch die „Schiefe" der Verteilung – es gibt deutlich mehr Tage mit wenigen Eruptionen als Tage, an denen sehr viele Ausbrüche stattgefunden haben. Auf die Schiefe oder Asymmetrie einer Verteilung wird in Abschn. 3.2.5 unter „Schiefe" detailliert eingegangen.

Beispiel 3.25
Nicht nur aus Sicht der der Expertinnen und Experten der Geographie, Geologie und Vulkanologie ist die Temperatur des Bodens nahe einem Vulkan von Bedeutung, auch der Tourismus zeigt Interesse an diesen Daten. Denken wir etwa an heiße Quellen, die touristisch vermarktet werden. Werden im Umkreis dieser Quellen bzw. der damit verbundenen touristischen Einrichtungen die Temperaturen des Bodens zu hoch, überschreiten also einen Schwellenwert, steigt die Gefahr für die Touristen, und die Bereiche werden aus Sicherheitsgründen vorübergehend geschlossen. Auch wir sind an diesen Daten interessiert und werfen daher noch einen Blick auf die Bodentemperaturen, die an einer Station in der Nähe des Vulkans täglich aufgezeichnet werden. Für die Temperaturmessung von April bis Juni ergeben sich ein minimaler Wert von 49,4 °C sowie ein Temperaturmaximum von 96,2 °C (Die Rohdaten sind unter www.springer.com/978-3-8274-2611-6 verfügbar). Eine Einteilung in fünf Grad breite Klassen zeichnet folgendes Bild:

Aus der Klassenbreite $b = 5$ berechnen wir die jeweiligen Klassenmitten x_j^*. Da alle Klassen dieselbe Breite besitzen, ergibt sich stellvertretend für die unterste Klasse [45;50]:

$$x^*_{[45;50]} = \frac{x^u_{[45;50]} + x^o_{[45;50]}}{2} = \frac{45 + 50}{2} = 47,5 \tag{3.17}$$

In Anlehnung an (3.17) werden die restlichen Klassenmitten berechnet.

Die Klassendichte d_j setzt die Klassenbreite in Relation zur absoluten Häufigkeit in der Klasse:

$$d_{[45;50]} = \frac{h_{[45;50]}}{x^o_{[45;50]} - x^u_{[45;50]}} = \frac{2}{50 - 45} = 0,4 \tag{3.18}$$

Tabelle 3.16 zeigt eine Häufung der Temperaturwerte in den Klassen von über 60 °C bis 65 °C sowie über 65 °C bis 70 °C. Sowohl in den hohen, wie auch in den niederen Temperaturklassen dünnt die Verteilung zunehmend aus, wie auch Abb. 3.7 zu entnehmen ist.

Tab. 3.16 Bodentemperaturdaten in der Nähe des Vulkans für die Monate April bis Juni 2008 am Standort Messstation Thermalquelle

gemessene Temperatur in Grad Celsius	Anzahl der Messungen (h_j)	Anteil der Messungen in Prozent (f_j)	Anzahl der Messungen bis zu einer Temperatur (H_j)	Anteil der Messungen bis zu einer Temperatur in Prozent (F_j)	Klassen-mitte (x_j^*)	Besetzungs-dichte der Klasse (d_j)
[45;50]	2	2,2	2	2,2	47,5	0,4
(50;55]	4	4,4	6	6,6	52,5	0,8
(55;60]	10	11,0	16	17,6	57,5	2,0
(60;65]	19	20,9	35	38,5	62,5	3,8
(65;70]	22	24,2	57	62,6	67,5	4,4
(70;75]	11	12,1	68	74,7	72,5	2,2
(75;80]	10	11,0	78	85,7	77,5	2,0
(80;85]	6	6,6	84	92,3	82,5	1,2
(85;90]	4	4,4	88	96,7	87,5	0,8
(90;95]	2	2,2	90	89,9	92,5	0,4
(95;100]	1	1,1	91	100,0	97,5	0,2
Σ	91	100,0				

Daten: fiktive Werte

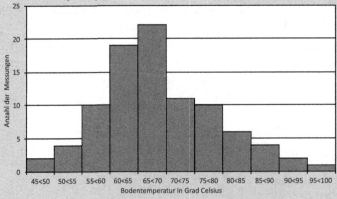

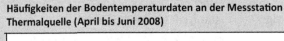

Abb. 3.7 Häufigkeiten klassifizierter Daten.

Die Verantwortlichen für den Thermenbereich benötigen allerdings keine ausführliche Darstellung der Temperaturklassen – sie sind lediglich an einer Klassifikation interessiert, die ihnen als Handlungsgrundlage dient. Daher werden die vorliegenden Daten umgruppiert und in Klassen gegliedert bzw. zusammengefasst (Tab. 3.17).

Tab. 3.17 Bodentemperaturdaten am Standort Messstation Thermalquelle und daraus resultierende Sicherheitshinweise

gemessene Temperatur in Grad Celsius	Hinweise	Anzahl der Messungen (h_j)	Anteil der Messungen in Prozent (f_j)	absolute Summenhäufigkeit (H_j)	relative Summenhäufigkeit in Prozent (F_j)	Klassenmitte (x_j^*)	Besetzungsdichte der Klasse (d_j)
[45;60]	freier Zugang	16	17,6	16	17,6	52,5	1,1
(60;70]	eingeschränkter Zugang	41	45,1	57	62,7	65,0	4,1
(70;75]	Betreten nur für wissenschaftliches Personal	11	12,1	68	74,7	72,5	2,2
(75;100]	Betreten strengstens verboten	23	25,3	91	100,0	87,5	0,9
Σ		91,00	100,00				

Daten: fiktive Werte

An den meisten Tagen ergibt diese Klassifizierung der Daten einen eingeschränkten Zugang für die Besucherinnen und Besucher; einige Areale dürfen nicht betreten werden bzw. sind aus Sicherheitsgründen gesperrt. Um diese Feststellung treffen und die Klassen unmittelbar miteinander vergleichen zu können, ist die Besetzungsdichte der Klassen heranzuziehen. Erst die Relativierung der Häufigkeiten durch die Klassenbreite (vergleichen Sie hierzu die Werte der zweiten und letzten Spalte) gibt darüber Auskunft, dass die Temperatur zwischen 60 °C bis einschließlich 70 °C am stärksten besetzt ist und somit die meisten Werte aufweist. Auf eine Visualisierung der Daten wird hier bewusst verzichtet, da dies nicht durch ein einfaches

Säulendiagramm zu bewerkstelligen ist. Durch das Zusammenfassen von Klassen unterschiedlicher Breite reicht es nicht mehr aus bzw. ist es falsch, die absoluten bzw. relativen Häufigkeiten über den Klassen aufzutragen. Weiterführende Informationen zur richtigen Diagrammdarstellung finden Sie in Abschn. 4.3.

Lernbox

Die Ordnung und Strukturierung von Daten kann auf zwei Arten erfolgen: zum einen durch die Verwendung von **Häufigkeiten**, zum anderen bei großen Datenmengen durch die Untergliederung in **Klassen**. Wir fassen zusammen:

Um Daten übersichtlich zu organisieren, stehen vier verschiedene Häufigkeiten zur Verfügung:

- Die **absolute Häufigkeit** entspricht der **Anzahl** der Werte pro Merkmalsausprägung.
- Die **relative Häufigkeit** entspricht dem **Anteil** der Werte an allen Merkmalswerten.
- Die **absolute Summenhäufigkeit** summiert die absoluten Häufigkeiten bis zu einer Merkmalsausprägung auf.
- Die **relative Summenhäufigkeit** summiert die relativen Häufigkeiten bis zu einer Merkmalsausprägung auf.

Die Schritte der Klassifizierung von Daten folgen dieser Checkliste:

❏ Ermittlung des Wertebereichs x_{min} bis x_{max};
❏ Bestimmung der Klassenanzahl k;
❏ Berechnung der Klassenbreite b;
❏ Ermittlung der unteren und oberen Klassengrenzen x_j^u und x_j^o;
❏ Zuteilung der Werte zu den Klassen;

im Bedarfsfall:

❏ Ermittlung der Klassenmitte x_j^* für weitere Berechnungen;
❏ Festlegung der Besetzungsdichte d_j.

Kernaussage

Häufigkeiten und Summenhäufigkeiten bringen Ordnung und Überblick in eine Datenmenge. Das Erstellen einer Häufigkeitstabelle stellt vielfach den ersten Schritt von der Urliste zur statistischen Analyse dar.

Ein weiteres Mittel zur Strukturierung der Daten ist die Klassifizierung. Die Untergliederung in Klassen verdichtet die Information, geht aber mit einem entsprechenden Informationsverlust einher.

Übung 3.2.1.1

Im Rahmen des Projekts „Nachhaltige Mobilität am Campus der Karl-Franzens-Universität Graz" wurde eine Verkehrszählung durchgeführt, um herauszufinden, wie sich Studierende und Bedienstete zum Campus bewegen (die Daten sind unter www.springer.com/978-3-8274-2611-6 verfügbar). Da der Zustrom zum Gelände nicht nur in den Morgenstunden erfolgt, sondern sich über den gesamten Tag verteilt, wurden verschiedene Zählzeitpunkte festgelegt.

Stellen Sie aus den gegebenen Strichlisten (die Übungsdaten finden Sie online) für den Standort der Zählung eine Häufigkeitstabelle zusammen, in der die absolute und relative Häufigkeit sowie die entsprechenden Summenhäufigkeiten dargestellt werden. Interpretieren Sie das Ergebnis.

Übung 3.2.1.2

Die Präsidentenwahl in den USA am 06.11.2012 hat in den Exit Polls eine Stimm-aufteilung nach Altersgruppen ergeben – die Prozentangaben finden sie online. Die Anzahl aller abgegebenen Stimmen betrug 120.871.984. Berechnen Sie aus den jeweiligen Prozentanteilen die Anzahl an Personen in den einzelnen Altersgruppen sowie die absoluten und relativen Summenhäufigkeiten und erstellen Sie eine Häufigkeitstabelle.

Übung 3.2.1.3

Die Datentabelle (die Daten finden Sie online) listet die gemessenen Niederschlagsmengen an der Station Graz-Straßgang für die Monate April und Juni 2011 auf. Vergleichen Sie die beiden Monate, indem Sie die absoluten und relativen Summenhäufigkeiten jeweils für beide Monate berechnen.

Übung 3.2.1.4

Neben der Verkehrszählung im Projekt „Nachhaltiger Campus" wurde eine Befragung der Studierenden der Karl-Franzens-Universität über ihr Mobilitätsverhalten durchgeführt. Darin wurde unter anderem erhoben, mit welchem Verkehrsmittel sie im Winter und Sommer zur Universität gelangen, wie weit die zurückgelegte Wegstrecke ist und wie viel Zeit sie für das Zurücklegen dieser Strecke benötigen. Die Tabelle zeigt lediglich eine Auswahl des Ergebnisses für 50 Studierende. Ermitteln Sie eine Klassifikation der Wegzeiten und vergleichen Sie das Ergebnis für die Daten im Winter und Sommer.

Übung 3.2.1.5

Eine Auswahl der steirischen Seen wurde im Hinblick auf ihre Seehöhe untersucht. Die Datentabelle listet die Seen in alphabetischer Reihenfolge auf. In dieser Übung ist die Klasseneinteilung durch die Klassenbreite vorgegeben, die mit 500 Metern festgelegt wurde. Stellen Sie die klassifizierte Tabelle samt Häufigkeiten und Häufigkeitsdichte dar. Interpretieren Sie das Ergebnis im Hinblick auf eine mögliche Nutzung der Seen in Abhängigkeit von der Seehöhe.

3.2.2   Routenverlauf und Schlüsselstellen: Lageparameter

- den Stellenwert von Lageparametern begründen
- einzelne Lageparameter sowie deren Eigenschaften benennen
- die Bedeutung der „Mitte" einer Verteilung im statistischen Sinn erklären
- Lageparameter berechnen und interpretieren
- die verschiedenen Berechnungsgrundlagen für unklassierte und klassierte Daten erläutern
- den richtigen Lageparameter für einen Datensatz wählen

Wir blicken vom Fuß des Vulkans auf seinen Gipfel, der im Moment durch „Rauchzeichen" auf sich aufmerksam macht. Wir wissen, dass ein Erklimmen des Gipfels selbst zu gefährlich ist, und versuchen, dem Vulkan über einen benachbarten Gipfel näher zu kommen. Bevor es losgeht, finden wir uns zu einer Lagebesprechung zusammen – die wichtigsten Eckpunkte der Tagesetappe werden erläutert und diskutiert, damit jeder in der Gruppe sich auf das einstellen kann, was uns erwartet. Aus der Routenübersicht können wir ablesen, dass wir auf einer Seehöhe von 732 Metern starten und der Gipfel auf knapp 1.150 Metern liegt. Da wir einerseits eine Karte mit der Streckenführung besitzen und zudem über die GPS-Daten einer vorhergehenden Tour verfügen, ist ersichtlich, dass sich die Tour in zwei Bereiche gliedert: einen vorwiegend eben verlaufenden Teil mit kleineren Gegensteigungen sowie den An- und Abstieg auf den Gipfel. Mit dem nötigen Equipment ausgestattet, machen wir uns auf den Weg, befassen uns vorab jedoch nur mit jener Wegstrecke vom Ausgangspunkt bis zum Gipfel – für den Rückweg steht uns nämlich die Wahl einer anderen Route offen.

Was hat diese Tour auf den Vulkan nun mit den Lageparametern der Statistik zu tun? Mit Ausnahme der Höhenangaben des Start- und Zielwertes liegt uns eine ungeordnete Menge an Höhendaten vor. Ist es möglich, die Wegstrecke des Aufstiegs mit einigen markanten Werten zu beschreiben? Natürlich ist uns bewusst, dass wir durch die Angabe von nur wenigen markanten Parametern viel an Information einbüßen – sämtliche einzelnen Höhenpunkte gehen verloren. Andererseits gibt die Häufigkeitstabelle aus den GPS-Daten keinen Überblick über die Strecke, denn es verbleiben immerhin nahezu 300 Merkmalsausprägungen, also Zeilen, in der Tabelle – zu viele für eine Beschreibung der Strecke. Darüber hinaus erschließt sich der Streckenverlauf nur aus der genauen Abfolge der Höhenangaben; eine Klassierung oder Einordnung in Häufigkeiten besitzt keinen Mehrwert.

Der Vulkan steht in diesem Kontext als Metapher für die Verteilung eines Merkmals, einer Variablen. So wie die Wegstrecke auf den Vulkan durch einige wenige Werte gekennzeichnet werden kann oder wir Werte stellvertretend für die gesamte Tour nennen werden, fungieren die Lageparameter bzw. auch Streuungsparameter und formbeschreibenden Parameter in der Statistik. **Wenige Kenngrößen bzw. Parameter oder Maßzahlen skizzieren eine gesamte Verteilung** (⑦ Datenanalyse in Abschn. 2.4).

Die Lageparameter stehen in der Statistik dabei als **Maße der zentralen Tendenz** einer Verteilung. Sie werden in der Literatur auch als **Lagemaßzahlen, Mittelwerte** oder **Lokalisationsparameter** bezeichnet. Salopp formuliert, geben sie Informationen über die „Mitte" oder das „Zentrum" einer Verteilung. Der Begriff **Lageparameter** rührt von der relativen Lage der Verteilung auf der Merkmalsachse, leitet sich demnach aus der Visualisierung von Merkmalsausprägungen ab (Abschn. 4.3). Für unseren Weg auf den Vulkan würde dies bedeuten, dass wir aus unseren unzähligen Höhenangaben „zentrale Maße" ableiten können. Dazu zählt etwa jener Wert, der angibt, ab welcher Höhe wir (vorausgesetzt wir bewegen uns kontinuierlich aufwärts) die Hälfte des Anstiegs überwunden haben bzw. auf welcher Höhe wir uns durchschnittlich bewegen oder, im Falle von Gegensteigungen, welche Höhenkote wir am öftesten überquert haben.

Beispiel 3.26

Als Illustration der Lageparameter bedienen wir uns wieder unseres Vulkan-Beispiels und sehen uns nochmals die Ausbrüche vom Oktober 2008 an. Die Merkmalswerte in ungeordneter Reihenfolge waren (Abb. 3.4):

1; 0; 4; 2; 1; 0; 0; 0; 1; 1; 0; 0; 0; 1; 0; 0; 0; 6; 2; 2; 4; 3; 1; 0; 1; 3; 3; 1; 3; 0; 0

Geordnet kommen wir zu folgender Reihe:

0; 0; 0; 0; 0; 0; 0; 0; 0; 0; 0; 1; 1; 1; 1; 1; 1; 1; 1; 2; 2; 2; 3; 3; 3; 3; 4; 4; 6

Welche Besonderheiten lassen sich aus diesen Werten ablesen – natürlich mit Ausnahme der Häufigkeiten, die wir in Tab. 3.10 bereits ermittelt haben? Drei markante Werte können wir ohne großen rechnerischen Aufwand darstellen:

- Jenen Wert, der am öftesten in dieser Verteilung vorkommt: Der Wert null bzw. die Tage ohne Ausbruch dominieren im Oktober. Dieser Wert ist ebenso unmittelbar der Häufigkeitstabelle zu entnehmen.
- Jenen Wert in der geordneten Verteilung, der diese halbiert: Auch ohne Abzählen der Werte ist zu erkennen, dass es sich dabei um den Wert eins handelt. Das bedeutet, dass an der Hälfte aller Tage im Monat Oktober der Vulkan bis zu einmal, an der anderen Hälfte mehr als einmal ausgebrochen ist.
- Der letzte Wert bedarf einer kurzen Rechnung: Um darstellen zu können, wie oft der Vulkan im Oktober im Mittel bzw. durchschnittlich ausgebrochen ist, werden alle Werte erfasst und durch die Anzahl der Tage im Monat dividiert. Das Resultat 1,3 bedeutet, dass der Vulkan im Oktober 2008 durchschnittlich 1,3-mal täglich eruptiert ist. Die Interpretation der 0,3 Eruptionen ist etwas schwierig, da der Vulkan tatsächlich nur ausbrechen kann oder nicht. Der Wert lässt aber erkennen, dass mehr als nur ein Ausbruch am Tag durchschnittlich stattfindet, allerdings auch deutlich weniger als zwei Ausbrüche.

Aus drei verschiedenen Blickwinkeln haben wir mit dem Modus, dem Median und dem arithmetischen Mittel „die Mitte" der Monatswerte der Ausbrüche des Vulkans charakterisiert (Abb. 3.8).

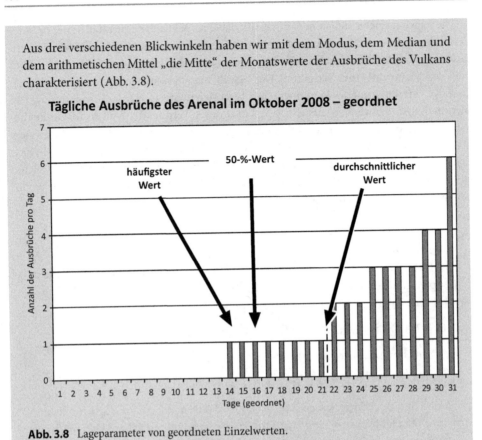

Abb. 3.8 Lageparameter von geordneten Einzelwerten.

Wofür gibt es jedoch verschiedene Lageparameter, und wodurch sind die Unterschiede zwischen den einzelnen Parametern gekennzeichnet?

In Beispiel 3.26 haben wir gesehen, dass sich die drei Werte des Modus, des Medians und des arithmetischen Mittels voneinander unterscheiden. Dies legt den Schluss nahe, dass sich die drei Parameter nicht nur in ihrer Bedeutung, sondern auch in ihrer Aussagekraft voneinander unterscheiden. Und auch in diesem Kontext kommt das Skalenniveau wieder zum Tragen – das Vorliegen eines bestimmten **Skalenniveaus** bildet die **Voraussetzung** für die Ermittlung eines bestimmten Lageparameters.

Im vorliegenden Abschnitt werden, zusätzlich zu den eben genannten Lageparametern, zwei weitere Mittelwerte präsentiert, die in der Praxis besonders häufig Anwendung finden. Der Reihenfolge entsprechend, zeichnen sie sich durch eine Zunahme in der Wertigkeit und damit in ihrer Anwendbarkeit aus:

- Modus,
- Median,
- arithmetisches Mittel und gewichtetes/gewogenes arithmetisches Mittel,
- harmonisches Mittel,
- geometrisches Mittel.

Neben der **Definition**, der **Bedeutung** und der **Anwendung** werden die Unterschiede der Lageparameter in Bezug auf die **Dichte** der Daten ausgeführt – je nachdem, ob es sich um einfache Häufigkeitsverteilungen oder klassierte Daten handelt, sind unterschiedliche Verfahren zur Ermittlung der einzelnen Lageparameter vonnöten.

Modus

Der **Modus** wird neben der Bezeichnung **Modalwert** auch als **dichtester** oder **häufigster Wert** einer Verteilung angegeben. Eigentlich repräsentieren bereits diese Benennungen die Bedeutung, die an den Modus geknüpft ist – es handelt sich um jenen Wert, der in einer Verteilung am häufigsten vorkommt. Er fungiert demnach als **typischer** oder normaler **Vertreter** einer Verteilung.

▶ **Definition**   Der **Modus** $\overline{x}_{mod}$ entspricht jener Merkmalsausprägung a_j, die in der Häufigkeitsverteilung am öftesten vorkommt.   ∎

Bedeutung und Eigenschaften

- Der Modus als jener Parameter mit der vergleichsweise geringsten Wertigkeit unter den Lageparametern kann für alle Skalenniveaus bestimmt werden.
- Insbesondere eignet sich der Modus für **nominalskalierte** Daten (Tab. 3.8).
- Da der Modus jener Wert ist, der am häufigsten vorkommt, wird er nicht von extremen Werten einer Verteilung, den „Ausreißern", beeinträchtigt.
- Der damit verbundene Nachteil ist, dass nicht alle Werte der Verteilung in die Ermittlung des Modus einfließen – dieser wird in einer Häufigkeitsverteilung durch **Abzählen der Werte** festgestellt.
- In der Visualisierung einer Häufigkeitsverteilung geht der Modus als jener Wert hervor, der die größte Häufigkeit und somit den höchsten Balken einnimmt.
- Ein weiterer Nachteil besteht darin, dass der Modus weder existieren muss, noch ist seine Eindeutigkeit im Falle der Existenz gesichert – es kann auch mehrere Modi geben.

Anwendung

Der Modus lässt sich zwar für alle Daten, gleichgültig welchem Skalenniveau diese angehören, angeben; dies ist jedoch nicht immer zwingend sinnvoll. Der Modus repräsentiert jene Daten besonders gut, die sich durch eine klare Häufigkeitsansammlung von Merkmalswerten auszeichnen. Wenn eine Merkmalsausprägung in einer Verteilung besonders oft vorkommt, das heißt, wenn sehr viele Merkmalswerte diese Ausprägung annehmen, ist es logisch, diese Ausprägung stellvertretend für die gesamte Verteilung heranzuziehen. Diese Ausprägung steht tatsächlich im Zentrum der Verteilung, die restlichen Werte gruppieren sich um diese Merkmalsausprägung. Dies ist auch der grafischen Umsetzung der Häufigkeitsverteilung zu entnehmen (vgl. dazu auch Abschn. 4.3).

Berechnung für unklassierte Daten

Der Modus wird für einfache Häufigkeitsverteilungen durch Abzählen oder Ablesen aus der Häufigkeitstabelle ermittelt. Die Merkmalsausprägung mit der **größten absoluten Häufigkeit** entspricht dem Modus. Liegt beispielsweise eine Gleichverteilung von Merkmalsausprägungen vor, sind also alle absoluten Häufigkeiten gleich, gibt es für die Verteilung **keinen Modus**. Das andere Extrem liegt vor, wenn es mehrere Merkmalsausprägungen mit gleichen Werten in einer Verteilung gibt – man spricht von einer **multimodalen Verteilung**, einer Verteilung mit mehreren Modi. Liegen diese Modalwerte in Nachbarschaft zueinander, wird häufig das arithmetische Mittel aus diesen Modalwerten als Modus verwendet. Dies ist auch der Fall, wenn diese extremen Werte nicht identisch sind, sich jedoch stark von der restlichen Verteilung abheben – auch dann liegt eine multimodale Verteilung vor. (*Anmerkung:* In verschiedenen Lehrbüchern wird die Multimodalität unterschiedlich behandelt – unterscheiden sich die Modi wertemäßig voneinander, wird einmal von mehreren Modi gesprochen, das andere Mal nur von einem Modus, nämlich von jenem mit größerem Merkmalswert.)

Beispiel 3.27

In Tab. 3.16 haben wir die Bodentemperatur in der Nähe des Vulkans in den Monaten April bis Juni 2008 gemessen, hier nochmals die Einzelwerte des Monats Mai in einer geordneten Reihe von 31 Merkmalswerten:

$x_1 = 61,0;$ $x_2 = 61,9;$ $x_3 = 62,0;$ $x_4 = 62,1;$ $x_5 = 62,6;$

$x_6 = 63,2;$ $x_7 = 63,4;$ $x_8 = 63,9;$ $x_9 = 64,5;$ $x_{10} = 64,5;$

$x_{11} = 64,5;$ $x_{12} = 64,7;$ $x_{13} = 64,8;$ $x_{14} = 65,2;$ $x_{15} = 65,2;$

$x_{16} = 65,3;$ $x_{17} = 65,7;$ $x_{18} = 65,7;$ $x_{19} = 66,2;$ $x_{20} = 66,3;$

$x_{21} = 66,3;$ $x_{22} = 66,9;$ $x_{23} = 67,3;$ $x_{24} = 71,3;$ $x_{25} = 71,3;$

$x_{26} = 72,1;$ $x_{27} = 74,7;$ $x_{28} = 74,7;$ $x_{29} = 76,8;$ $x_{30} = 80,7;$ $x_{31} = 83,9$

Der Modus ist jener Wert der Verteilung, der am häufigsten vorkommt. In dem vorliegenden Monat handelt es sich um die Temperaturangabe von 64,5 °C – dieser Wert tritt im Monat Mai dreimal auf. Kein weiterer Wert besitzt in diesem Monat dieselbe oder eine größere Häufigkeit. Die Lageparameter sind in Abb. 3.9 dargestellt.

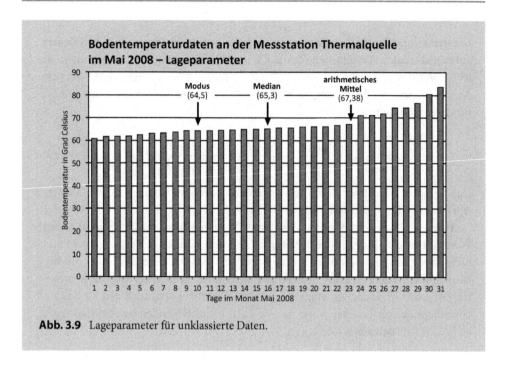

Abb. 3.9 Lageparameter für unklassierte Daten.

Berechnung für klassierte Daten mit gleicher Klassenbreite

Bei klassierten Häufigkeitsverteilungen (Beispiel 3.24 und 3.25) kann man den Modus nicht mehr so einfach durch Abzählen bestimmen bzw. aus der Tabelle ablesen, kaschiert doch eine Klasseneinteilung die Einzelwerte einer Verteilung. Zwar ist die Klasse mit der größten Häufigkeit ebenso einfach abzulesen – man hat dann die sogenannte **Modalklasse** oder **Modusklasse**, vorausgesetzt sie existiert, gefunden –, der einzelne Modalwert ist aber in der Klasse verborgen. Jetzt kommt uns die Klassenmitte zugute: Geht man davon aus, dass die Werte in der Modalklasse gleichmäßig verteilt sind, bedient man sich der **Klassenmitte**, die sich aus dem arithmetischen Mittel der oberen und unteren Klassengrenze berechnet, als Modalwert. Anspruchsvoller wird es, den Modus in einer Modalklasse zu bestimmen, deren Werte ungleichmäßig verteilt sind. Dabei sei auf die Berechnung des Modus für klassierte Daten mit unterschiedlicher Klassenbreite verwiesen (Bourier, 2011).

Beispiel 3.28

Greifen wir aus Tab. 3.16 die Temperaturklasse „über 65 °C bis 70 °C" heraus:

Temperatur in Grad Celsius	Anzahl der Messungen (h_j)	Anteil der Messungen in Prozent (f_j)	Anzahl der Messungen bis zu einer Temperatur (H_j)	Anteil der Messungen bis zu einer Temperatur in Prozent (F_j)	Klassen- mitte (x_j^*)	Beset- zungs- dichte der Klasse (d_j)
(65;70]	22	24,2	57	62,6	67,5	4,4

Die Ermittlung der Modalklasse für die Bodentemperaturdaten aus Tab. 3.16 basiert auf den absoluten Häufigkeiten für die Klassen. Die Temperaturklasse von mehr als 65 °C bis 70 °C weist für die Monate April bis Juni mit 22 Nennungen die höchste Anzahl gemessener Werte auf, als Stellvertreter wird die Klassenmitte mit 67,5 °C für den Modus herangezogen:

$$x^*_{(65;70]} = \frac{x^u_{(65;70]} + x^o_{(65;70]}}{2} = \frac{65,0001 + 70}{2} = 67,5 \qquad (3.19)$$

Das bedeutet, dass unter den Messungen der Bodentemperaturen für die Monate April bis Juni die Temperatur von 67,5 °C am öftesten auftritt.

Hinweis: Zu beachten gilt es, dass dieser Wert von den tatsächlich gemessenen Werten abweicht, da er aus der Berechnung des Modalklassenwertes hervorgeht und nicht durch tatsächliches Abzählen aus den Werten der Urliste! Will man Modus, Median und Mittelwert einer Verteilung miteinander vergleichen oder die Symmetrie (Abschn. 3.2.5) der Verteilung bewerten, ist es anzuraten, auch den Modus auf Grundlage der verfeinerten Variante, wie sie im Nachfolgenden beschrieben wird, zu berechnen (Beispiel 3.29).

Berechnung für klassierte Daten mit unterschiedlicher Klassenbreite

Im Vergleich zu klassierten Häufigkeiten mit gleichen Klassenbreiten unterscheidet sich die Vorgehensweise bei der Bestimmung des Modus für variierende Klassenbreiten lediglich im ersten Schritt. Dabei ist zu beachten, dass die ungleichen Breiten der Klassen eine ungleiche Aufteilung der Werte zur Folge hat. Daraus wiederum ergibt sich, dass zuerst die Besetzungsdichte der Klasse (Formel 3.12) errechnet werden muss, um diese ungleiche Verteilung der Merkmalswerte zu relativieren. Jene **Klasse mit der höchsten Besetzungsdichte** entspricht dann der Modalklasse. Sowohl für klassierte Daten mit gleicher wie auch unterschiedlicher Klassenbreite gibt es noch eine Verfeinerung der Bestimmung des Modus, die hier erläutert wird. Dieser Ansatz wird für die Berechnung des Medians adaptiert.

Die Idee besteht darin, über die Ermittlung der Modalklasse hinausgehend, einen tatsächlichen **Modalwert** zu berechnen. Die Besetzungsdichte der Modalklasse d_m wird dabei als Grundlage für den Vergleich zu den beiden benachbarten Klassen verwendet. Es wird davon ausgegangen, dass der Modalwert sich in Relation zur Klassendichte der umgebenden Klassen von der Klassenmitte – die als Modalwert bei Gleichverteilung in der Klasse dient – in Richtung der Klassengrenze verschiebt. Der unteren Klassengrenze der Modalklasse, die wir hier als x^u_m bezeichnen, wird genau jener Anteilswert des Dichteverhältnisses hinzugefügt, woraus ein Wert für den Modalwert resultiert.

$$\overline{x}_{mod} = x^u_m + \frac{d_m - d_{m-1}}{(d_m - d_{m-1}) + (d_m - d_{m+1})}(x^o_m - x^u_m) \qquad (3.20)$$

Verwendet man in dieser Formel anstelle der Besetzungsdichte die Häufigkeit der entsprechenden Klassen, erhält man eine Näherungsformel für den Modus bei einer Gleichbesetzung der Klassen. Auf die Angabe der Formel wird hier verzichtet, da diese auch für den Median Bedeutung besitzt und im Zuge der nächsten Ausführungen präsentiert wird.

Beispiel 3.29

Wir sehen uns nochmals Tab. 3.17 (Bodentemperaturdaten und daraus folgende Sicherheitshinweisen) auszugsweise an. Sie weist eine Klasseneinteilung mit ungleichen Klassenbreiten auf.

Temperatur in Grad Celsius	Hinweise	Anzahl der Messungen (h_j)	Anteil der Messungen in Prozent (f_j)	Absolute Summenhäufigkeit (H_j)	Relative Summenhäufigkeit in Prozent (F_j)	Klassenmitte (x_j^*)	Besetzungsdichte der Klasse (d_j)
(60;70]	eingeschränkter Zugang	41	45,1	57	62,7	65,0	4,1

Die klassifizierten Daten erfordern in einem ersten Schritt die Berechnung der Besetzungsdichte der einzelnen Klassen. Aus der Besetzungsdichte wird die Modalklasse ermittelt – ein unmittelbarer Vergleich der Klassen ist aufgrund ihrer unterschiedlichen Breite nicht zulässig. Die Klasse mit Temperaturwerten über 60 °C bis 70 °C bildet die Modalklasse, da die Besetzungsdichte mit 4,1 den höchsten Wert einnimmt. Zur genaueren Bestimmung des Modalwertes – wir gehen von einer ungleichen Verteilung der Werte in dieser Klasse aus – verwenden wir die Formel (3.20) und erhalten:

$$\overline{x}_{mod} = x_m^u + \frac{d_m - d_{m-1}}{(d_m - d_{m-1}) + (d_m - d_{m+1})}\left(x_m^o - x_m^u\right) =$$

$$= 60,0001 + \frac{4,1 - 1,1}{(4,1 - 1,1) + (4,1 - 2,2)}(70 - 60,0001) = 60,0001 + \frac{3,0}{4,9}10 = 66,1$$

$$(3.21)$$

Der Modalwert, also jene Temperatur, die am häufigsten unter den Bodentemperaturen bei vorliegender Klassierung auftritt, beträgt 66,1 °C. Der Wert unterstreicht die Annahme, dass bei vorliegender Verteilung der Modus vom arithmetischen Mittel der Klasse (wie sie bei gleicher Klassenbreite angenommen wird) abweicht.

Beispiel 3.30

Kehren wir nochmals zurück zu den Bodentemperaturwerten, denen eine Klassierung mit gleicher Klassenbreite zugrunde gelegt wurde (Tab. 3.16).

Temperatur in Grad Celsius	Anzahl der Messungen (h_j)	Anteil der Messungen in Prozent (f_j)	Absolute Summen-häufigkeit (H_j)	Relative Summen-häufigkeit in Prozent (F_j)	Klassen-mitte (x_j^*)	Besetzungs-dichte der Klasse (d_j)
(65;70]	22	24,2	57	62,6	67,5	4,4

Aus der Modalklasse berechnen wir detailliert den Modalwert:

$$\overline{x}_{mod} = x_m^u + \frac{d_m - d_{m-1}}{(d_m - d_{m-1}) + (d_m - d_{m+1})} \left(x_m^o - x_m^u \right) =$$

$$= 65{,}0001 + \frac{4{,}4 - 3{,}8}{(4{,}4 - 3{,}8) + (4{,}4 - 2{,}2)} \left(70 - 65{,}0001 \right) =$$

$$= 65{,}0001 + \frac{0{,}6}{2{,}8} \cdot 5 = 66{,}07 \approx 66{,}1 \tag{3.22}$$

Im Gegensatz zur Klassenmitte der Modalklasse, die wir in Beispiel 3.28 mit 67,5 °C festgelegt haben, weicht dieser berechnete Modalwert mit 66,1 °C von diesem ab. Das Diagramm visualisiert die Lageparameter der klassifizierten Verteilung der gemessenen Temperaturen (Abb. 3.10).

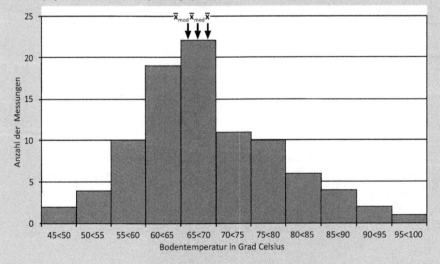

Abb. 3.10 Lageparameter für klassierte Daten.

Median

Einen anderen Stellenwert als der Modus nimmt der **Median** in einer Verteilung ein. Ausgehend von einer geordneten Reihe von Merkmalswerten, ist der Median jener Wert, der eine Verteilung halbiert, also die Verteilung durch eine 50 Prozent Marke kennzeichnet. Der Median trägt daher auch die Bezeichnung **50-Prozent-Quantil** oder **Zentralwert**.

▶ **Definition**   Der **Median** $\overline{x}_{med}$ entspricht jenem Merkmalswert x_j in einer Häufigkeitsverteilung, der eine geordnete Reihe von Merkmalswerten x_1, x_2, ..., x_n in zwei gleich große Wertebereiche teilt.

Für eine ungerade Anzahl von Merkmalswerten entspricht der Median dem mittleren Wert und geht aus

$$\overline{x}_{med} = x_{\frac{n+1}{2}} \tag{3.23}$$

hervor.

Für eine gerade Anzahl von Merkmalswerten wird der Median aus dem arithmetischen Mittel der beiden mittleren Werte errechnet:

$$\overline{x}_{med} = \frac{x_{\frac{n}{2}} + x_{\frac{n}{2}+1}}{2} \tag{3.24}$$

Bedeutung und Eigenschaften

- Der Median unterliegt bereits einer Einschränkung, was die Möglichkeit seiner Ermittlung betrifft: Er kann erst ab ordinalskalierten Daten berechnet werden. Dies folgt unmittelbar aus der Definition dieses Parameters, da die Grundlage seiner Bestimmung die Ordnung einer Wertereihe voraussetzt.
- Der daraus abzuleitende Vorteil liegt in der Existenz und Eindeutigkeit des Parameters: Der Median lässt sich immer **eindeutig bestimmen**. Anzumerken ist hier allerdings, dass der Merkmalswert des Medians nicht in der Häufigkeitsverteilung vorkommen muss.
- Aus diesem Grund eignet sich der Median besonders gut für **ordinalskalierte** Daten.
- Da der Median sich ebenso durch einen Zählvorgang festlegen lässt – in diesem Fall nicht durch die Häufigkeit, sondern durch die Position in der Wertereihe –, besitzt er denselben Vor- wie Nachteil in Bezug auf die Werte der Verteilung wie der Modus: Es fließen nicht alle Werte in die Berechnung mit ein, damit verlieren gleichzeitig Ausreißer an Bedeutung.
- Eine wichtige Eigenschaft des Medians besteht darin, dass die Summe der absoluten Abweichungen aller Merkmalswerte zum Median ein Minimum ergibt (Schulze, 2007, S. 48). Diese nicht näher detaillierte Eigenschaft hat eine weitreichende geographische bzw. raumrelevante Bedeutung, da sich der Median durch diese Eigenschaft für **Standort- und Lokalisationsfragen** besonders gut eignet.

Anwendung

Während der Modus, der die häufigste Merkmalsausprägung in einer Verteilung aufzeigt, als typischer Vertreter einer Verteilung fungiert, kann der Median tatsächlich als Mitte der Verteilung interpretiert werden, da er die Verteilung halbiert. Der Median besitzt darüber hinaus noch die Eigenschaft, dass er sich nicht nur für ordinalskalierte Daten sehr gut eignet, sondern insbesondere für asymmetrische Verteilungen (Abschn. 3.2.5). Der Median im Sinne der Mitte einer Verteilung gibt an, wie viele Werte unter bzw. über dieser Mitte liegen, erlaubt daher Rückschlüsse auf eine Ungleichlastigkeit in der Verteilung.

Berechnung für unklassierte Daten

Beispiel 3.31

Verwenden wir erneut die *geordneten* Bodentemperaturwerte von Mai 2008 (Beispiel 3.27):

$$x_1 = 61{,}0; \quad x_2 = 61{,}9; \quad x_3 = 62{,}0; \quad x_4 = 62{,}1; \quad x_5 = 62{,}6;$$

$$x_6 = 63{,}2; \quad x_7 = 63{,}4; \quad x_8 = 63{,}9; \quad x_9 = 64{,}5; \quad x_{10} = 64{,}5;$$

$$x_{11} = 64{,}5; \quad x_{12} = 64{,}7; \quad x_{13} = 64{,}8; \quad x_{14} = 65{,}2; \quad x_{15} = 65{,}2;$$

$$x_{16} = 65{,}3; \quad x_{17} = 65{,}7; \quad x_{18} = 65{,}7; \quad x_{19} = 66{,}2; \quad x_{20} = 66{,}3;$$

$$x_{21} = 66{,}3; \quad x_{22} = 66{,}9; \quad x_{23} = 67{,}3; \quad x_{24} = 71{,}3; \quad x_{25} = 71{,}3;$$

$$x_{26} = 72{,}1; \quad x_{27} = 74{,}7; \quad x_{28} = 74{,}7; \quad x_{29} = 76{,}8; \quad x_{30} = 80{,}7; \quad x_{31} = 83{,}9$$

Ohne rechnen zu müssen, lässt sich der mittlere von 31 Werten als jener mit Index 16 festlegen: Jeweils 15 Werte liegen unter- bzw. oberhalb dieses Wertes. Der Median beträgt somit 65,3 °C, dies bedeutet, dass 50 % der Temperaturwerte im Mai unter 65,3 °C aufwiesen, ebenso lagen 50 % der gemessenen Temperaturen im Mai über dieser Marke. Mithilfe der Formel (3.23) berechnen wir:

$$\overline{x}_{med} = x_{\frac{n+1}{2}} = x_{\frac{31+1}{2}} = x_{\frac{32}{2}} = x_{16} = 65{,}3 \qquad (3.25)$$

Für den Juni mit 30 Tagen kann man den Wert nicht unmittelbar ablesen. Wir benötigen für die Bestimmung des Medians die beiden mittleren Werte mit den Indizes 15 und 16 – der Median liegt exakt zwischen diesen Werten und wird daher als arithmetisches Mittel von 78,3 und 78,6 berechnet:

$$x_1 = 55{,}3; \quad x_2 = 56{,}0; \quad x_3 = 56{,}2; \quad x_4 = 56{,}8; \quad x_5 = 57{,}1;$$

$$x_6 = 57{,}3; \quad x_7 = 57{,}4; \quad x_8 = 57{,}5; \quad x_9 = 57{,}8; \quad x_{10} = 62{,}8;$$

$$x_{11} = 69{,}8; \quad x_{12} = 70{,}8; \quad x_{13} = 71{,}3; \quad x_{14} = 73{,}6; \quad x_{15} = 73{,}8;$$

$x_{16} = 74{,}2;$ $\quad$ $x_{17} = 74{,}7;$ $\quad$ $x_{18} = 76{,}4;$ $\quad$ $x_{19} = 76{,}4;$ $\quad$ $x_{20} = 77{,}4;$

$x_{21} = 78{,}3;$ $\quad$ $x_{22} = 78{,}6;$ $\quad$ $x_{23} = 79{,}2;$ $\quad$ $x_{24} = 81{,}7;$ $\quad$ $x_{25} = 84{,}1;$

$x_{26} = 87{,}5;$ $\quad$ $x_{27} = 88{,}4;$ $\quad$ $x_{28} = 93{,}1;$ $\quad$ $x_{29} = 94{,}5;$ $\quad$ $x_{30} = 96{,}2$

$$\overline{x}_{med} = \frac{x_{\frac{n}{2}} + x_{\frac{n}{2}+1}}{2} = \frac{x_{\frac{30}{2}} + x_{\frac{30}{2}+1}}{2} = \frac{x_{15} + x_{16}}{2} = \frac{73{,}8 + 74{,}2}{2} = 74{,}00 \qquad (3.26)$$

Die Interpretation des Ergebnisses erfolgt analog: Die Hälfte aller Bodentemperatur-werte im Juni lag jeweils unter bzw. über einer Temperatur von 74,00 °C.

Liegen die Merkmalswerte in großer Anzahl vor, ist also die Grundgesamtheit bzw. Stich-probe sehr umfassend, ist leicht ersichtlich, dass das Ordnen der Merkmalswerte mit er-heblichem Aufwand verbunden ist. Für umfangreiche statistische Massen wie auch für klassierte Daten bedient man sich daher der grundsätzlichen Eigenschaft des Medians, dass er die Verteilung halbiert, um vorweg die Medianklasse zu ermitteln.

Berechnung für klassierte Daten mit gleicher Klassenbreite

Da es sich beim Median um jenen Parameter handelt, der die Merkmalsausprägungen in zwei Hälften teilt, sucht man bei den relativen Summenhäufigkeiten exakt nach dieser 50-Prozent-Marke. In jener Klasse, wo diese 50-Prozent-Grenze erreicht wird, kommt der Median zu liegen. Ausgehend von dieser **Median-** oder **Einfallsklasse** – das ist jene Klas-se, deren relative Summenhäufigkeit den Anteil von 0,5 bzw. den Prozentwert von 50 % überschreitet – ist es darüber hinaus möglich, die Bestimmung des Medians zu verfeinern und einen exakten Medianwert zu berechnen. Die Berechnung des Medians erfolgt durch lineare Interpolation und setzt eine Gleichverteilung der Werte im Intervall voraus. Je bes-ser diese Gleichverteilung der Werte in der Klasse in der Realität gegeben ist, umso besser entspricht der errechnete Median dem tatsächlichen 50-Prozent-Wert:

$$\overline{x}_{med} = x_m^u + \frac{0{,}5 - F_{m-1}}{(F_m - F_{m-1})} \left(x_m^o - x_m^u \right) \qquad (3.27)$$

Das Verhältnis der Häufigkeiten der benachbarten Klassen wird genutzt, um die Position des Medians in Relation zur unteren Klassengrenze der Einfallsklasse und der Klassenbreite zu bestimmen, genauer gesagt anzunähern. Die Formel für die Berechnung des Medians für klassierte Daten kann auch mittels absoluter Häufigkeiten bzw. Prozentwerte angegeben werden (z. B. Zwerenz, 2011).

Beispiel 3.32

Wir verwenden erneut einen Auszug aus Tab. 3.16:

Temperatur in Grad Celsius	Anzahl der Messungen (h_j)	Anteil der Messungen in Prozent (f_j)	Anzahl der Messungen bis zu einer Temperatur (H_j)	Anteil der Messungen bis zu einer Temperatur in Prozent (F_j)	Klassenmitte (x_j^*)	Besetzungsdichte der Klasse (d_j)
(60;65]	19	20,9	35	38,5	62,5	3,8
(65;70]	22	24,2	57	62,6	67,5	4,4

In Tab. 3.16 liegt der Median in der Klasse der Temperaturen von über 65 °C bis 70 °C. Diese Medianklasse bildet den Ausgangspunkt für die verfeinerte Berechnung des Medians. Die relative Summenhäufigkeit für diese Klasse beträgt 62,6 % – ein Anteil von 62,6 % aller Werte der Bodentemperaturen liegt unter bis einschließlich dem Wert von 70 °C. Bis zur benachbarten unteren Klasse von 65 °C sind allerdings nur 38,5 % aller Werte enthalten, was die Schlussfolgerung unterstreicht, dass der Median in der Klasse (65;70] enthalten sein muss. Für die exakte Berechnung verwenden wir Formel 3.27 sowie die relativen Summenhäufigkeiten anstelle der Prozentwerte der relativen Summenhäufigkeiten:

$$\overline{x}_{med} = x_m^u + \frac{0{,}5 - F_{m-1}}{(F_m - F_{m-1})}\left(x_m^o - x_m^u\right) = 65{,}0001 + \frac{0{,}5 - 0{,}385}{(0{,}626 - 0{,}385)}\,(70 - 65{,}0001) =$$

$$= 65{,}0001 + \frac{0{,}115}{0{,}241} \cdot 5 = 65{,}0001 + 2{,}385 = 67{,}385 \qquad (3.28)$$

Der Median beträgt gerundet 67,4. Das bedeutet, dass die Hälfte aller Bodentemperaturen unter 67,4 °C betragen, während die zweite Hälfte der Messwerte über diesem Wert zu liegen kommt. Die Bodentemperatur von 67,4 °C liegt in der Mitte aller Messungen (Abb. 3.10).

Berechnung für klassierte Daten mit unterschiedlicher Klassenbreite

Für die Berechnung des Medians besitzt die Breite der Klassen keine Relevanz – es zählt lediglich die Medianklasse –, daher wird für die Berechnung des Medians für klassierte Daten mit unterschiedlicher Klassenbreite ebenso Formel 3.27 verwendet.

Quantile

Zu Beginn der Ausführungen zum Thema Median wurde die Bezeichnung „50-Prozent-Quantil" erwähnt. Daraus leitet sich unmittelbar die Frage ab, was sich hinter dem Begriff „Quantil" verbirgt.

Aus dem Interesse heraus, eine Merkmalsverteilung hinsichtlich besonderer Eigenschaften zu charakterisieren und zu strukturieren, wurde unter den verschiedenen Parametern auch der Begriff des Medians geprägt – er teilt die Verteilung in zwei gleich große Hälften. Das Hauptaugenmerk, das in diesem besonderen Fall auf der **Hälfte** der Verteilung liegt, kann jedoch auch auf andere Abschnitte der Verteilung ausgedehnt werden. So könnte das **erste** bzw. **letzte Viertel** der Verteilung ebenso von Bedeutung sein, gleichermaßen wie die Unterteilung der Häufigkeitsverteilung in zehn gleich große Abschnitte. Die Verallgemeinerung des Lageparameters Median, also des 50-Prozent-Quantils, wird unter dem Begriff der **Quantile** zusammengefasst.

Bedeutung und Eigenschaften

- Die Bedeutung der Quantile unterscheidet sich nicht von jenen Eigenschaften des Medians, ist der Median doch nur der Spezialfall eines Quantils, nämlich das 50-Prozent-Quantil.
- Quantile sind ab einem **ordinalskalierten** Skalenniveau immer existent und eindeutig zu ermitteln.
- Für die Praxis sind folgende Quantile besonders bedeutsam: **Quartile** unterteilen eine Häufigkeitsverteilung in vier gleiche Abschnitte, **Dezentile** in zehn Teile und **Perzentile** in 100 Abschnitte. Allgemein spricht man von p-**Quantilen**, wobei p Werte zwischen null und eins annehmen kann.
- Die Gliederung in Quartile wird auch in grafischer Form, als Box-Whisker-Plot, umgesetzt (Abschn. 4.3.6), um einen raschen Überblick über die Häufigkeitsverteilung zu erhalten.
- Es liegen darüber hinaus weitere Formeln für die Berechnung von Quantilen vor (Exkurs 3.1).

Anwendung

Gleichermaßen wie der Median eine Verteilung halbiert, teilen Quantile eine Verteilung in zwei – in diesem Fall **ungleich große** – Teile. Ein Teil der Werte liegt unterhalb des p-Quantils, die anderen Merkmalswerte liegen oberhalb oder rechts des p-Quantils. Die Verteilung wird durch die Quantile nicht nur halbiert, sondern insbesondere in p gleich große Abschnitte gegliedert – je nach Anzahl der Abschnitte kann diese p entsprechend interpretiert werden.

Berechnung für unklassierte Daten

▸ **Definition**   Das **p-Quantil** $\overline{x}_p$ entspricht jenem Merkmalswert x_j in einer Häufigkeitsverteilung, der eine geordnete Reihe von Merkmalswerten $x_1, x_2, \ldots, x_n$ in zwei Wertebereiche teilt.

Ist das Produkt $n\cdot p$ nicht ganzzahlig, wird für i die dem Produkt nächstgrößere Zahl verwendet, und es entspricht das p-Quantil x_i

$$\overline{x}_p = x_i \tag{3.29}$$

Ist das Produkt $n\cdot p$ ganzzahlig, dann ist $i = n\cdot p$:

$$\overline{x}_p = \frac{x_i + x_{i+1}}{2} \tag{3.30}$$

◼

Exkurs 3.1: Interpolation der Quantile

Obwohl auf eine detaillierte Ausführung hier verzichtet wird, ist es wichtig anzumerken, dass Quantile sowohl in der Literatur wie auch in Statistiksoftware nicht ausschließlich auf dieser Definition beruhen, sondern einer verfeinerten Berechnung durch Interpolation unterzogen werden können (z. B. Meißner, 2004, S. 67 ff.). Dabei variieren die Berechnungsverfahren deutlich und somit auch die entsprechenden Ergebnisse. Die Aussagekraft der unterschiedlichen Ergebnisse für die interpolierten Werte ist grundsätzlich als gleichwertig anzusehen.

Beispiel 3.33

Die Monatsmesswerte der Bodentemperaturen unseres Vulkans im Mai werden in Quartile, also in vier gleiche Teile unterteilt. Den Median, das 50-Prozent-Quantil oder 2. Quartil haben wir schon ermittelt, dieser Wert betrug 65,3 °C.

$x_1 = 61{,}0;$ $x_2 = 61{,}9;$ $x_3 = 62{,}0;$ $x_4 = 62{,}1;$ $x_5 = 62{,}6;$

$x_6 = 63{,}2;$ $x_7 = 63{,}4;$ $x_8 = 63{,}9;$ $x_9 = 64{,}5;$ $x_{10} = 64{,}5;$

$x_{11} = 64{,}5;$ $x_{12} = 64{,}7;$ $x_{13} = 64{,}8;$ $x_{14} = 65{,}2;$ $x_{15} = 65{,}2;$

$x_{16} = 65{,}3;$ $x_{17} = 65{,}7;$ $x_{18} = 65{,}7;$ $x_{19} = 66{,}2;$ $x_{20} = 66{,}3;$

$x_{21} = 66{,}3;$ $x_{22} = 66{,}9;$ $x_{23} = 67{,}3;$ $x_{24} = 71{,}3;$ $x_{25} = 71{,}3;$

$x_{26} = 72{,}1;$ $x_{27} = 74{,}7;$ $x_{28} = 74{,}7;$ $x_{29} = 76{,}8;$ $x_{30} = 80{,}7;$ $x_{31} = 83{,}9$

Für die Berechnung des 0,25-Quartils verwenden wir obige Definition und ermitteln das Produkt:

$$n \cdot p = 31 \cdot 0{,}25 = 7{,}75 \tag{3.31}$$

Der Wert wird für die Ermittlung von j aufgerundet, daraus resultiert $j = 8$ und daraus:

$$\overline{x}_{0,25} = x_8 = 63,9 \tag{3.32}$$

Analog ergibt sich für das 0,75-Quartil

$$n \cdot p = 31 \cdot 0,75 = 23,25 \tag{3.33}$$

und daraus:

$$\overline{x}_{0,75} = x_{24} = 71,3 \tag{3.34}$$

Letztendlich kontrollieren wir den Median mithilfe von

$$n \cdot p = 31 \cdot 0,5 = 15,5 \tag{3.35}$$

woraus der Median festgelegt wird mit

$$\overline{x}_{0,5} = x_{16} = 65,3 \tag{3.36}$$

25 % aller Bodentemperaturwerte liegen unter dem sogenannten ersten Quartil bei 63,9 °C, weitere 25 % – das sind dann 50 % aller Werte – nehmen Temperaturen bis 65,3 °C an, und wiederum weitere 25 %, also insgesamt 75 %, liegen unter 71,3 °C.

Berechnung für klassierte Daten

Analog zur Ermittlung des Medians wird das p-Quantil für klassierte Daten basierend auf Formel 3.27 berechnet. Allerdings verwendet man anstelle des Wertes 0,5 – der den Median oder das 50-Prozent Quantil-abbildet – im Zähler den p-Quantil-Wert:

$$\overline{x}_p = x_p^u + \frac{p - F_{p-1}}{\left(F_p - F_{p-1}\right)} \left(x_p^o - x_p^u\right) \tag{3.37}$$

Bis zum Wert $\overline{x}_p$ liegen demzufolge p-Anteile einer Merkmalsverteilung.

Beispiel 3.34
Wir greifen an dieser Stelle auf Tab. 3.17 zurück.

gemessene Temperatur in Grad Celsius	Anzahl der Messungen (h_j)	Anteil der Messungen in Prozent (f_j)	Anzahl der Messungen bis zu einer Temperatur (H_j)	Anteil der Messungen bis zu einer Temperatur in Prozent (F_j)	Klassenmitte (x_j^*)	Besetzungsdichte der Klasse (d_j)
[45;50]	2	2,2	2	2,2	47,5	0,4
(50;55]	4	4,4	6	6,6	52,5	0,8
(55;60]	10	11,0	16	17,6	57,5	2,0
(60;65]	19	20,9	35	38,5	62,5	3,8
(65;70]	22	24,2	57	62,6	67,5	4,4
(70;75]	11	12,1	68	74,7	72,5	2,2
(75;80]	10	11,0	78	85,7	77,5	2,0

Aus Tab. 3.17 wurde der Median mit 67,4 °C berechnet. Das erste und dritte Quartil berechnet sich wie folgt:

$$\overline{x}_{0,25} = x_{0,25}^u + \frac{0,25 - F_{0,25-1}}{(F_{0,25} - F_{0,25-1})} \left(x_{0,25}^o - x_{0,25}^u\right) =$$

$$= 60 + \frac{0,25 - 0,176}{0,385 - 0,176} (65 - 60) = 60 + \frac{0,074}{0,209} \cdot 5 = 60 + 1,770 = 61,770 \quad (3.38)$$

$$\overline{x}_{0,75} = x_{0,75}^u + \frac{0,75 - F_{0,75-1}}{(F_{0,75} - F_{0,75-1})} \left(x_{0,75}^o - x_{0,75}^u\right) =$$

$$= 75 + \frac{0,75 - 0,747}{0,857 - 0,747} (80 - 75) = 75 + \frac{0,003}{0,110} \cdot 5 = 75 + 0,136 = 75,136 \quad (3.39)$$

Ein Viertel aller Temperaturwerte ist geringer als 61,8 °C, während drei Viertel unter 75 °C liegen.

Arithmetisches Mittel und gewichtetes arithmetisches Mittel

Den Platz des zweifellos bekanntesten Vertreters unter den Lageparametern nimmt das **arithmetische Mittel**, kurz **Mittel**, ein, auch als **Mittelwert**, **Durchschnitt** oder **Durchschnittswert** bezeichnet. Liegt eine klassifizierte Merkmalsverteilung vor, wird für die Berechnung des Mittelwertes das **gewogene** oder **gewichtete arithmetische Mittel** herangezogen.

▶ **Definition**   Das **arithmetische Mittel** $\bar{x}$ der Merkmalswerte $x_1, x_2, \ldots, x_n$ ist der Anteil der Summe aller Merkmalswerte x_i an der statistischen Masse n:

$$\bar{x} = \frac{\sum\limits_{i=1}^{n} x_i}{n} \tag{3.40}$$

Liegen absolute oder relative Häufigkeiten für die Merkmalsausprägungen a_j vor, kann das **gewichtete arithmetische Mittel** $\bar{x}$ berechnet werden durch

$$\bar{x} = \frac{\sum\limits_{j=1}^{m} a_j h_j}{n} = \sum_{j=1}^{m} a_j f_j \tag{3.41}$$

wobei $m \leq n$.   ■

Bedeutung und Eigenschaften

- Während Modus und Median für nominal- bzw. ordinalskalierte Daten festgelegt werden konnten, ist für die Berechnung des arithmetischen Mittels **metrisches Skalenniveau** erforderlich, das heißt, die Daten müssen **mindestens intervallskaliert** sein. Sie liegen demnach in Form von Zahlen vor, eine Reihung der Merkmalswerte ist im Gegensatz zum Medianverfahren nicht nötig.
- Wie aus Formel 3.40 zu entnehmen ist, fließen sämtliche Werte einer Merkmalsverteilung in die Berechnung des arithmetischen Mittels ein.
- Der Vorteil, dass alle Daten Berücksichtigung finden, ist mit dem Nachteil verbunden, dass „Ausreißer", die ebenfalls integriert werden, das Ergebnis stark beeinflussen und verzerren.
- Das berechnete Ergebnis muss bei diskreten Variablen keinem Wert in der Verteilung entsprechen – es ist sozusagen ein fiktiver Wert. Daher ist Vorsicht bei der Interpretation des Ergebnisses angebracht. Diese Eigenschaft unterstreicht jedoch die **Existenz** und **Eindeutigkeit** des arithmetischen Mittels.
- Besonders gut eignet sich das arithmetische Mittel für Verteilungen, die unimodal und symmetrisch sind.
- Je stärker die Daten aggregiert sind – liegen also Klassifizierungen der Daten vor –, desto weniger aussagekräftig gestaltet sich das arithmetische Mittel. Hier kommt zum Tragen, dass jeweils nur die Klassenmitte als Stellvertreter jeder Klasse bei der Ermittlung Verwendung findet und es somit – je weniger Klassen vorliegen bzw. je breiter die Klassen sind – zu einem Verlust der ursprünglichen Information kommt.
- Das **gewogene arithmetische Mittel** wird sowohl für Häufigkeitsverteilungen klassierter Daten wie auch für vorliegende Gewichtungen von Daten angewendet. Liegt bei klassierten Daten ein arithmetisches Mittel für jede Klasse vor, wird dieses anstelle der Häufigkeiten benutzt, andernfalls wird die Klassenmitte herangezogen.

- Eine Eigenschaft, die im Kontext raumrelevanter Daten zusätzliche Bedeutung erlangt (Abschn. 3.3.1), ist die **Schwerpunkteigenschaft** des arithmetischen Mittels. Sie besagt, dass die Summe aller Abweichungen der Merkmalswerte vom arithmetischen Mittel dem Wert null entspricht. Die Summe aus den positiven Distanzen zum arithmetischen Mittel muss demnach gleich der Summe aller negativen Distanzen zum arithmetischen Mittel sein.

$$\sum_{i=1}^{n}(x_i - \overline{x}) = 0 \tag{3.42}$$

Eine weitere Eigenschaft des arithmetischen Mittels sei hier angeführt: Wird auf die Merkmalswerte eine **lineare Transformation** ausgeführt, setzt sich diese Transformation auch auf das arithmetische Mittel fort.

Für $y_i = a + bx_i$ gilt

$$\overline{y} = a + b\overline{x} \quad \text{mit } a, b \text{ Konstante aus } \mathbb{R} \tag{3.43}$$

Auf den ersten Blick scheint diese Eigenschaft nur von mathematischer Bedeutung, gewinnt aber an Wert, denkt man beispielsweise an die Verwendung bzw. Umrechnung verschiedener Längen-, Raummaße oder Währungen. Darüber hinaus kommt diese Eigenschaft nochmals im Rahmen der Regressionsanalyse (Abschn. 3.4.1) zum Tragen.

Anwendung

Bei der Verwendung des arithmetischen Mittels wird zur Vorsicht geraten. Häufig wird es als eine Art allgemeingültiger Lageparameter benützt, ohne dabei zu beachten, dass zum einen Extremwerte besonderen Einfluss besitzen, zum anderen eine Klassifizierung von Daten Informationen „unterschlägt". Das arithmetische Mittel relativiert sozusagen alle Werte in einer Häufigkeitsverteilung; umgangssprachlich könnte man sagen, das Mittel schert alle Werte über einen Kamm. Die Information, die das arithmetische Mittel bereitstellt, ist am ehesten mit einer zentralen Tendenz, der generellen Bezeichnung für Lageparameter, gleichzusetzen. Es ist abzuwägen, ob die Information einer Ergänzung durch andere Parameter bedarf oder Ausreißer durch die Ermittlung eines getrimmten Mittelwertes eliminiert werden (Polasek, 1994, S. 167 f.; Cleff, 2012, S. 42). (*Anmerkung:* Für die Berechnung des getrimmten Mittelwertes wird ein festgelegter Prozentsatz am oberen und unteren Rand einer Häufigkeitsverteilung von der Berechnung ausgeschlossen.)

Berechnung für unklassierte Daten

Beispiel 3.35
Beginnen wir mit unseren Bodentemperaturmessungen. Diese Messdaten liegen (hier geordnet) als stetige, rationalskalierte Daten in Form von Einzelmessungen,

also als Merkmalswerte ohne Häufigkeiten, vor.

$$x_1 = 61,0; \quad x_2 = 61,9; \quad x_3 = 62,0; \quad x_4 = 62,1; \quad x_5 = 62,6;$$

$$x_6 = 63,2; \quad x_7 = 63,4; \quad x_8 = 63,9; \quad x_9 = 64,5; \quad x_{10} = 64,5;$$

$$x_{11} = 64,5; \quad x_{12} = 64,7; \quad x_{13} = 64,8; \quad x_{14} = 65,2; \quad x_{15} = 65,2;$$

$$x_{16} = 65,3; \quad x_{17} = 65,7; \quad x_{18} = 65,7; \quad x_{19} = 66,2; \quad x_{20} = 66,3;$$

$$x_{21} = 66,3; \quad x_{22} = 66,9; \quad x_{23} = 67,3; \quad x_{24} = 71,3; \quad x_{25} = 71,3;$$

$$x_{26} = 72,1; \quad x_{27} = 74,7; \quad x_{28} = 74,7; \quad x_{29} = 76,8; \quad x_{30} = 80,7; \quad x_{31} = 83,9$$

Für die Ermittlung des arithmetischen Mittels verwenden wir (3.40) und erhalten:

$$\bar{x} = \frac{\sum_{i=1}^{n} x_i}{n} = \frac{\sum_{i=1}^{31} x_i}{31} = \frac{(61,0 + 61,9 + \ldots + 80,7 + 83,9)}{31} = \frac{2.088,70}{31} = 67,38 \quad (3.44)$$

Die durchschnittliche Bodentemperatur im Mai 2008 betrug demnach 67,4 °C – ein Wert, der tatsächlich angenommen bzw. gemessen werden kann (Abb. 3.9).

Nehmen wir hingegen als Beispiel für die Berechnung des arithmetischen Mittels unsere Ausbruchsdaten von Oktober 2008, erhalten wir aus der Urliste:

$$x_1 = 1; \quad x_2 = 0; \quad x_3 = 4; \quad x_4 = 2; \quad x_5 = 1;$$

$$x_6 = 0; \quad x_7 = 0; \quad x_8 = 0; \quad x_9 = 1; \quad x_{10} = 1;$$

$$x_{11} = 0; \quad x_{12} = 0; \quad x_{13} = 0; \quad x_{14} = 1; \quad x_{15} = 0;$$

$$x_{16} = 0; \quad x_{17} = 0; \quad x_{18} = 6; \quad x_{19} = 2; \quad x_{20} = 2;$$

$$x_{21} = 4; \quad x_{22} = 3; \quad x_{23} = 1; \quad x_{24} = 0; \quad x_{25} = 1;$$

$$x_{26} = 3; \quad x_{27} = 3; \quad x_{28} = 1; \quad x_{29} = 3; \quad x_{30} = 0; \quad x_{31} = 0$$

$$\bar{x} = \frac{\sum_{i=1}^{n} x_i}{n} =$$

$$= \frac{\sum_{i=1}^{31} x_i}{31} = \frac{(1 + 0 + 4 + \ldots + 0 + 0)}{31} = \frac{40}{31} = 1,29 =$$

$$= \frac{(0 \cdot 13) + (1 \cdot 8) + (2 \cdot 3) + (3 \cdot 4) + (4 \cdot 2) + (6 \cdot 1)}{31} = \frac{\sum_{j=1}^{m} a_j h_j}{n} = \sum_{j=1}^{m} a_j f_j$$

$$(3.45)$$

Die letzte Zeile der Gleichung deckt sich mit den Werten in der Häufigkeitstabelle Tab. 3.10. Das arithmetische Mittel wurde mithilfe der Formel 3.41 ermittelt.

Aus diesem Beispiel ist auch die Bedeutung des Begriffs eines „fiktiven" Mittelwertes ersichtlich. Der Vulkan bricht zwar laut Berechnung 1,3-mal pro Tag aus, in der Realität kann er jedoch nur einmal oder zweimal eruptieren, ein Zwischenwert ist nicht möglich.

Berechnung für klassierte Daten

Aus der Definition des arithmetischen Mittels für Merkmalswerte und Merkmalsausprägungen unter Angabe der absoluten bzw. relativen Häufigkeiten kann an dieser Stelle unmittelbar die Definition des arithmetischen Mittels für Klassifizierungen abgeleitet werden.

▶ **Definition** Das **gewichtete arithmetische Mittel** $\bar{x}$ einer klassierten Häufigkeitsverteilung mit k Klassen, h_j Elementen in der Klasse und der Klassenmitte x_j^* wird berechnet durch

$$\bar{x} = \frac{\sum\limits_{j=1}^{k} x_j^* h_j}{n} = \sum\limits_{j=1}^{k} x_j^* f_j \qquad (3.46)$$

Anstelle der Merkmalsausprägungen tritt als Stellvertreter jeder Klasse wiederum die Klassenmitte. Hier setzt sich die Unschärfe der Berechnung fort – durch die Wahl der Klassenmitte geht einerseits Information verloren, andererseits verliert die Berechnung des Mittelwertes an Qualität im Sinne der Exaktheit; der Mittelwert ist vielmehr Ergebnis einer Schätzung.

Liegen für die einzelnen Klassen Mittelwerte vor, ist es nicht erforderlich, die Klassenmitten als Stellvertreter zu verwenden – es können die Mittelwerte der Klassen direkt in die Formel einfließen. Obige Definition erfährt eine geringfügige Abwandlung.

▶ **Definition** Das **gewichtete arithmetische Mittel** $\bar{x}$ einer klassierten Häufigkeitsverteilung mit k Klassen, h_j Elementen in der Klasse und den Klassenmittelwerten $\bar{x}_j$ ist

$$\bar{x} = \frac{\sum\limits_{j=1}^{k} \bar{x}_j h_j}{n} = \sum\limits_{j=1}^{k} \bar{x}_j f_j \qquad (3.47)$$

Beispiel 3.36

In Tab. 3.16 haben wir eine Klassifizierung der Messwerte der Bodentemperaturen vorgenommen. Basierend auf dieser Klasseneinteilung berechnen wir das gewichtete arithmetische Mittel der Häufigkeitsverteilung unter Zuhilfenahme der Klassenmitten:

$$\overline{x} = \sum_{j=1}^{k} x_j^* f_j = \frac{\sum_{j=1}^{k} x_j^* h_j}{n} =$$

$$= \frac{(2 \cdot 47{,}5) + (4 \cdot 52{,}5) + (10 \cdot 57{,}5) + \ldots + (2 \cdot 92{,}5) + (1 \cdot 97{,}5)}{91} =$$

$$= \frac{6.252{,}5}{91} = 68{,}71 \tag{3.48}$$

Die durchschnittliche Bodentemperatur bei vorliegender Klasseneinteilung beträgt für die Monate April bis Juni 68,7 °C (Abb. 3.10). (*Anmerkung:* Bei der analogen Berechnung mittels relativer Häufigkeiten kann das Ergebnis durch Rundungsfehler etwas abweichen.)

Wir haben in den letzten Ausführungen unsere Vulkantour durch die Parameter Modus, Median und arithmetisches Mittel charakterisiert und damit nicht nur wichtige Eckpunkte der Tour beschrieben, sondern darüber hinaus ein Verständnis für die Bedeutung dieser Parameter geschaffen. Die Anzahl der verfügbaren Lageparameter beschränkt sich allerdings nicht auf diese drei Parameter – im Kontext dieses Buches folgen jetzt noch zwei Lageparameter, die zwar nicht die hervorstechende Bedeutung des Mittelwertes besitzen, in der Praxis jedoch für ganz spezifische Fragestellungen genutzt werden.

Für unsere Tour auf den Vulkan stellt sich beispielsweise die Frage, wie sich die Höhe, die wir auf unserem Weg überwinden, durchschnittlich verändert. In diesem Fall dient das arithmetische Mittel nicht als das geeignete Maß – ein anderer Parameter muss eingesetzt werden. Das arithmetische Mittel der Höhenkoten liefert zwar die durchschnittliche Höhe, auf der wir uns auf unserer Tour bewegen, sagt allerdings nichts über die durchschnittliche Änderung der Höhe aus. Dies ist jener Wert, an dem wir auch noch interessiert sind – wir wollen schließlich wissen, welche Anstiege uns erwarten. Dafür eignet sich das **geometrische Mittel**.

Der letzte Lageparameter, der in diesem Abschnitt erläutert wird, ist das **harmonische Mittel**. Wollen wir nicht nur die durchschnittliche Änderung der Höhe, die wir im Zuge des Aufstiegs zum Gipfel überwinden, erfahren, sondern interessiert uns etwa die durchschnittliche Geschwindigkeit, die wir „geschafft" haben, ist dieser Parameter die richtige Wahl. Pro Streckenabschnitt, genau genommen je nach Steigung, sind wir in der Lage, unterschiedlich schnell voranzukommen – zum Relief kommen natürlich auch Faktoren wie die Bodenbeschaffenheit oder, da wir länger unterwegs sind, unsere persönliche Müdigkeit hinzu. Der Mittelwert aus diesen verschiedenen Abschnittsgeschwindigkeiten, mit denen wir vorankommen, errechnet sich aus dem harmonischen Mittel.

Geometrisches Mittel

Das **geometrische Mittel** oder **logarithmische Mittel** charakterisiert die **durchschnittliche Veränderung** von Merkmalswerten einer Häufigkeitsverteilung. Die Bezeichnung logarithmisches Mittel rührt daher, dass der Logarithmus des geometrischen Mittels zum gleichen Ergebnis führt wie das arithmetische Mittel der logarithmierten Merkmalswerte (von der Lippe, 2006, S. 14). Im Unterschied zum arithmetischen Mittel wird die Veränderung nicht über den gesamten Wertebereich gemessen, sondern ausgehend von den **Veränderungen von Wert zu Wert**.

▷ **Definition**   Das **geometrische Mittel** $\overline{x}_G$ der Merkmalswerte x_1, x_2, ..., x_n, die als Wachstumsfaktoren vorliegen, ist definiert als

$$\overline{x}_G = \sqrt[n]{x_1 \cdot x_2 \cdot \ldots \cdot x_n} = \sqrt[n]{\prod_{i=1}^{n} x_i} \qquad (3.49)$$

mit $x_i > 0$. ∎

Bedeutung und Eigenschaften

- Sind die Merkmalswerte einer Verteilung als Veränderungsraten, Wachstumsraten, also als relative Änderungen **über einen Zeitraum** hinweg, gegeben, ist für die Bildung eines Mittelwertes das geometrische Mittel zu wählen.
- Die jährlichen Wachstumsfaktor errechnen sich aus Absolutwerten:

$$x_i = \frac{y_i}{y_{i-1}} \qquad (3.50)$$

Hinweis: Es ist zwischen den Absolutwerten einer Merkmalsausprägung und den Wachstumsfaktoren zu unterscheiden!
- Die Bestimmung des geometrischen Mittels setzt voraus, dass die Daten **rationalskaliert** sind. Wie die Bezeichnung „Rate" schon verrät, handelt es sich um Verhältniszahlen. Darüber hinaus müssen sämtliche Merkmalswerte **positiv** sein.
- In die Berechnung des geometrischen Mittels fließen ähnlich wie bei der Bestimmung des arithmetischen Mittels sämtliche Merkmalswerte ein, „Ausreißer" werden jedoch durch die Art der Berechnung relativiert.
- Da das geometrische Mittel auf die Änderung der Einzelwerte Bezug nimmt, ist das Resultat wertemäßig im Allgemeinen kleiner als das arithmetische Mittel.

- Die Interpretation des geometrischen Mittels gestaltet sich aufgrund der Tatsache schwierig, dass dieser Mittelwert keinem realen Wert entspricht.
- Allerdings ermöglicht das geometrische Mittel, da es sich in der Regel um eine Zeitreihe handelt, die Abschätzung eines groben **Prognosewertes**.

Anwendung

Die Anwendung des geometrischen Mittels ist im Vergleich zu den herkömmlichen Mittelwerten stark eingeschränkt. Der begrenzte Anwendungsbereich resultiert zum einen aus der Zielsetzung, relative Veränderungen zu mitteln, zum anderen beinhaltet er aber auch das Skalenniveau sowie die Bedingung von positiven Merkmalswerten. In der Geographie kommt das geometrische Mittel insbesondere bei Bevölkerungsdaten, unter anderem auch Populationsdaten, Wirtschaftsindikatoren, Kapazitätsfragen etc. zum Einsatz.

Beispiel 3.37

Da sich das geometrische Mittel darauf beschränkt, Änderungsraten über einen gewissen Zeitraum hinweg zu mitteln und zu beurteilen, eignen sich unsere Vulkandaten nicht dafür, exemplarisch ein geometrisches Mittel zu berechnen. Wir müssen unseren Fokus etwas erweitern, und unser Augenmerk fällt, wie auch schon zu Beginn unserer Reise, auf die Landwirtschaft unseres Exkursionsgebiets. Costa Rica ist eines der führenden Exportländer von Ananas, daher wollen wir uns ein Bild machen, wie sich die Produktion der Ananas in den letzten Jahren entwickelt hat. Die Daten sind in Tab. 3.18 aufgelistet.

Tab. 3.18 Produktion von Ananas in Costa Rica im Zeitraum von 1990 bis 2010

Jahr	Ananasproduktion in Tonnen (y_i)	jährliche Wachstumsrate in Prozent	jährlicher Wachstumsfaktor (x_i)
1990	423.500		
1995	424.480	0,23	1,00
2000	903.125	112,76	2,13
2005	1.605.240	77,74	1,78
2010	1.976.760	23,14	1,23

FAO, 2012

Die Ananasproduktion, wie aus den Absolutwerten deutlich erkennbar ist, hat sich von 1990 bis 2010 intensiviert. Über den gesamten Zeitraum hinweg gerechnet hat die Produktion um 366 % zugenommen, wobei aus den Einzeljahren abzulesen ist, dass die größte Steigerung von 1995 auf 2000 stattgefunden hat – die unterschiedlichen Wachstumsraten zwischen den Jahren sind aus dieser Berechnung nicht abzulesen.

Die jährliche Wachstumsrate reicht als Berechnungsgrundlage für das geometrische Mittel nicht aus, da sie die Änderung in Prozentwerten ausweist und bei einem Sinken der Produktion einen negativen Wert liefert. Negative Zahlen dürfen jedoch aufgrund der Wurzelfunktion nicht in die Kalkulation des geometrischen Mittels eingehen. Daher ist die Umrechnung laut Formel 3.50 in Wachstumsfaktoren erforderlich:

$$x_3 = \frac{y_3}{y_{3-1}} = \frac{y_3}{y_2} = \frac{903.125}{424.480} = 2{,}1276 \approx 2{,}13 \tag{3.51}$$

Die Wachstumsfaktoren der einzelnen Jahre gehen in die Berechnung des geometrischen Mittels ein:

$$\overline{x}_G = \sqrt[n]{\prod_{i=1}^{n} x_i} = \sqrt[4]{1{,}00 \cdot 2{,}13 \cdot 1{,}78 \cdot 1{,}23} = \sqrt[4]{4{,}6677} = 1{,}4698 \tag{3.52}$$

Die Produktion von Ananas ist von 1990 bis 2010 durchschnittlich um 46,98 % also rund 47 % gestiegen. Zählt man demnach, ausgehend von den 423.500 Tonnen Produktionsumfang im Jahr 1990, jährlich 47 % hinzu, ergeben sich für 1995 622.485 Tonnen usw. und letztendlich für das Jahr 2010 1.976.760 Tonnen.

Berechnung für klassierte Daten

Analog zur Ermittlung der übrigen Mittelwerte, existiert für die Feststellung des geometrischen Mittels im Fall von klassifizierten Daten eine eigene Rechenvorschrift.

▸ **Definition**   Das **gewichtete geometrische Mittel** $\overline{x}_G$ der Merkmalsausprägungen a_j mit den absoluten Häufigkeiten h_j wird bestimmt durch

$$\overline{x}_G = \sqrt[n]{\prod_{j=1}^{m} a_j^{h_j}} \tag{3.53}$$

mit $a_j > 0$ und $m \leq n$.   ▪

Anstelle der Multiplikation der individuellen Merkmalswerte (Formel 3.49) werden die Merkmalsausprägungen mit ihren Häufigkeiten potenziert. Auch in diesem Fall spricht man vom **gewichteten geometrischen Mittel**. Für klassierte Daten wird als Stellvertreter der Klasse wiederum die Klassenmitte x_j^* benützt; kennt man die geometrischen Mittel der Klassen, ersetzen diese die Klassenmitte.

Harmonisches Mittel

Das harmonische Mittel könnte man ebenso als **Spezialfall** des arithmetischen Mittels bezeichnen. Der Grund hierfür ist, dass das harmonische Mittel aus dem reziproken Wert der Kehrwerte der Merkmalswerte gebildet wird: Anstelle der x_i wird

$$\frac{1}{x_i} \tag{3.54}$$

verwendet, was den Kehrwerten der Merkmalswerte und damit **Verhältniszahlen** entspricht. Das arithmetische Mittel wird in seinen reziproken Wert übergeführt und damit entsteht folgende Umwandlung:

$$\bar{x} = \frac{\sum\limits_{i=1}^{n} x_i}{n} \rightarrow \frac{n}{\sum\limits_{i=1}^{n} x_i} \rightarrow \quad \text{nach (3.54)} \quad \frac{n}{\sum\limits_{i=1}^{n} \frac{1}{x_i}} = \bar{x}_H \tag{3.55}$$

Voraussetzung für den Einsatz des harmonischen Mittels sind Merkmalswerte, die als Verhältniszahlen, ausgedrückt durch echte **Brüche**, vorliegen. Die Besonderheit dieser Brüche liegt darin, dass sie Relationen invers darstellen, also – wie es Sachs und Hedderich (2006, S. 78) ausdrücken – „im umgekehrten Verhältnis" angegeben werden. Umgekehrtes Verhältnis bedeutet, dass die geläufige Beziehung zwischen den beiden Größen getauscht wird, also **Nenner und Zähler vertauscht sind**. Nicht mehr Kilometer pro Stunde, Preis pro Kilogramm bzw. Mengenangabe oder Liter pro Kilometer werden untersucht, sondern vielmehr Stunden pro Kilometer, Kilogramm bzw. Mengeneinheit pro Preis und Kilometer pro Liter werden gemittelt.

Als besonders plakatives, wenn auch nicht ausgesprochen geographisches Beispiel dient an dieser Stelle die Angabe des Treibstoffbedarfs im angloamerikanischen Raum, wo nicht wie im deutschsprachigen Raum in Liter pro 100 Kilometer gerechnet wird, sondern in Meilen pro Gallone. Diese Darstellung des Treibstoffbedarfs ermöglicht es einerseits, die Reichweite einer bestimmten Menge von Treibstoff unmittelbar abzulesen, andererseits ist es direkt möglich, aus diesen Werten die durchschnittliche Reichweite mit dem harmonischen Mittel abzuleiten.

Ein weiterer Erklärungsansatz für die Verwendung des harmonischen Mittels ist die **Anwendung bei der Berechnung von Durchschnittsgeschwindigkeiten**. Wie aus dem Beispiel sehr rasch hervorgeht, wird aber auch in diesem Fall der inverse Bruch in Form von Stunden pro Kilometer angewendet. Wichtig ist hier anzumerken, dass die Bezugsgröße, die nun im **Nenner** steht, **variiert**, der Zähler, die Stunde, jedoch konstant gehalten wird (oder unbekannt ist).

Beispiel 3.38

Entlang unserer Exkursionsroute ändern sich die Straßenverhältnisse auf den Teilstrecken dramatisch, und asphaltierte und gut zu befahrende Teilstücke wechseln mit jenen, die vom letzten Hurrikan in Mitleidenschaft gezogen wurden. Auf der ersten Strecke vom Hotel bis zur Stadt in Richtung des Vulkans kommen wir auf einer gut ausgebauten Straße entsprechend rasch voran und legen diese 15 Meilen mit 60 Meilen pro Stunde (mph) zurück, ebenso wie die nächsten 15 Meilen. Je näher wir dem Vulkan kommen, umso schlechter werden die Straßen. Für die nächsten 15 Meilen können wir nur noch 40 Meilen pro Stunde fahren, und für die letzten 15 Meilen sinkt das Tempo aufgrund der Straßenverhältnisse sogar auf 15 Meilen pro Stunde.

Betrachten wir den entsprechenden Zeitaufwand, benötigen wir für die ersten zwei Teilstrecken mit je 15 Meilen jeweils 15 Minuten (15/60 = 0,25 h), für das dritte Teilstück 22,5 Minuten und für die letzten 15 Meilen sogar eine Stunde – wir sind demnach eine Stunde und 52,5 Minuten auf der gesamten Strecke von 60 Meilen unterwegs.

Für die Dokumentation ist es jedoch nicht erforderlich, die einzelnen Teilstrecken zu dokumentieren; es reicht die Beschreibung der gesamten Etappe aus. Wir geben an, dass wir für die 60 Meilen eine Stunde und 52,5 Minuten benötigt haben, woraus eine durchschnittliche Geschwindigkeit von rund 32 Meilen pro Stunde resultiert (Abb. 3.11 – Variante 1).

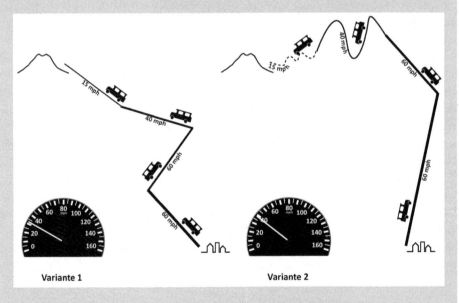

Abb. 3.11 Durchschnittsgeschwindigkeiten und Treibstoffverbrauch – Variante 1 und 2.

Natürlich verbrauchen wir auch mehr Treibstoff, je unwegsamer die Strecke wird. Aus den unterschiedlichen Reichweiten möchten wir jetzt noch den durchschnittlichen Spritverbrauch kalkulieren, damit wir für die nächsten Etappen die entsprechenden Tankstopps festlegen können. Für die ersten beiden Etappen haben wir eine Reichweite von 20 Meilen pro Gallone (mpg), gefolgt von 15 und zwölf Meilen pro Gallone. Daraus ergibt sich eine durchschnittliche Reichweite von 16 Meilen pro Gallone. Insgesamt haben wir für die Strecke 3,75 Gallonen verfahren, woraus umgekehrt wiederum ein Durchschnittsverbrauch von 0,0625 Gallonen pro Meile resultiert.

Variante 1 in Abb. 3.11 (Variante 1) zeigt die Streckenführung unserer Route mit vier gleich langen Teilstrecken sowie die errechnete Durchschnittsgeschwindigkeit. Variante 2 illustriert das gewichtete harmonische Mittel, das auf ungleich langen Streckenabschnitten beruht (vgl. hierzu Rechnung in Beispiel 3.40).

▸ **Definition**   Das **harmonische Mittel** $\overline{x}_H$ der Merkmalswerte $x_1, x_2, \ldots, x_n$ entspricht

$$\overline{x}_H = \frac{n}{\sum\limits_{i=1}^{n} \frac{1}{x_i}} \tag{3.56}$$

mit $x_i > 0$.   ◼

Bedeutung und Eigenschaften

- Das harmonischen Mittel fordert dieselben Voraussetzungen wie das geometrische Mittel ein: Sämtliche Merkmalswerte der Verteilung müssen **positiv** sein, die Daten **rationalem Skalenniveau** entsprechen.
- Sind die Merkmalswerte einer Verteilung in Form von reziproken Werten gegeben, ist es möglich, daraus das arithmetische Mittel zu berechnen. Der reziproke Wert des arithmetischen Mittels aus diesen Kehrwerten der Merkmalswerte bildet das harmonische Mittel.
- Besonders hervorzuheben ist, dass im Falle des konstanten Nenners, aber eines variierenden Zählers das arithmetische Mittel den geeigneten Lageparameter darstellt.
- Harmonisches Mittel, geometrisches Mittel und arithmetisches Mittel stehen im Verhältnis $\overline{x}_H \leq \overline{x}_G \leq \overline{x}$ zueinander.
- Eine weiterführende Bedeutung besitzt das harmonische Mittel im Zusammenhang mit **Indexzahlen**.

Anwendung

Das harmonische Mittel eignet sich insbesondere für Daten, die als Quotienten bzw. als Anteilswerte mit festem Divisor oder Nenner gegeben sind. Als Gedankenstütze kann man heranziehen, dass im Nenner Raumeinheiten, Zeiteinheiten, Mengeneinheiten etc. angeführt werden. In der Geographie sind dies etwa Erträge pro Flächeneinheit, Geborene je 1.000 Einwohner, Arbeitslosenzahlen oder Einwohnerzahlen pro Quadratkilometer, Geschwindigkeitswerte in Verkehrsnetzen, ebenso wie Fließgeschwindigkeiten von Gewässern, Bodenwasserdurchlässigkeit oder Windgeschwindigkeiten.

Beispiel 3.39

Wie bereits das geometrische Mittel bedarf auch das harmonische Mittel spezieller Daten und kann nicht willkürlich angewendet werden. Da wir uns in Beispiel 3.37 mit der Produktion von Ananas in Costa Rica auseinandergesetzt haben, legen wir unseren Blick an dieser Stelle auf die Stückpreise von Ananasfrüchten, die aus unterschiedlichen Herkunftsländern geliefert werden. Wie in den einführenden Erläuterungen dargestellt, wird das harmonische Mittel angewendet, wenn wir nicht die übliche Perspektive von Preisen pro Stück heranziehen – da in diesem Fall der Nenner konstant ist und der Zähler variiert, darf das arithmetische Mittel berechnet werden –, sondern wir beziehen zu einem festen Preis von 1.000 Euro unterschiedliche Mengen an Ananasfrüchten. Natürlich ist die Lebensmittelindustrie interessiert daran, wie viele Ananasfrüchte unterschiedliche Lieferanten bzw. Herkunftsländer im Durchschnitt für 1.000 Euro bereitstellen. Aus dieser Fragestellung geht deutlich hervor, dass für das harmonische Mittel (1) der Bezug umgedreht wird und Stückzahlen pro Preiseinheit verrechnet werden, (2) somit der Zähler (Stückzahl) variiert, während der Nenner (Euro) gleich bleibt (Tab. 3.19).

Tab. 3.19 Ananaspreise nach Herkunftsländern

Herkunftsland	Preis in 1.000 Euro	Preis in Euro	Ananas Stückzahl pro 1.000 Euro	Stückpreis in Euro
Costa Rica	1	1.000	2.200	0,45
Thailand	1	1.000	1.630	0,61
China	1	1.000	2.850	0,35
Brasilien	1	1.000	1.580	0,63
Philippinen	1	1.000	1.940	0,52
Summe	5	5.000	10.200	2,57

$$\overline{x}_H = \frac{n}{\sum\limits_{i=1}^{n} \frac{1}{x_i}} = \frac{5.000}{\frac{1.000}{2.200} + \frac{1.000}{1.630} + \frac{1.000}{2.850} + \frac{1.000}{1.580} + \frac{1.000}{1.940}} =$$

$$= \frac{5.000}{0{,}45 + 0{,}61 + 0{,}35 + 0{,}63 + 0{,}52} = \frac{5}{\frac{1}{2.200} + \frac{1}{1.630} + \frac{1}{2.850} + \frac{1}{1.580} + \frac{1}{1.940}} =$$

$$= \frac{5}{0{,}00045 + 0{,}00061 + 0{,}00035 + 0{,}00063 + 0{,}00052} = 1.947{,}58 \approx 1.948 \quad (3.57)$$

Aus der Berechnung des harmonischen Mittels geht hervor, dass durchschnittlich und unabhängig vom Herkunftsland 1.948 Ananasfrüchte für 1.000 Euro seitens der Lebensmittelimporteure erworben werden können.

Berechnung für klassierte Daten

Nicht unbeabsichtigt haben wir anstelle von einem Euro als Grundpreis für den Kauf der Ananasfrüchte 1.000 Euro herangezogen, da uns dieser Wert unmittelbar zum gewichteten oder gewogenen harmonischen Mittel führt. Allen vorangehenden Lageparametern folgend, verwendet das gewogene harmonische Mittel – gleich dem gewogenen oder gewichteten arithmetischen Mittel – eine Gewichtung der einzelnen Merkmalsausprägungen. Auch für das harmonische Mittel existiert ein **gewichteter** bzw. **gewogener** Parameter. Die Definition des gewogenen harmonischen Mittels lehnt sich an jene der anderen gewichteten Lageparameter an und verwendet im Falle von Häufigkeitsverteilungen die absoluten Häufigkeiten als Gewichte bzw. im Fall von klassifizierten Daten die jeweiligen Klassenmitten bzw., sofern diese vorliegen, die harmonischen Klassenmittel (von der Lippe, 1993; 2006).

▷ **Definition**　Das **gewichtete harmonische Mittel** $\overline{x}_H$ der Merkmalsausprägungen a_j mit den zugehörigen absoluten Häufigkeiten h_j ist definiert als

$$\overline{x}_H = \frac{n}{\sum\limits_{j=1}^{m} h_j \frac{1}{a_j}} = \frac{n}{\sum\limits_{j=1}^{m} \frac{h_j}{a_j}} \quad (3.58)$$

mit $a_j > 0$ und $m \leq n$.　■

Beispiel 3.40

Wenden wir Formel 3.56 für das ungewichtete harmonische Mittel auf Beispiel 3.38 an, erhalten wir für die Geschwindigkeiten, die wir jeweils für die 15 Meilen fahren konnten, folgende Berechnung:

$$\overline{x}_H = \frac{n}{\sum\limits_{i=1}^{n} \frac{1}{x_i}} = \frac{4}{\frac{1}{60} + \frac{1}{60} + \frac{1}{40} + \frac{1}{15}} = \frac{4}{0{,}125} = 32 \tag{3.59}$$

Die durchschnittliche Geschwindigkeit beläuft sich für die Gesamtstrecke auf 32 Meilen pro Stunde.

Am nächsten Tag wählen wir ein anderes Routing. Dementsprechend ändern sich die Geschwindigkeiten pro Streckenabschnitt, und auch die Längen der einzelnen Abschnitte sind nicht mehr konstant mit 15 Meilen bemessen. Ausgehend vom Hotel können wir 30 Meilen zügig mit einer Geschwindigkeit von 60 Meilen pro Stunde fahren, ebenso weitere 15 Meilen. Nach diesen 45 Meilen ändert sich zwar die Straßenbeschaffenheit kaum, doch müssen wir einen Pass überwinden, und die Bergstraße lässt nicht mehr als 40 Meilen pro Stunde zu. Eine kurvenreiche Strecke von zehn Meilen, die uns zum Ziel führt, ermöglicht ein Fortkommen mit lediglich 15 Meilen pro Stunde. Das gewogene harmonische Mittel liefert uns die Durchschnittsgeschwindigkeit auf der um zehn Meilen längeren Strecke:

$$\overline{x}_H = \frac{n}{\sum\limits_{j=1}^{m} h_j \frac{1}{a_j}} = \frac{n}{\sum\limits_{j=1}^{m} \frac{h_j}{a_j}} = \frac{70}{30\frac{1}{60} + 15\frac{1}{60} + 15\frac{1}{40} + 10\frac{1}{15}} = \frac{70}{\frac{30}{60} + \frac{15}{60} + \frac{15}{40} + \frac{10}{15}} =$$

$$= \frac{70}{0{,}5 + 0{,}25 + 0{,}375 + 0{,}667} = \frac{70}{1{,}792} = 39{,}07 \approx 39 \tag{3.60}$$

Der Zeitaufwand beträgt demzufolge für die ersten 30 Meilen eine halbe Stunde, eine weitere Viertelstunde benötigen wir für die nächsten 15 Meilen, 22,5 Minuten für das dritte Teilstück und weitere 40 Minuten bis zum Erreichen des Vulkans – insgesamt sind wir eine Stunde und 47,5 Minuten auf der gesamten Strecke von 70 Meilen unterwegs. In der Dokumentation können wir angeben, dass wir mit einer Durchschnittsgeschwindigkeit von 39 Meilen pro Stunde, also knapp 40 Meilen pro Stunde gefahren sind (Abb. 3.11, Variante 2).

Die Lageparameter bestimmen das Zentrum bzw. die Mitte einer Verteilung (Abb. 3.12).

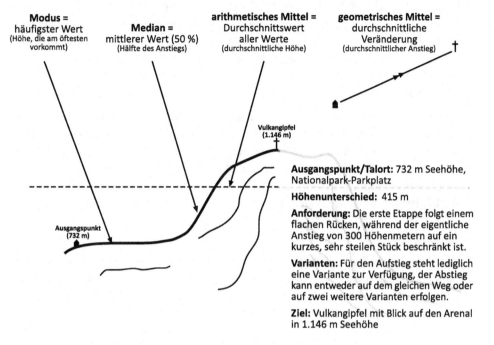

Modus =
häufigster Wert
(Höhe, die am öftesten vorkommt)

Median =
mittlerer Wert (50 %)
(Hälfte des Anstiegs)

arithmetisches Mittel =
Durchschnittswert
aller Werte
(durchschnittliche Höhe)

geometrisches Mittel =
durchschnittliche
Veränderung
(durchschnittlicher Anstieg)

Vulkangipfel
(1.146 m)

Ausgangspunkt/Talort: 732 m Seehöhe, Nationalpark-Parkplatz

Höhenunterschied: 415 m

Anforderung: Die erste Etappe folgt einem flachen Rücken, während der eigentliche Anstieg von 300 Höhenmetern auf ein kurzes, sehr steilen Stück beschränkt ist.

Varianten: Für den Aufstieg steht lediglich eine Variante zur Verfügung, der Abstieg kann entweder auf dem gleichen Weg oder auf zwei weitere Varianten erfolgen.

Ziel: Vulkangipfel mit Blick auf den Arenal in 1.146 m Seehöhe

Ausgangspunkt
(732 m)

Abb. 3.12 Lageparameter im Überblick.

Lageparameter geben über die Mitte bzw. das Zentrum einer Verteilung Auskunft und sagen aus, wo sich die meisten Werte ansammeln. Sie werden in Abhängigkeit des Skalenniveaus der Daten bestimmt.

Der Median halbiert eine Verteilung und liegt stets zwischen dem Modus, dem häufigsten Wert einer Verteilung, und dem arithmetischen Mittel, das den Durchschnittswert angibt. Das geometrische Mittel berechnet durchschnittliche Veränderungen, das harmonische Mittel wird für Verhältniszahlen verwendet.

In den Monaten November und Dezember 2011 wurde an der Messstation Karl-Franzens-Universität Graz die Anzahl der Sonnenstunden pro Tag gemessen (die entsprechenden Daten finden Sie unter dem Link: www.springer.com/978-3-8274-2611-6). Um die beiden Monate entsprechend vergleichen zu können, ist es nötig, die Mittelwerte zu berechnen. Bestätigen diese Daten den persönlichen Eindruck, dass beide Monate typische „finstere" Wintermonate waren?

Übung 3.2.2.2

Das vorliegende Satellitenbild (das Datenmaterial finden Sie online) zeigt den Ausschnitt des Oberen Scheiblsees in der Bösensteingruppe. Die Datentabelle liefert die Grauwerte pro Pixel. Bestimmen Sie die wichtigsten Parameter, um das Satellitenbild hinsichtlich seiner Eigenschaften zu charakterisieren. Fügen Sie Ihren Ausführungen hinzu, was die Parameter bedeuten bzw. interpretieren Sie die Parameter.

Übung 3.2.2.3

Die tabellarische Darstellung (das Datenmaterial finden Sie online) der Windgeschwindigkeiten, gemessen über die beiden Jahre 2007 und 2008 hinweg, zeigt eine typische Verteilung für den Standort Tamischbachturm im Gesäuse, einer Gipfelstation in der Obersteiermark. Interpretieren Sie die Verteilung in Bezug auf ihre Eigenschaften hinsichtlich der zentralen Tendenz. Ihre Information dient unter anderem als Grundlage der Beurteilung des möglichen Energieertrags am Standort Tamischbachturm.

Übung 3.2.2.4

Die aktuelle Unfallstatistik bildet das Unfallgeschehen auf steirischen Straßen im Jahr 2011 untergliedert nach Altersklassen ab. Interpretieren Sie die Datentabelle, die unter www.springer.com/978-3-8274-2611-6 verfügbar ist, und bestimmen Sie Modus, Median und arithmetisches Mittel für die vorliegenden Daten.

Übung 3.2.2.5

Die Lohnsteuerstatistik 2011 gibt Einblick in die Einkommensverteilung steuerpflichtiger Personen, gegliedert nach den Bezügen. Wie viel verdienen der steuerpflichtige Österreicher und die steuerpflichtige Österreicherin durchschnittlich? In welche Bezugsklasse fallen die meisten Steuerpflichtigen, und welche Einkommenswerte vierteln Herrn und Frau Österreicher? Vergleichen Sie.

Übung 3.2.2.6

An der Pasterze, dem größten Gletscher der Ostalpen, werden seit dem Jahr 1879 jährlich Messungen durchgeführt (die Daten finden Sie online). Die Datentabelle zeigt die durchschnittliche Bewegung des Gletschers pro Jahr am Querprofil der Burgstalllinie. Eine rückläufige Entwicklung der Gletscherbewegung lässt auf abnehmenden Eisnachschub aus dem Nährgebiet und somit auf ein Schwinden des Gletschers schließen, eine positive Entwicklung hingegen auf einen Zuwachs von Schnee im Nährgebiet. Welcher statistische Lageparameter eignet sich, um die Bewegung des Gletschers über den gesamten Zeitraum hinweg zu ermitteln und damit die Situation im Nährgebiet zu bewerten? Wenden Sie diesen Parameter an und bewerten Sie die Entwicklung.

Übung 3.2.2.7

Für die Steiermark liegen einige Eckdaten zur langjährigen Bevölkerungsentwicklung vor. Berechnen Sie anhand dieser Daten die durchschnittliche Veränderungsrate der Bevölkerung von 1650 bis 2012 und interpretieren Sie diese Entwicklung.

Übung 3.2.2.8

Die Besiedelung Europas hat nicht nur historische Ursprünge, sondern hängt mit einer Vielfalt an Faktoren wie Attraktivität, Gesetzgebung, Kulturen, Lebensbedingungen etc. zusammen. Bestimmen Sie die durchschnittliche Bevölkerungsdichte in den deutschsprachigen Ländern sowie in Skandinavien und vergleichen Sie.

3.2.3   Wegzeiten und Anforderungen an die Route: Streuungsparameter

Lernziele

- den Unterschied zwischen Lage- und Streuungsparametern erkennen und erläutern
- eine Verteilung mit nominal- und ordinalskalierten Daten bewerten
- Streuungsparameter definieren und anwenden
- Streuungsparameter interpretieren
- Dimensionen von Streuungsparametern bestimmen
- zwischen exakt berechneten Parametern und Näherungswerten unterscheiden

Die Ausführungen in Abschn. 3.2.2 sind auf die „Mitte" fokussiert – die „Mitte" unseres Weges auf den Gipfel nahe des Vulkans, die gleichzeitig die „Mitte" oder das Zentrum einer Merkmalsverteilung symbolisiert. Wir haben diese „Mitte" des Weges aus unterschiedlichen Blickwinkeln betrachtet – als Hälfte des Weges ebenso wie als durchschnittliche Höhe und sogar als durchschnittliche Höhenänderung. In allen Fällen haben die erarbeiteten Lageparameter das Zentrum der Verteilung in der einen oder anderen Form umschrieben.

Ändern wir unseren Blickwinkel und legen den Fokus nun nicht auf die Mitte der Strecke, die wir bewältigen müssen, sondern auf die Weite der Strecke, statistisch **Breite**, bilden die Lageparameter keine Unterstützung in der Verdichtung der Information. In vielen Wander- bzw. Tourenbüchern dienen jedoch beispielsweise der Höhenunterschied, der überwunden werden muss, sowie das Profil der Strecke, das die Gegenanstiege visualisiert, als wichtige Indikatoren des Schwierigkeitsgrades einer Tour. Wir beginnen unsere Gipfelbesteigung auf einer Seehöhe von 731,7 Metern, der Gipfel liegt in einer Seehöhe von 1.146 Metern. Es gilt, einen Höhenunterschied von 414,3 Metern zu überwinden – daraus sind jedoch Gegensteigungen, die es eventuell auf dem Weg gibt, nicht abzulesen. Das arithmetische Mittel für unsere Tour hat ergeben, dass wir uns durchschnittlich auf einer Seehöhe von 844 Metern Seehöhe bewegen werden. Da die mittlere Abweichung von diesem Wert mehr als 100 Meter beträgt, sehen wir einem anstrengenden Marsch entgegen – was bei einer Vulkanbesteigung wohl auch nicht anders zu erwarten war.

Setzen wir die statistische Brille auf, richtet sich das Augenmerk auf die Ermittlung von **Abständen** in der Verteilung, die einerseits auf der Berechnung von Abständen durch bestimmte Parameter beruhen, andererseits die Distanzen der Merkmalswerte untereinander ins Auge fassen. Damit wird der zu bewältigende Höhenunterschied zur **Spannweite** einer Verteilung, und das Höhenprofil indiziert sowohl die **mittlere absolute Abweichung** der Höhenangaben vom Mittelwert sowie auch die **Standardabweichung** der Höhenkoten.

Insgesamt wird diese Abweichung, die Breite der Verteilung der Merkmalswerte, als **Streuung** bezeichnet. Wir sind demnach im Abschnitt der **Streuungsparameter** bzw. der **Dispersionsmaße** oder **Variationsmaße** angelangt, welche die **Variabilität** einer Häufigkeitsverteilung charakterisieren. Da die Streuungsparameter die Verteilung der Daten kennzeichnen, geben sie indirekt Auskunft darüber, inwieweit sich das arithmetische Mittel eignet, die Daten zu verdichten. Sie werden daher auch als **Güte- oder Qualitätsmaß für den Mittelwert** angesehen. Der Mittelwert einer Verteilung ist umso repräsentativer, je weniger die Daten um den Mittelwert streuen. Eine weitere Bedeutung der Streuungsparameter ist in der **schließenden Statistik** zu finden, wo sie als Parameter für die Güte einer Schätzung herangezogen werden (Nachtigall und Wirtz, 2006; Wirtz und Nachtigall, 2012).

Beispiel 3.41

Der Vulkan Arenal ist im Monat Juni sowie im September 2008 durchschnittlich viermal am Tag ausgebrochen. Ohne jede weitere Information würde man annehmen, dass der Vulkan somit regelmäßig und mit gleicher Intensität Aktivität zeigt.

Ausbrüche im Juni:

0; 0; 0; 0; 0; 0; 0; 0; 0; 0; 1; 6; 8; 7; 5; 6; 0; 6; 3; 2; 2; 6; 18; 12; 13; 7; 11; 5; 3

Ausbrüche im September:

1; 0; 0; 0; 2; 1; 3; 0; 0; 1; 0; 0; 0; 76; 0; 5; 11; 0; 4; 2; 0; 0; 1; 1; 2; 0; 1; 3; 2; 5

Die Daten zeigen aber rasch, dass sich das Ausbruchsverhalten in den beiden Vergleichsmonaten deutlich voneinander unterscheidet. Zwar war der Arenal in beiden Monaten an nahezu gleich vielen Tagen aktiv, die Zahl der Ausbrüche pro Tag war im Juni aber deutlich höher als jene im September, der dafür aber an einem Tag mit 76 Eruptionen hervorsticht. Das arithmetische Mittel beschreibt somit die beiden Monate nur unzulänglich – wir suchen nach anderen Parametern, denn auch der Modus mit dem Wert null und der Median, der im Juni drei Ausbrüche und im September einen Ausbruch als Mitte der Verteilung aufzeigt, sind für diese beiden Monate nicht aussagekräftig.

Den ersten Hinweis auf eine Ungleichheit liefert die Spannweite, die im Juni 18 Ausbrüche und im September 76 Ausbrüche umfasst. Diese Antwort auf die Frage nach der „Streuung" der Werte zeigt uns einen deutlichen Unterschied zwischen den beiden Monaten auf. Die Werte umfassen ein unterschiedliches Spektrum an Ausbrüchen.

Wir wollen nun zusätzlich wissen, wie die Werte im Merkmalsbereich angesiedelt sind, um daraus eventuell abzuleiten, warum das arithmetische Mittel nicht mehr hinreichende Auskunft über die Verteilungen gibt. Ohne Unterstützung von statistischen Parametern stellen wir fest, dass die Werte sich im Juni – abgesehen von den Tagen ohne Eruption – im gesamten Merkmalsbereich verteilen. Dies bedeutet, dass es zahlreiche Tage mit unterschiedlich, aber vergleichsweise vielen Ausbrüchen gegeben hat. Im September sind geringere Zahlen an Ausbruchserscheinungen pro Tag zu verzeichnen, mit Ausnahme eben dieses einzelnen Ausreißers.

Dieser Eindruck wird durch die statistischen Parameter untermauert: Sowohl die mittlere absolute Abweichung, die im Juni 3,8 beträgt und im September den Wert 5,4 einnimmt, als auch die Standardabweichung, die im Juni 4,7 versus September 13,6 ergibt, zeigen, dass das arithmetische Mittel Information verbirgt. Beide Parameter – ohne an dieser Stelle die Verfahren für deren Berechnung vorzustellen – indizieren, dass die Verteilung im September „breiter" als jene im Juni ist (Abb. 3.13).

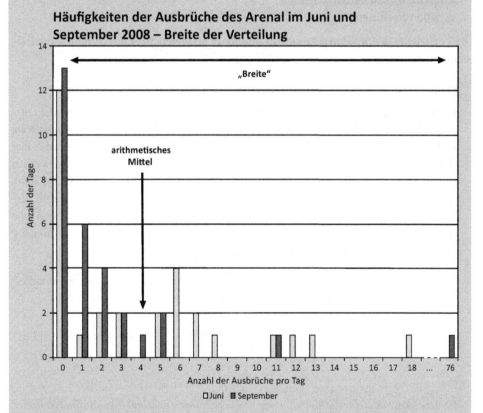

Abb. 3.13 Breite einer Verteilung.

Wie bei der Vorstellung der Lageparameter folgen wir auch in diesen Ausführungen der **Reihung**, die den Streuungsparametern im Hinblick auf ihre Anwendbarkeit inhärent ist. Wir beginnen mit dem einfachsten Parameter, der gleichzeitig auch die geringste Aussagekraft besitzt, der Spannweite, und arbeiten uns bis zum Variationskoeffizienten vor, der für den Vergleich von Daten herangezogen werden darf und als einziges **relatives Streuungsmaß** den **absoluten Streuungsparametern** gegenübergestellt wird. Gleichermaßen wie bei den Lageparametern zeichnet das Skalenniveau dafür verantwortlich, welches Streuungsmaß berechnet werden darf; ab der mittleren absoluten Abweichung sind allenfalls metrisch skalierte Daten erforderlich. Neben den hier vorgestellten Parametern werden in der Statistik weitere Streuungsparameter für nominalskalierte Daten verwendet (Exkurs 3.2).

Die in diesem Kontext erläuterten Streuungsparameter umfassen

- Spannweite,
- Quartils- und Quantilsabstand,
- durchschnittliche absolute Abweichung,
- (empirische) Varianz,
- (empirische) Standardabweichung,
- Variationskoeffizient.

Die Vorstellung der Streuungsparameter unterliegt derselben Strukturierung wie die Präsentation der Lageparameter.

Exkurs 3.2: Streuungsparameter für nominalskalierte Daten

*Die in diesem Buch präsentierten Streuungsparameter orientieren sich vorwiegend an metrisch skalierten Daten. Es besteht allerdings die Möglichkeit, auch für **nominalskalierte Daten** Häufigkeitsverteilungen hinsichtlich ihrer „Breite" zu beurteilen, auch wenn es sich dabei nicht unmittelbar um die Parameter der Streuung handelt. In der Statistik werden hierfür **Maße der Entropie** angewendet (z. B. Assenmacher, 2003, S. 105 ff.; Rinne, 2008, S. 46). Diese basieren auf den relativen Häufigkeiten der Merkmalsausprägungen, verzichten jedoch auf die Miteinbeziehung der Merkmalsausprägungen selbst, wodurch eine reelle Zahl als Ergebniswert berechnet werden kann. Für eine detaillierte Darstellung der Entropie wird jedoch auf die Literatur verwiesen (Steland, 2010, S. 30 f.).*

▸ **Definition**   Die **Entropie** E einer Häufigkeitsverteilung mit den relativen Häufigkeiten f_j der Merkmalsausprägungen a_j wird berechnet durch

$$E = -\sum_{j=1}^{m} f_j \log_2 \left(f_j \right) \tag{3.61}$$

*Weitere Maßzahlen für die Beschreibung von Verteilungen nominal- bzw. ordinalskalierter Merkmale sind der **Dispersionsindex** sowie die **Diversität** (Jann, 2005, S. 49 f.; Wewel, 2010, S. 62 ff.).*

Spannweite

Die **Spannweite, Variationsbreite** oder der **Streubereich** gibt, wie die Bezeichnung vorwegnimmt, jenen **Wertebereich** an, den die Daten umfassen bzw. abdecken, und wird aus dem kleinsten und größten Wert der Verteilung berechnet.

▸ **Definition**   Die **Spannweite w** wird aus der Differenz zwischen dem maximalen und minimalen Merkmalswert gebildet:

$$w = x_{max} - x_{min} = x_{(n)} - x_{(1)} \tag{3.62}$$

Bedeutung und Eigenschaften

- Unter den Streuungsparametern nimmt die Spannweite jenen Wert ein, der besonders einfach zu ermitteln und zu deuten ist, da nur zwei Werte in die Berechnung eingehen.
- Da jeweils die beiden Merkmalswerte am unteren bzw. oberen Ende der Verteilung genommen werden, ist deutlich ersichtlich, dass Extremwerte oder Ausreißer diesen Parameter stark beeinflussen und sogar verfälschen.
- Der zweite Nachteil, der mit diesem Faktum einhergeht, ist die fehlende Aussagekraft über die Verteilung der übrigen Merkmalswerte – das Verhältnis der Merkmalswerte zueinander wie auch ihre Relation zum Mittelwert bleibt verborgen. Der Schluss für die Spannweite, dass nur wenige Daten in die Berechnung einfließen und dementsprechend der Informationsgehalt des Parameters gering ist, trifft völlig zu.
- Das Skalenniveau, das für die Bestimmung der Spannweite vorliegen muss, ist **mindestens ordinal**, wobei die Interpretation auf diesem Datenniveau schwierig ist – Abstände zwischen den Merkmalswerten sind auf diesem Niveau nicht quantifizierbar. Daher ist **metrisches Datenniveau** zu bevorzugen.
- Der Parameter eignet sich nicht für den Vergleich von unterschiedlichen Verteilungen, es sei denn, die Verteilungen besitzen dieselbe Anzahl an Merkmalswerten (identisches n).

Anwendung

Die Spannweite dient in erster Linie dazu, sich einen ersten **Überblick** über eine Verteilung von Daten zu verschaffen. Da sie über eine begrenzte Aussagekraft verfügt, wird sie einerseits als Teil von weiterführenden Berechnungen, zum Beispiel einer Klassifizierung, verwendet, andererseits als Orientierungshilfe, gilt es, die Verteilung hinsichtlich ihres Umfangs zu charakterisieren.

Beispiel 3.42

Greifen wir nochmals die Bodentemperaturdaten der Messstation Thermalquelle auf und ordnen die Bodentemperaturen von Mai, um daraus sowohl Maximum und Minimum ablesen zu können.

Für Mai resultiert daraus folgende Wertereihe (Beispiel 3.27):

61,0; 61,9; 62,0; 62,1; 62,6; 63,2; 63,4; 63,9; 64,5; 64,5; 64,5; 64,7; 64,8; 65,2; 65,2; 65,3; 65,7; 65,7; 66,2; 66,3; 66,3; 66,9; 67,3; 71,3; 71,3; 72,1; 74,7; 74,7; 76,8; 80,7; 83,9

Basierend auf Formel 3.62 berechnet man die Spannweite der Temperaturen für Mai mit:

$$w = x_{max} - x_{min} = x_{(n)} - x_{(1)} = 83,9 - 61,0 = 22,9 \qquad (3.63)$$

Das bedeutet, dass die Bodentemperaturen an der Messstelle eine Schwankungsbreite von 22,9 °C aufweisen, die Temperatur demnach um 22,9 °C in diesem Monat variiert.

Hinweis: Man kann aus dem Ergebnis zwar ablesen, um wie viel Grad die Temperatur schwankt, jedoch nicht, in welchem Bereich diese variiert, da die Spannweite nichts über das Maximum oder das Minimum des Intervalls aussagt. Eine Spannweite von 22,9 °C könnte sowohl bedeuten, dass die einzelnen Messwerte zwischen −5 °C und +17,9 °C liegen, ebenso wie in unserem Fall zwischen 61,0 °C und 83,9 °C (Abb. 3.14).

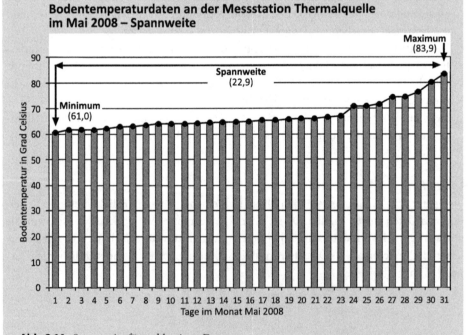

Abb. 3.14 Spannweite für unklassierte Daten.

Berechnung für klassierte Daten

Bei Vorliegen einer Klasseneinteilung von Daten fließt die untere Grenze der untersten Klasse x_1^u sowie die obere Grenze der obersten Klasse x_k^o in die Berechnung der Spannweite ein.

▸ **Definition** Die **Spannweite w** für klassifizierte Verteilungen ist definiert als

$$w = x_k^o - x_1^u \tag{3.64}$$

mit der untersten Klasse x_1 und der obersten Klasse x_k. ▪

Beispiel 3.43

Liegen die Messwerte in klassifizierter Form vor, verwenden wir anstelle des maximalen Wertes bzw. minimalen Wertes die Klassengrenzen der untersten und obersten Klasse. Für die klassierten Daten aus Tab. 3.16 der Bodentemperaturen von April bis Juni 2008 an der Messstation Thermalquelle ist die unterste Klasse mit 45 °C bis 50 °C gegeben, die oberste Klasse mit über 95 °C bis 100 °C bemessen.

[45;50]; (50;55]; (55;60]; (60;65]; (65;70]; (70;75]; (75;80]; (80;85]; (85;90]; (90;95]; (95;100]

Die Spannweite berechnet sich demnach mit:

$$w = x_k^o - x_1^u = x_{11}^o - x_1^u = 100 - 45 = 55 \tag{3.65}$$

Die Bodentemperaturen der klassierten Daten weisen eine Spannweite von 55 °C auf. Zwischen dem kleinsten und größten Wert (Hinweis: nicht Messwert!) liegen 55 °C (Abb. 3.15).

Bodentemperaturdaten an der Messstation Thermalquelle (April bis Juni 2008) – Spannweite

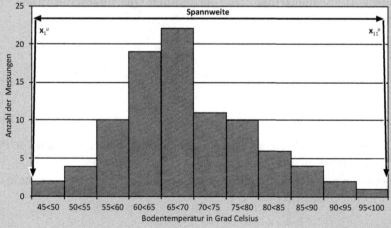

Abb. 3.15 Spannweite für klassierte Daten.

Nimmt man zum Vergleich die tatsächlich gemessenen Werte, ist der minimale Wert dieser Verteilung 49,4 °C, der maximale Wert liegt bei 96,2 °C. Die Differenz liefert eine Spannweite von 46,8 °C – eine deutlich genauere Information, als sie aus den klassierten Daten abzulesen ist.

Interquartils und Interquantilsabstand

Auf unserem Weg, die Aussagekraft und damit die Wertigkeit des Streuungsparameters zu steigern, gelangen wir im nächsten Schritt zum **Interquartilsabstand** oder **Quartilsabstand**. Dieser Parameter verfolgt in erster Linie das Ziel, jene **Ausreißer**, welche die Spannweite stark beeinflussen, zu **eliminieren**. Als Verallgemeinerung des Medians wurden in den vorhergehenden Ausführungen die Quantile und darunter die Quartile präsentiert. Quartile als Viertelkennwerte einer Verteilung ergänzen den Median, das zweite Quartil oder 50-Prozent-Wert, durch das 25-Prozent-Quartil (erstes Quartil) und 75-Prozent-Quartil (drittes Quartil). Diese beiden Lageparameter bestimmen gleichzeitig den Interquartilsabstand, der sich aus der Differenz zwischen drittem und erstem Quartil berechnet.

▶ **Definition**   Der **Interquartilsabstand** *IQR* geht aus der Differenz des 75-Prozent-Quartils und 25-Prozent-Quartils hervor:

$$IQR = Q_3 - Q_1 = \overline{x}_{0,75} - \overline{x}_{0,25} \tag{3.66}$$

▶ **Definition**   Der **Semiquartilsabstand** oder **mittlere Quartilsabstand** *MQR* entspricht dem halben Quartilsabstand:

$$MQR = \frac{IQR}{2} \tag{3.67}$$

Bedeutung und Eigenschaften

- Aus der Definition ist abzuleiten, dass der Interquartilsabstand die mittleren 50 Prozent aller Werte repräsentiert.
- Das obere wie auch untere Quartil der Daten bewirken, dass Extremwerte nicht in den Parameter mit einfließen.

- Obgleich Ausreißer eliminiert werden, bezieht sich auch der Interquartilsabstand lediglich auf zwei Merkmalswerte. Die übrigen Merkmalswerte bleiben unberücksichtigt, wodurch der Informationsgehalt gegenüber der Spannweite verbessert, aber noch immer gering gehalten wird.
- Allerdings eignet sich der Interquartilsabstand damit besser zum Vergleich von Verteilungen, welche die Eigenschaft einer ähnlichen zentralen Tendenz erfüllen.
- Die markanteste Bedeutung des Interquartilsabstands ergibt sich aus dessen Visualisierung in Form des Box-Whisker-Plots (Abschn. 4.3.6).
- Zusätzlich zum Interquartilsabstand gibt der Semiquartilsabstand Auskunft über die Abstände der Quartile im Verhältnis zum Median.

Anwendung

Der Interquartilsabstand besitzt vor allem im Hinblick auf die Visualisierung im Box-Whisker-Plot gemeinsam mit weiteren Lageparametern Bedeutung, da Verteilungen in dieser Form der Darstellung auf einen Blick erfasst und darüber hinaus – unter der Prämisse der grundsätzlichen Ähnlichkeit (Mittelwert und Umfang der Verteilung) – miteinander in Relation gebracht werden können.

Beispiel 3.44

In Beispiel 3.33 haben wir für die Verteilung der Bodentemperaturdaten der Messstation Thermalquelle von Mai 2008 bereits die Quartile ermittelt.

Nach (3.32) ergibt das erste Quartil $\overline{x}_{0,25} = 63,9$, das zweite Quartil bzw. der Median $\overline{x}_{0,5} = 65,3$ und das dritte Quartil nach (3.34) $\overline{x}_{0,75} = 71,3$. Das erste und dritte Quartil fließen in die Berechnung des Interquartilsabstands ein:

$$IQR = Q_3 - Q_1 = \overline{x}_{0,75} - \overline{x}_{0,25} =$$
$$= 71,3 - 63,9 = 7,4 \qquad (3.68)$$

Der Semiquartilsabstand halbiert diesen Wert:

$$MQR = \frac{IQR}{2} = \frac{7,4}{2} = 3,7 \qquad (3.69)$$

Die mittleren 50 Prozent aller Messwerte im Mai variieren um 7,4 °C. Während die Spannweite 22,9 °C umfasst, zeigt der wesentlich geringere Interquartilsabstand auf, dass die mittleren Werte in der Verteilung deutlich weniger schwanken als im niedrigen bzw. höheren Temperaturbereich, also an den Rändern der Verteilung. Anders formuliert weist der Semiquartilsabstand darauf hin, dass um den Median von 65,3 °C die mittleren 50 Prozent der Werte sich nach oben bzw. unten um 3,7 °C in der Verteilung ausdehnen. Abbildung 3.16 visualisiert die Werte.

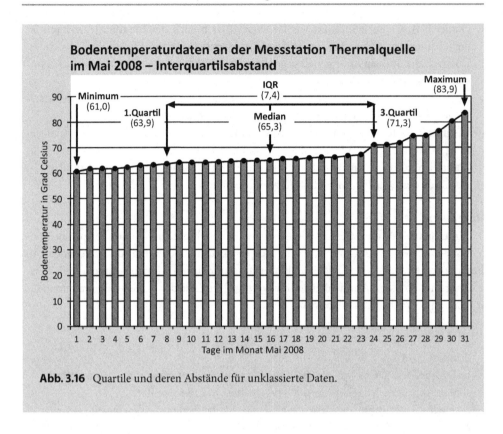

Abb. 3.16 Quartile und deren Abstände für unklassierte Daten.

Berechnung für klassierte Daten

Die Ausweisung des Interquartilsabstands bzw. des mittleren Quartilsabstands erfordert für klassierte Daten kein gesondertes Verfahren; es inkludiert allerdings die Ermittlung von Quartilen für klassierte Daten.

Beispiel 3.45

In Beispiel 3.34 haben die Quartile für die klassierten Bodentemperaturwerte von April bis Juni 2008 folgende Werte ergeben:

$$\overline{x}_{0,25} = 61,8$$
$$\overline{x}_{0,5} = 67,4$$
$$\overline{x}_{0,75} = 75,1$$

Obgleich sich die Berechnung der Quartile für klassifizierte Daten etwas aufwendiger als für unklassifizierte Daten gestaltet, basiert die Ermittlung des Inter- sowie

Semiquartilsabstands – in Analogie zu unklassifizierten Daten – auf (3.66) und (3.67). Im vorliegenden Beispiel ergibt sich für den Interquartilsabstand

$$IQR = Q_3 - Q_1 = \overline{x}_{0,75} - \overline{x}_{0,25} =$$
$$= 75,1 - 61,8 = 13,3 \tag{3.70}$$

und für den Semiquartilsabstand ein Wert von

$$MQR = \frac{IQR}{2} = \frac{13,3}{2} = 6,65 \tag{3.71}$$

Die mittleren klassifizierten Bodentemperaturen bewegen sich in einem Bereich um ±6,65 °C um den Median von 67,4 °C. Dies bedeutet, dass die mittleren 50 Prozent der Bodentemperaturen eine Schwankungsbreite von 13,3 °C aufweisen. Die Spannweite von 55 °C zeigt, dass die Werte im unteren bzw. oberen Temperaturbereich ausdünnen, was auch durch Abb. 3.17 bestätigt wird.

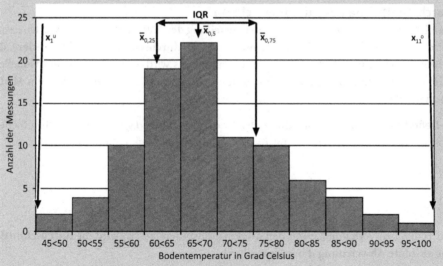

Bodentemperaturdaten an der Messstation Thermalquelle (April bis Juni 2008) – Interquartilsabstand

Abb. 3.17 Quartile und deren Abstände für klassierte Daten.

Verallgemeinerung

Für den Interquartilsabstand gibt es jedoch eine Verallgemeinerung, die sich auf andere Unterteilungen der Häufigkeitsverteilung bezieht, beispielsweise Dezentile und Perzentile. Man spricht vom **Interquantilsabstand** sowie vom **Semiquantilsabstand.** Beide Parameter folgen dem Prinzip des Interquartils- und Semiquartilsabstands. Aus diesem Grund werden ihre Eigenschaften an dieser Stelle nicht gesondert ausgeführt, und wir beschränken uns auf die Formelangabe.

▸ **Definition** Der **Interquantilsabstand Q_p** wird aus der Differenz des $(1-p)$-ten Quantils und dem p-ten Quantil berechnet:

$$Q_p = \overline{x}_{1-p} - \overline{x}_p \tag{3.72}$$

Der **Semiquantilsabstand $\overline{Q}_p$** folgt entsprechend mit

$$\overline{Q}_p = \frac{Q_p}{2} \tag{3.73}$$

■

Durchschnittliche absolute Abweichung

Damit nun endlich eine Aussage über die **Verteilung der Merkmalswerte** im Wertebereich getroffen werden kann, wird das Augenmerk auf die **durchschnittliche** oder **mittlere absolute Abweichung** gelegt. Mithilfe dieses Parameters wird es möglich, die individuellen Merkmalswerte hinsichtlich ihrer **Abstände zum arithmetischen Mittel** oder dem **Median** zu beurteilen.

▸ **Definition** Die **durchschnittliche absolute Abweichung $\overline{d}$** gibt den durchschnittlichen Abstand der Merkmalswerte x_i mit $i = 1, 2, \ldots, n$ zum arithmetischen Mittelwert $\overline{x}$ an:

$$\overline{d} = \frac{\sum\limits_{i=1}^{n} |x_i - \overline{x}|}{n} \tag{3.74}$$

Für Häufigkeitsverteilungen mit den Merkmalsausprägungen a_j wird die **durchschnittliche absolute Abweichung $\overline{d}$** berechnet durch

$$\overline{d} = \frac{\sum\limits_{j=1}^{m} h_j |a_j - \overline{x}|}{n} = \sum\limits_{j=1}^{m} f_j |a_j - \overline{x}| \tag{3.75}$$

wobei $m \leq n$. ■

Bedeutung und Eigenschaften

- Aus der Rechenvorschrift ist ersichtlich, dass für die Berechnung der durchschnittlichen und mittleren absoluten Abweichung die Daten mindestens auf **intervallskaliertem** Niveau vorliegen müssen.
- Die Verwendung der **Beträge** der Differenzen zwischen dem arithmetischen Mittel und den einzelnen Merkmalsausprägungen, die **absolute Abweichung**, also der Verzicht auf das Vorzeichen, wird nötig, da sich andernfalls die Distanzen aufheben und somit die Formel zu keinem Ergebnis führen würde. Diese Forderung ergibt sich unmittelbar aus der Schwerpunkteigenschaft des arithmetischen Mittels (Formel 3.42).
- Im Vergleich zur Spannweite und dem Interquartilsabstand erfasst die durchschnittliche absolute Abweichung sämtliche Merkmalswerte einer Verteilung, womit einerseits die **Aussagekraft** des Parameters wächst, andererseits der Einfluss von **Extremwerten** wieder an Bedeutung gewinnt.
- Die mittlere absolute Abweichung weist im Vergleich zur durchschnittlichen absoluten Abweichung eine größere Genauigkeit auf.
  Hinweis: In der Literatur wird vielfach nicht zwischen der durchschnittlichen absoluten Abweichung und der mittleren Abweichung unterschieden, wobei sich erstere auf das arithmetische Mittel, zweite auf den Median beziehen. Beide Begriffe werden vielfach synonym gebraucht (Meißner, 2004).

Anwendung

Zwar wird die durchschnittliche wie auch mittlere absolute Abweichung in der Praxis nicht sehr häufig angewendet, sie ist aber einerseits auf dem Weg zur Ermittlung der Standardabweichung für das Verständnis des Verfahrens entscheidend, andererseits ist sie darüber hinaus intuitiv verständlich. Sie drückt die Verteilung im Sinne einer Aufteilung aller Werte unmittelbar aus, da sie zuerst die Abstände der einzelnen Werte zum arithmetischen Mittel bzw. den Median misst und anschließend diese Werte mittelt. Das Verfahren illustriert demnach den Begriff „Streuung", wodurch man sich die Verteilung der Werte um den Mittelwert bildhaft vorstellen kann. Mithilfe der durchschnittlichen absoluten Abweichung ist es demnach möglich auszudrücken, ob die Werte eng aneinander liegen oder ob sie sich über einen großen Wertebereich ausdehnen.

Beispiel 3.46

In Beispiel 3.44 haben wir erfahren, wie sich die „mittleren" Werte der Verteilung in Relation zum Median verhalten, wie weit diese vom Median abweichen. Da sowohl der Inter- wie auch der Semiquartilsabstand jedoch lediglich auf zwei Werten der Verteilung beruhen, lassen diese Parameter keine Aussage darüber zu, wie sich die übrigen Werte der Verteilung in Relation zur „Mitte" verhalten. Zu diesem Zweck ermitteln wir die durchschnittliche absolute Abweichung (basierend auf dem arithmetischen Mittel) der Bodentemperaturen im Mai 2008 nach Formel 3.74:

61,0; 61,9; 62,0; 62,1; 62,6; 63,2; 63,4; 63,9; 64,5; 64,5; 64,5; 64,7; 64,8; 65,2; 65,2; 65,3; 65,7; 65,7; 66,2; 66,3; 66,3; 66,9; 67,3; 71,3; 71,3; 72,1; 74,7; 74,7; 76,8; 80,7; 83,9

$$\overline{d} = \frac{\sum\limits_{i=1}^{n} |x_i - \overline{x}|}{n} = \frac{|61,0 - 67,4| + |61,9 - 67,4| + |62,0 - 67,4| + \ldots + |83,9 - 67,4|}{31} =$$

$$= \frac{6,38 + 5,48 + \ldots + 16,52}{31} = \frac{132,96}{31} = 4,3 \tag{3.76}$$

Die Temperatur des Bodens an der Messstation Thermalquelle weicht im Mai 2008 durchschnittlich um 4,3 °C von der mittleren Temperatur von 67,4 °C (gemessen am arithmetischen Mittel) ab. Dieser geringe Wert bestätigt unsere Vermutung, dass sich die Bodentemperaturen um den Mittelwert häufen. Sehr viele Messwerte liegen nahe am arithmetischen Mittel, daher ist das arithmetische Mittel für unsere Verteilung auch aussagekräftig. Die durchschnittliche mittlere Abweichung wird in Abb. 3.18 visualisiert.

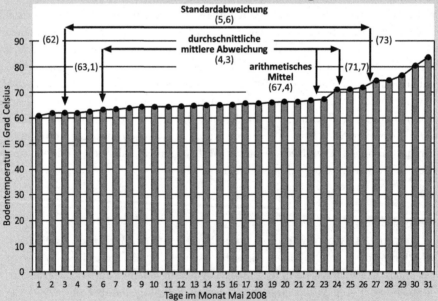

Bodentemperaturdaten an der Messstation Thermalquelle im Mai 2008 – durchschnittliche Abweichungen

Abb. 3.18 Mittlere Abstände für unklassierte Daten.

Beispiel 3.47

Um die Vorgehensweise für Häufigkeitsverteilungen illustrieren zu können, ziehen wir erneut die Eruptionen des Vulkans von Oktober 2008 heran (Tab. 3.10):

Anzahl der Eruptionen pro Tag (a_j)	Anzahl der Tage im Untersuchungszeitraum mit a_j Eruptionen (h_j)	Anteil der Tage am gesamten Untersuchungszeitraum mit a_j Eruptionen (f_j)
$a_1 = 0$	$h_1 = 13$	$f_0 = 0{,}42$
$a_2 = 1$	$h_2 = 8$	$f_1 = 0{,}26$
$a_3 = 2$	$h_3 = 3$	$f_2 = 0{,}10$
$a_4 = 3$	$h_4 = 4$	$f_3 = 0{,}13$
$a_5 = 4$	$h_5 = 2$	$f_4 = 0{,}06$
$a_6 = 5$	$h_6 = 0$	$f_5 = 0{,}00$
$a_7 = 6$	$h_7 = 1$	$f_6 = 0{,}03$

$$
\overline{d} = \frac{\sum_{j=1}^{m} h_j |a_j - \overline{x}|}{n} = \frac{13 \cdot |0 - 1{,}3| + 8 \cdot |1 - 1{,}3| + 3 \cdot |2 - 1{,}3| + \ldots + 1 \cdot |6 - 1{,}3|}{31} =
$$

$$
= \frac{16{,}8 + 2{,}3 + 2{,}1 + \ldots + 4{,}7}{31} = \frac{38{,}2}{31} = 1{,}2 = \sum_{j=1}^{m} f_j |a_j - \overline{x}| =
$$

$$
= 0{,}42 \cdot |0 - 1{,}3| + 0{,}26 \cdot |1 - 1{,}3| + 0{,}10 \cdot |2 - 1{,}3| + \ldots + 0{,}03 \cdot |6 - 1{,}3| = 1{,}2 \quad (3.77)
$$

Im Durchschnitt weicht die Anzahl der Eruptionen um 1,2 Ausbrüche vom arithmetischen Mittel der 1,3 Ausbrüche ab. Die Ausbrüche schwanken also durchschnittlich zwischen keinem und zwei Ausbrüchen am Tag, was auch durch das Ausdünnen der Verteilung in Richtung mehrerer Ausbrüche bestätigt wird – die Zahl der Tage nimmt mit zunehmender Zahl an Ausbrüchen pro Tag ab.

Berechnung für klassierte Daten

Für die Bestimmung der durchschnittlichen absoluten Abweichung für klassierte Daten mit k Klassen wird wieder die Klassenmitte x_j^* aller Klassen benutzt:

$$
\overline{d} = \frac{\sum_{j=1}^{k} h_j \left| x_j^* - \overline{x} \right|}{n} = \sum_{j=1}^{k} f_j \left| x_j^* - \overline{x} \right| \quad (3.78)
$$

Beispiel 3.48

Im Falle der klassifizierten Bodentemperaturdaten (Tab. 3.16) verwenden wir zur Berechnung der durchschnittlichen absoluten Abweichung Formel 3.78, in die wir die Klassenmitten einfügen (Tab. 3.20).

Tab. 3.20 Klassifizierte Bodentemperaturdaten inklusive Klassenmitten

gemessene Temperatur in Grad Celsius	Anzahl der Messungen (h_j)	Anteil der Messungen in Prozent (f_j)	Klassenmitte (x_j^*)
[45;50]	2	2,2	47,5
(50;55]	4	4,4	52,5
(55;60]	10	11,0	57,5
(60;65]	19	20,9	62,5
(65;70]	22	24,2	67,5
(70;75]	11	12,1	72,5
(75;80]	10	11,0	77,5
(80;85]	6	6,6	82,5
(85;90]	4	4,4	87,5
(90;95]	2	2,2	92,5
(95;100]	1	1,1	97,5
Σ	91	100,0	

$$\overline{d} = \frac{\sum\limits_{j=1}^{k} h_j \left| x_j^* - \overline{x} \right|}{n} =$$

$$= \frac{2 \cdot |47{,}5 - 68{,}7| + 4 \cdot |52{,}5 - 68{,}7| + 10 \cdot |57{,}5 - 68{,}7| + \ldots + 1 \cdot |97{,}5 - 68{,}7|}{91} =$$

$$= \frac{42{,}4 + 64{,}8 + 112{,}0 + \ldots + 28{,}8}{91} = \frac{727{,}6}{91} = 7{,}99 \approx 8 \qquad (3.79)$$

Über den gesamten Zeitraum von April bis Juni 2008 hinweg gemessen, weichen die klassierten Bodentemperaturdaten an der Messstation Thermalquelle um rund 8 °C vom arithmetischen Mittel ab. Vergleicht man diesen Wert mit der durchschnittlichen absoluten Abweichung der Einzelmesswerte (die Berechnung sei als zusätzliche Übungsaufgabe den Leserinnen und Lesern überlassen), zeigen diese eine durchschnittliche Abweichung um 8,2 °C (Abb. 3.19). Das bedeutet, dass trotz Klassifizierung der Werte, der Informationsverlust gering ausfällt und die Parameter ein ähnliches Ergebnis zeigen. Anders gedeutet sind die Klassenmitten aussagekräftige Stellvertreter der einzelnen Klassen, was wiederum auf eine gleichmäßige Verteilung in den Klassen hinweist.

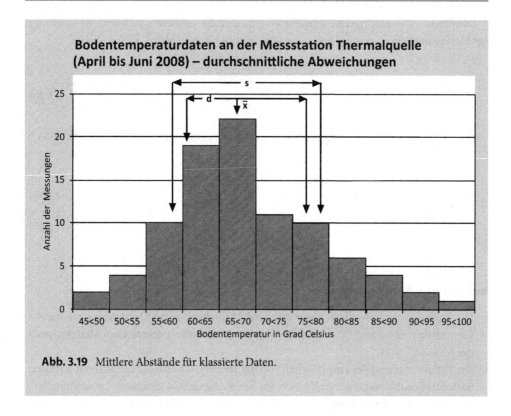

Abb. 3.19 Mittlere Abstände für klassierte Daten.

(Empirische) Varianz

Die **Varianz** und die **Standardabweichung** versuchen, die Streuung der Merkmalswerte um das arithmetische Mittel durch einen anderen Zugang zu bestimmen. Die Ausführungen der durchschnittlichen absoluten Abweichung bzw. die Schwerpunkteigenschaft des arithmetischen Mittels haben gezeigt, dass die Summe der Abstände zwischen Merkmalswerten und arithmetischem Mittel stets null ergibt. Um diese Eigenschaft des Mittelwertes zu überwinden, bedient sich die durchschnittliche absolute Abweichung der Beträge dieser Abstände. Im Zuge der Ermittlung der Varianz werden diese Abstände quadriert – eine andere Methode, die negativen Vorzeichen der Differenzen zu eliminieren. Ein weiterer Effekt, der mit diesem Verfahren einhergeht, ist die Gewichtung der Abstände bzw. Distanzen zwischen den einzelnen Merkmalswerten. Größeren Abständen wird durch das Quadrieren eine höhere Bedeutung beigemessen, ihr Einfluss in das Ergebnis verstärkt. Die weitere Vorgehensweise entspricht der Ermittlung der durchschnittlichen absoluten Abweichung – die **quadrierten Distanzen** werden wiederum gemittelt.

▶ **Definition** Die **empirische Varianz** s^2 ermittelt die mittlere quadrierte Abweichung der Merkmalswerte x_i mit $i = 1, 2, \ldots, n$ vom arithmetischen Mittel $\overline{x}$:

$$s^2 = \frac{\sum\limits_{i=1}^{n} \left(x_i - \overline{x}\right)^2}{n} \qquad (3.80)$$

Liegt eine Häufigkeitsverteilung mit den Merkmalsausprägungen a_j vor, ist die Varianz s^2:

$$s^2 = \frac{\sum\limits_{j=1}^{m} h_j \left(a_j - \overline{x}\right)^2}{n} = \sum\limits_{j=1}^{m} f_j \left(a_j - \overline{x}\right)^2 \qquad (3.81)$$

mit $m \leq n$. ■

Bedeutung und Eigenschaften

- Die Varianz – insbesondere wenn man die Ähnlichkeit ihrer Darstellung zur durchschnittlichen absoluten Abweichung betrachtet – erfordert **metrisches Skalenniveau** der Merkmalswerte.
- Die Differenzierung der **empirischen** von der **theoretischen** oder **induktiven Varianz**, auch **Stichprobenvarianz**, ergibt sich aus der Bezugsgröße und dem Anwendungsbereich. Die **empirische Varianz** bezieht sich auf eine Grundgesamtheit; es werden alle Merkmalswerte in die Berechnung integriert. Im Gegensatz dazu steht im Mittelpunkt der Berechnungen der **theoretischen** oder **induktiven Varianz** eine Stichprobe sowie eine Wahrscheinlichkeitsverteilung, was sich durch eine Änderung des Nenners in der Berechnungsformel ausdrückt:

$$s^2 = \frac{\sum\limits_{i=1}^{n} \left(x_i - \overline{x}\right)^2}{n - 1} \qquad (3.82)$$

In den meisten Fällen werden Varianz und Standardabweichung basierend auf dieser Formel ermittelt, wobei $(n-1)$ als Freiheitsgrade bezeichnet werden. Freiheitsgrade benennen die Anzahl der Werte in einer statistischen Masse, die für die Berechnung des Parameters frei zur Verfügung stehen. Im Fall der Varianz ist ein Wert der statistischen Masse bereits belegt – das arithmetische Mittel. Daher reduziert sich die Zahl der Elemente der statistischen Masse, die in die Berechnung eingehen um eins (z. B. Bortz und Döring, 2006). Sie garantieren eine optimale **Schätzung** des Stichprobenwertes für die Grundgesamtheit. Für umfangreiche Stichproben ist es allerdings irrelevant, ob $(n-1)$ oder n in die Formel einfließen. In der Literatur wird zumeist die **theoretische Varianz** durch den allgemeinen Begriff „**Varianz**" ersetzt.

Hinweis: Bei der Verwendung von Software zur Berechnung der Varianz sowie der Standardabweichung wird angeraten, die Berechnungsformel auf deren Ansatz – empirisch oder theoretisch – zu hinterfragen, da dies bei der Interpretation von Bedeutung ist.

- Obwohl die Bedeutung der Varianz insbesondere für die schließende Statistik hoch ist, ist sie als Streuungsparameter ein vergleichsweise „ungeschicktes" Maß, da sie als Resultat eine quadrierte Einheit liefert, deren **Interpretation** sich **schwierig** gestaltet.

- Die Bedeutung von **Extremwerten** für die Berechnung der Varianz hängt unmittelbar mit der Gewichtung der Abstände zusammen – durch diese Gewichtung gewinnen die vom arithmetischen Mittel weiter entfernten Merkmalswerte mehr Bedeutung; demzufolge gehen auch Ausreißer überproportional in die Varianz ein.

- Zusätzlich zu der Formel 3.80 gibt es weitere Varianten für die Bestimmung der Varianz, die hier ohne weitere Erläuterung angeführt werden. Sie sind einerseits in der leichteren Berechnung begründet, andererseits aus grundlegenden mathematischen Regeln abzuleiten.

- Auf Grundlage des allgemeinen Verschiebungssatzes wird die Varianz ausgedrückt durch

$$s^2 = \frac{\left(\sum\limits_{i=1}^{n} x_i^2\right)}{n} - \overline{x}^2 \tag{3.83}$$

Auf Basis von Häufigkeiten ist die Varianz gegeben durch die Berechnung:

$$s^2 = \frac{\left(\sum\limits_{j=1}^{m} h_j a_j^2\right)}{n} - \overline{x}^2 = \left(\sum\limits_{j=1}^{m} f_j x_j^2\right) - \overline{x}^2 \tag{3.84}$$

Ebenso gilt aufgrund des Streuungszerlegungssatzes, dass die Gesamtvarianz sich aus den Varianzen der Teilgesamtheiten zusammensetzt.

Es bleibt anzumerken, dass die unterschiedlichen Zugänge im Zusammenhang mit der Verwendung von Software bei der Berechnung der Parameter untergeordnete Bedeutung haben und in erster Linie aus mathematischer Sicht, aber auch für das Gesamtverständnis einen entscheidenden Beitrag leisten.

Anwendung

Die empirische Varianz gilt als klassischer Indikator für die Streuung einer Häufigkeitsverteilung, während sich die theoretische Varianz auf Wahrscheinlichkeitsverteilungen bezieht. Hauptaugenmerk wird auf die schließende Statistik gelegt; die Varianz in diesem Kontext besitzt besondere Bedeutung als Zwischenschritt bei der Ermittlung der empirischen Standardabweichung. Die Begründung hierfür ist pragmatisch zu sehen – die Standardabweichung ist leichter interpretierbar als die Varianz.

Beispiel 3.49

Die Varianz – wie bereits mehrfach erläutert, lässt sich zwar schwer interpretieren, dennoch möchten wir keinesfalls auf deren Berechnung im Rahmen dieser Ausführungen verzichten. In Anlehnung an die durchschnittliche absolute Abweichung erhebt man die Differenz zwischen den Merkmalswerten und dem arithmetischen Mittel zum Quadrat, was zu einer Verstärkung bestehender Abweichungen vom Mittelwert führt. Die Bodentemperaturdaten für den Monat Mai liefern folgendes Ergebnis:

$$s^2 = \frac{\sum_{i=1}^{n}(x_i - \overline{x})^2}{n} =$$

$$= \frac{(61{,}0 - 67{,}4)^2 + (61{,}9 - 67{,}4)^2 + (62{,}0 - 67{,}4)^2 + \ldots + (83{,}9 - 67{,}4)^2}{31} =$$

$$= \frac{(-6{,}38)^2 + (-5{,}48)^2 + (-5{,}38)^2 + \ldots + (16{,}52)^2}{31} = \frac{957{,}23}{31} = 30{,}88 \quad (3.85)$$

Der Wert von 30,88 „Quadratgraden" Celsius wird einerseits als Zwischenschritt in der Ermittlung der Standardabweichung verwendet, andererseits als Grundlage für die Abschätzung von Fehlern (Abschn. 4.2). Wie unschwer zu erkennen ist, kann man mit diesem Quadratmaß jedoch keine sinnvolle Aussage treffen, obgleich häufig zu lesen ist, dass ein hoher Wert für die Varianz die Güte des Mittelwertes abschwächt. Aufgrund des Quadrierens nehmen die Werte jedoch sehr rasch „hohe" Werte an, wodurch sich diese Aussage wieder relativiert. Besser für eine Beurteilung des arithmetischen Mittels ist daher die Standardabweichung geeignet.

Berechnung für klassierte Daten

Die (empirische) Varianz zeigt dieselbe Problematik bei der Ermittlung für klassierte Daten wie die bereits vorgestellten Parameter. Da keine Einzelwerte mehr vorliegen, sondern lediglich Häufigkeiten für die einzelnen Klassen, bedient man sich der Klassenmitte x_j^* anstelle der einzelnen Merkmalswerte. Hier kommt allerdings noch hinzu, dass das arithmetische Mittel (Abschn. 3.2.2 unter „Arithmetisches Mittel und gewichtetes arithmetisches Mittel") für klassierte Daten gleichfalls über die Klassenmitten oder, wenn verfügbar, über den tatsächlichen Klassenmittelwert berechnet werden kann. Die Streuung der Merkmalswerte in den einzelnen Klassen geht nicht unmittelbar in die Berechnung mit ein. Daraus leitet sich unmittelbar ein Ungenauigkeitsfaktor in Formel 3.86 ab. Ohne das Verfahren unnötig zu verkomplizieren, definieren wir:

▶ **Definition**   Die **Varianz** s^2 für klassierte Daten wird aus den Klassenmitten x_j^*, den (absoluten oder relativen) Häufigkeiten pro Klasse und dem (tatsächlichen oder geschätztem) Mittelwert $\overline{x}$ der Verteilung gebildet:

$$s^2 = \frac{\sum\limits_{j=1}^{k} h_j \left(x_j^* - \overline{x}\right)^2}{n} = \sum\limits_{j=1}^{k} f_j \left(x_j^* - \overline{x}\right)^2 \tag{3.86}$$

Auch an dieser Stelle wird explizit auf die Unterscheidung zwischen empirischer und theoretischer Varianz hingewiesen – die theoretische Varianz erfordert wiederum die Adaptierung des Nenners auf den Stichprobenumfang. Das Ergebnis dieser Kalkulation enthält eine deutliche **Unschärfe**, da es sich nur um eine **Näherung** an das tatsächliche Ergebnis für die Einzelwerte der Verteilung handelt. Durch die Verwendung der Klassenmitten und Mittelwerte wird die Varianz verzerrt und unterscheidet sich von der tatsächlich vorliegenden Varianz. Es besteht jedoch die Möglichkeit, diesen Näherungswert zu korrigieren, für die zur Verfügung stehenden Verfahren wie die Sheppard-Korrektur wird auf die Literatur verwiesen (Assemacher, 2003, S. 98 ff.).

Beispiel 3.50
Die klassifizierten Bodentemperaturdaten fließen in die Berechnung der Varianz wieder über ihre Klassenmitten als Stellvertreter der einzelnen Klassen ein:

$$s^2 = \frac{\sum\limits_{j=1}^{k} h_j \left(x_j^* - \overline{x}\right)^2}{n} =$$

$$= \frac{2 \cdot (47{,}5 - 68{,}7)^2 + 4 \cdot (52{,}5 - 68{,}7)^2 + 10 \cdot (57{,}5 - 68{,}7)^2 + \ldots + 1 \cdot (97{,}5 - 68{,}7)^2}{91} =$$

$$= \frac{898{,}88 + 1.409{,}76 + 1.254{,}4 + \ldots + 829{,}44}{91} =$$

$$= \frac{9.417{,}04}{91} = 103{,}48 \tag{3.87}$$

Diese Rechenmethode zeichnet sich durch ihr analoges Vorgehen bei der Ermittlung statistischer Parameter unter Zuhilfenahme der Klassenmitten aus. Allerdings hilft dies auch in diesem Beispiel nicht darüber hinweg, dass der Wert von 103,5 Quadratgraden nicht überzeugend interpretiert werden kann. Diese Stelle scheint auch geeignet, nochmals explizit darauf hinzuweisen, dass diese Berechnung der Varianz auf der Grundlage von Grundgesamtheiten basiert – im Falle von Stichproben müssen die Freiheitsgrade in der Formel Berücksichtigung finden. Achten Sie auch bei Statistiksoftware auf die Unterscheidung von Grundgesamtheiten sowie Stichproben.

(Empirische) Standardabweichung

Die Ausführungen zur Varianz haben einen vergleichsweise großen Umfang eingenommen, obwohl die Varianz lediglich als „Vorbereitung" für die Standardabweichung deklariert wurde. Die Begründung hierfür ist, dass die Standardabweichung unmittelbar aus der Varianz hervorgeht und aus der **Quadratwurzel der Varianz** gebildet wird.

▶ **Definition** Die **empirische Standardabweichung** s ist die Quadratwurzel aus der mittleren quadrierten Abweichung der Merkmalswerte x_i mit $i = 1, 2, \ldots, n$ vom arithmetischen Mittel $\overline{x}$:

$$s = \sqrt{s^2} = \sqrt{\frac{\sum\limits_{i=1}^{n} (x_i - \overline{x})^2}{n}} \tag{3.88}$$

Für eine Häufigkeitsverteilung mit den Merkmalsausprägungen a_j ist die Standardabweichung s:

$$s = \sqrt{\frac{\sum\limits_{j=1}^{m} h_j \left(a_j - \overline{x}\right)^2}{n}} = \sqrt{\sum\limits_{j=1}^{m} f_j \left(a_j - \overline{x}\right)^2} \tag{3.89}$$

wobei $m \leq n$. ■

Bedeutung und Eigenschaften

Die Standardabweichung erfordert dieselben Voraussetzungen wie die Varianz (vgl. dazu obige Ausführungen):

- Die Daten besitzen **metrisches Skalenniveau.**
- **Empirische** und **theoretische Standardabweichung** unterscheiden sich durch die Bezugsgrößen von Grundgesamtheit n und Stichprobe $(n-1)$:

$$s = \sqrt{s^2} = \sqrt{\frac{\sum\limits_{i=1}^{n} (x_i - \overline{x})^2}{n - 1}} \tag{3.90}$$

- Extremwerte spielen eine große Rolle – die Distanz zu größeren Abweichungen von Merkmalswerten wird durch das Quadrieren gewichtet.
- Lediglich die **Interpretation** der Standardabweichung ist im Vergleich zu jener der Varianz einfacher, da sie die **gleiche Einheit wie die Merkmalswerte** besitzt. Sie drückt die Streuung der Merkmalswerte um den Mittelwert bzw. deren Abweichung vom Mittelwert in einer anschaulichen Größe aus. Je größer die Werte der Standardabweichung sind, desto mehr streuen die Daten. Der Leserschaft soll aber nicht vorenthalten werden, dass es keine Richtwerte in Bezug auf die Größe der Standardabweichung und somit auf die Einschätzung der Streuung der Werte gibt – dies hängt im Wesentlichen von den Merkmalswerten ab.

- Damit eignet sich die Standardabweichung auch zum Vergleich von mehreren Verteilungen, die sich in Bezug auf weitere Parameter wie beispielsweise das arithmetische Mittel nicht deutlich voneinander unterscheiden.
- Eine **zusätzliche Eigenschaft** der Standardabweichung wird im Theorem von Tschebyscheff formuliert. Dieses Theorem bildet die Grundlage für eine Bemessung des Wertebereichs um das arithmetische Mittel und den Anteil jener Merkmalswerte, die in diesen Bereich fallen. Liegen die Werte einer **beliebigen Häufigkeitsverteilung** nicht im Abstand der Standardabweichung um den Mittelwert ($\overline{x} \pm s$), dann liegen mindestens 75 % aller Merkmalswerte im Abstand der doppelten Standardabweichung vom arithmetischen Mittel ($\overline{x} \pm 2s$) und sogar 89 % im Bereich der dreifachen Standardabweichung um den Mittelwert ($\overline{x} \pm 3s$). Für annähernd **„normale" Verteilungen** (Abschn. 3.2.5 unter „Normalverteilung") fallen rund 68 % aller Werte in den Bereich ($\overline{x} \pm s$), bereits 95 % liegen im Wertebereich der doppelten Standardabweichung und sogar 99,7 % im Wertebereich der dreifachen Standardabweichung. Diese Untergliederung der Standardabweichung in Abstandsbereiche und deren Gesetzmäßigkeit besitzt insbesondere in der schließenden Statistik (Schätzen von Verteilungen, Vertrauensintervalle) Relevanz (Hartung, Elpelt und Klösener, 2009; Piazolo, 2011, S. 101).

Anwendung

In der Geographie spielt die Standardabweichung bei der Auswertung sämtlicher Messvorgänge eine bedeutende Rolle: Ob es sich um Abweichungen der gemessenen Temperaturen vom Mittelwert, die Beurteilung von Klimaphänomenen, Schadstoffeinträgen, Durchflussgeschwindigkeiten in Gewässern etc. handelt, die Standardabweichung wird herangezogen, um die Qualität des Mittelwertes zu überprüfen und Aussagen über die Qualität der Daten zu treffen. Neben der physischen Geographie bedienen sich die Geotechnologien der Standardabweichung, um Kontraste in Bilddaten zu bewerten; ähnlich wird sie in der Kartographie eingesetzt, während in Geographischen Informationssystemen der Fokus auf der Bewertung von Attributdaten durch die Standardabweichung oder etwa deren Anwendung als Klassifizierungsgrundlage liegt. Eine ebenso große Bedeutung wird dem Parameter in der Humangeographie beigemessen, in der die Standardabweichung zur Beurteilung von Entwicklungen wie Immobilienpreisen, Einwohnerzahlen, den Effekten von Disparitäten, der Gesundheitsversorgung etc. zum Einsatz kommt. Diese breite Anwendungspalette wird durch unzählige Applikationsbeispiele in der Literatur belegt.

Beispiel 3.51

In Beispiel 3.49 ergab die Varianz der Bodentemperaturdaten von Mai ein Ergebnis von 30,88 Quadratgraden – wie wir bereits mehrfach festgestellt haben, ein Wert, den wir nicht unmittelbar verwenden können. Umso rascher lässt sich aus diesem

Zwischenergebnis die Standardabweichung berechnen:

$$s = \sqrt{s^2} = \sqrt{\frac{\sum\limits_{i=1}^{n}(x_i - \overline{x})^2}{n}} = \sqrt{30{,}88} = 5{,}56 \qquad (3.91)$$

Bereits die Varianz aufgrund ihres geringen Wertes ließ vermuten, dass die Bodentemperaturdaten vergleichsweise gering um das arithmetische Mittel streuen – dies wir durch die Standardabweichung bestätigt. Die Temperatur des Bodens an der Messstation Thermalquelle weicht im Monat Mai durchschnittlich um 5,6 °C vom arithmetischen Mittel von 67,4 °C ab. Der überwiegende Teil aller Messwerte liegt demzufolge zwischen rund 62 °C und 73 °C, das sind laut Tschebyscheff mindestens 68 % aller Werte (Abb. 3.18).

Berechnung für klassierte Daten

Die Standardabweichung für klassierte Daten wird analog zu jener für unklassierte Daten berechnet und aus der Wurzel der Varianz ermittelt. Die Problematik, die auch der Standardabweichung für klassierte Daten inhärent ist, entspricht jener bei der Ermittlung der Varianz bzw. anderer Parameter für klassierte Daten – der Informationsverlust durch die Verwendung der Klassenmitten x_j^* bzw. der arithmetischen Mittel der Klassen, wenn diese verfügbar sind.

▷ **Definition** Die **empirische Standardabweichung** s für klassierte Daten ergibt sich aus

$$s = \sqrt{\frac{\sum\limits_{j=1}^{k} h_j \left(x_j^* - \overline{x}\right)^2}{n}} = \sqrt{\sum\limits_{j=1}^{k} f_j \left(x_j^* - \overline{x}\right)^2} \qquad (3.92)$$

wobei x_j^* die Klassenmitten darstellen, h_j die Häufigkeiten pro Klasse und $\overline{x}$ den (tatsächlichen oder geschätzten) Mittelwert der Verteilung. ◼

Beispiel 3.52
Die Varianz der klassifizierten Bodentemperaturdaten hat in (3.87) ergeben, dass die durchschnittliche quadratische Abweichung der Temperaturen vom arithmetischen Mittel von 68,7 °C um 103,48 Quadratgrade abweicht. Die Standardabweichung be-

rechnet sich laut (3.92)

$$s = \sqrt{\frac{\sum_{j=1}^{k} h_j \left(x_j^* - \bar{x}\right)^2}{n}} = \sqrt{s^2} = \sqrt{103{,}48} = 10{,}17 \qquad (3.93)$$

Für die klassifizierten Bodentemperaturen aus dem Zeitraum April bis Juni 2008 zeigt sich demnach, dass die Temperatur im Durchschnitt um rund 10 °C um den Mittelwert von 68,7 °C variieren (Abb. 3.19).

Variationskoeffizient

Für den **Vergleich von Verteilungen** bzw. **Streuungen** wurde in den bisherigen Erläuterungen immer vorausgesetzt, dass es sich um „ähnliche" Verteilungen handelt. Nur bei einem Übereinstimmen der Spannweite und des arithmetischen Mittels, also der Lage der Verteilung, war es möglich, Parameter miteinander in Beziehung zu setzen. Ein tatsächlicher Vergleich von Häufigkeitsverteilungen, unabhängig von ihrer Ähnlichkeit, gewährt allerdings nur ein **relatives Streuungsmaß**, der **Variationskoeffizient**, manchmal auch als **Variabilitätskoeffizient** nach Pearson bezeichnet. Der Variationskoeffizient setzt die Streuung der Merkmalswerte in unmittelbare Relation zum arithmetischen Mittel:

▸ **Definition** Der **Variationskoeffizient** v einer Häufigkeitsverteilung mit den Merkmalswerten x_i ($i = 1, 2, \ldots, n$) lautet:

$$v = \frac{s}{\bar{x}} \qquad (3.94)$$

Bedeutung und Eigenschaften

- Da der Variationskoeffizient aus einem Quotienten hervorgeht, ist die Voraussetzung von **rationalskalierten Daten** sinnvoll und notwendig, die Daten müssen darüber hinaus positiv sein.
- Der Vergleich ist nicht nur zwischen unterschiedlichen Verteilungen mit **verschiedenen Lage-** und **absoluten Streuungsparametern** zulässig, den Häufigkeitsverteilungen können auch **verschiedene Einheiten** zugrunde liegen.
- Durch die Berechnung eines Quotienten geht die Einheit der ursprünglichen Variablen verloren – der Variationskoeffizient ist daher **dimensionslos**.
- Aus dem Zustand der Dimensionslosigkeit erwächst eine Schwierigkeit in der **Interpretation** des Variationskoeffizienten, die Aussagen beschränken sich auf einen Größer-kleiner-Vergleich.

- Multipliziert man den Variationskoeffizienten allerdings mit dem Wert 100, so erhält man den **Prozentanteil der Standardabweichung** am Mittelwert.
- Der Variationskoeffizient kann durch zwei weitere relative Streuungsparameter ergänzt werden, den **relativen Interquartilsabstand** sowie die **relative durchschnittliche absolute Abweichung**. Beiden Parametern ist dasselbe Rechenprinzip zugrunde gelegt – der Bezug des Parameters auf das arithmetische Mittel oder, anders formuliert, die Division durch das arithmetische Mittel.

Anwendung

Der Variationskoeffizient wird vorwiegend für den Vergleich unterschiedlicher statistischer Verteilungen herangezogen und eignet sich hier speziell für Verteilungen, die voneinander deutlich abweichen. Dieser Unterschied kann sich einerseits auf die Lage der Verteilung, andererseits auf die Einheiten bzw. Dimensionen der Verteilung beziehen. Schwierigkeiten, die sich für die Interpretation aus der fehlenden Bezugsgröße des Variationskoeffizienten ergeben, werden dadurch relativiert, dass der Wert zum Vergleich von Verteilungen und nicht zur direkten Beurteilung einer Verteilung per se dient.

Beispiel 3.53

Da die bisherigen Beispiele, etwa der Vergleich der Bodentemperaturdaten, sich in einem ähnlichen Wertebereich bewegen, der Variationskoeffizient sich aber insbesondere für den Vergleich von sehr unterschiedlichen Verteilungen eignet, müssen wir unsere Palette etwas erweitern.

Wir stellen dafür die bislang verwendeten Bodentemperaturen jenen Temperaturen gegenüber, die an einer Messstation in der Nähe eines Geysirs aufgenommen wurden. Die Daten wurden in Anlehnung an die monatlichen Bodentemperaturen des Vixen Geysirs im Yellowstone National Park frei gewählt (USGS, 2012). Darüber hinaus wagen wir es, diese beiden Messserien noch mit Lufttemperaturdaten, die dem Wetterspiegel Deutschland (Institut für Wetter- und Klimakommunikation, 2012) für den Standort Hannover Flughafen für Mai 2008 entnommen wurden, zu vergleichen:

Temperaturdaten Boden Thermalquelle:

80,7; 71,3; 74,7; 72,1; 83,9; 74,7; 76,8; 71,3; 65,2; 66,9; 66,3; 63,9; 64,8; 62,0; 62,6; 64,5; 62,1; 61,9; 66,3; 67,3; 63,4; 64,5; 65,7; 61,0; 63,2; 65,2; 66,2; 65,7; 65,3; 64,5; 64,7

Temperaturdaten Boden Geysir:

43,3; 44,7; 44,8; 46,2; 43,5; 38,9; 42,4; 39,6; 41,1; 42,5; 42,9; 43,0; 42,7; 40.6; 40,3; 40,3; 40,7; 40,1; 42,3; 45,9; 46,1; 47,7; 48,2; 48,6; 48,8; 47,5; 47,3; 47,2; 47,9; 48,7; 48,4

Temperaturdaten Luft Hannover:

17,5; 15,9; 17,9; 18,1; 20,5; 20,7; 22,9; 23,2; 23,8; 23,9; 23,9; 25,1; 20,9; 21,7; 20,2; 15,6; 12,5; 15,1; 15,0; 16,2; 17,9; 19,2; 20,2; 20,4; 19,9; 17,9; 18,1; 24,3; 25,9; 27,9; 28,2

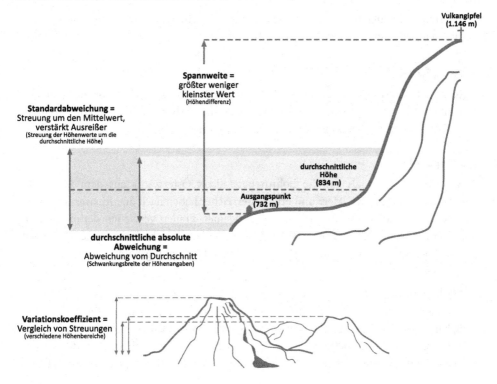

Abb. 3.20   Streuungsparameter auf einen Blick.

Beurteilung darüber zu, wie sich die Sonnenscheindauer über den Monat hinweg verteilt. Gibt es Tage ohne Bewölkung, also reine Sonnentage und Tage ohne Sonne, oder
handelt es sich bei den meisten Tagen einfach um wechselhafte Tage? Um diese Frage beantworten zu können, sind Sie gefordert, die Streuungsparameter der Verteilung
zu bestimmen und zu interpretieren. Welcher dieser Parameter erscheint am besten
geeignet, um diese Fragestellung zu beantworten? Begründen Sie Ihre Antwort. Alle
Lösungen zu den Übungen finden Sie unter www.springer.com/978-3-8274-2611-6.

Übung 3.2.3.2

Nehmen wir nochmals den Ausschnitt des Satellitenbildes aus Übung 3.2.2.2 zur Hand.
Überprüfen Sie anhand der Streuungsparameter den Kontrastumfang des Bildausschnitts und bewerten Sie, ob eine Spreizung die Aussagekraft des Bildes eventuell
verbessern kann.

Übung 3.2.3.3

„Standardabweichung im Nordstau dreimal die von Graz" lautet die Überschrift eines
Kapitels über die Veränderlichkeit der Niederschlagssummen im Jahr im Klimaatlas der

Steiermark. Versuchen Sie diese Aussage anhand der Grafiken sowie der nachfolgenden Parameter zu interpretieren.

Übung 3.2.3.4

Auch die Unfallstatistik aus Übung 3.2.2.4 aus dem Jahr 2011 für die Steiermark soll hinsichtlich der Streuungsparameter untersucht werden. Gibt es in Bezug auf die Streuung der Werte Unterschiede zwischen den Geschlechtern?

Übung 3.2.3.5

Wir blicken nochmals auf die Lohnsteuerstatistik Österreichs aus dem Jahr 2011 (Übung 3.2.2.5) zurück. Herr und Frau Österreicher haben nach den Auswertungen im Durchschnitt ein stark differierendes Bruttogehalt. Frauen verdienen demnach rund ein Drittel weniger als Männer. Wie gut spiegeln diese Durchschnittswerte das Gehalt tatsächlich wider? Ziehen Sie für die Beurteilung alle Streuungsparameter heran.

Übung 3.2.3.6

Die Datentabelle (die Daten sind unter www.springer.com/978-3-8274-2611-6 verfügbar) zeigt den Variationskoeffizienten des Bruttoinlandsprodukts pro Kopf in den OECD-Staaten 1995, 2000 und 2005. Der Variationskoeffizient dient als Indikator der regionalen Disparitäten in den einzelnen Ländern. Interpretieren Sie diese Darstellung.

Übung 3.2.3.7

Die Niederschlagswerte an der Messstation Karl-Franzens-Universität Graz skizzieren die beiden Monate Februar und Juni über einen Zeitraum von 30 Jahren. Vergleichen Sie die beiden Messreihen und geben Sie Auskunft über deren Unterschiede.

3.2.4 Gesamtbewertung der Route: Konzentrationsmaße

Lernziele

- die Bedeutung von absoluter und relativer Konzentration einander gegenüberstellen und interpretieren
- Verständnis für Gleichverteilung und Ungleichverteilung aufbringen
- absolute und relative Konzentrationsmaße benennen
- die Lorenz-Kurve konstruieren und interpretieren
- den Gini-Koeffizienten berechnen und deuten
- die räumliche Bedeutung von Lorenz-Kurve und Gini-Koeffizienten erläutern

Wir sind an einem Punkt in unserem Buch angelangt, an dem es nicht mehr ausreicht, „die Verteilung" im Sinne einer Häufigkeitsverteilung selbst zu untersuchen und durch einen oder mehrere Parameter zu beschreiben und zu verdichten. Die Konzentrationsmaße stehen somit an einer Schnittstelle – zum einen erfordern sowohl die Herleitung wie auch die Interpretation der Konzentrationsmaße die Werkzeuge der Visualisierung, andererseits genügt es nicht mehr, nur die individuellen Merkmalswerte oder Merkmalsausprägungen und ihre Häufigkeiten zu analysieren – es bedarf einer Ausweitung der Untersuchung auf die Merkmalsträger bzw. die statistischen Einheiten. Und zuletzt besitzen Konzentrationsmaße vor allem in der Geographie besondere Bedeutung in raumrelevanten Fragestellungen, wenn es beispielsweise gilt, die wirtschaftliche Situation von Regionen, regionale Disparitäten oder Fragen der Clusterbildung zu beurteilen.

Diese drei Komponenten würden eine Zuordnung zu unterschiedlichen Abschnitten in diesem Buch nahelegen – einerseits zu Abschn. 3.3 (räumliche deskriptive Statistik), andererseits zu Abschn. 3.4 (Übergang zu den bivariaten Analysen) oder aber zu Abschn. 4.3 (Visualisierung). Dessen ungeachtet werden wir uns in den folgenden Ausführungen mit den Konzentrationsmaßen auseinandersetzen. Die Begründung hierfür ist die Fortführung des Gedankens, die Verteilung einer Variablen zu untersuchen, den Streuungsbegriff der Merkmalswerte vom Mittelwert der Verteilung zu lösen und nach Ansammlungen bzw. „Konzentrationen" innerhalb der Verteilung Ausschau zu halten.

Bezogen auf unsere Exkursion stellt sich letztendlich die Frage, wie die Tour auf den Vulkan hinsichtlich der Höhenunterschiede zu bewerten ist bzw. ob es eine Möglichkeit gibt, diese Höhenunterschiede bzw. die einzelnen Höhen – mit Ausnahme des Höhenprofils, das wir bereits für die Lage- und Streuungsparameter verwendet haben – in Beziehung zu allen Höhenangaben zu erfassen. Aus der Berechnung der Standardabweichung wissen wir, dass die Höhenangaben in einem Bereich von ca. 135 Meter um den Mittelwert streuen. Wie sieht diese Streuung jetzt aus, wenn wir sie nicht auf den Mittelwert fokussieren? Wir sind nicht nur an der Verteilung der Werte um den Mittelwert interessiert, sondern auch daran, ob es in der Verteilung der Werte – also zwischen dem Startpunkt und dem Gipfel – zu einer Konzentration von Höhenunterschieden in einem Bereich kommt oder ob diese Werte gleichmäßig verteilt sind – unabhängig vom arithmetischen Mittel –, ob es steile Anstiege gibt oder ob wir uns auf einen gleichmäßigen Verlauf des Anstiegs einstellen können. Wir fragen uns daher, wie die gesamte Strecke auf die einzelnen Höhenwerte aufgeteilt ist, ob es „Schwerpunkte", „Ballungen", „Häufungen" oder „Konzentrationen" gibt oder eine „Gleichmäßigkeit" vorliegt.

In der Statistik sind wir an Parametern oder Verfahren interessiert, die es erlauben, die **Gleichmäßigkeit** oder **Ungleichmäßigkeit**, die Homogenität oder Heterogenität einer Verteilung zu beurteilen. Anders formuliert lautet die Fragestellung, ob es große **Disparitäten** in der Aufteilung der Merkmalssumme auf die Merkmalsausprägungen gibt oder ob eine **Konzentration** auf eine oder mehrere bestimmte Merkmalsausprägungen vorliegt.

Um eine Antwort auf diese Fragestellung anbieten zu können, müssen wir erneut den Blickwinkel ändern und den Fokus auf die Merkmalssumme, gebildet aus allen Merkmalswerten, legen. Die **Konzentrationsmaße** erlauben es, die Merkmalssumme an den einzelnen Merkmalsausprägungen zu messen, und eröffnen dabei zwei Zugänge:

1. Mit der Ermittlung des Anteils der Merkmalssumme an der absoluten Anzahl der Merkmalsausprägungen wird die **absolute Konzentration** gemessen.
2. Mit der Bestimmung des Anteils der Merkmalssumme am Anteil der Merkmalsausprägungen dagegen wird die **relative Konzentration** kalkuliert.

Für die absolute wie auch die relative Konzentration stehen zahlreiche verschiedene Parameter zur Verfügung, wovon hier nur einige genannt seien (Auer und Rottmann, 2012, S. 66 ff.; Grabmeier und Hagl, 2010, S. 28 f.):

- **Absolute Konzentration:**
  - Der **Herfindahl-Index** bestimmt die Konzentration von unklassifizierten, ungeordneten Werten einer Verteilung und umfasst einen Wertebereich von eins bei völliger Ungleichverteilung bis $1/n$ bei Gleichverteilung. Nimmt der Index den Wert eins an, konzentriert sich die Merkmalssumme auf eine Merkmalsausprägung, im Fall des Wertes von $1/n$ wird die Merkmalssumme zu gleichen Teilen auf die Merkmalsausprägungen aufgeteilt; es herrscht demnach Gleichverteilung.
  - Die **Konzentrationsrate** weist die kumulierten Anteile der Merkmalssummen an den Merkmalsausprägungen auf. Sie drückt den Anteil einer beliebig gewählten Anzahl größter Merkmalsausprägungen aus. Man spricht davon, dass x Merkmalsausprägungen y Anteile an der Merkmalssumme einnehmen. Die Visualisierung der Konzentrationsrate erfolgt mithilfe der **Konzentrationskurve**.
- Die **relative Konzentration** (Disparität), basierend auf einer Häufigkeitsverteilung, wird grafisch anhand der **Lorenz-Kurve** gemessen, daraus lässt sich das **Konzentrationsmaß von Lorenz**, das auch als **Gini-Koeffizient** bekannt ist, ableiten. Die Lorenz-Kurve misst den Grad der Gleichverteilung in Relation zu und somit anhand einer Geraden. Diese Gerade bildet die Gleichverteilung ab. Je weiter die Lorenz-Kurve von dieser Geraden und somit von der Ideal- bzw. Gleichverteilung abweicht, desto größer ist die Ungleichverteilung der Daten. Der Gini-Koeffizient wird aus dem **Verhältnis** zwischen der Lorenz-Kurve und der Geraden abgeleitet.

Aus dieser Liste der verschiedenen Konzentrationsmaße greifen wir stellvertretend die **Lorenz-Kurve** sowie den **Gini-Koeffizienten** heraus, da sowohl der Parameter wie auch seine Visualisierung insbesondere für geographische Fragestellungen hohe Relevanz besitzen – man denke in diesem Kontext an Verteilungen im geographischen Raum, die sich durch lokale Konzentrationen auszeichnen. Der Gini-Koeffizient wird typischerweise für Fragen der Disparität im räumlichen Sinn sowie ohne Raumbezug für bevölkerungs- und wirtschaftsgeographische Fragestellungen zur Verteilung von Einkommen, Vermögen, Umsätzen, Infrastrukturen, Gütern oder Variablen zur Bevölkerung verwendet.

Lorenz-Kurve

Die Lorenz-Kurve wird als **Visualisierungselement** eingesetzt, um **Ungleichheiten** einer Verteilung aufzuzeigen. Sie zählt zu den Konzentrationsmaßen und stellt den Grad der Ungleichverteilung einer idealen Gleichverteilung gegenüber. Da bislang noch keine Visualisierungselemente behandelt wurden, versuchen die nachfolgenden Ausführungen ein Verständnis für die Interpretation der Lorenz-Kurve und, darauf aufbauend, des Gini-Koeffizienten zu schaffen. Darüber hinaus erfordert die Interpretation allerdings einen Einblick darüber, wie die Lorenz-Kurve aus den Daten konstruiert wird. Auf die Konstruktion selbst wird hier verzichtet und auf entsprechende Software verwiesen – wir sind spätestens an dieser Stelle an jenem Punkt angelangt, wo auf die Verwendung von Statistiksoftware nicht mehr verzichtet wird.

Für die Leserinnen und Leser dieses Buches erscheint Statistiksoftware bzw. die Verwendung digitaler Hilfsmittel als Selbstverständlichkeit. Trotz dieser Tatsache möchten wir daran erinnern, dass noch vor wenigen Jahren etwa im Gelände mit Stift und Karte kartiert wurde, weder GPS noch Feldlaptops standen zu Verfügung – die Datenaufnahme erfolgte manuell. Auch wenn sich die Methoden mittlerweile deutlich geändert haben und diese Entwicklung stetig fortschreitet, ist Basiswissen erforderlich, um zu verstehen, was digitale Systeme bewirken und wie Ergebnisse zu deuten sind.

Darüber hinaus bieten nicht alle Softwarepakete ein eignes Tool zur Berechnung des Gini-Koeffizienten an, das heißt, im Bedarfsfall sind die einzelnen Zwischenschritte zwar mit Softwareunterstützung, aber doch manuell durchzuführen – wie dies bei Kartierungen etc. der Fall war. Wir schließen uns der digitalen Entwicklung natürlich auch mit unseren Ausführungen an; daher wird Beispiel 3.54 wie auch in der Praxis nicht mehr vollständig per Hand gerechnet – es dient hier zur Demonstration und zur Schaffung eines Grundverständnisses der Lorenz-Kurve.

Konstruktionsprinzip der Lorenz-Kurve für unklassierte Daten

- Die Merkmalswerte x_i einer Verteilung werden der Größe nach **geordnet**. Vorausgesetzt wird wie bei den Streuungsmaßen höherer Ordnung, dass die Zahlen **positive** Werte einnehmen:

$$x_{(1)} \leq x_{(2)} \leq \ldots \leq x_{(n)}, \text{ wobei } x_{(i)} \geq 0 \text{ und damit } \sum_{i=1}^{n} x_{(i)} \geq 0 \qquad (3.98)$$

Aus den Merkmalswerten x_i wird die **Merkmalssumme** berechnet. Die Merkmalssumme gibt einen Überblick über die aggregierten Merkmalswerte und entspricht sozusagen dem Umfang oder Volumen aus den Einzelwerten. (*Anmerkung:* Weder der Umfang noch das Volumen sind hier im mathematischen oder physikalischen Sinn zu verstehen.)

$$\sum_{i=1}^{n} x_i \tag{3.99}$$

- Die Anteile der Merkmalswerte an der Merkmalssumme werden kalkuliert. Diese Anteile geben an, wie viel jeder Merkmalswert zur Merkmalssumme beiträgt:

$$q_i = \frac{x_i}{\sum_{i=1}^{n} x_i} \tag{3.100}$$

- Die kumulierten Anteile der Merkmalswerte an der Merkmalssumme werden analog zu den Summenhäufigkeiten ermittelt:

$$v_i = \sum_{i=1}^{n} q_i \tag{3.101}$$

- An dieser Stelle kommen die **Merkmalsträger** ins Spiel. Aus den Merkmalsträgern werden die Anteile an allen Merkmalsträgern errechnet. Die Merkmalsträger werden an einer Gesamtmenge relativiert; dies stellt jenen Anteil dar, den jeder einzelne Merkmalsträger zur Gesamtmenge beiträgt:

$$u = \frac{1}{n} \tag{3.102}$$

- Auch für die Merkmalsträger werden die kumulierten Anteile benötigt. Sie zeigen, wie groß der Anteil von bis zu i Merkmalsträgern an allen Merkmalsträgern ist:

$$u_i = \frac{i}{n} \tag{3.103}$$

- Auf der x-Achse werden die kumulierten Anteile der Merkmalsträger an den gesamten Merkmalsträgern (u_i) aufgetragen, auf der y-Achse die kumulierten Anteile der Merkmalswerte an der Merkmalssumme (v_i).
- Die daraus entstehenden Punkte ($u_i; v_i$) werden miteinander verbunden, und es resultiert die **Lorenz-Kurve** (Abb. 3.21).

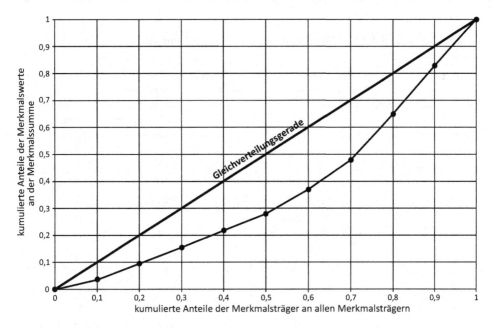

Abb. 3.21 Lorenz-Kurve im Vergleich zur Gleichverteilungsgerade.

Beispiel 3.54

Wir kehren wieder zurück zum Vulkan und zu den Daten über das Ausbruchsverhalten. Wir würden gerne wissen, ob sich die unterschiedlichen Ausbrüche gleichmäßig über den Monat Juni aufteilen oder ob es eine Ungleichgewichtung diesbezüglich gibt. In unserem Beispiel stellen die Merkmalswerte (x_i) die Anzahl der Eruptionen an einem Tag dar, die Merkmalsträger (i) dementsprechend die einzelnen Tage im Monat. Mit der Festlegung dieser beiden Größen sind wir der Beantwortung unserer Frage bereits sehr nahe gerückt; es folgt die Berechnung der Anteile der Merkmalswerte an der Merkmalssumme sowie der Merkmalsträger an allen Merkmalsträgern und daraus die zugehörigen kumulativen Anteile. Das Ergebnis dieser Berechnungen zeigt Tab. 3.21.

Tab. 3.21 Anzahl der täglichen Eruptionen des Vulkans im Juni des Jahres 2008 – fortlaufende Darstellung

Tage (i)	Anzahl der Eruptionen (x_i)	Anteil der Tage (u)	kumulierte Anteile der Tage (u_i)	Anteil der Eruptionen an der Gesamtzahl der Eruptionen (q_i)	kumulierte Anteile der Eruptionen an der Gesamtzahl der Eruptionen (v_i)
1	1	0,0333	0,0333	0,0049	0,0049
2	2	0,0333	0,0667	0,0098	0,0147
3	2	0,0333	0,1000	0,0098	0,0245
4	3	0,0333	0,1333	0,0147	0,0392
5	3	0,0333	0,1667	0,0147	0,0539
6	4	0,0333	0,2000	0,0196	0,0735
7	4	0,0333	0,2333	0,0196	0,0931
8	4	0,0333	0,2667	0,0196	0,1127
9	4	0,0333	0,3000	0,0196	0,1324
10	5	0,0333	0,3333	0,0245	0,1569
11	5	0,0333	0,3667	0,0245	0,1814
12	5	0,0333	0,4000	0,0245	0,2059
13	5	0,0333	0,4333	0,0245	0,2304
14	6	0,0333	0,4667	0,0294	0,2598
15	6	0,0333	0,5000	0,0294	0,2892
16	6	0,0333	0,5333	0,0294	0,3186
17	6	0,0333	0,5667	0,0294	0,3480
18	6	0,0333	0,6000	0,0294	0,3775
19	6	0,0333	0,6333	0,0294	0,4069
20	8	0,0333	0,6667	0,0392	0,4461
21	8	0,0333	0,7000	0,0392	0,4853
22	9	0,0333	0,7333	0,0441	0,5294
23	9	0,0333	0,7667	0,0441	0,5735
24	9	0,0333	0,8000	0,0441	0,6176
25	10	0,0333	0,8333	0,0490	0,6667
26	10	0,0333	0,8667	0,0490	0,7157
27	12	0,0333	0,9000	0,0588	0,7745
28	14	0,0333	0,9333	0,0686	0,8431
29	15	0,0333	0,9667	0,0735	0,9167
30	17	0,0333	1,0000	0,0833	1,0000
Σ	204	1,0000		1,0000	

Daten: OVSICORI-UNA, 2011

Bereits die Ergebnisse der kumulierten Anteile der Eruptionen an der Gesamtzahl der Eruptionen (v_i) geben Rückschluss auf die Verteilung der Eruptionen:
Während sich wenige Ausbrüche auf zwei Drittel des Monats verteilen, konzentrieren sich mehrmalige Ausbrüche auf nur ein Drittel der Tage – diese zehn Tage
vereinen allerdings 50 % der Ausbrüche auf sich. Dies spiegelt auch die Lorenz-
Kurve wider (Abb. 3.22). Sie weicht deutlich von der Gleichverteilung, indiziert
durch die Gerade, ab.

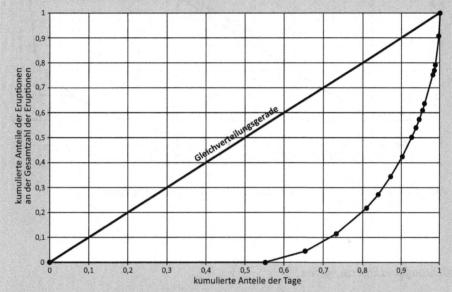

Abb. 3.22 Lorenz-Kurve der Eruptionen des Arenal (Jahreswerte).

Eine Gleichverteilung für die Eruptionen würde bedeuten, dass an jedem Tag des
Monats gleich viele Ausbrüche stattfinden. Eine deutliche Ungleichverteilung zeigt
etwa das Ausbruchsverhalten im September 2008 mit dem Extremwert von 76 Eruptionen an einem Tag, während an den übrigen Tagen die Ausbruchstätigkeit stark
vermindert war. Findet in einem Monat lediglich ein Ausbruch an einem Tag statt,
liegt eine völlige Ungleichverteilung vor (Abb. 3.23).

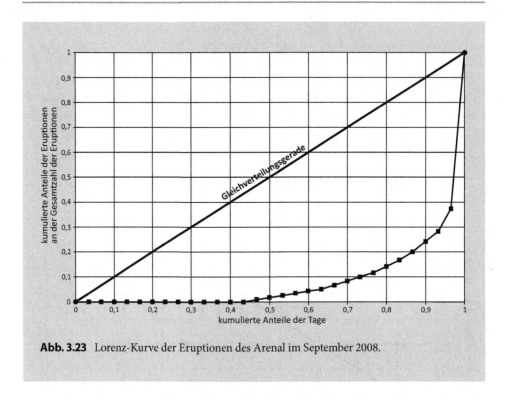

Abb. 3.23 Lorenz-Kurve der Eruptionen des Arenal im September 2008.

Bedeutung und Eigenschaften

- Für die sinnvolle Interpretation der Lorenz-Kurve wie auch des Gini-Koeffizienten muss die Bedingung eines **metrischen Skalenniveaus** für die Daten erfüllt sein.
- Die **Merkmalssumme** soll einen plausiblen und interpretierbaren Wert ergeben. Hier sei auf das Beispiel der Bodentemperaturen (Beispiel 3.27) verwiesen: Es macht keinen Sinn, die Summe der einzelnen Bodentemperaturen zu berechnen, da eine plausible Interpretation nicht möglich ist. Zwar ist dies rein rechnerisch durchführbar, scheitert aber an der Plausibilitätskontrolle (Abschn. 4.2).
- Die Lorenz-Kurve liegt immer **unter** der Gleichverteilungsgeraden. Sie beginnt im Ursprung (0;0) und endet im Punkt (1;1). Dies entspricht den Anteilen der Merkmalsträger an allen Merkmalsträgern sowie den Anteilen der Merkmalswerte an der Merkmalssumme, die jeweils im Intervall [0;1] liegen.
- Ist die Lorenz-Kurve eine **Gerade**, so sind die Anteile der Merkmalssumme auf alle Merkmalsträger **gleich verteilt**. Je weiter die Lorenz-Kurve von dieser Gleichverteilung abweicht, desto stärker konzentrieren sich die Merkmalswerte. Je größer die Krümmung der Kurve ist – man liest häufig, je weiter die Kurve „baucht" –, desto ungleicher ist die Verteilung. Im anderen Extremfall würde die Kurve mit der Ausnahme eines Punktes, dem Wert (1;1), auf der x-Achse, der Abszisse, zu liegen kommen. Dies bedeutet, dass

sich die gesamte Merkmalssumme auf einen einzelnen Merkmalsträger $(n-1)/n$ konzentriert.

- Mehrere Verteilungen können auf Basis der Lorenz-Kurve miteinander verglichen werden. Vorsicht ist dann geboten, wenn sich die Lorenz-Kurven schneiden – es besteht die Möglichkeit, dass sich die Werte der beiden Verteilungen kompensieren.

Anwendung

Für geographische Anwendungen besitzt die Lorenz-Kurve weitreichende Bedeutung. Die Palette reicht von wirtschaftsgeographischen Fragestellungen wie Einkommensverteilungen oder die Verteilung von Ressourcen bis hin zu Mobilitätsfragen (z. B. Delbosc und Currie, 2011). Hinzu kommt die Erweiterung der Informationen durch eine räumliche Komponente. Verteilungsfragen spielen insbesondere im räumlichen Vergleich eine Rolle. Räumliche Disparitäten und deren Ausgleich – gleichgültig ob wirtschaftlicher Art, von dem Gesichtspunkt der Versorgung mit Gütern, Infrastrukturen, sozialen Strukturen oder aus ökologischer Perspektive – nehmen unter der Maxime der Nachhaltigkeit einen neuen Stellenwert unter den geographischen Fragestellungen ein.

Konstruktionsprinzip der Lorenz-Kurve für Häufigkeiten und klassierte Daten

Das Konstruktionsprinzip der Lorenz-Kurve für Häufigkeitsverteilungen mit den Häufigkeitsausprägungen a_i sowie klassierte Daten mit k Klassen wird aus der Berechnungsgrundlage für unklassierte Daten abgeleitet. Der wesentliche Unterschied besteht darin, dass nicht mehr die Merkmalswerte x_i, sondern für Häufigkeitsverteilungen die Merkmalsausprägungen a_j mit den dazugehörigen Häufigkeiten h_j in die Berechnung eingehen bzw. für klassierte Daten stellvertretend für die Klassen die jeweiligen Klassenmitten x_j^*. In Tab. 3.22 wird der Vergleich zwischen einfachen Merkmalswerten und gruppierten bzw. klassierten Daten hergestellt. Die Schreibweise orientiert sich dabei an den bisherigen Ausführungen:

- Der Unterschied liegt in jenem Zwischenschritt, in dem die **Merkmalssumme** aus den Merkmalsausprägungen bzw. Klassenmitten gepaart mit den Häufigkeiten bestimmt wird. Die Merkmalssumme gibt demzufolge einen Überblick über die aggregierten Merkmalswerte und entspricht sozusagen dem Umfang oder Volumen aus den Einzelwerten. (*Anmerkung:* Weder der Umfang noch das Volumen sind hier im mathematischen oder physikalischen Sinn zu verstehen.)
- Ebenso sind die **Merkmalsträger** durch die Häufigkeiten der Merkmalsausprägungen bzw. Klassen bestimmt.
- Auch die Ermittlung der Lorenz-Kurve für klassierte Daten knüpft sich an die Reihung der Daten und setzt positive Werte der Häufigkeitsverteilung voraus.

- Das Ergebnis ist bei klassifizierten Daten, wie auch für andere Parameter, lediglich eine Näherung, da die Klassenmitten die gesamte Verteilung der Merkmalswerte innerhalb der Klasse repräsentieren und damit von einer Gleichverteilung in der Klasse ausgegangen wird.

Tab. 3.22 Vergleich der Berechnung der Lorenz-Kurve für unklassifizierte Daten, Häufigkeitsverteilungen und klassifizierten Daten

	unklassifizierte Daten	Häufigkeitsverteilungen	klassifizierte Daten
Daten	Merkmalswerte x_i	Merkmalsausprägungen a_j	Klassenmitten Merkmalswerte x_j^*
Daten pro Gruppe/ Klasse		$a_j h_j$	$h_j x_j^*$
Merkmalssumme	$\sum\limits_{i=1}^{n} x_i$	$\sum\limits_{j=1}^{m} a_j h_j$	$\sum\limits_{j=1}^{k} h_j x_j^*$
Anteile an der Merkmalssumme	$q_i = \dfrac{x_i}{\sum\limits_{i=1}^{n} x_i}$	$q_j = \dfrac{a_j h_j}{\sum\limits_{j=1}^{m} a_j h_j}$	$q_j = \dfrac{h_j x_j^*}{\sum\limits_{j=1}^{k} h_j x_j^*}$
kumulierte Anteile an der Merkmalssumme	$v_i = \sum\limits_{i=1}^{n} q_i$	$v_i = \sum\limits_{j=1}^{i} q_j = \dfrac{\sum\limits_{j=1}^{i} a_j h_j}{\sum\limits_{j=1}^{m} a_j h_j}$	$v_i = \sum\limits_{j=1}^{i} q_j = \dfrac{\sum\limits_{j=1}^{i} h_j x_j^*}{\sum\limits_{j=1}^{k} h_j x_j^*}$
Merkmalsträger	i	h_j	h_j
Anteile an allen Merkmalsträgern	$u = \dfrac{1}{n}$	$u_j = \dfrac{h_j}{\sum\limits_{j=1}^{m} h_j}$	$u_j = \dfrac{h_j}{\sum\limits_{j=1}^{k} h_j}$
kumulierte Anteile an allen Merkmalsträgern	$u_i = \sum\limits_{j=1}^{i} \dfrac{i}{\sum\limits_{i=1}^{m} f}$	$u_i = \dfrac{\sum\limits_{j=1}^{i} h_j}{\sum\limits_{j=1}^{m} h_j}$	$u_i = \dfrac{\sum\limits_{j=1}^{i} h_j}{\sum\limits_{j=1}^{k} h_j}$

Die Konstruktion der Lorenz-Kurve erfolgt nach demselben Schema wie für unklassierte Daten: Die Punkte $(u_i; v_i)$, auf denen die Lorenz-Kurve basiert, werden im Koordinatensystem – auf der Abszisse werden die kumulierten Anteile an den Merkmalsträgern, auf der Ordinate die kumulierten Anteile an der Merkmalssumme dargestellt – aufgetragen und verbunden.

Beispiel 3.55

Um die Lorenz-Kurve für klassifizierte Daten zu erstellen, verwenden wir die Häufigkeitsverteilung der Vulkanausbrüche des Arenal für den Beobachtungszeitraum Oktober 2007 bis Oktober 2008 (Tab. 3.23).

Tab. 3.23 Anzahl der täglichen Eruptionen des Vulkans im Zeitraum Oktober 2007 bis Oktober 2008 nach Häufigkeiten

Eruptionen pro Tag (a_j)	Anzahl der Tage mit a_j Eruptionen (h_j)	Gesamtzahl der Eruptionen ($a_j h_j$)	Anteil der Tage mit a_j Eruptionen	kumulierte Anteile der Tage mit a_j Eruptionen (u_i)	Anteile der Eruptionen an allen Eruptionen (q_j)	kumulierte Anteile der Eruptionen an allen Eruptionen (v_i)
0	202	0	0,5519	0,5519	0,0000	0,0000
1	37	37	0,1011	0,6530	0,0450	0,0450
2	29	58	0,0792	0,7322	0,0706	0,1156
3	28	84	0,0765	0,8087	0,1022	0,2178
4	11	44	0,0301	0,8388	0,0535	0,2713
5	12	60	0,0328	0,8716	0,0730	0,3443
6	11	66	0,0301	0,9016	0,0803	0,4246
7	9	63	0,0246	0,9262	0,0766	0,5012
8	4	32	0,0109	0,9372	0,0389	0,5401
9	3	27	0,0082	0,9454	0,0328	0,5730
10	3	30	0,0082	0,9536	0,0365	0,6095
11	2	22	0,0055	0,9590	0,0268	0,6363
12	8	96	0,0219	0,9809	0,1168	0,7530
13	1	13	0,0027	0,9836	0,0158	0,7689
18	1	18	0,0027	0,9863	0,0219	0,7908
24	4	96	0,0109	0,9973	0,1168	0,9075
76	1	76	0,0027	1,0000	0,0925	1,0000
Σ	366	822	1,00		1,00	

Daten: OVSICORI-UNA, 2011

Die Lorenz-Kurve zeigt eine klare Heterogenität in der Verteilung der Ausbrüche über ein Jahr hinweg gesehen. Die hohe Anzahl an Tagen ohne Eruption lässt das Gleichgewicht ins Wanken geraten. Die Hälfte aller Eruptionen verteilt sich nahezu über das gesamte Jahr, was durch die kumulierte Häufigkeit aller Tage mit Eruptionen von rund 90 % belegt wird. Die weiteren 50 % der Ausbrüche ballen sich auf etwas mehr als einen Monat (ca. 36 Tage). Allerdings darf dieser Zeitraum intensiver Aktivität nicht en block gesehen werden. Diese 36 Tage können sich durchaus über den gesamten Zeitraum des Jahres aufteilen – die Lorenz-Kurve lässt nicht auf die absolute Konzentration schließen. Ein Viertel aller Ausbrüche konzentrieren sich sogar auf 2 % aller Tage im Jahr, die Ausbrüche finden daher im Zeitraum von ungefähr einer Woche statt.

Gini-Koeffizient, Gini-Index oder Disparitätsindex

Obgleich die Berechnung der Punkte, aus denen sich die Lorenz-Kurve zusammensetzt, nicht besonders aufwendig erscheint – die Denkweise entspricht der Berechnung der Summenhäufigkeiten –, ist eine Beurteilung des Ergebnisses nur auf Grundlage der Grafik möglich, da erst die Abweichung der Lorenz-Kurve von der Gleichverteilungsgeraden das Ausmaß der Gleich- oder vielmehr Ungleichverteilung liefert.

Neben der graphischen Interpretation einer Verteilung wird jedoch auch im Kontext der Lorenz-Kurve nach einem **Parameter** gesucht, anhand dessen die relative Konzentration einer Verteilung beurteilt werden kann. Es liegt nahe, diesen Parameter aus der Lorenz-Kurve abzuleiten. Dafür ist es erforderlich, nochmals die Grafik der Lorenz-Kurve zu betrachten (Abb. 3.24).

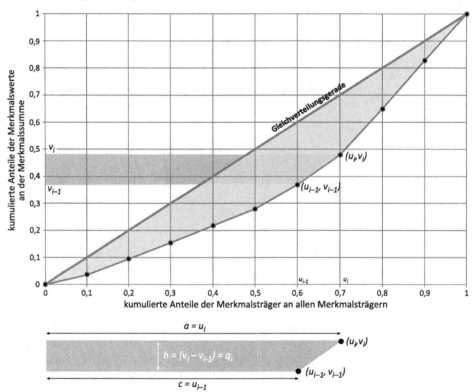

Abb. 3.24 Ableitung des Gini-Koeffizienten aus der Lorenz-Kurve.

Der **Gini-Koeffizient GK**, entwickelt von Corrado Gini, berechnet sich aus dem **Flächenanteil** jener Fläche, die zwischen der Gleichverteilungsgerade und der Lorenz-Kurve liegt und der Fläche unterhalb der Gleichverteilungsgerade. Obwohl auch hier zwischen unklassifizierten Daten, Häufigkeitsverteilungen sowie klassierten Verteilungen unterschieden werden könnte, besitzt die Herleitung in Exkurs 3.3 für alle drei Formen von Daten Gültigkeit.

Exkurs 3.3: Herleitung des Gini-Koeffizienten aus der Lorenz-Kurve

Erster Schritt in der Bestimmung des Gini-Koeffizienten ist die Berechnung der Fläche A zwischen der Gleichverteilungsgerade und der Lorenz-Kurve. Zur Berechnung dieser Fläche ermittelt man die Summe aus den k Trapezflächen F_i oberhalb der Lorenz-Kurve, davon wird die Fläche oberhalb der Gleichverteilungsgerade abgezogen, deren Wert 0,5 beträgt. Dieser Wert von 0,5 entspricht der Fläche eines rechtwinkeligen Dreiecks mit Seitenlänge eins (Abb. 3.24).

Zuerst erfolgt die Berechnung der Trapezfläche für das i-te Trapez. Zur Erinnerung: Der Flächeninhalt eines Trapezes resultiert aus der Formel

$$F_i = \frac{(a+c)\,h}{2} \tag{3.104}$$

Für das in Abb. 3.24 dargestellte Trapez mit der Fläche F_i bedeutet dies

$$F_i = \frac{(u_i + u_{i-1})\,(v_i - v_{i-1})}{2} \tag{3.105}$$

Diese Formel lässt sich für die weitere Verwendung auf der Grundlage von Tab. 3.22 vereinfachen:

$$F_i = \frac{(u_i + u_{i-1})}{2}\,\frac{1}{\sum\limits_{j=1}^{k} h_j x_j^*}\left(\sum_{j=1}^{i} h_j x_j^* - \sum_{j=1}^{i-1} h_j x_j^*\right) = \frac{(u_i + u_{i-1})}{2}\,\frac{h_i x_i^*}{\sum\limits_{j=1}^{k} h_j x_j^*} = \frac{(u_i + u_{i-1})}{2}\,q_i$$

Somit ergibt sich für die Trapezfläche der Flächeninhalt

$$F_i = \frac{(u_i + u_{i-1})}{2}\,q_i \tag{3.106}$$

und für die Gesamtfläche aus allen k Trapezen

$$F = \sum_{1}^{k} \frac{(u_i + u_{i-1})}{2}\,q_i \tag{3.107}$$

Im nächsten Schritt erfolgt die Berechnung der Fläche A aus der Differenz aus der Fläche F und der Fläche oberhalb der Gleichverteilungsgerade mit Wert 0,5:

$$A = \left(\sum_{1}^{k} \frac{(u_i + u_{i-1})}{2}\,q_i\right) - 0,5 = \left(\sum_{i=1}^{k} (u_i + u_{i-1})\,q_i\right) - 1 \tag{3.108}$$

Der Gini-Koeffizient berechnet sich unter Verwendung der Fläche A zwischen Gleichverteilungsgerade und Lorenz-Kurve aus

$$GK = \frac{A}{0,5} = \frac{\left(\sum_{1}^{k} \frac{(u_i + u_{i-1})}{2} q_i\right) - 0,5}{0,5} = \frac{0,5 \left(\sum_{i=1}^{k} (u_i + u_{i-1}) q_i - 1\right)}{0,5} = \sum_{i=1}^{k} (u_i + u_{i-1}) q_i - 1$$

$$GK = \sum_{i=1}^{k} (u_i + u_{i-1}) q_i - 1 \tag{3.109}$$

Für Einzelwerte lässt sich der Gini-Koeffizient nach wie folgt vereinfachen (Tab. 3.22, 1. Spalte, letzte Zeile):

$$GK = \sum_{i=1}^{n} (u_i + u_{i-1}) q_i - 1 = \sum_{i=1}^{n} \left(\frac{i}{n} + \frac{i-1}{n}\right) q_i - 1 = \sum_{i=1}^{n} \left(\frac{2i-1}{n}\right) q_i - 1 \tag{3.110}$$

▸ **Definition**   Der **Gini-Koeffizient GK** der Merkmalswerte $x_1, x_2, \ldots, x_n$ gibt den Anteil der Fläche zwischen der Gleichverteilungsgerade und der Lorenz-Kurve an der Fläche unter der Gleichverteilungsgerade an:

$$GK = \sum_{i=1}^{n} \left(\frac{2i-1}{n}\right) q_i - 1 \tag{3.111}$$

Liegt eine Häufigkeitsverteilung mit den Merkmalsausprägungen a_j vor, wird der Gini-Koeffizient ermittelt (Tab. 3.22, 2. Spalte):

$$GK = \sum_{i=1}^{m} (u_i + u_{i-1}) q_i - 1 \tag{3.112}$$

Für klassierte Daten mit k Klassen und den Klassenmitten x_i^* gilt (Tab. 3.22, 3. Spalte)

$$GK = \sum_{i=1}^{k} (u_i + u_{i-1}) q_i - 1 \tag{3.113}$$

Bedeutung und Eigenschaften

*   Der Gini-Koeffizient bildet ein Maß für die Bewertung der **relativen Konzentration** einer Verteilung und fokussiert die Information der Lorenz-Kurve auf einen Parameter. Da er eigentlich die Konzentration der Verteilung und daher die Ungleichheit und Heterogenität bewertet, wird er auch **Ungleichheitskoeffizient** genannt.

- Der Gini-Koeffizient umfasst einen Wertebereich zwischen null und $(n-1)/n$. Für eine Übertragung des Wertebereichs auf das Intervall $[0;1]$ ist zusätzlich die Normierung des Koeffizienten notwendig; dies ist allerdings nur bei einer sehr kleinen Fallzahl und der Kenntnis von n relevant:

$$GK_{\mathrm{norm}} = \frac{n}{n-1} GK \qquad (3.114)$$

- Für die **Interpretation** des Gini-Koeffizienten gilt, dass Werte nahe **null Gleichverteilung** anzeigen, während Werte näher dem Wert **eins** auf **eine Konzentration**, also Ungleichheit und Heterogenität, hindeuten. In der Literatur sind unterschiedliche Wertebereiche für die Bewertung des Gini-Koeffizienten angeführt, die zwischen grob und sehr fein variieren. In Anlehnung an andere Parameter (etwa den Korrelationskoeffizienten; Abschn. 3.4.2) könnte man bis 0,4 von keiner bis zu einer leichten Konzentration sprechen, zwischen 0,4 und 0,8 von einer zunehmend deutlichen Konzentration und ab 0,8 von einer starken Konzentration. Aus dem Gini-Koeffizienten lässt sich jedoch nicht ableiten, **wo** die Ungleichheiten der Verteilung liegen, lediglich **wie stark** diese sind. Diese Schwäche des Gini-Koeffizienten kann unter anderem dazu führen, dass Verteilungen, die unterschiedliche Lorenz-Kurven ergeben, den gleichen Wert für den Gini-Koeffizienten aufweisen.

Beispiel 3.56

Wir haben bereits die Lorenz-Kurve für die Häufigkeitsdaten der Eruptionen des Arenal berechnet. Nun soll noch der Gini-Koeffizient ermittelt werden. Dazu müssen wir, um die Formel (3.112) mit Werten zu bestücken, das Zwischenergebnis $(u_i + u_{i+1})$, gefolgt vom Zwischenergebnis q_i, sowie dem Produkt der beiden Werte kalkulieren (Tab. 3.24).

$$GK = \sum_{i=1}^{m} (u_i + u_{i-1}) q_i - 1 = 1{,}7769 - 1 = 0{,}7769 \qquad (3.115)$$

Die Summe aus dem Produkt der beiden Teilergebnisse wird in Formel (3.112) eingefügt, und wir erhalten als Gini-Koeffizienten den Wert 0,7769. Dieser hohe Wert deutet auf eine hohe Ungleichverteilung oder starke Konzentration der Eruptionsdaten des Arenal hin, was das Bild der Lorenz-Kurve bestätigt.

Tab. 3.24 Anzahl der täglichen Eruptionen des Arenal im Zeitraum Oktober 2007 bis Oktober 2008 nach kumulierten Häufigkeiten sowie Teilergebnissen für die Berechnung des Gini-Koeffizienten

Eruptionen pro Tag (a_j)	Anzahl der Tage mit a_j Eruptionen (h_j)	Gesamtzahl der Eruptionen ($a_j h_j$)	kumulierte Anteile der Tage mit a_j Eruptionen (u_i)	kumulierte Anteile der Eruptionen an allen Eruptionen (v_i)	$u_i + u_{i-1}$	$q_i = v_i - v_{i-1}$	$(u_i + u_{i-1})q_i$
0	202	0	0,5519	0,0000	0,5519	0,0000	0,0000
1	37	37	0,6530	0,0450	1,2049	0,0450	0,0542
2	29	58	0,7322	0,1156	1,3852	0,0706	0,0977
3	28	84	0,8087	0,2178	1,5410	0,1022	0,1575
4	11	44	0,8388	0,2713	1,6475	0,0535	0,0882
5	12	60	0,8716	0,3443	1,7104	0,0730	0,1248
6	11	66	0,9016	0,4246	1,7732	0,0803	0,1424
7	9	63	0,9262	0,5012	1,8279	0,0766	0,1401
8	4	32	0,9372	0,5401	1,8634	0,0389	0,0725
9	3	27	0,9454	0,5730	1,8825	0,0328	0,0618
10	3	30	0,9536	0,6095	1,8989	0,0365	0,0693
11	2	22	0,9590	0,6363	1,9126	0,0268	0,0512
12	8	96	0,9809	0,7530	1,9399	0,1168	0,2266
13	1	13	0,9836	0,7689	1,9645	0,0158	0,0311
18	1	18	0,9863	0,7908	1,9699	0,0219	0,0431
24	4	96	0,9973	0,9075	1,9836	0,1168	0,2317
76	1	76	1,0000	1,0000	1,9973	0,0925	0,1847
$\sum$	366	822					1,7769

Daten: OVSICORI-UNA, 2011

Gleichverteilung und Ungleichverteilung werden durch die Lorenz-Kurve visualisiert (Abb. 3.25).

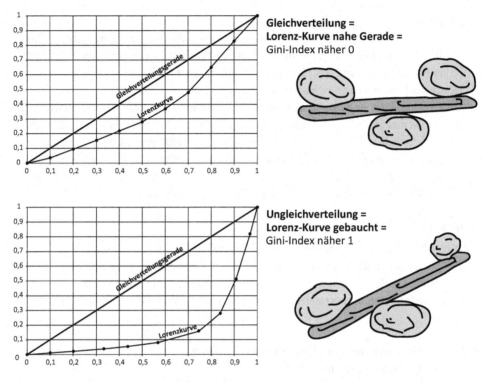

Abb. 3.25 Konzentrationsmaße im Überblick.

Konzentrationsmaße beschreiben Verteilungen im Hinblick auf deren Homogenität bzw. Heterogenität. Die Lorenz-Kurve setzt Verteilungen grafisch in Relation zu einer idealen Verteilung bzw. Gleichverteilung, während der Gini-Index den Grad der Gleichverteilung in einer Maßzahl ausdrückt.

Die Auswirkungen der Globalisierung sind selbst in einem kommunistischen Staat wie der Volksrepublik China spürbar. Gemessen am Bruttoregionalprodukt (BRP) pro Kopf der Jahre 2001 und 2011 ist es Ihre Aufgabe, sowohl die Lorenz-Kurve wie auch den Gini-Koeffizienten zu berechnen, um den Grad der regionalen Disparität festlegen zu können. Darauf basierend sollen Sie die Auswirkungen der Globalisierung bewerten.

Die Datentabelle liefert die Arbeitsgrundlage zur Erstellung der Grafik sowie zur Berechnung des Gini-Koeffizienten. Daten und Lösungen zu den Übungsaufgaben sind unter dem Link www.springer.com/978-3-8274-2611-6 zu finden.

Übung 3.2.4.2

Der Gini-Koeffizient und die Lorenz-Kurve werden als Maß der Ungleichverteilung von Indikatoren herangezogen. In den meisten Fällen wird der Gini-Koeffizient synonym für die Verteilung des Haushaltseinkommens eines Staates verwendet. Er kann jedoch auch für andere Ungleichverteilungen verwendet werden, zum Beispiel für die Untersuchung der Aufteilung der Übernachtungen in den Gemeinden eines Bezirks. In der Datentabelle (die Daten stehten online zur Verfügung) werden die Übernachtungen des Bezirks Zell am See für das Winterhalbjahr 2007/2008 gezeigt. Stellen Sie anhand des Gini-Koeffizienten fest, ob die Übernachtungen gleichmäßig über die Fremdenverkehrsgemeinden aufgeteilt sind oder ob es zu einer Konzentration kommt. Interpretieren Sie sowohl die Lorenz-Kurve als auch den Gini-Koeffizienten.

Übung 3.2.4.3

Wir gehen noch einmal von der Ungleichverteilung der Übernachtungen im Bezirk Zell am See aus und verwenden dieselben Daten wie in Übung 3.2.4.2. Diesmal liegen die Daten jedoch in Klassen vor. Berechnen Sie wiederum die Lorenz-Kurve sowie den Gini-Koeffizienten und vergleichen Sie das Ergebnis mit dem der Übung 3.2.4.2.

3.2.5　Streckenprofil und Höhenunterschiede: Formbeschreibende Parameter

Lernziele

- den Begriff der Normalverteilung erläutern
- die Charakteristika der Normalverteilung benennen
- formbeschreibende Parameter unterscheiden und interpretieren
- formbeschreibende Parameter berechnen

Einerseits sind wir am Ende der statistischen Erläuterungen zu den wichtigsten Parametern in der deskriptiven Statistik angelangt, darüber hinaus haben wir gleichzeitig das Ende unserer Tour auf den Vulkan erreicht. Der Anstieg war mühsam und anstrengend, gleichermaßen das Erreichen des Gipfels ein Sieg, der Blick auf den nahen Vulkankegel, aus dem Rauchschwaden aufsteigen, in die üppig grüne Landschaft und ins Tal eine wunderbare Belohnung. Der Abstieg hat uns, da wir eine alternative Route genommen haben, weitere Einblicke und Ausblicke gebracht und neue Perspektiven eröffnet. Wieder im Tal angekommen, möchten wir jetzt noch einmal unseren Weg Revue passieren lassen und ein Resümee über diese Wanderung ziehen.

Obwohl es viel über unsere Vulkantour zu berichten gibt – wir haben natürlich aus geographischer Sicht weit mehr als das hier Beschriebene mitgenommen –, beschränken wir uns auch in diesem Abschnitt auf unsere GPS-Daten. Aus dem Höhenprofil geht hervor, dass der Großteil der Strecke geringe Höhenunterschiede von lediglich mehreren Metern aufweist und sich der steile An- und Abstieg auf rund 15 % der Strecke beschränkt. Eigentlich ist uns dies völlig anders vorgekommen, da wir die steilen Anstiege stärker wahrnehmen als flache Passagen.

Die Frage, die uns beschäftigt, ist, ob dieses Profil, diese Ungleichgewichtung der Anstiege ebenso statistisch zu beurteilen und zu bewerten ist. Wie die Bezeichnung bereits vermuten lässt, beurteilen **formbeschreibende Parameter**, **Gestaltparameter** oder **Formparameter** die Form einer Häufigkeitsverteilung nach den Kriterien der **Symmetrie** sowie der **Steilheit** der Verteilung. Die Information über die Form einer Verteilung ergänzt die Parameter der zentralen Tendenz sowie die Maße der Streuung und verfeinert diese. Dabei ist ein unmittelbarer Zusammenhang mit den Mittelwerten herzustellen. Ebenso wie die Beurteilung der Konzentration einer Verteilung erfolgt die Bewertung der Form einer Verteilung einerseits auf der **Visualisierung** der Daten beruhend, andererseits auf der Aussage eines **Parameters**.

Normalverteilung

Um die **Symmetrie** einer Verteilung bewerten zu können, müssen wir uns zuerst Gedanken darüber machen, wie eine Verteilung aussieht, die die „ideale" Form besitzt, und warum diese Form als „ideal" angesehen wird. Der Begriff „ideal" wird in der Statistik durch „normal" ersetzt, daher wird die entsprechende Verteilung als **Normalverteilung** bezeichnet.

Welche besonderen Charakteristika zeichnen die Normalverteilung im Vergleich zu einer beliebigen Verteilung aus? Was hebt sie aus der Vielzahl unterschiedlicher Verteilungen hervor? Um die Normalverteilung mathematisch bzw. statistisch korrekt erläutern zu können, wäre es erforderlich, weiter auszuholen und in die Wahrscheinlichkeitstheorie einzudringen, wovon hier sowohl aus Platz- wie auch aus Verständnisgründen Abstand genommen wird (Bahrenberg et al., 2010; Sachs und Hedderich, 2006). In diesem Kontext liegt das Augenmerk nicht auf der Herleitung, sondern auf den Eigenschaften der Funktion, die als Grundlage für die weiterführenden Erläuterungen erforderlich sind.

Die Normalverteilung wird durch ihr arithmetisches Mittel sowie die Standardabweichung bestimmt, wobei das arithmetische Mittel die **Lage der Normalverteilung** auf der x-Achse festlegt (Abb. 3.26, mittleres Bild), die Standardabweichung die **Steilheit der Kurve** definiert (Abb. 3.26, unteres Bild). Anders formuliert weist eine große Standardabweichung, also eine große Streuung der Werte, auf eine flache Normalverteilung hin, ebenso wie ein großes arithmetisches Mittel eine Verschiebung auf der x-Achse nach rechts (oder oben) bedeutet. Ein Spezialfall der Normalverteilung ist die **Standardnormalverteilung**, bei der das **arithmetische Mittel** den Wert **null** annimmt und die **Standardabweichung eins** beträgt (Abb. 3.26, oberes Bild). Die Leserschaft ist an dieser Stelle aufgefordert, die Lage der Standardabweichung zu bestimmen und das Ergebnis mithilfe der Grafik der Normalverteilung zu überprüfen.

Dichtefunktionen der Standardnormalverteilung

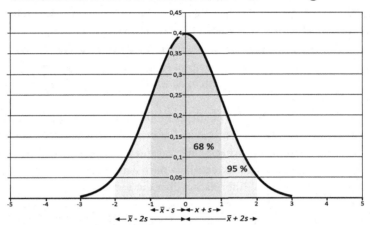

Dichtefunktionen der Normalverteilung mit unterschiedlichen Mittelwerten

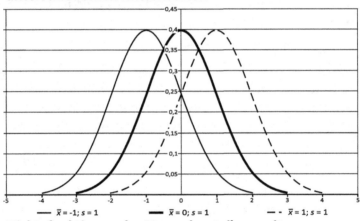

Dichtefunktionen der Normalverteilung mit unterschiedlichen Standardabweichungen

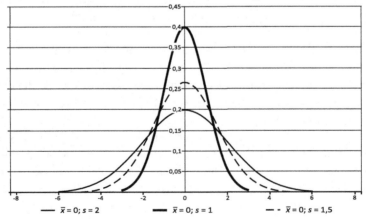

Abb. 3.26 Normalverteilung und Standardnormalverteilung.

Bedeutung und Eigenschaften

- Die Normalverteilung zeichnet sich dadurch aus, dass sie eine **symmetrische** Form besitzt; die Maße der zentralen Tendenz stimmen überein, und es befinden sich gleich viele Werte links und rechts der Mitte.
- Da die Lageparameter Modus, Median und arithmetisches Mittel denselben Wert annehmen, handelt es sich um eine **unimodale** Verteilung.
- Die Häufigkeiten der Werte nehmen mit Distanz zur Mitte stetig ab und nähern sich der x-Achse.
- Jene Punkte, an denen sich die Krümmung der Verteilung ändert, die sogenannten Wendepunkte, markieren die Standardabweichung. Hier wird nochmals auf das Tschebyscheff-Theorem verwiesen, das im Rahmen der Standardabweichung kurz vorgestellt wurde und Auskunft über die Verteilung der Werte in Relation zur Standardabweichung gibt.
- Die Form der Normalverteilung wird als **Glockenform** oder Glockenkurve bezeichnet, die nach Carl Friedrich Gauß benannt ist.

Die Normalverteilung hat zwar in diesem Rahmen vor allem für die Beurteilung einer Verteilung durch die formbeschreibenden Parameter Gewicht, die eigentliche Bedeutung der Normalverteilung resultiert jedoch aus der Tatsache, dass die **Verteilung** zahlreicher **realer, natürlicher Merkmale** der Normalverteilung entspricht. Ebenso nähert sich die Verteilung einer ausreichend großen Anzahl an Merkmalswerten, also die Verteilung der Werte einer hinreichend großen statistischen Masse, der Normalverteilung an. Auch das Verhalten bzw. **Auftreten von Fehlern** im Zuge von Messungen kommt der Normalverteilung gleich. Für sämtliche Verteilungen dieser Art werden die Eigenschaften der Normalverteilung verwendet.

Schiefe

Aus den beiden Parametern, die als **Gestaltparameter** bezeichnet werden, wird zuerst die **Schiefe** einer Verteilung vorgestellt – sie besitzt im Vergleich zur Wölbung eine größere Bedeutung für statistische Analysen. Formbeschreibende Parameter geben, wie gesagt, Auskunft über die Gestalt der Verteilung. Dies hat vor allem dann Relevanz, wenn die arithmetischen Mittel und die Standardabweichungen von mehreren Verteilungen identisch sind – ein weiterer Parameter zur Beschreibung der Verteilung ist heranzuziehen, um einen Vergleich zu ermöglichen. Die **Schiefe**, auch **Momentkoeffizient der Schiefe**, beschreibt die Abweichung der Merkmalswerte einer Verteilung von der Symmetrie. Die Schiefe kann sowohl aus der **Grafik** der Verteilung beurteilt werden als auch auf der Grundlage eines **Parameters**, der zusätzlich die Größe der Schiefe ausdrückt.

Bedeutung und Eigenschaften

Die Beurteilung der Schiefe einer Verteilung anhand einer Grafik kann wieder gut mit unserer Tour auf den Vulkan verglichen werden. Nach einem vergleichsweise langen und ebenen Teilstück (viele Werte mit gleicher Höhe) folgt ein kurzer und steiler Anstieg auf den Gipfel (wenige Werte mit unterschiedlichen Höhen). Das Diagramm der Höhenwerte zeigt zahlreiche Werte mit ähnlicher bzw. gleicher Höhenangabe im Bereich um 700 Meter, während in Richtung Gipfel die Werte mit zunehmender Höhe ausdünnen. Die Werte sind also im Bereich um 700 Meter aggregiert.

- Die **grafische Bewertung** der Schiefe entspricht demselben intuitiven Zugang. Die Werte einer Verteilung häufen sich an einer der beiden Seiten der Verteilung. Sind die Werte am unteren Ende bzw. der linken Seite einer Verteilung geballt und dünnen nach rechts aus, spricht man von einer **linkssteilen** oder **rechtsschiefen Verteilung**, im umgekehrten Fall von einer **rechtssteilen** oder **linksschiefen Verteilung**. Als Gedankenbrücke hilft es festzustellen, an welcher Seite die Daten in der Grafik „steil abfallen" – die steile Seite weist direkt auf die Schiefe der Verteilung bzw. ihre Abweichung von der symmetrischen Form hin.
- Voraussetzung für die Bestimmung der Schiefe ist einerseits eine **unimodale** Verteilung der Daten, andererseits **metrisches** Datenniveau.
- Die Schiefe kann basierend auf der **Fechner'schen Lageregel** aus der relativen Lage der zentralen Maße abgeleitet werden, also wie Modus, Median und Mittelwert zueinander liegen:
  - symmetrische Verteilung: $\overline{x}_{mod} = \overline{x}_{med} = \overline{x}$
  - linkssteile Verteilung: $\overline{x}_{mod} < \overline{x}_{med} < \overline{x}$
  - rechtssteile Verteilung: $\overline{x}_{mod} > \overline{x}_{med} > \overline{x}$
- Für die rechnerische Interpretation der Schiefe stehen mehrere Verfahren und somit mehrere Parameter der Schiefe zur Verfügung, die sich auch im Ergebnis voneinander deutlich unterscheiden, insbesondere was das Intervall der Ergebniswerte betrifft. Bei Verwendung von Software ist zu beachten, welche Formel dem Schiefemaß zugrunde gelegt wird. Unter anderem werden folgende Parameter für die Schiefe berechnet:
  - der **Momentkoeffizient der Schiefe**, die **Momentschiefe** bzw. der **Schiefekoeffizient**,
  - die **Pearson'sche Schiefe** sowie die **zweite Pearson'sche Schiefe**,
  - Schiefe basierend auf Quantilen,
  - Standardschiefe.

Momentkoeffizient der Schiefe

Das **gebräuchlichste Schiefemaß** ist die Momentschiefe, die auch besonders häufig in der Literatur zitiert und erläutert wird. Sie beruht auf der Abweichung der Merkmalswerte vom arithmetischen Mittel, die zur dritten Potenz gerechnet wird (das „dritte zentrale Moment"). Diese Abweichung indiziert bereits, ob der Ergebniswert für die Schiefe positiv bzw. negativ ist und ob es sich demnach um eine linkssteile oder rechtssteile Verteilung handelt.

▹ **Definition**   Der **Momentkoeffizient der Schiefe** a_3 einer Verteilung von Merkmalswerten $x_1, x_2, \ldots, x_n$ mit dem arithmetischen Mittel $\overline{x}$ und der Standardabweichung s bestimmt die Abweichung der Verteilung der Merkmalswerte von der symmetrischen Form:

$$a_3 = \frac{\sum\limits_{i=1}^{n}(x_i - \overline{x})^3}{ns^3} \tag{3.116}$$

Im Fall einer Häufigkeitsverteilung bzw. einer klassierten Verteilung werden anstelle der Merkmalswerte die mit den Merkmalsausprägungen a_j kombinierten Häufigkeiten h_j bzw. die Klassenmitten x_i^* in die Formel integriert:

$$a_3 = \frac{\sum\limits_{j=1}^{m}(a_j - \overline{x})^3 h_j}{ns^3} \tag{3.117}$$

$$a_3 = \frac{\sum\limits_{i=1}^{k}(x_i^* - \overline{x})^3 h_i}{ns^3} \tag{3.118}$$

■

Pearson'sche Schiefe

Das **zweite Schiefemaß** nach **Pearson** stellt eine Verbesserung des Pearson'schen Schiefemaßes dar, das den Modus zur Berechnung der Abweichung vom arithmetischen Mittel verwendet, da die Eindeutigkeit des Modus nicht für jede Verteilung gegeben ist. Es basiert auf der Differenz zwischen arithmetischem Mittel und Median der Verteilung. Der Wertebereich, den das zweite Pearson'sche Schiefemaß einnimmt, liegt im Intervall $[-3;3]$.

▶ **Definition** Die **Pearson'sche Schiefe** a_P einer Verteilung mit dem arithmetischen Mittel $\overline{x}$ und dem Median $\overline{x}_{med}$ wird ermittelt über

$$a_P = \frac{3(\overline{x} - \overline{x}_{med})}{s} \tag{3.119}$$

■

Beurteilungskriterien für die Schiefe

Symmetrische Verteilung

- Modus, Median und arithmetisches Mittel sind identisch: $\overline{x}_{mod} = \overline{x}_{med} = \overline{x}$.
- Die Merkmalswerte sind gleichmäßig um die Mittelwerte verteilt; links und rechts der Mittelwerte liegt die gleiche Anzahl von Daten.
- Es liegt keine Schiefe vor; die Schiefe ist gleich null: $a_3 = 0$.

Linkssteile Verteilung

- Eine linkssteile Verteilung wird auch **rechtsschief** oder **positiv schief** bezeichnet.
- Modus, Median und arithmetisches Mittel stehen im Verhältnis $\bar{x}_{mod} < \bar{x}_{med} < \bar{x}$.
- Der größte Teil der Merkmalswerte liegt links vom arithmetischen Mittel. Das bedeutet, dass kleine Merkmalsausprägungen mit großer Häufigkeit vorkommen bzw. dass die Merkmalswerte am unteren Ende der Verteilung gehäuft auftreten.
- Es liegt eine positive Schiefe vor: $a_3 > 0$.

Rechtssteile Verteilung

- Eine rechtssteile Verteilung wird auch **linksschief** oder **negativ schief** bezeichnet.
- Modus, Median und arithmetisches Mittel stehen im Verhältnis $\bar{x}_{mod} > \bar{x}_{med} > \bar{x}$.
- Der größte Teil der Merkmalswerte liegt rechts vom arithmetischen Mittel. Das bedeutet, dass große Merkmalsausprägungen mit großer Häufigkeit vorkommen.
- Es liegt eine negative Schiefe vor: $a_3 < 0$.

Abbildung 3.27 zeigt die Schiefe von Verteilungen im Vergleich.

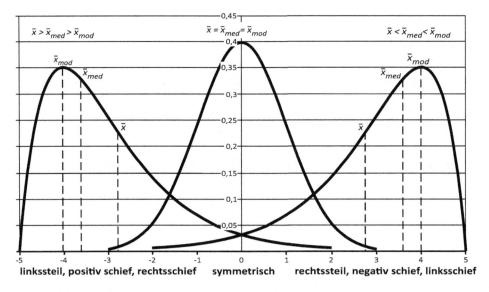

Abb. 3.27 Schiefe einer Verteilung.

Anwendung

Die Schiefe eröffnet ebenso wie die Wölbung eine zusätzliche Möglichkeit, eine Häufigkeitsverteilung durch einen Parameter zu verdichten, zu charakterisieren und die Größe der Abweichung zu erfassen. Dazu gesellt sich die grafische Interpretation der Schiefe bzw. der Vergleich der Mittelwerte zueinander. In der Geographie hat die Schiefe große Relevanz –

sei es in Fragen der Bevölkerungsgeographie (Altersstruktur, Einkommensstrukturen), bei der Verteilung von Gütern oder Infrastrukturen (Tourismus, Gesundheit und Bildungseinrichtungen), bei Resultaten von Messvorgängen im Vergleich zwischen Regionen oder Bereichen unterschiedlicher Höhe (Niederschlag, Luftdruck, Bodenproben etc.), in der Vegetationsgeographie, für Risikofaktoren, in der Fernerkundung (Verteilung der Grauwerte etc.), um nur einige Anwendungen zu nennen.

Eine weitere Bedeutung besitzt die Schiefe im Rahmen der Inferenzstatistik. Die Schiefe einer Verteilung gibt Aufschluss über die Möglichkeit der Anwendung einzelner Testverfahren. Die Normalverteilung ist demnach häufig Voraussetzung für statistische Verfahren (Ebdon, 1985).

Wölbung

Da sie nicht so augenscheinlich ist, findet die **Wölbung** bzw. der **Exzess** oder **Kurtosis** weniger Beachtung in der Statistik als die Schiefe. Sie ist im Vergleich zur Normalverteilung nicht so leicht abzulesen, da sie sich lediglich in ausgeprägter Form stark von der Normalverteilung unterscheidet. Bei der Wölbung handelt es sich um ein Maß für die **Steilheit** der Kurve; sie indiziert, wie stark sich die Werte **häufen**.

▸ **Definition** Die **Wölbung** a_4 einer Verteilung von Merkmalswerten $x_1, x_2, \ldots, x_n$ mit dem arithmetischen Mittel $\overline{x}$ und der Standardabweichung s bestimmt die Steilheit einer Verteilung:

$$a_4 = \frac{\sum_{i=1}^{n} (x_i - \overline{x})^4}{ns^4} - 3 \tag{3.120}$$

Bei einer Häufigkeitsverteilung mit Merkmalsausprägungen a_j und Häufigkeiten h_j gilt:

$$a_4 = \frac{\sum_{j=1}^{m} (a_j - \overline{x})^4 h_j}{ns^4} - 3 \tag{3.121}$$

Im Fall einer klassierten Verteilung werden die Klassenmitten x_i^* verwendet:

$$a_4 = \frac{\sum_{i=1}^{k} (x_i^* - \overline{x})^4 h_i}{ns^4} - 3 \tag{3.122}$$

Bedeutung und Eigenschaften

- Die Berechnung der Wölbung (Wölbungsmaß nach Fisher) beruht auf dem vierten zentralen Moment, das die Abweichung der Merkmalswerte vom arithmetischen Mittel zur vierten Potenz erhoben darstellt. Es erscheint, vergleicht man die Formel mit jener der Schiefe, der Wert **drei** in der Formel überraschend – dieser rührt aus dem Vergleich zur Normalverteilung her, deren Maß für die Wölbung eben diesen Wert drei ergibt. Durch die Reduktion um diesen Wert ermöglicht das Wölbungsmaß den Vergleich zur Normalverteilung.
- Die Berechnung der Wölbung erfordert ebenso wie das Maß der Schiefe **metrisches Skalenniveau** und setzt eine unimodale Verteilung voraus.
- Auch für die Wölbung existieren mehrere Verfahren zur Berechnung, wobei zum überwiegenden Teil das hier vorgestellte vierte zentrale Moment eingesetzt wird.

Beurteilungskriterien für die Wölbung

Symmetrische Verteilung

- Die Verteilung wird auch als **mesokurtische** Verteilung bezeichnet.
- Die Kurve entspricht der Normalverteilung.
- Der Wert für die Wölbung ist gleich null: $a_4 = 0$.

Steilgipfelige Verteilung

- Die Verteilung ist auch als **spitze** Verteilung oder **leptokurtische** Verteilung bekannt.
- Im Vergleich zur Normalverteilung ballen sich die Werte stärker in der Mitte der Verteilung. Es treten wenige Merkmalsausprägungen mit großer Häufigkeit auf.
- Der Wert für die Wölbung ist dementsprechend größer null: $a_4 > 0$.

Flachgipfelige Verteilung

- Die Verteilung wird auch als **flache** Verteilung oder **platykurtische** Verteilung bezeichnet.
- Im Vergleich zur Normalverteilung dehnen sich die Werte weiter um die Mitte der Verteilung aus. Es treten viele Merkmalsausprägungen mit geringer Häufigkeit auf.
- Der Wert für die Wölbung ist dementsprechend kleiner null: $a_4 < 0$.

Abbildung 3.28 vergleicht die drei verschiedenen Ausprägungen der Wölbung einer Verteilung.

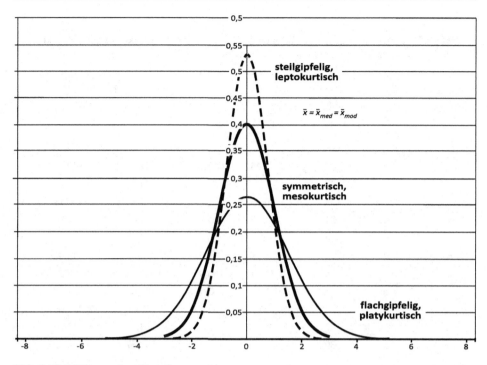

Abb. 3.28 Wölbung einer Verteilung.

Beispiel 3.57

Die Häufigkeitsverteilung der Ausbrüche des Arenal bildet wiederum die Grundlage für unser letztes Beispiel auf der Vulkantour (Tab. 3.25).

Nach (3.46) berechnen wir als Voraussetzung das gewichtete arithmetische Mittel $\bar{x}$:

$$\bar{x} = \frac{\sum\limits_{j=1}^{m} a_j h_j}{n} = \frac{822}{366} = 2{,}25 \tag{3.123}$$

das in die Kalkulation des dritten und vierten Moments einfließt (vgl. die zwei letzten Spalten in Tab. 3.25).

Ein weiterer Parameter ist mit der Standardabweichung s nach (3.89) zu berechnen:

$$s = \sqrt{\frac{\sum\limits_{i=1}^{m} h_j \left(a_j - \bar{x}\right)^2}{n}} = \sqrt{\frac{10.637{,}87}{366}} = 5{,}39 \tag{3.124}$$

Tab. 3.25 Anzahl der täglichen Eruptionen des Arenal im Zeitraum Oktober 2007 bis Oktober 2008 nach kumulierten Häufigkeiten

Eruptionen pro Tag (a_j)	Anzahl der Tage mit a_j Eruptionen (h_j)	Gesamtzahl der Eruptionen $(a_j h_j)$	$(a_j - \overline{x})$	$(a_j - \overline{x})^2 h_i$	drittes zentrales Moment $(a_j - \overline{x})^3 h_i$	viertes zentrales Moment $(a_j - \overline{x})^4 h_i$
0	202	0	−2,25	1.018,90	−2.288,36	5.139,42
1	37	37	−1,25	57,43	−71,56	89,15
2	29	58	−0,25	1,75	−0,43	0,11
3	28	84	0,75	15,92	12,01	9,05
4	11	44	1,75	33,85	59,37	104,14
5	12	60	2,75	91,02	250,68	690,40
6	11	66	3,75	155,03	581,98	2.184,82
7	9	63	4,75	203,41	967,05	4.597,43
8	4	32	5,75	132,44	762,06	4.385,00
9	3	27	6,75	136,85	924,32	6.242,96
10	3	30	7,75	180,38	1.398,67	10.845,42
11	2	22	8,75	153,27	1.341,73	11.745,61
12	8	96	9,75	761,14	7.424,23	72.416,66
13	1	13	10,75	115,65	1.243,72	13.375,07
18	1	18	15,75	248,19	3.910,04	61.599,08
24	4	96	21,75	1.892,96	41.179,71	895.827,40
76	1	76	73,75	5.439,67	401.197,74	29.589.977,34
$\sum$	366	822	170,82	10.637,87	458.892,95	30.679.229,07

Daten: OVSICORI-UNA, 2011

Formel 3.117 für Häufigkeitsverteilungen bildet die Grundlage der Berechnung des Momentkoeffizienten der Schiefe a_3:

$$a_3 = \frac{\sum_{i=1}^{m} (a_j - \overline{x})^3 h_j}{ns^3} = \frac{458.892,95}{366 \cdot (5,39)^3} = 8,00 \qquad (3.125)$$

Das Pearson'sche Schiefemaß bestätigt die positive Schiefe des Momentkoeffizienten basierend auf (3.119) und dem Median null, obgleich das Ergebnis einen anderen Wert liefert. Es muss wie oben erläutert im Intervall $[-3;3]$ liegen:

$$a_P = \frac{3(\overline{x} - \overline{x}_{med})}{s} = \frac{3 \cdot (2,25 - 0)}{5,39} = 1,25 \qquad (3.126)$$

Nach der Fechner'schen Lageregel ist

$$\overline{x}_{mod} = 0 < \overline{x}_{med} = 0 < \overline{x} = 2{,}25 \tag{3.127}$$

Auch die Fechner'sche Lageregel bestätigt, dass eine linkssteile, rechtsschiefe bzw. positiv schiefe Verteilung vorliegt. Der Großteil der Werte liegt an der unteren Seite der Verteilung. Für die Eruptionsdaten bedeutet dies, dass sich keine bzw. wenig Eruptionen am Tag häufen sowie zahlreiche Ausbrüche nur an wenigen Tagen stattfinden.

Die Wölbung nach (3.121) beträgt

$$a_4 = \frac{\sum\limits_{i=1}^{m} (a_j - \overline{x})^4 h_j}{ns^4} - 3 = \frac{30.679.229{,}07}{366 \cdot (5{,}39)^4} - 3 = 99{,}22 - 3 = 96{,}22 \tag{3.128}$$

und zeigt im Vergleich zur Normalverteilung eine steilgipfelige, spitze oder leptokurtische Verteilung. Die Eruptionen zeigen vergleichsweise große Häufigkeiten im Bereich keiner bzw. weniger Eruptionen pro Tag.

Lernbox

Die formbeschreibenden Parameter einer Verteilung charakterisieren mit einem Wert die Gestalt der Verteilung (Abb. 3.29).

Kernaussage

Formbeschreibende Parameter, wie es ihre Bezeichnung bereits ausdrückt, geben über die Form einer Verteilung Auskunft: Die Schiefe bezeichnet die Abweichung von der Symmetrie, während die Wölbung die Steilheit der Verteilung beschreibt.

Übung 3.2.5.1

In Übung 3.2.2.1 und 3.2.3.1 haben wir die Sonnenstunden pro Tag in den Monaten November und Dezember 2011 an der Messstation Karl-Franzens-Universität Graz hinsichtlich ihrer typischen Werte, also ihrer Mitte und der Streuung, betrachtet. Abschließend wollen wir noch die formbeschreibenden Parameter, Schiefe und Wölbung, dieser Verteilung darstellen und charakterisieren. Ist die Verteilung der Sonnenstunden hinsichtlich der Formparameter für die Jahreszeit typisch? Berechnen und interpretieren Sie. Die Lösungen für die Übungen sind unter www.springer.com/978-3-8274-2611-6 zu finden.

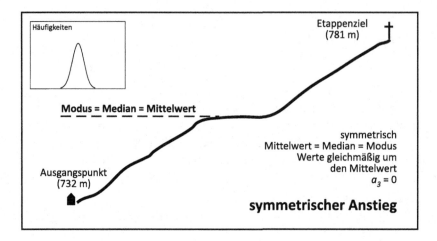

Häufigkeiten

Modus = Median = Mittelwert

Etappenziel
(781 m)

symmetrisch
Mittelwert = Median = Modus
Werte gleichmäßig um
den Mittelwert
$a_3 = 0$

Ausgangspunkt
(732 m)

symmetrischer Anstieg

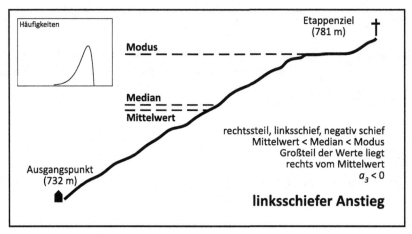

Häufigkeiten

Modus

Etappenziel
(781 m)

Median
Mittelwert

rechtssteil, linksschief, negativ schief
Mittelwert < Median < Modus
Großteil der Werte liegt
rechts vom Mittelwert
$a_3 < 0$

Ausgangspunkt
(732 m)

linksschiefer Anstieg

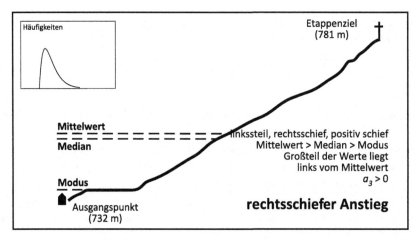

Häufigkeiten

Etappenziel
(781 m)

Mittelwert
Median

linkssteil, rechtsschief, positiv schief
Mittelwert > Median > Modus
Großteil der Werte liegt
links vom Mittelwert
$a_3 > 0$

Modus

rechtsschiefer Anstieg

Ausgangspunkt
(732 m)

Abb. 3.29 Formbeschreibende Parameter einer Verteilung.

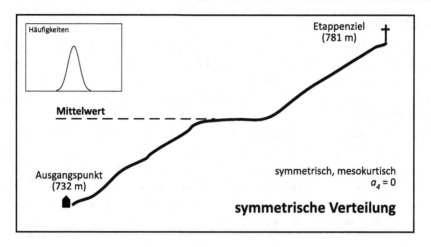

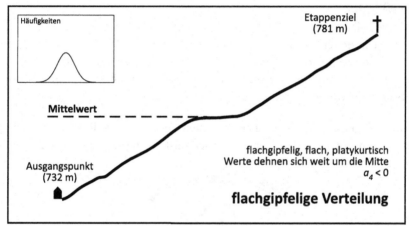

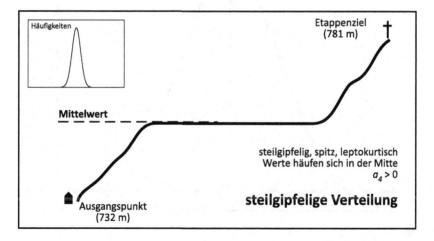

Abb. 3.29 *Fortsetzung*

Übung 3.2.5.2

Auch für die Windgeschwindigkeiten an der Messstation Tamischbachturm im Gesäuse aus Übung 3.2.2.3 interessieren uns die formbeschreibenden Parameter. Geben Sie
Schiefe und Wölbung der Verteilung an und interpretieren Sie die beiden Werte.

Übung 3.2.5.3

Wir kehren zurück zum Einkommen der Österreicherinnen und Österreicher aus
Übung 3.2.3.5. Nach der Berechnung von Mittelwerten und Streuungsparametern der
Verteilung hat sich gezeigt, dass die beiden Verteilungen sehr ungleich gelagert sind.
Jetzt interessiert uns noch die Form der Verteilungen. Berechnen Sie den Momentko-
effizient der Schiefe sowie die Wölbung der Verteilung. Was sagen diese Parameter aus?
Bestätigt die grafische Darstellung diese Werte?

Übung 3.2.5.4

Die dargestellte Statistik – die Daten sind online verfügbar – gibt Auskunft über die
Anzahl behinderter Menschen in Deutschland im Jahr 2009. Die Erhebung ist nach
Altersklassen gruppiert. Für einen Vergleich liegen darüber hinaus die Bevölkerungszahlen in diesen Altersklassen vor. Bestimmen Sie die formbeschreibenden Parameter
der beiden Verteilungen und vergleichen Sie.

Abbildung 3.30 gibt abschließend einen grafischen Überblick über die Parameter univariater Verteilungen, die wir in den vorhergehenden Ausführungen kennen gelernt haben.

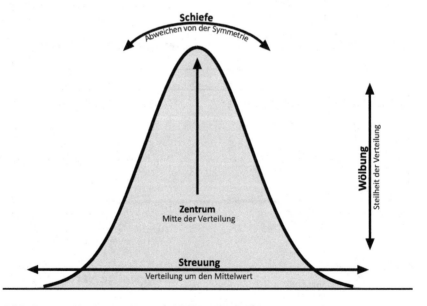

Abb. 3.30 Parameter univariater Verteilungen im Vergleich.

3.3   Zweite Etappe:
Die Stadt im Fokus – Deskriptive Statistik räumlicher Daten

Nach einer intensiven Auseinandersetzung mit dem Naturraum unseres Exkursionsgebiets führt uns die zweite Etappe in den städtischen Raum. Bereits der Vulkan mit seinen Eruptionen, den spürbaren Aktivitäten in Kombination mit dem damit verbundenen Grad an Bedrohung – man konnte die Gefahr nicht zuletzt aufgrund des Schwefels förmlich riechen –, die üppige und dichte Vegetation, die intensive Landwirtschaft am Fuß des Vulkans sowie die touristische Inwertsetzung der heißen Quellen, die rings um den Vulkan angesiedelt sind und nicht nur das Wasser, sondern auch den Boden zum Kochen bringen, haben uns auf der ersten Etappe unserer Exkursion sehr beeindruckt. Voll Spannung und Erwartung wechseln wir den Schauplatz – wir wenden uns vom Containerraum ab und dem, durch soziale Aspekte und deren Konstrukte geprägten Wahrnehmungsraum in der Stadt zu (Budke und Wienecke, 2009, S. 15). Mithilfe der Literatur haben wir uns vorab einen ersten Eindruck verschafft, wie sich die Stadt in den letzten Jahren entwickelt hat, welche städtischen Strukturen vorhanden sind, welche Planungsaspekte verfolgt wurden bzw. werden und wie die einzelnen Stadtviertel ökonomisch und sozial gegliedert sind.

Um diese Vorinformationen zu evaluieren und zu verifizieren, besichtigen wir die einzelnen Stadtbereiche und erhalten wertvolle Zusatzinformationen von einer Kollegin vor Ort, die in der Stadtplanung tätig ist. Sie weist uns besonders auf die Schäden hin, die der letzte Hurrikan angerichtet hat und die trotz umfangreicher Instandsetzungs- und Sanierungsmaßnahmen noch immer deutlich sichtbar sind. Was uns aber noch viel mehr auffällt als die zahlreichen beschädigten und teilweise zerstörten Häuser und (Infra-)Strukturen, sind eine große Anzahl obdachloser Menschen, die mit ihrem gesamten Hab und Gut auf der Straße leben. Besonders jene Studierenden, die keine umfassende Auslandserfahrung haben, sind von diesem Anblick sehr berührt; der Begriff *poverty* aus der Literatur wird für unsere Gruppe zur lebendigen und nahen Realität. Augenscheinlich ist neben der hohen Anzahl von obdachlosen Personen deren ungleichmäßige Verteilung über die einzelnen Viertel bzw. in den Vierteln selbst.

Wir beschließen, uns diesem Thema näher zu widmen, und suchen nach greifbaren Indikatoren. Wie verteilen sich die obdachlosen Menschen über die Innenstadtviertel? Gibt es einen Unterschied bei den Aufenthaltsbereichen zwischen Tag und Nacht? Hat dies Auswirkungen auf die Sicherheit der Touristen im innerstädtischen Bereich? Halten sich die obdachlosen Menschen in der Nähe der Obdachloseneinrichtungen auf? Wo wären Versorgungseinrichtungen kurzfristig zu positionieren, und wie viele Menschen könnten damit erreicht werden?

Wir greifen zur Karte und beginnen mit der Recherche …

Setzen wir wieder die schon so oft zitierte statistische Brille auf. Im Vergleich zu Abschn. 3.2 fügt sich in unserer „Stadtetappe" eine neue Komponente in die Analyse ein – der **geographische Raum**. Streng genommen verlassen wir damit die univariate Statistik, also die Untersuchung eines Merkmals hinsichtlich seiner Häufigkeitsverteilung, und setzen den Schritt in die **bivariate Statistik** – die Analyse von zwei Merkmalen bzw. Variablen. Wenn zwei Variablen in eine statistische Analyse einfließen, so wie dies in der bivariaten Statistik der Fall ist, gilt das Interesse dem Zusammenhang zwischen diesen beiden Variablen. Bevor wir uns eingehender dieser Frage widmen, legen wir den Fokus auf den Raumbezug und verweilen noch bei der Analyse eines einzelnen Merkmals – allerdings untersuchen wir das Merkmal nicht nur hinsichtlich seiner Häufigkeitsverteilung, sondern in Bezug auf dessen Position bzw. Ausdehnung, Verteilung oder Zugänglichkeit im Raum.

Speziell mit der Etablierung der Geotechnologien, aber auch mit dem *spatial turn* kommt dem geographischen Raum und damit der räumlichen Statistik (wieder) verstärkt Bedeutung zu. So verfügen beispielsweise Geographische Informationssysteme über Tools, mit deren Hilfe statistische Analysen räumlicher Daten – von der Mustererkennung über strukturentdeckende Verfahren bis hin zur Untersuchung der räumlichen Autokorrelation – durchgeführt werden. Ebenso kann in der Fernerkundung auf strukturentdeckende Verfahren und Mustererkennungen, wenn auch unter einem anderen Zugang, nicht verzichtet werden. Die Palette dieser Verfahren ist umfangreich.

Da sich die vorliegenden Ausführungen allerdings den deskriptiven statistischen Analysen widmen, ist es nötig, eine Auswahl aus diesen räumlichen Verfahren zu treffen. Der hier gewählte Zugang versucht, die bereits in den bisherigen Abschnitten kennen gelernten Analysen auf den Raum auszuweiten und geeignete Parameter zur Beschreibung räumlicher Verteilungen zu präsentieren und diese zu erläutern. Dabei stehen punktbasierte Verteilungen im Mittelpunkt der Betrachtung. Auf die Präsentation statistischer Analysemethoden für linienhafte sowie flächenhafte Strukturen wird in diesem Kontext verzichtet, da sich diese Parameter grundlegend von den bekannten Zugängen unterscheiden (Schönwiese, 1985, S. 46 f.; Burt, Barber und Rigby, 2009, S. 124 ff.).

3.3.1 Von städtischen Quartieren und sozialen Brennpunkten: Räumliche Mittelwerte

Lernziele

- die räumliche Komponente und ihren Einfluss auf Parameter beschreiben
- den Unterschied zwischen Lageparametern und räumlichen Mittelwerten erläutern
- die Berechnungsverfahren räumlicher Mittelwerte angeben
- Anwendungsbeispiele für räumliche Mittelewerte anführen

Betrachtet man eine Menge von Punkten auf einer Fläche, ist es das Ziel **räumlicher** statistischer Analysen, analog zu den herkömmlichen Lageparametern diese Punktemenge zu verdichten – ein Parameter wird stellvertretend aus allen Punkten berechnet, der eine Aussage zur zentralen Tendenz beinhaltet. Im Fall einer Punktwolke sind zwei Aussagen zur „Mitte" der Punktwolke möglich:

1. die Bestimmung des **Schwerpunktes** in Form des arithmetischen Mittelzentrums bzw. des gewichteten arithmetischen Mittelzentrums,
2. die Ermittlung eines Punktes, der die **geringste Entfernung** zu allen anderen Punkten besitzt – dieser entspricht dem **Medianzentrum** der Punkteverteilung.

Arithmetisches Mittelzentrum und gewichtetes arithmetisches Mittelzentrum

Nicht nur die Zahl der obdachlosen Menschen hat sich nach dem letzten Hurrikan drastisch erhöht, auch deren Aufenthaltsorte haben sich geändert. Während zuvor Obdachlose im Straßenbild wenig in Erscheinung getreten sind – sie haben sich sowohl tagsüber wie auch nachts überwiegend in den Parks des Innenstadtbereichs aufgehalten –, prägen sie heute das Stadtbild der Innenstadt. Wir würden gerne feststellen, ob sich unser Eindruck, dass sich obdachlose Menschen in der ganzen Innenstadt verteilen, bestätigt oder ob der Eindruck durch unsere persönliche Betroffenheit verfälscht wird.

Die Maße der zentralen Tendenz bzw. Lageparameter bestimmen das Zentrum einer Häufigkeitsverteilung. Jener Parameter unter diesen Maßzahlen, der sämtliche Merkmalswerte bei der Ermittlung des Zentrums einer univariaten Verteilung berücksichtigt, ist das arithmetische Mittel. Bei der Übertragung des Konzepts des arithmetischen Mittels auf eine bivariate Verteilung kann man sich die Schwerpunkteigenschaft des arithmetischen Mittels zunutze machen. Diese besagt (Abschn. 3.2.2), dass sich die Summe der positiven Distanzen und die Summe der negativen Distanzen der Merkmalswerte zum arithmetischen Mittel aufheben (Formel 3.42). Für eine bivariate Verteilung von Punkten bedeutet dies, dass das arithmetische Mittel aus den Punkten, das als **arithmetisches Mittelzentrum** bezeichnet wird, den **Schwerpunkt** einer Verteilung bildet. Der Schwerpunkt entspricht demnach dem arithmetischen Mittel der jeweiligen Achsenrichtungen.

Statistisch betrachtet liegt eine Verteilung von n Punkten vor, eine Punktwolke. Diese Punkte P_i besitzen die Koordinaten (x_i, y_i) eines kartesischen Koordinatensystems.

▸ **Definition** Das **arithmetische Mittelzentrum** $\overline{P} = (\overline{x}, \overline{y})$ von n Punkten $P_i(x_i, y_i)$ mit $i = 1, \ldots, n$ entspricht den arithmetischen Mittelwerten der Koordinaten dieser Punkte:

$$\overline{x} = \frac{\sum\limits_{i=1}^{n} x_i}{n} \quad \text{sowie} \quad \overline{y} = \frac{\sum\limits_{i=1}^{n} y_i}{n} \tag{3.129}$$

Bedeutung und Eigenschaften

- Voraussetzung für die Berechnung des arithmetischen Mittelzentrums ist, ebenso wie für das arithmetische Mittel, **metrisches Skalenniveau** der Daten.
- Die Eigenschaft des arithmetischen Mittels, dass zwar alle Merkmalswerte in die Berechnung einfließen, aber **Extremwerte** den Mittelwert stark beeinflussen, ist auf das arithmetische Mittelzentrum übertragbar.
- Die Berechnung des arithmetischen Mittelzentrums für **gruppierte** oder **klassierte Daten** erfolgt analog zur Ermittlung des arithmetischen Mittels für univariate Verteilungen klassierter Daten unter Verwendung der Häufigkeiten bzw. der Klassenmitten. Die Zusammenfassung von Punkten zu Klassen wird dann erforderlich, wenn eine große Zahl von Punkten erfasst wurde. Zumeist wird über die Fläche ein Raster gelegt, das als Grundlage einer Klassifizierung dient. Jede Masche bzw. Zelle des Rasters entspricht einer Klasse, der Mittelpunkt jeder einzelnen Masche wird als stellvertretender Merkmalsträger dieser Masche herangezogen. Da sich der Übergang zum **gewichteten arithmetischen Mittelzentrum** fließend darstellt und die Häufigkeiten und Klassenmitten als Gewichte verstanden werden können, wird auf eine separate Darstellung klassierter Daten verzichtet. Die Ermittlung von Schwerpunkten für **flächenhafte Daten** erfolgt auf Basis der **Zentroide**, der Flächenschwerpunkte.
- Der Schwerpunkt einer Punktwolke muss nicht innerhalb der Punktwolke liegen.
- Als Ergebnis wird ein Punkt dargestellt, der **im Mittelpunkt** der Punktwolke positioniert ist. Dieser Mittelpunkt entspricht dem Schwerpunkt der Punktwolke. Mit der Veränderung bzw. Verschiebung einzelner Punkte in der Punktwolke verschiebt sich auch der Mittelpunkt. Mit anderen Worten bildet das arithmetische Mittelzentrum den Ausgleich der Distanzen zwischen den Punkten; es hält sprichwörtlich das **Gleichgewicht** zwischen den Punkten aufrecht.
- Anwendungsbereiche betreffen Beobachtungen über **Zeiträume** hinweg sowie **Vergleiche** zwischen unterschiedlichen Indikatoren.

Anwendung

Die Bedeutung des **arithmetischen Mittelzentrums** für geographische Fragestellungen steht aufgrund der Analyse von raumbezogenen Informationen außer Zweifel. Die Schwerpunkteigenschaft ist vor allem dann von Interesse, wenn einerseits die Veränderung räumlicher Merkmale über einen Zeitraum hinweg beobachtet und bewertet werden soll, andererseits dient sie dem Vergleich unterschiedlicher Merkmale oder Merkmalsausprägungen in einem Untersuchungsgebiet. Die Fragestellungen und Anwendungsbereiche gehen in erster Linie aus bevölkerungsgeographischen Problemstellungen hervor (Bähr, Jentsch und Kuls, 1992, S. 65 ff.; Heineberg, 2006, S. 56 f.). Das bekannteste und meist zitierte Beispiel einer Schwerpunktanalyse ist die Ermittlung und Veränderung des Bevölkerungsschwerpunktes in den USA (Neft, 1966, zit. nach Bahrenberg et al., 2010, S. 83; United States Census Bureau, 2011).

Mittlerweile werden zahlreiche weitere Fragestellungen zur räumlichen Verteilung von Variablen wie etwa Drogen- oder Kriminalitätsphänomene unter Verwendung von Geographischen Informationssystemen auf Basis des arithmetischen Mittelzentrums beantwortet. Der Trend für Schwerpunktanalysen geht demnach von Bevölkerungsfragen in das Thema sozialer Brennpunkte über. Ein weiterer Anwendungsbereich sind Habitatsanalysen, sowohl im vegetationsgeographischen wie auch im ökologischen und biologischen Bereich. Die physische Geographie beschäftigt sich insbesondere mit der Ermittlung von Schwerpunkten für Erdbebengebiete, Schadstoffausbreitungen oder klimatische Phänomene wie Niederschlagswerte, Feuchtemessungen etc.

Beispiel 3.58

Um unsere Fragestellung über die Aufenthaltsbereiche obdachloser Menschen auf unserer Stadtetappe einer Lösung zuführen zu können, haben wir uns dazu entschlossen, die Standorte obdachloser Personen zu verorten – ausgerüstet mit einem GPS kartieren wir daher im Innenstadtbereich.

Bereits die Verortung der Punkte und deren Visualisierung auf einer Karte lassen einen ersten Eindruck entstehen, wo die Punkte kumulieren, an denen sich obdachlose Personen zusammenfinden (Abb. 3.31). Um den Schwerpunkt der gesamten Standorte im Innenstadtbereich herauszufinden, ziehen wir das Verfahren zur Ermittlung des arithmetischen Mittelzentrums heran. Dazu listen wir in einem ersten Schritt die Koordinaten der kartierten Punkte – in diesem Fall der obdachlosen Personen – auf. Eine zweite Kartierung führen wir in der Nacht durch und vergleichen die beiden Ergebnisse (Tab. 3.26).

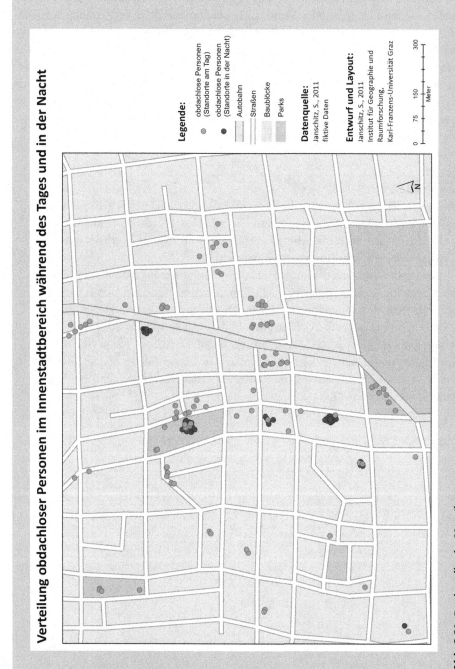

Abb. 3.31 Punktwolke der Verteilung.

Tab. 3.26 Standorte nach Koordinaten von obdachlosen Personen im Innenstadtbereich am Tag und in der Nacht

Personen	x-Koordinaten Tag $(x_{i\text{-Tag}})$	y-Koordinaten Tag $(y_{i\text{-Tag}})$	x-Koordinaten Nacht $(x_{i\text{-Nacht}})$	y-Koordinaten Nacht $(y_{i\text{-Nacht}})$
1	1.012,45	154,84	992,27	323,01
2	993,27	330,13	993,27	330,13
3	989,96	320,87	989,96	320,87
4	1.152,68	217,68	1.127,46	621,28
5	1.177,15	238,85	1.093,07	861,07
6	1.199,64	246,12	1.122,29	422,70
7	1.218,16	254,72	1.123,99	601,15
8	1.205,60	268,61	1.111,42	615,04
9	1.222,79	291,10	499,68	188,52
10	1.228,09	279,20	1.133,91	625,62
11	1.138,13	406,20	996,87	327,16
12	1.150,03	514,68	988,59	319,60
13	1.152,02	562,30	1.116,70	421,04
14	771,68	422,07	990,30	321,17
15	615,57	312,27	995,63	325,72
16	482,75	176,67	983,89	319,61
17	547,58	627,13	993,22	324,43
18	720,88	680,04	1.085,80	859,98
19	784,38	803,07	1.107,26	870,34
20	931,22	920,81	1.116,21	867,00
21	961,65	932,72	1.102,91	873,86
22	977,53	936,69	1.118,79	877,83
23	1.030,44	969,76	1.099,39	860,45
24	1.129,66	906,26	1.092,66	869,26
25	1.141,57	877,16	1.087,75	873,79
26	1.162,73	852,02	1.093,79	887,34
27	1.162,73	813,66	1.093,79	848,97
28	1.213,01	664,17	1.122,20	422,01
29	1.297,67	558,33	1.129,51	423,80
30	1.299,00	574,21	1.129,15	421,18
31	1.293,70	609,93	1.125,54	414,85
32	1.291,06	631,09	1.121,21	417,52
33	1.415,41	605,96	1.126,17	404,16
34	1.414,09	620,51	1.124,84	418,71

Tab. 3.26 *Fortsetzung*

Personen	x-Koordinaten Tag ($x_{i\text{-Tag}}$)	y-Koordinaten Tag ($y_{i\text{-Tag}}$)	x-Koordinaten Nacht ($x_{i\text{-Nacht}}$)	y-Koordinaten Nacht ($y_{i\text{-Nacht}}$)
35	1.411,44	665,49	1.130,60	423,33
36	1.470,97	627,13	1.122,87	413,55
37	1.470,97	639,03	1.122,87	425,46
38	1.492,14	670,78	1.133,95	423,58
39	1.461,71	951,24	1.389,40	1.006,74
40	1.410,12	1.242,28	1.397,54	1.011,10
41	1.377,05	1.247,57	1.397,54	1.011,10
42	1.390,28	1.227,73	1.397,54	1.011,10
43	1.403,51	1.210,53	1.395,10	998,64
44	1.411,44	1.194,66	1.392,94	1.007,99
45	1.420,70	1.181,43	1.397,16	1.006,54
46	1.470,97	1.068,98	1.391,94	1.003,40
47	1.469,65	948,60	1.397,34	1.004,09
48	1.463,04	952,56	1.390,73	1.008,06
49	1.464,36	934,04	1.392,05	989,54
50	1.619,14	834,82	1.133,14	417,77
51	1.572,84	776,62	1.127,20	425,15
52	1.646,92	792,49	1.115,52	420,84
53	1.660,15	780,58	1.128,75	408,94
54	1.653,54	752,80	1.122,13	424,88
55	1.718,36	776,62	1.124,73	416,74
56	1.566,22	766,03	1.120,58	414,56
57	1.492,14	673,43	1.133,95	426,22
58	1.473,62	649,62	1.125,52	436,04
59	1.482,88	636,39	1.134,78	422,81
60	1.419,38	607,28	1.130,13	405,48
61	1.411,44	621,83	1.122,20	420,03
62	1.412,77	640,35	1.123,52	438,55
63	1.403,51	669,46	1.129,39	430,66
64	1.325,45	594,05	1.120,29	430,93
65	1.295,03	578,18	1.125,18	425,15
66	1.295,03	603,31	1.126,86	411,60
67	1.289,73	627,13	1.121,57	432,05
68	1.314,87	631,09	1.124,84	424,25
69	1.089,97	553,04	1.118,56	616,95

Tab. 3.26 *Fortsetzung*

Personen	x-Koordinaten Tag ($x_{i\text{-Tag}}$)	y-Koordinaten Tag ($y_{i\text{-Tag}}$)	x-Koordinaten Nacht ($x_{i\text{-Nacht}}$)	y-Koordinaten Nacht ($y_{i\text{-Nacht}}$)
70	1.124,37	617,87	1.124,37	617,87
71	1.152,15	669,46	1.121,88	415,53
72	1.182,58	842,76	1.113,63	878,08
73	1.145,54	866,57	1.091,72	863,21
74	1.104,53	865,25	1.104,53	865,25
75	1.099,23	877,16	1.099,23	877,16
76	1.100,56	941,98	1.102,24	867,99
77	1.165,38	908,91	1.098,11	870,23
78	610,28	1.149,68	1.392,26	1.006,74
79	606,31	1.151,00	1.388,29	1.008,06
80	602,35	1.143,06	1.384,32	1.000,12
81	606,31	1.022,68	1.391,65	1.002,50
82	730,67	685,33	1.095,59	865,27
83	778,29	797,78	1.101,17	865,05
84	541,49	629,77	987,13	327,07
85	929,11	912,88	1.114,09	859,06
86	951,60	935,37	1.092,86	876,51
87	979,38	934,04	1.120,64	875,18
88	1.032,29	965,79	1.101,24	856,48
89	1.109,02	879,80	1.109,02	879,80
90	1.111,67	861,28	1.111,67	861,28
91	1.146,07	904,94	1.109,07	867,94
92	1.127,54	910,23	1.090,55	873,23
93	1.135,48	717,08	1.125,39	422,79
94	966,15	1.183,55	1.386,57	1.003,61
95	946,30	1.229,85	1.396,99	1.001,14
Σ	112.200,32	70.511,13	108.842,07	61.980,18

Daten: fiktive Werte

Die Berechnung der Mittelwerte der Koordinaten für den Tag folgt Formel 3.129:

$$\overline{x}_{\text{Tag}} = \frac{\sum_{i=1}^{n} x_i}{n} = \frac{112.200,32}{95} = 1.181,06$$

sowie

$$\overline{y}_{\text{Tag}} = \frac{\sum\limits_{i=1}^{n} y_i}{n} = \frac{70.511,13}{95} = 742,22 \tag{3.130}$$

Im Vergleich dazu für die Nacht:

$$\overline{x}_{\text{Nacht}} = \frac{\sum\limits_{i=1}^{n} x_i}{n} = \frac{108.842,07}{95} = 1.145,71$$

sowie

$$\overline{y}_{\text{Nacht}} = \frac{\sum\limits_{i=1}^{n} y_i}{n} = \frac{61.980,18}{95} = 652,42 \tag{3.131}$$

Aus der Karte (Abb. 3.32) geht hervor, dass sich die Standorte der obdachlosen Personen zwischen Tag und Nacht deutlich unterscheiden. Die Standorte der obdachlosen Personen sind am Tag – so wie wir es während unseres Stadtrundgangs empfunden haben – über ein weiteres Gebiet bzw. mehrere Blöcke verstreut, während sich die Aufenthaltsorte in der Nacht auf nur sechs Standorte reduzieren. Die Konzentration der Aufenthaltsorte in der Nacht weist darauf hin, dass zahlreiche Personen in den Nachtstunden in und nahe den Notunterkünften, die die Stadt bereitstellt, unterkommen bzw. sich in deren Nähe aufhalten. Obwohl die Punktwolken in Bezug auf die Verteilung zwischen Tag und Nacht ein differenziertes Bild ergeben, unterscheiden sich die Schwerpunkte der beiden Verteilungen nur geringfügig (um ca. 100 Meter), liegen also verhältnismäßig nahe aneinander.

Allgemeine Folgerung: Je nach Attributen der Punkte – ob es sich bei den Punkten um obdachlose Personen, Verkehrsunfälle, Drogenumschlagplätze oder Standorten von kriminellen Delikten handelt, könnte man Touristen anraten, diese Schwerpunkte bei Tag sowie bei Nacht zu meiden. Ein planungsrelevanter Zugang wäre es, an den Schwerpunkten neue Einrichtungen für betroffene Personen zu schaffen, zentrale Verwaltungseinrichtungen oder Servicestellen zu positionieren oder erhöhte Sicherheitsvorkehrungen im Umfeld der Schwerpunkte zu schaffen.

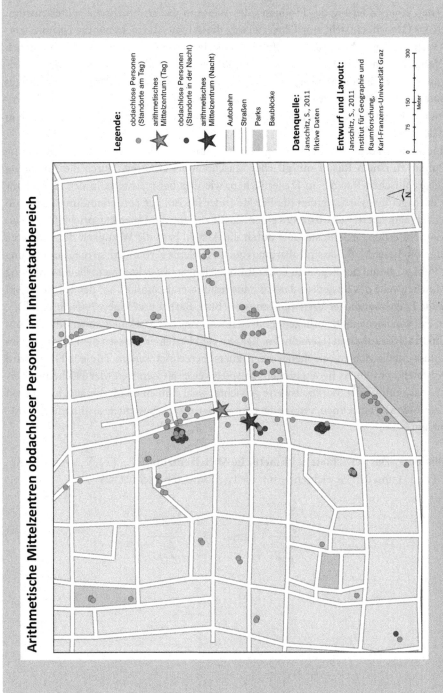

Abb. 3.32   Arithmetische Mittelzentren.

Für räumliche Daten, in vorliegendem Fall für Punkte im Raum, bewirkt eine Gewichtung der Daten eine Änderung des Einflusses der Werte in das arithmetische Mittelzentrum. Durch das Gewicht entsteht eine Umverteilung der Punkte, die nicht nur die Distanz, sondern auch das Gewicht in die Berechnung integriert. Die Gewichte bewirken demnach eine Verminderung bzw. Verstärkung des Einflusses des jeweiligen Punktes in das Mittelzentrum. Daher wird der Schwerpunkt einer Punktwolke mit Gewichtung als **gewichtetes arithmetisches Mittelzentrum** bezeichnet. Als Gewichte fungieren Häufigkeiten der Variablen an diesem Standort ebenso wie beispielsweise die Einbindung der Höhenwerte in Form der z-Koordinaten.

Eine weitere Form der Gewichtung können räumliche Daten durch eine Zuordnung der Punkte zu einem **Raster** mit gleicher Maschenweite erfahren. Durch die Aufteilung des geographischen Raumes in Rasterflächen, wie dies beispielsweise in der Fernerkundung durchgeführt wird, werden die Punkte (oder im Fall der Fernerkundung Pixel) pro Rasterzelle aggregiert, was wiederum einer Klassifizierung der Daten entspricht. Das jeweilige Gewicht erfährt jede Rasterzelle durch die Anzahl bzw. die Wertigkeit der einzelnen Punkte. Mit dieser Methode sind allerdings auch Probleme verbunden, so die Handhabung jener Punkte, die auf der Begrenzung der Rasterzellen zu liegen kommen, die Bestimmung der Maschenweite des Rasters und der daraus resultierende Einfluss auf den Schwerpunkt sowie die Frage räumlicher Verteilungsmuster (Burt, Barber und Rigby, 2009, S. 142 ff.).

Im Fall von flächenhaft vorliegenden Daten wie etwa von Merkmalswerten, die sich auf **administrative Einheiten** (Gemeinden, Bezirke etc.) beziehen, müssen die Punkte, die im Anschluss mit Gewichten versehen werden, zuerst berechnet werden. Für jede Fläche wird stellvertretend ein Punkt herangezogen, beispielsweise das Zentroid (der Flächenschwerpunkt), das mithilfe der Merkmalswerte gewichtet wird. Um einen Merkmalsschwerpunkt aus Zentroiden zu berechnen, verwendet man wiederum das gewichtete arithmetische Mittelzentrum.

▶ **Definition** Das **gewichtete arithmetische Mittelzentrum** $\overline{P}_g = (\overline{x}_g, \overline{y}_g)$ von n Punkten $P_i(x_i, y_i)$ und den Gewichten g_i mit $i = 1, \dots, n$ wird berechnet aus

$$\overline{x}_g = \frac{\sum\limits_{i=1}^{n} g_i x_i}{\sum\limits_{i=1}^{n} g_i} \quad \text{und} \quad \overline{y}_g = \frac{\sum\limits_{i=1}^{n} g_i y_i}{\sum\limits_{i=1}^{n} g_i} \tag{3.132}$$

Beispiel 3.59

Aus Abb. 3.31 geht hervor, dass sich zumeist Gruppen von obdachlosen Personen zusammenfinden. Diese Gruppen könnten durch gewichtete Punkte in der Karte ersetzt werden. Damit reduzieren sich Kartierungs- und Analyseaufwand.

Tab. 3.27 Standorte von Gruppen obdachloser Personen im Innenstadtbereich am Tag

Personen-gruppen	x-Koordinaten Tag (x_i)	y-Koordinaten Tag (y_i)	Gewichte (g_i)	$(g_i x_i)$	$(g_i y_i)$
1	1.639,6153	777,0467	7	11.477,31	5.439,33
2	1.412,5903	1.205,8717	6	8.475,54	7.235,23
3	1.468,0853	941,8501	5	7.340,43	4.709,25
4	1.437,8153	640,8317	13	18.691,60	8.330,81
5	1.301,6003	597,1084	9	11.714,40	5.373,98
6	1.126,7069	894,7634	22	24.787,55	19.684,79
7	603,7086	1.145,3317	6	3.622,25	6.871,99
8	1.177,1569	249,0034	7	8.240,10	1.743,02
9	689,4736	703,0534	6	4.136,84	4.218,32
10	613,7986	311,2251	3	1.841,40	933,68
11	1.126,7069	585,3367	7	7.886,95	4.097,36
12	987,1286	319,6334	4	3.948,51	1.278,53
Σ	13.584,3866	8.371,0557	95	112.162,88	69.916,29

Daten: fiktive Werte

Die Gewichte werden den Koordinaten zugefügt (Tab. 3.27), und es resultiert das gewichtete arithmetische Mittelzentrum aus (3.132):

$$\overline{x}_g = \frac{\sum_{i=1}^{n} g_i x_i}{\sum_{i=1}^{n} g_i} = \frac{112.162,88}{95} = 1.180,66$$

$$\overline{y}_g = \frac{\sum_{i=1}^{n} g_i y_i}{\sum_{i=1}^{n} g_i} = \frac{69.916,29}{95} = 735,96 \qquad (3.133)$$

Es ist leicht zu erkennen, dass die Koordinaten des gewichteten arithmetischen Mittelzentrums beinahe mit jenen des arithmetischen Mittelzentrums der Tages-standorte übereinstimmen (Abb. 3.33).

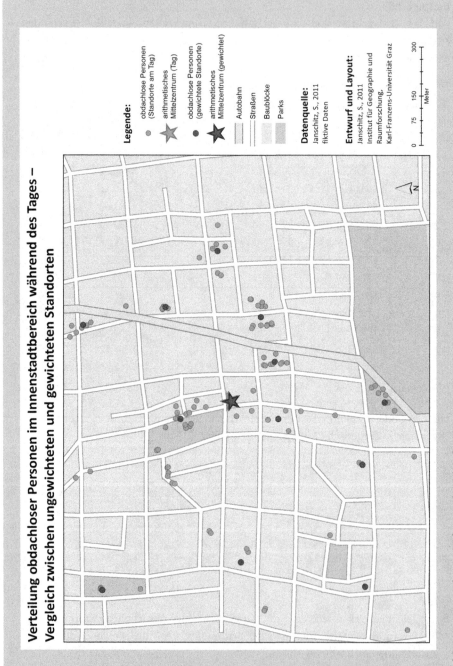

Abb. 3.33   Gewichtetes arithmetisches Mittelzentrum.

Eine weitere Anwendung des gewichteten arithmetischen Mittelzentrums wäre etwa die Erfassung aller obdachlosen Personen über das gesamte Stadtgebiet hinweg. Aus verwaltungstechnischen bzw. organisatorischen Gründen wäre dann eine Zuordnung der Anzahl obdachloser Personen zu den einzelnen Zählsprengeln sinnvoll, womit wieder eine Gewichtung einhergeht.

Medianzentrum und gewichtetes Medianzentrum

Der Schwerpunkt einer Verteilung drückt jenen zentralen Wert einer Punktwolke aus, der im **Mittelpunkt** jener Punktwolke liegt. Die Debatte um den Schwerpunkt von Ländern oder Regionen kennt man auch aus den Medien bzw. aus touristischen Berichten – viele Orte bezeichnen sich als „der Mittelpunkt von …" – und folgen bei der Ermittlung dieser zentralen Standorte dabei der soeben vorgestellten Methode des arithmetischen Mittelzentrums. Das Zentrum einer Verteilung eignet sich demnach, um Verteilungen im Raum durch einen einzigen Punkt auszudrücken und wiederzugeben – es geht um die **durchschnittliche** Entfernung zu den Punkten der Verteilung.

Ist die Mittelpunkteigenschaft jedoch auch geeignet, um Standorte in Bezug auf Entfernungen zu optimieren? Im Kontext unserer obdachlosen Personen formulieren wir die Frage um: Wodurch würde sich ein Standort mit optimaler Lage für beispielsweise eine kurzfristige Versorgung oder die Verteilung von Hilfsgütern auszeichnen? Gehen wir wieder vom Gedanken des arithmetischen Mittelzentrums oder vom eindimensionalen arithmetischen Mittel aus, sind diese in Bezug auf die durchschnittliche Entfernung optimiert. Die Mitte aus der Sicht des Medians minimiert hingegen die Summe der absoluten Abweichungen aller Merkmalswerte zum Median. Auf den zweidimensionalen Raum bezogen, **minimiert** das **Medianzentrum** bzw. der **Medianpunkt** – der Median für bivariate Daten – die **absoluten Distanzen** zu den Punkten einer Verteilung.

▸ **Definition** Das **Medianzentrum** $\overline{P}_{med} = (\overline{x}_{med}, \overline{y}_{med})$ von n Punkten $P_i(x_i, y_i)$ mit $i = 1, \ldots, n$ entspricht jenem Punkt, der die Abweichung der Punkte vom Medianzentrum durch

$$\sum_{i=1}^{n} \sqrt{\left(x_i - \overline{x}_{med}\right)^2 + \left(y_i - \overline{y}_{med}\right)^2} \tag{3.134}$$

minimiert. ■

Bedeutung und Eigenschaften

- So wie sich das arithmetische Mittelzentrum die Schwerpunkteigenschaft zunutze macht und die Eigenschaft, dass die Summe der quadrierten Distanzen minimiert wird, bedient sich das Medianzentrum der **Minimumeigenschaft**, die besagt, dass die Summe der absoluten Abstände zwischen Medianzentrum und den Punkten minimiert wird.
- Im Vergleich zum arithmetischen Mittelzentrum wird das Medianzentrum deutlich weniger von Extremwerten beeinflusst.

- In der Literatur findet sich für das Medianzentrum auch der Begriff des *point of minimum aggregate travel*.
- In den meisten Ausführungen zum Medianzentrum wird als Grundlage für die Berechnung der Abstände die **euklidische Distanz** verwendet, die auch hier präsentiert wird. Darüber hinaus gibt es auch noch die **Manhatten-** oder **City-Block-Distanz**, die vergleichsweise selten Verwendung findet (Pal, 1998; Burt, Barber und Rigby, 2009, S. 134 f.).
- Da die **unmittelbare Berechnung** des Medianzentrums anhand einer Formel **nicht möglich** ist, bedient man sich eines iterativen Verfahrens. Ausgehend von einem **Startwert** – für diesen wird häufig das arithmetische Mittelzentrum gewählt (Rogerson, 2010, S. 36) – wird das **neue** Medianzentrum berechnet. Dafür ermittelt man die Distanzen aller Punkte zum Startwert (in diesem Fall wird der Startwert durch das arithmetische Mittelzentrum repräsentiert):

$$d_i = \sqrt{\left(x_i - \overline{x}\right)^2 + \left(y_i - \overline{y}\right)^2} \tag{3.135}$$

Hieraus wird das **neue** Medianzentrum ermittelt:

$$\overline{x}_{med} = \frac{\sum\limits_{i=1}^{n} \frac{x_i}{d_i}}{\sum\limits_{i=1}^{n} \frac{1}{d_i}} \quad \text{sowie} \quad \overline{y}_{med} = \frac{\sum\limits_{i=1}^{n} \frac{y_i}{d_i}}{\sum_{i=1}^{n} \frac{1}{d_i}} \tag{3.136}$$

Um das Medianzentrum zu verfeinern, wird der Vorgang so lange **wiederholt**, bis sich die Ergebniswerte, also die Koordinaten für das Medianzentrum, nicht mehr ändern. Als neuer Startwert geht dabei das neu berechnete Medianzentrum (3.136) in die Distanzberechnung (3.135) ein.

- Da sich die iterative Berechnung des Medianzentrums aufwendig gestaltet, wird hierfür meist entsprechende **Software** eingesetzt.
- Die Berechnung des Medianzentrums kann ebenso wie für das arithmetische Mittelzentrum unter Verwendung von **Gewichten** durchgeführt werden:

$$\overline{x}_{med} = \frac{\sum\limits_{i=1}^{n} \frac{g_i x_i}{d_i}}{\sum\limits_{i=1}^{n} \frac{g_i}{d_i}} \quad \text{sowie} \quad \overline{y}_{med} = \frac{\sum\limits_{i=1}^{n} \frac{g_i y_i}{d_i}}{\sum_{i=1}^{n} \frac{g_i}{d_i}} \tag{3.137}$$

Als Gewichte kommen in Bezug auf die Distanzen etwa die wiederkehrende Überwindung von Distanzen im Sinne von Wegstrecken oder Zeitfaktoren, Geschwindigkeiten etc. in Betracht.
- **Hinweis:** Das Ergebnis der Iterationen ist nicht eindeutig.

Anwendung

Das Medianzentrum zeichnet sich durch seine Eigenschaft aus, die Summe der Distanzen zu den umliegenden Punkten einer Verteilung zu minimieren. Diese Eigenschaft lässt das Medianzentrum besonders geeignet bei **Lokalisationsfragen** und **Standortent-scheidungen** erscheinen – dies gilt gleichermaßen für die Positionierung von Infra- oder Suprastruktureinrichtungen, eines Firmenstandortes, Standorten von Zulieferindustrien oder zentralen sozialen Einrichtungen wie für bevölkerungsgeographische Fragestellungen oder verkehrsgeographische Anwendungen. Besonders hervorzuheben ist an dieser Stelle, dass die Berechnung des Medianzentrums auf der Grundlage der Luftliniendistanz (euklidische Distanz) beruht, eine optimale Standortwahl vielfach jedoch tatsächliche Entfernungen bzw. Entfernungen, die mit Kostenfaktoren (Zeit, Treibstoff etc.) gewichtet werden, erfordert.

Beispiel 3.60

Die Iterationen zur Ermittlung des Medianzentrums werden ausgehend vom arithmetischen Mittelzentrum in Tab. 3.28 bestimmt.

Das arithmetische Mittelzentrum für die Koordinaten der Standorte am Tag wurde in Beispiel 3.58 berechnet mit

$$\overline{x}_{Tag} = 1.181,06$$

sowie

$$\overline{y}_{Tag} = 742,22 \tag{3.138}$$

Diese Koordinaten gehen als Startwert in die Ermittlung der ersten Iteration für das Medianzentrum ein. Aus (3.135) ergibt sich für die Distanz des ersten Punktes mit den Koordinaten (1.012,45; 154,84)

$$d_1 = \sqrt{(x_1 - \overline{x})^2 + (y_1 - \overline{y})^2} = \sqrt{(1.012,45 - 1.181,06)^2 + (154,84 - 742,22)^2} =$$
$$= 611,0989 \tag{3.139}$$

und daraus die Koordinaten für das Medianzentrum nach der ersten Iteration:

$$\overline{x}_{med} = \frac{\sum\limits_{i=1}^{n} \frac{x_i}{d_i}}{\sum\limits_{i=1}^{n} \frac{1}{d_i}} = \frac{457,2444}{0,3822} = 1.196,3607$$

sowie

$$\overline{y}_{med} = \frac{\sum\limits_{i=1}^{n} \frac{y_i}{d_i}}{\sum_{i=1}^{n} \frac{1}{d_i}} = \frac{284,8192}{0,3822} = 745,2174 \tag{3.140}$$

Dieser Wert geht als neuer Startwert in die nächste Iteration ein:

$$d_1 = \sqrt{(x_1 - \overline{x})^2 + (y_1 - \overline{y})^2} = \sqrt{(1.012,45 - 1.196,36)^2 + (154,84 - 745,22)^2} =$$
$$= 618,3562 \tag{3.141}$$

und daraus wiederum die Koordianten für das Medianzentrum nach der zweiten Iteration:

$$\overline{x}_{med} = \frac{\sum\limits_{i=1}^{n} \frac{x_i}{d_i}}{\sum\limits_{i=1}^{n} \frac{1}{d_i}} = \frac{454,4036}{0,3779} = 1.202,2868$$

sowie

$$\overline{y}_{med} = \frac{\sum\limits_{i=1}^{n} \frac{y_i}{d_i}}{\sum_{i=1}^{n} \frac{1}{d_i}} = \frac{281,4559}{0,3779} = 744,6919 \tag{3.142}$$

Nach zehn Iterationen wird ein nahezu gleichbleibendes bzw. sich nur mehr geringfügig änderndes Medianzentrum erreicht (Abb. 3.34). Die Lage des Medianzentrums besitzt die Koordinaten

$$\overline{x}_{med} = 1.208,20$$

sowie

$$\overline{y}_{med} = 739,64 \tag{3.143}$$

Dabei handelt es sich um jenen Punkt, der die geringste aggregierte Distanz zu allen Punkten besitzt.

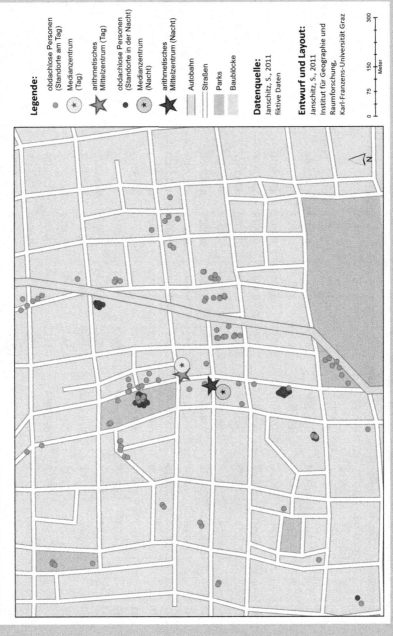

Abb. 3.34 Medianzentren.

Tab. 3.28 Standorte nach Koordinaten von obdachlosen Personen im Innenstadtbereich sowie vom arithmetischen Mittelzentrum ausgehende Iterationen zur Berechnung des Medianzentrums

Personen	x-Koordinaten Tag ($x_{i\text{-Tag}}$)	y-Koordinaten Tag ($y_{i\text{-Tag}}$)	erste Iteration				zweite Iteration			
			d_i	$\frac{x_i}{d_i}$	$\frac{y_i}{d_i}$	$\frac{1}{d_i}$	d_i	$\frac{x_i}{d_i}$	$\frac{y_i}{d_i}$	$\frac{1}{d_i}$
1	1.012,45	154,84	611,0989	1,6568	0,2534	0,0016	618,3562	1,6373	0,2504	0,0016
2	993,27	330,13	452,8622	2,1933	0,7290	0,0022	462,1081	2,1494	0,7144	0,0022
3	989,96	320,87	462,6611	2,1397	0,6935	0,0022	471,8810	2,0979	0,6800	0,0021
4	1.152,68	217,68	525,3073	2,1943	0,4144	0,0019	529,3406	2,1776	0,4112	0,0019
5	1.177,15	238,85	503,3887	2,3385	0,4745	0,0020	506,7327	2,3230	0,4714	0,0020
6	1.199,64	246,12	496,4456	2,4165	0,4958	0,0020	499,1033	2,4036	0,4931	0,0020
7	1.218,16	254,72	488,9089	2,4916	0,5210	0,0020	490,9780	2,4811	0,5188	0,0020
8	1.205,60	268,61	474,2433	2,5421	0,5664	0,0021	476,6924	2,5291	0,5635	0,0021
9	1.222,79	291,10	453,0451	2,6991	0,6425	0,0022	454,8820	2,6882	0,6400	0,0022
10	1.228,09	279,20	465,4069	2,6387	0,5999	0,0021	467,0982	2,6292	0,5977	0,0021
11	1.138,13	406,20	338,7553	3,3597	1,1991	0,0030	343,9842	3,3087	1,1809	0,0029
12	1.150,03	514,68	229,6498	5,0078	2,2411	0,0044	235,1484	4,8907	2,1887	0,0043
13	1.152,02	562,30	182,2479	6,3212	3,0854	0,0055	188,2128	6,1208	2,9876	0,0053
14	771,68	422,07	519,6969	1,4849	0,8122	0,0019	533,6445	1,4461	0,7909	0,0019
15	615,57	312,27	710,3712	0,8666	0,4396	0,0014	724,3997	0,8498	0,4311	0,0014
16	482,75	176,67	898,5954	0,5372	0,1966	0,0011	912,4029	0,5291	0,1936	0,0011
17	547,58	627,13	643,8503	0,8505	0,9740	0,0016	659,4438	0,8304	0,9510	0,0015
18	720,88	680,04	464,3588	1,5524	1,4645	0,0022	479,9275	1,5021	1,4170	0,0021
19	784,38	803,07	401,3169	1,9545	2,0011	0,0025	416,0240	1,8854	1,9304	0,0024

Tab. 3.28 *Fortsetzung*

Personen	x-Koordinaten Tag ($x_{i\text{-Tag}}$)	y-Koordinaten Tag ($y_{i\text{-Tag}}$)	erste Iteration				zweite Iteration			
			d_i	$\frac{x_i}{d_i}$	$\frac{y_i}{d_i}$	$\frac{1}{d_i}$	d_i	$\frac{x_i}{d_i}$	$\frac{y_i}{d_i}$	$\frac{1}{d_i}$
20	931,22	920,81	307,1013	3,0323	2,9984	0,0033	318,0123	2,9283	2,8955	0,0031
21	961,65	932,72	290,5652	3,3096	3,2100	0,0034	300,4099	3,2011	3,1048	0,0033
22	977,53	936,69	281,4992	3,4726	3,3275	0,0036	290,7750	3,3618	3,2214	0,0034
23	1.030,44	969,76	272,8711	3,7763	3,5539	0,0037	279,1936	3,6908	3,4734	0,0036
24	1.129,66	906,26	171,9019	6,5715	5,2720	0,0058	174,3102	6,4808	5,1991	0,0057
25	1.141,57	877,16	140,5944	8,1196	6,2389	0,0071	142,8651	7,9905	6,1398	0,0070
26	1.162,73	852,02	111,3176	10,4452	7,6540	0,0090	111,9729	10,3841	7,6092	0,0089
27	1.162,73	813,66	73,7471	15,7665	11,0331	0,0136	76,2545	15,2481	10,6703	0,0131
28	1.213,01	664,17	84,3406	14,3822	7,8748	0,0119	82,7414	14,6602	8,0270	0,0121
29	1.297,67	558,33	217,7483	5,9595	2,5641	0,0046	212,5781	6,1044	2,6265	0,0047
30	1.299,00	574,21	205,2758	6,3280	2,7973	0,0049	199,4435	6,5131	2,8791	0,0050
31	1.293,70	609,93	173,7564	7,4455	3,5102	0,0058	166,6700	7,7621	3,6595	0,0060
32	1.291,06	631,09	156,3642	8,2567	4,0361	0,0064	148,2955	8,7060	4,2557	0,0067
33	1.415,41	605,96	271,0912	5,2212	2,2353	0,0037	259,5696	5,4529	2,3345	0,0039
34	1.414,09	620,51	262,9030	5,3787	2,3602	0,0038	250,9129	5,6358	2,4730	0,0040
35	1.411,44	665,49	242,8292	5,8125	2,7406	0,0041	229,3837	6,1532	2,9012	0,0044
36	1.470,97	627,13	311,9295	4,7157	2,0105	0,0032	298,9288	4,9208	2,0979	0,0033
37	1.470,97	639,03	307,7353	4,7800	2,0766	0,0032	294,4285	4,9960	2,1704	0,0034
38	1.492,14	670,78	319,1829	4,6749	2,1016	0,0031	305,0029	4,8922	2,1993	0,0033
39	1.461,71	951,24	349,9395	4,1770	2,7183	0,0029	335,9436	4,3511	2,8315	0,0030

Tab. 3.28 *Fortsetzung*

Personen	x-Koordinaten Tag ($x_{i\text{-Tag}}$)	y-Koordinaten Tag ($y_{i\text{-Tag}}$)	erste Iteration				zweite Iteration			
			d_i	$\frac{x_i}{d_i}$	$\frac{y_i}{d_i}$	$\frac{1}{d_i}$	d_i	$\frac{x_i}{d_i}$	$\frac{y_i}{d_i}$	$\frac{1}{d_i}$
40	1.410,12	1.242,28	550,0283	2,5637	2,2586	0,0018	541,0799	2,6061	2,2959	0,0018
41	1.377,05	1.247,57	542,0273	2,5405	2,3017	0,0018	533,8638	2,5794	2,3369	0,0019
42	1.390,28	1.227,73	528,6698	2,6298	2,3223	0,0019	520,0218	2,6735	2,3609	0,0019
43	1.403,51	1.210,53	518,4579	2,7071	2,3349	0,0019	509,3404	2,7555	2,3767	0,0020
44	1.411,44	1.194,66	507,7166	2,7800	2,3530	0,0020	498,2543	2,8328	2,3977	0,0020
45	1.420,70	1.181,43	500,3331	2,8395	2,3613	0,0020	490,5202	2,8963	2,4085	0,0020
46	1.470,97	1.068,98	436,8337	3,3674	2,4471	0,0023	424,5414	3,4649	2,5180	0,0024
47	1.469,65	948,60	354,7916	4,1423	2,6737	0,0028	340,6617	4,3141	2,7846	0,0029
48	1.463,04	952,56	351,7908	4,1588	2,7078	0,0028	337,7999	4,3311	2,8199	0,0030
49	1.464,36	934,04	342,1348	4,2801	2,7300	0,0029	327,8394	4,4667	2,8491	0,0031
50	1.619,14	834,82	447,7654	3,6160	1,8644	0,0022	432,1723	3,7465	1,9317	0,0023
51	1.572,84	776,62	393,2900	3,9992	1,9747	0,0025	377,7857	4,1633	2,0557	0,0026
52	1.646,92	792,49	468,5709	3,5148	1,6913	0,0021	453,0352	3,6353	1,7493	0,0022
53	1.660,15	780,58	480,6293	3,4541	1,6241	0,0021	465,1378	3,5692	1,6782	0,0021
54	1.653,54	752,80	472,5997	3,4988	1,5929	0,0021	457,2396	3,6163	1,6464	0,0022
55	1.718,36	776,62	538,4040	3,1916	1,4424	0,0019	522,9432	3,2859	1,4851	0,0019
56	1.566,22	766,03	385,9039	4,0586	1,9850	0,0026	370,4493	4,2279	2,0678	0,0027
57	1.492,14	673,43	318,6011	4,6834	2,1137	0,0031	304,3680	4,9024	2,2125	0,0033
58	1.473,62	649,62	306,8712	4,8021	2,1169	0,0033	293,2792	5,0246	2,2150	0,0034
59	1.482,88	636,39	319,8430	4,6363	1,9897	0,0031	306,4931	4,8382	2,0763	0,0033

Tab. 3.28 *Fortsetzung*

Personen	x-Koordinaten Tag ($x_{i\text{-Tag}}$)	y-Koordinaten Tag ($y_{i\text{-Tag}}$)	erste Iteration				zweite Iteration			
			d_i	$\frac{x_i}{d_i}$	$\frac{y_i}{d_i}$	$\frac{1}{d_i}$	d_i	$\frac{x_i}{d_i}$	$\frac{y_i}{d_i}$	$\frac{1}{d_i}$
60	1.419,38	607,28	273,8751	5,1826	2,2174	0,0037	262,2291	5,4127	2,3158	0,0038
61	1.411,44	621,83	259,9453	5,4298	2,3922	0,0038	247,9595	5,6922	2,5078	0,0040
62	1.412,77	640,35	253,1137	5,5815	2,5299	0,0040	240,4734	5,8749	2,6629	0,0042
63	1.403,51	669,46	234,0477	5,9967	2,8604	0,0043	220,5637	6,3633	3,0352	0,0045
64	1.325,45	594,05	206,8934	6,4065	2,8713	0,0048	198,7856	6,6678	2,9884	0,0050
65	1.295,03	578,18	199,7496	6,4832	2,8945	0,0050	194,0031	6,6753	2,9803	0,0052
66	1.295,03	603,31	179,6803	7,2074	3,3577	0,0056	172,8344	7,4929	3,4907	0,0058
67	1.289,73	627,13	158,2981	8,1475	3,9617	0,0063	150,5468	8,5670	4,1657	0,0066
68	1.314,87	631,09	173,9414	7,5593	3,6282	0,0057	164,5251	7,9919	3,8359	0,0061
69	1.089,97	553,04	209,9646	5,1912	2,6340	0,0048	219,6577	4,9621	2,5177	0,0046
70	1.124,37	617,87	136,6677	8,2270	4,5209	0,0073	146,2918	7,6858	4,2235	0,0068
71	1.152,15	669,46	78,2943	14,7156	8,5505	0,0128	87,7144	13,1352	7,6323	0,0114
72	1.182,58	842,76	100,5506	11,7610	8,3815	0,0099	98,5130	12,0043	8,5548	0,0102
73	1.145,54	866,57	129,3251	8,8578	6,7007	0,0077	131,5695	8,7067	6,5864	0,0076
74	1.104,53	865,25	144,8894	7,6232	5,9718	0,0069	151,1348	7,3082	5,7250	0,0066
75	1.099,23	877,16	157,8045	6,9658	5,5585	0,0063	163,8344	6,7094	5,3539	0,0061
76	1.100,56	941,98	215,3679	5,1101	4,3738	0,0046	218,8470	5,0289	4,3043	0,0046
77	1.165,38	908,91	167,4205	6,9608	5,4289	0,0060	166,5959	6,9952	5,4558	0,0060
78	610,28	1.149,68	701,2862	0,8702	1,6394	0,0014	712,0926	0,8570	1,6145	0,0014
79	606,31	1.151,00	705,2861	0,8597	1,6320	0,0014	716,1114	0,8467	1,6073	0,0014

Tab. 3.28 *Fortsetzung*

Personen	x-Koordinaten Tag ($x_{i\text{-Tag}}$)	y-Koordinaten Tag ($y_{i\text{-Tag}}$)	erste Iteration				zweite Iteration			
			d_i	$\frac{x_i}{d_i}$	$\frac{y_i}{d_i}$	$\frac{1}{d_i}$	d_i	$\frac{x_i}{d_i}$	$\frac{y_i}{d_i}$	$\frac{1}{d_i}$
80	602,35	1.143,06	703,9743	0,8556	1,6237	0,0014	714,9377	0,8425	1,5988	0,0014
81	606,31	1.022,68	639,5182	0,9481	1,5991	0,0016	652,0270	0,9299	1,5685	0,0015
82	730,67	685,33	453,9658	1,6095	1,5097	0,0022	469,5263	1,5562	1,4596	0,0021
83	778,29	797,78	406,5762	1,9143	1,9622	0,0025	421,3584	1,8471	1,8934	0,0024
84	541,49	629,77	649,3752	0,8339	0,9698	0,0015	664,9673	0,8143	0,9471	0,0015
85	929,11	912,88	304,3044	3,0532	2,9999	0,0033	315,4903	2,9450	2,8935	0,0032
86	951,60	935,37	299,9268	3,1728	3,1186	0,0033	309,9451	3,0702	3,0178	0,0032
87	979,38	934,04	278,3330	3,5187	3,3558	0,0036	287,6398	3,4049	3,2473	0,0035
88	1.032,29	965,79	268,5402	3,8441	3,5965	0,0037	274,9024	3,7551	3,5132	0,0036
89	1.109,02	879,80	155,2969	7,1413	5,6653	0,0064	160,4402	6,9124	5,4837	0,0062
90	1.111,67	861,28	137,8033	8,0671	6,2501	0,0073	143,6790	7,7372	5,9945	0,0070
91	1.146,07	904,94	166,4360	6,8859	5,4372	0,0060	167,4530	6,8441	5,4041	0,0060
92	1.127,54	910,23	176,3240	6,3947	5,1623	0,0057	178,7874	6,3066	5,0911	0,0056
93	1.135,48	717,08	52,0472	21,8164	13,7776	0,0192	67,0648	16,9311	10,6924	0,0149
94	966,15	1.183,55	490,8679	1,9682	2,4111	0,0020	495,1052	1,9514	2,3905	0,0020
95	946,30	1.229,85	541,1900	1,7486	2,2725	0,0018	545,3389	1,7353	2,2552	0,0018
Σ	112.200,32	70.511,13	33.051,0472	457,2444	284,8192	0,3822	32.987,8242	454,4036	281,4559	0,3779

Daten: fiktive Werte

Modalzentrum

Aus Gründen der Vollständigkeit wird an dieser Stelle noch das **Modalzentrum** (oder **Modalpunkt**) erwähnt, obwohl es in der Praxis kaum Relevanz besitzt. Das Modalzentrum entspricht jenem Punkt einer Punktwolke, der das größte Gewicht der Punktwolke besitzt. Dies gilt gleichermaßen für einzelne Punkte, Rasterzellen oder gewichtete Punkte, die administrative Flächen repräsentieren. Gleichbedeutend dem Modus bzw. Modalwert kann es kein oder aber ein bzw. mehrere Modalzentren geben. Auf eine Beispielangabe kann an dieser Stelle verzichtet werden.

Lernbox

Das arithmetische Mittelzentrum und das Medianzentrum bilden die wichtigen Lageparameter einer räumlichen Verteilung (Abb. 3.35).

Gleichgewichtete Merkmale

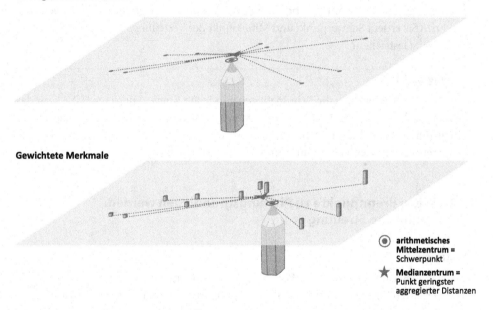

Gewichtete Merkmale

⊙ **arithmetisches Mittelzentrum =** Schwerpunkt

★ **Medianzentrum =** Punkt geringster aggregierter Distanzen

Abb. 3.35   Räumliche Mittelwerte im Überblick.

Kernaussage

Räumliche Mittelwerte – das arithmetische Mittelzentrum und das Medianzentrum – übertragen die Idee der Lageparameter in den Raum. Dabei fungiert das arithmetische Mittelzentrum als Schwerpunkt einer Punktwolke, während das Medianzentrum das Zentrum der minimalen aggregierten Entfernungen zu den Punkten darstellt.

Übung 3.3.1.1

Rund um die Welt ereignen sich täglich zahlreiche Erdbeben. Besonders Kalifornien zählt zu einer jener Zonen, die einerseits dicht besiedelt ist, andererseits täglich von Erdbeben unterschiedlicher Stärke erschüttert wird. So wurden beispielsweise an den letzten Tagen im November 2012 bis zu 140 Beben täglich verzeichnet. Die Karte in den Online-Materialien (www.springer.com/978-3-8274-2611-6) zeigt die einzelnen Standorte von 118 Beben am 27.11.2012, die Tabelle listet die Koordinaten der Beben auf. Bestimmen Sie den Schwerpunkt sowie den Mittelpunkt der Verteilung und interpretieren Sie das Ergebnis.

Übung 3.3.1.2

In Übung 3.3.1.1 haben wir den Mittelpunkt und Schwerpunkt der Verteilung der Erdbeben vom 27.11.2012 ermittelt. Schwerpunkt und Mittelpunkt zeigen „Zentren der Verteilung". Als Zusatzinformation erhalten wir nun die Magnituden der Beben. Berechnen Sie erneut Schwerpunkt und Mittelpunkt der Verteilung. Welchen Unterschied kann man feststellen?

Übung 3.3.1.3

In einem Projekt wurden die Kriminaldaten von Baton Rouge, Louisiana (USA), für das gesamte Jahr 1994 aufgezeichnet. Auf den ersten Blick lässt sich zwar ein ungefähres Zentrum erahnen. Sie sind jedoch gefordert, einerseits den Schwerpunkt der Tatorte, andererseits das Medianzentrum rechnerisch zu ermitteln.

3.3.2   Wenn Brennpunkte zu Planungsgrundlagen werden: Räumliche Streuung

Lernziele

- Parameter für die räumliche Verteilung von Punkten benennen
- Verfahren für die Ermittlung der räumlichen Streuungsparameter nachvollziehen
- die Bedeutung räumlicher Streuung anhand von Beispielen erläutern

Die räumlichen Mittelwerte (Modalzentrum, Medianzentrum und arithmetisches Mittelzentrum) charakterisieren Punkte im Raum in Bezug auf ihre zentrale Funktionalität. Was etwa in der Theorie der zentralen Orte von Walter Christaller die Anzahl sowie Wertigkeit von Funktionen und Leistungen von Ortschaften und Städten darstellt, übernimmt im Bereich der räumlichen Mittelwerte die Distanz zwischen den Punkten bzw. deren Gewichtung.

Auf unserer Exkursion durch den städtischen Raum haben wir einen Eindruck von der Verteilung von Phänomenen im geographischen Raum erhalten, Konzentration, Dispersion und daraus erwachsende Disparitäten gegenübergestellt. Aus unseren Beispielen geht hervor, dass die „Mitte" einer Verteilung – unabhängig davon, wie diese definiert wird – nicht unbedingt einem realen Konzentrationspunkt entspricht, also einer tatsächlichen Ansammlung des Phänomens an dem kalkulierten Standort. Gleichzeitig haben wir aus der Bedeutung der räumlichen „Mitte" abgeleitet, dass sich diese Standorte für die Positionierung von zentralen Einrichtungen anbieten. In den meisten Fällen liegen arithmetisches Mittelzentrum sowie Medianzentrum „nahe" aneinander – erst „Ausreißer" bewirken eine deutlich unterschiedliche Lage der beiden Zentren im Raum, was sich wiederum auf die Einflussbereiche der beiden Punkte auswirkt. Der Schwerpunkt legt den Fokus auf die Verteilung der Punkte um deren Mitte, während das Medianzentrum das Zentrum unter Betonung der (euklidischen) Distanzen darstellt.

Die Frage, die sich uns nun aufdrängt, liegt nahe und geht wiederum auf den ersten Blick nicht unmittelbar aus der Statistik hervor. Vielmehr knüpft sie an die soeben erzielten Ergebnisse der Mitte einer räumlichen Verteilung an und zielt auf die praktische Inwertsetzung dieser Ergebnisse ab: Wie wirkt sich die „Mitte" der Verteilung auf die obdachlosen Personen aus, und welche Schlussfolgerungen können wir daraus ziehen?

Standarddistanz

Die Idee der Anwendung der „Mitte" einer Verteilung besteht darin, im Zentrum der Verteilung einen Standort für eine kurzfristige medizinische Betreuung einzurichten – allerdings nicht für die obdachlosen Personen selbst, sondern für ihre vierbeinigen Begleiter. Zahlreiche obdachlose Menschen führen Hunde mit sich, ihnen fehlen aber die finanziellen Mittel, die Tiere ausreichend tierärztlich zu versorgen. Daher haben sich in den letzten Jahren feste sowie mobile Versorgungszentren etabliert, in denen diese Tiere betreut und versorgt werden. Die Lage des Versorgungszentrums wird so gewählt, dass ein Großteil der obdachlosen Personen erreicht wird – zumeist handelt es sich um Standorte an zentralen Plätzen, Bahnhöfen etc. Eine Optimierung dieser zentralen Standorte ist basierend auf obigen Ausführungen mithilfe der Ermittlung der räumlichen Mittelwerte denkbar. Diese geben zwar Auskunft über den zentralen Standort, liefern jedoch keine Information über Erreichbarkeiten bzw. die Verteilungen selbst.

Die Frage der Verteilung von Merkmalsausprägungen und deren Kennzeichen wurde bereits im Zuge der Erörterung des arithmetischen Mittels bzw. der Standardabweichung für eindimensionale Merkmale beantwortet. Nach der **Tschebyscheff-Norm** (vgl. Standardabweichung; Abschn. 3.2.3 unter „(Empirische) Standardabweichung") liegen 68 % der Werte einer (Normal-)Verteilung in einem Abstand $\bar{x} \pm s$, der durch die Standardabweichung s um das arithmetische Mittel $\bar{x}$ festgelegt wird. Diese Gegebenheit wird ebenfalls auf bivariate Verteilungen, insbesondere räumliche Verteilungen, übertragen. Anstelle der Standardabweichung wird nun um das arithmetische Mittelzentrum eine **Standarddistanz** berechnet. Der Wert der Standarddistanz spiegelt die **Konzentration** einer Verteilung wider. Da das Mittelzentrum einer räumlichen Verteilung den zentralen Punkt in einer Punktwolke darstellt, kann die Standarddistanz nicht „links und rechts" des Mittelwertes aufgetragen werden. Wie man sich jedoch leicht vorstellen kann, wird stattdessen um das Zentrum ein Kreis mit jenem Radius erstellt, der dem Wert der Standarddistanz entspricht. Die Kreisgröße gibt demzufolge Aufschluss über die Streuung der Punkte und somit über das „Einzugsgebiet" des zentralen Punktes.

▸ **Definition** Die **Standarddistanz** s_d von n Punkten $P_i(x_i, y_i)$ mit $i = 1, \ldots, n$ sowie dem arithmetischen Mittelzentrum $\overline{P}(\overline{x}, \overline{y})$ ergibt sich aus

$$s_d = \sqrt{\frac{\sum\limits_{i=1}^{n} (x_i - \overline{x})^2}{n} + \frac{\sum\limits_{i=1}^{n} (y_i - \overline{y})^2}{n}} \tag{3.144}$$

Bedeutung und Eigenschaften

- Da die Formel für die Berechnung der Standarddistanz auf die Ermittlung des arithmetischen Mittelzentrums zurückgeht, ist **metrisches Skalenniveau** erforderlich.
- Ausreißer in Form von **Extremwerten** führen zu einer größeren Standarddistanz und verfälschen somit den Einzugsbereich.
- Die Ermittlung der Standarddistanz für **gruppierte** oder **klassierte Daten**, die aus der Zusammenfassung durch Rasterzellen entstehen, basiert in Analogie zu den räumlichen Mittelwerten auf Häufigkeiten bzw. den jeweiligen Klassenmitten. Sieht man die Klassen als Gewichte g_i an, erfolgt die Berechnung anhand des gewichteten arithmetischen Mittelzentrums durch

$$s_{d_g} = \sqrt{\frac{\sum\limits_{i=1}^{n} g_i(x_i - \overline{x})^2}{\sum\limits_{i=1}^{n} g_i} + \frac{\sum\limits_{i=1}^{n} g_i(y_i - \overline{y})^2}{\sum\limits_{i=1}^{n} g_i}} \tag{3.145}$$

- Die Standarddistanz wird für verschiedene Anwendungsbereiche eingesetzt. Einerseits handelt es sich dabei um einen **Qualitätsindikator** für das arithmetische Mittelzentrum einer Verteilung – je geringer die Standarddistanz ausfällt, desto „besser" zeichnet die Mitte die Verteilung ab –, andererseits wird die Standarddistanz für **Vergleiche** von Punktwolken verwendet – zum einen in einem zeitlichen Kontext, zum anderen für unterschiedliche Punktwolken.
- Auf Grundlage der Standarddistanz wird ein Kreis um den **Mittelpunkt**, den Schwerpunkt der Punktwolke aufgetragen. Je größer die Streuung der Punkte, umso größer ist auch die Standarddistanz und somit die Fläche des Kreises. Je höher die Konzentration der Verteilung ist, umso geringer fällt die Standarddistanz aus.

Anwendung

Die Standarddistanz wird, ähnlich dem arithmetischen Mittelzentrum, in der Geographie überwiegend für **Verteilungsfragen** benützt. Mit dem Einsatz Geographischer Informationssysteme gewinnen diese Parameter zusätzlich an Bedeutung, da auch deren räumliche Visualisierung sprichwörtlich auf Knopfdruck erfolgt – die aufwendige Berechnung wird automatisiert und damit die Berechnung per Hand vollständig abgelöst. Der Einsatz für bevölkerungsgeographische Fragestellungen, im Bereich der *crime geography*, der Verbrechensanalyse, der Analyse sozialer Fragestellungen, aber auch von Schadstoffausbreitungen ist verstärkt festzustellen. Ein weiterer Anwendungsaspekt, der über jenen des arithmetischen Mittelzentrums hinausreicht, ist die Aussagekraft der Standarddistanz in Bezug auf die **Reichweite** von Einrichtungen oder Funktionen des arithmetischen Mittelzentrums. Mithilfe der Standarddistanz kann demnach bestimmt werden, ob der Einzugsbereich bzw. die Reichweite ausgehend vom Mittelzentrum ausreichend bestimmt wurde oder ob weitere Standorte mit der entsprechenden Funktionalität etabliert werden müssen, um eine ausreichende Versorgung zu gewährleisten.

Trotzdem bleibt es verwunderlich, dass diese Parameter in der Geographie, aber auch in anderen Disziplinen noch keinen Durchbruch erzielt haben und ihre Anwendung sich auf wenige Bereiche beschränkt. Gründe hierfür wären einerseits im Bekanntheitsgrad dieser Parameter zu suchen, andererseits auch in den „tradierten statistischen Verhaltensmustern" der Geographinnen und Geographen. An dieser Stelle sei gleichzeitig zu einer **intensiveren Auseinandersetzung** mit diesen räumlichen Werkzeugen aufgefordert.

Beispiel 3.61
Die Positionierung einer mobilen medizinischen Versorgungseinrichtung für die vierbeinigen Begleiter der obdachlosen Personen entscheidet darüber, wie „zugänglich" diese Versorgungseinrichtung ist, wie gut sie für die obdachlosen Menschen erreichbar ist und damit wie sehr sie letztendlich angenommen wird. Um ein optimales Ergebnis zu erzielen und den Einzugsbereich entsprechend abschätzen zu können, berechnen wir daher ausgehend vom Mittelpunkt (arithmetischen Mittelzentrum) der Verteilung die Standarddistanz um dieses Zentrum (Tab. 3.29).

Die Berechnung der Standarddistanz geht wieder vom arithmetischen Mittelzentrum der Verteilung (Beispiel 3.58) aus:

$$\overline{x}_{Tag} = 1.181{,}06$$

sowie

$$\overline{y}_{Tag} = 742{,}22 \tag{3.146}$$

Basierend auf diesem Ausgangswert werden – wie in Tab. 3.29 in den letzten beiden Spalten dargestellt – die Summen der quadrierten Distanzen aller Punkte zum arithmetischen Mittelzentrum ermittelt. Diese werden dann in Formel 3.144 eingetragen:

Tab. 3.29 Standorte nach Koordinaten von obdachlosen Personen im Innenstadtbereich (Tag) sowie quadrierte Distanzen aller Punkte zum arithmetischen Mittelzentrum

Personen	x-Koordinaten Tag $(x_{i\text{-Tag}})$	y-Koordinaten Tag $(y_{i\text{-Tag}})$	$(x_{i\text{-Tag}} - \overline{x})^2$	$(y_{i\text{-Tag}} - \overline{y})^2$
1	1.012,45	154,84	28.427,79	345.014,09
2	993,27	330,13	35.264,23	169.819,98
3	989,96	320,87	36.517,31	177.538,01
4	1.152,68	217,68	805,19	275.142,53
5	1.177,15	238,85	15,22	253.384,98
6	1.199,64	246,12	345,50	246.112,73
7	1.218,16	254,72	1.377,05	237.654,88
8	1.205,60	268,61	602,25	224.304,44
9	1.222,79	291,10	1.742,13	203.507,72
10	1.228,09	279,20	2.211,87	214.391,69
11	1.138,13	406,20	1.842,81	112.912,33
12	1.150,03	514,68	962,35	51.776,68
13	1.152,02	562,30	843,17	32.371,13
14	771,68	422,07	167.589,30	102.495,57
15	615,57	312,27	319.768,89	184.858,38
16	482,75	176,67	487.625,98	319.847,71
17	547,58	627,13	401.295,92	13.247,27
18	720,88	680,04	211.762,70	3.866,35
19	784,38	803,07	157.352,34	3.702,91
20	931,22	920,81	62.416,34	31.894,85
21	961,65	932,72	48.138,78	36.289,34
22	977,53	936,69	41.424,63	37.817,18
23	1.030,44	969,76	22.684,49	51.774,13
24	1.129,66	906,26	2.641,42	26.908,86
25	1.141,57	877,16	1.559,33	18.207,45
26	1.162,73	852,02	335,69	12.055,93
27	1.162,73	813,66	335,69	5.102,95
28	1.213,01	664,17	1.020,75	6.092,58
29	1.297,67	558,33	13.599,29	33.815,02
30	1.299,00	574,21	13.909,60	28.228,54
31	1.293,70	609,93	12.689,41	17.501,89
32	1.291,06	631,09	12.100,33	12.349,43
33	1.415,41	605,96	54.922,68	18.567,74
34	1.414,09	620,51	54.304,33	14.813,66
35	1.411,44	665,49	53.078,21	5.887,82
36	1.470,97	627,13	84.052,73	13.247,27

Tab. 3.29 *Fortsetzung*

Personen	x-Koordinaten Tag $(x_{i\text{-Tag}})$	y-Koordinaten Tag $(y_{i\text{-Tag}})$	$\left(x_{i\text{-Tag}} - \bar{x}\right)^2$	$\left(y_{i\text{-Tag}} - \bar{y}\right)^2$
37	1.470,97	639,03	84.052,73	10.648,28
38	1.492,14	670,78	96.773,99	5.103,73
39	1.461,71	951,24	78.768,90	43.688,73
40	1.410,12	1.242,28	52.470,40	250.060,70
41	1.377,05	1.247,57	38.412,54	255.381,05
42	1.390,28	1.227,73	43.773,17	235.718,60
43	1.403,51	1.210,53	49.483,82	219.314,82
44	1.411,44	1.194,66	53.078,21	204.697,97
45	1.420,70	1.181,43	57.430,92	192.902,26
46	1.470,97	1.068,98	84.052,73	106.770,99
47	1.469,65	948,60	83.287,41	42.589,65
48	1.463,04	952,56	79.513,28	44.243,50
49	1.464,36	934,04	80.261,09	36.795,10
50	1.619,14	834,82	191.918,80	8.575,06
51	1.572,84	776,62	153.494,14	1.182,89
52	1.646,92	792,49	217.031,77	2.526,88
53	1.660,15	780,58	229.532,87	1.471,64
54	1.653,54	752,80	223.238,56	111,95
55	1.718,36	776,62	288.696,00	1.182,89
56	1.566,22	766,03	148.354,92	566,91
57	1.492,14	673,43	96.773,99	4.732,70
58	1.473,62	649,62	85.593,86	8.576,07
59	1.482,88	636,39	91.098,20	11.201,32
60	1.419,38	607,28	56.798,61	18.208,97
61	1.411,44	621,83	53.078,21	14.493,37
62	1.412,77	640,35	53.689,52	10.377,01
63	1.403,51	669,46	49.483,82	5.294,50
64	1.325,45	594,05	20.850,60	21.954,26
65	1.295,03	578,18	12.989,20	26.910,70
66	1.295,03	603,31	12.989,20	19.295,79
67	1.289,73	627,13	11.811,01	13.247,27
68	1.314,87	631,09	17.906,18	12.349,43
69	1.089,97	553,04	8.295,99	35.789,15
70	1.124,37	617,87	3.213,35	15.464,71
71	1.152,15	669,46	835,51	5.294,50
72	1.182,58	842,76	2,32	10.108,11
73	1.145,54	866,57	1.261,65	15.463,32

Tab. 3.29 *Fortsetzung*

Personen	x-Koordinaten Tag $(x_{i\text{-Tag}})$	y-Koordinaten Tag $(y_{i\text{-Tag}})$	$\left(x_{i\text{-Tag}} - \overline{x}\right)^2$	$\left(y_{i\text{-Tag}} - \overline{y}\right)^2$
74	1.104,53	865,25	5.856,87	15.136,06
75	1.099,23	877,16	6.694,81	18.207,45
76	1.100,56	941,98	6.480,08	39.903,26
77	1.165,38	908,91	245,73	27.783,89
78	610,28	1.149,68	325.781,61	166.020,72
79	606,31	1.151,00	330.327,92	167.100,52
80	602,35	1.143,06	334.905,63	160.674,15
81	606,31	1.022,68	330.327,92	78.655,62
82	730,67	685,33	202.848,64	3.236,28
83	778,29	797,78	162.217,32	3.086,89
84	541,49	629,77	409.042,90	12.645,20
85	929,11	912,88	63.478,46	29.122,72
86	951,60	935,37	52.651,72	37.304,37
87	979,38	934,04	40.674,14	36.795,10
88	1.032,29	965,79	22.130,02	49.983,81
89	1.109,02	879,80	5.188,64	18.928,48
90	1.111,67	861,28	4.814,47	14.175,28
91	1.146,07	904,94	1.224,34	26.476,59
92	1.127,54	910,23	2.863,47	28.226,69
93	1.135,48	717,08	2.076,98	631,93
94	966,15	1.183,55	46.185,24	194.766,08
95	946,30	1.229,85	55.108,18	237.778,43
$\sum$	112.200,32	70.511,13	7.656.988,24	6.821.438,35

Daten: fiktive Werte

$$s_d = \sqrt{\frac{\sum\limits_{i=1}^{n}\left(x_i - \overline{x}\right)^2}{n} + \frac{\sum\limits_{i=1}^{n}\left(y_i - \overline{y}\right)^2}{n}} =$$

$$= \sqrt{\frac{7.656.988,24}{95} + \frac{6.821.438,35}{95}} = \sqrt{15.404,49} = 390,39 \qquad (3.147)$$

Die Standarddistanz um das arithmetische Mittelzentrum beträgt somit 390 Meter. Innerhalb dieser Distanz, die etwa dem halben Maß der betrachteten Fläche entspricht, sind all jene Personen anzutreffen, die eine gute Zugänglichkeit zum mobilen tierischen Versorgungszentrum haben (Abb. 3.36).

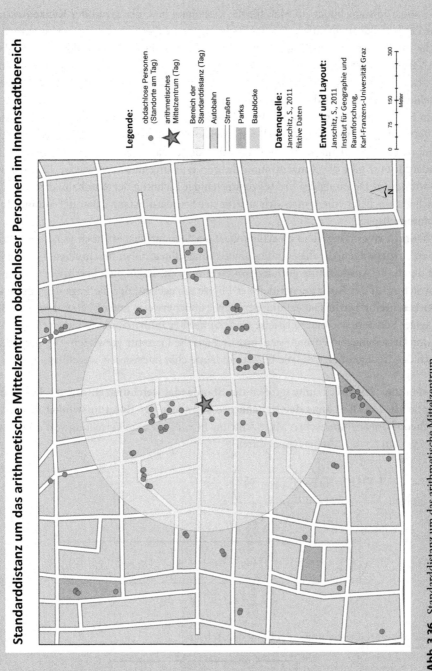

Abb. 3.36 Standarddistanz um das arithmetische Mittelzentrum.

Standardabweichungsellipse

Die Standarddistanz bildet ein Maß für die Verteilung bzw. den **Grad der Konzentration** einer Punktwolke, unabhängig von den Richtungen, die diese Verteilung annimmt bzw. in welche die Punkte streuen. Anders ausgedrückt beschreibt die Standarddistanz lediglich jene Verteilungen von Punkten gut, die **kreisförmig** um ein Zentrum angeordnet sind. Entspricht die Form der Verteilung keinem Kreis bzw. hat kreisähnliche Gestalt, wäre eine Verfeinerung der Standarddistanz wünschenswert.

Im Fall unseres Beispiels obdachloser Personen (Abb. 3.31) ist es vorstellbar, dass sich die Verteilung im Innenstadtbereich auf gewisse Bereiche konzentriert wie etwa an die Standorte der (Not-)Unterkünfte in der Nacht oder entlang der Innenstadtautobahn. Die Standarddistanz gibt die Konzentration dieser Verteilung nur vage wieder. Ein besseres Bild würde eine Dehnung des Kreises zugunsten der Richtung der Autobahn ergeben. Statistisch gesprochen bedient man sich anstelle der Standarddistanz daher der **Standardabweichungsellipse**.

Natürlich ist es nötig, dem einzelnen Wert der Standarddistanz noch weitere Einflussgrößen hinzuzufügen, die die Standardabweichungsellipse näher beschreiben. Da eine Ellipse durch die **Ausdehnung entlang von zwei Achsen** hinlänglich beschrieben wird, ist zusätzlich noch der **Rotationswinkel** der Ellipse anzugeben, der die Lage der Ellipse im Raum beschreibt. Da die Darstellung der Ellipse üblicherweise unter Verwendung von einschlägiger Software wie beispielsweise Geographischer Informationssysteme erfolgt, wird auf eine Herleitung der Formel verzichtet und auf die Literatur verwiesen – es werden lediglich die drei Parameter, die die Ellipse eindeutig charakterisieren, angeführt.

▸ **Definition**   Die drei Einflussgrößen der **Standardabweichungsellipse**, die **Länge der Hauptachse** $2s_x$, die **Länge der Nebenachse** $2s_y$ sowie der **Rotationswinkel** θ, werden ausgehend vom arithmetischen Mittelzentrum $\overline{P}(\overline{x}, \overline{y})$ für eine Verteilung von n Punkten $P_i(x_i, y_i)$ mit $i = 1, \ldots, n$ berechnet durch

$$\tan \theta = \frac{\left(\sum\limits_{i=1}^{n} (x_i - \overline{x})^2 - \sum\limits_{i=1}^{n} (y_i - \overline{y})^2 \right)}{2 \sum\limits_{i=1}^{n} (x_i - \overline{x})(y_i - \overline{y})} +$$

$$+ \frac{\sqrt{\left(\sum\limits_{i=1}^{n} (x_i - \overline{x})^2 - \sum\limits_{i=1}^{n} (y_i - \overline{y})^2 \right)^2 + 4 \left(\sum\limits_{i=1}^{n} (x_i - \overline{x})(y_i - \overline{y}) \right)^2}}{2 \sum\limits_{i=1}^{n} (x_i - \overline{x})(y_i - \overline{y})} \qquad (3.148)$$

und die Standardabweichungen entlang der Achsen

$$s_x = \sqrt{\frac{\sum\limits_{i=1}^{n} \left((x_i - \overline{x}) \cos \theta - (y_i - \overline{y}) \sin \theta \right)^2}{n}}$$

und

$$s_y = \sqrt{\frac{\sum_{i=1}^{n} \left((x_i - \overline{x}) \sin \theta + (y_i - \overline{y}) \cos \theta \right)^2}{n}} \qquad (3.149)$$

Bedeutung und Eigenschaften

- Die Parameter der **Standardabweichungsellipse** gehen vom arithmetischen Mittelzentrum $\overline{P}(\overline{x}, \overline{y})$ einer Punktwolke aus. Aus diesem Grund wird mit dem arithmetischen Mittelzentrum als Ursprung ein neues Koordinatensystem errichtet. Die Koordinaten sämtlicher Punkte der Verteilung werden in das neue Koordinatensystem transferiert ($x_i - \overline{x}$ bzw. $y_i - \overline{y}$). Aus den transformierten Punkten wird der Rotationswinkel bestimmt, und es werden die beiden Achsen der Ellipse (für Formelangabe vgl. Ebdon, 1985, S. 135 ff.; Lee und Wong, 2001, S. 48 f.; Wong und Lee, 2005, S. 203 ff.) abgeleitet. Die Standardabweichung fließt dabei getrennt nach den Achsen in die Berechnung ein.
- Die längere Achse, die Hauptachse der Ellipse, gibt die Richtung der größten Verteilung aller Punkte an. Im rechten Winkel dazu liegt die kürzere Achse oder Nebenachse der Ellipse, die jene Richtung mit der geringsten Verteilung anzeigt. Je gestreckter die Ellipse sich darstellt, umso weniger eignet sich die Standarddistanz für die Charakterisierung der Verteilung.
- **Wichtig:** Das Vorzeichen bei der Berechnung des inversen Tangens spielt eine besondere Rolle bei der Erstellung der Ellipse. Im Falle eines negativen Ergebnisses ist dieser Ergebniswinkel (Beispiel 3.62) stets einem Winkel von 90° abzuziehen, da die Rotation immer im Uhrzeigersinn stattfindet.
- Die Standardabweichungsellipse erweitert die Eigenschaft der Standarddistanz, die Konzentration einer Punktwolke um ihren Mittelpunkt zu beschreiben durch die **Richtung der Konzentration**. Je eindeutiger eine Orientierung der Konzentration der Verteilung erkennbar ist, umso deutlicher bildet dies die Ellipse ab.

Anwendung

Die Einsatzbereiche der Standardabweichungsellipse orientieren sich natürlich stark an jenen der Standarddistanz und werden zur **Charakterisierung sowie Visualisierung der Konzentration von Verteilungen einer Punktwolke** verwendet. Die elliptische Darstellung bzw. Berechnung kommt vor allem bei jenen Anwendungen zum Tragen, wo eine Ausrichtung der Verteilung in eine Richtung erkennbar, also ein **räumlicher Trend** in der Verteilung abzulesen ist. Um eine Vorstellung über die Anwendungsbreite zu vermitteln, seien hier neben den Untersuchungen im Bereich der Kriminalität (vgl. Standarddistanz) Applikationen der Standardabweichungsellipse für Fragen im Gesundheitswesen, wie etwa der Ausbreitung von Krankheiten (Lai und Kwong, 2011), die Untersuchung von Verkehrsunfällen (Vandenbulcke-Plasschaert, 2011), von bevölkerungsgeographischen Aspekten

(Porter, 2007), aber auch in der Physiogeographie zur Analyse von Wetterphänomenen wie Tornados (Kerski, 2011; ESRI, 2012a) angeführt.

Beispiel 3.62

Die in Beispiel 3.61 dargestellte Standarddistanz eignet sich gut, um den Einzugsbereich einer Punktwolke festzulegen, die um ein Zentrum gleichförmig streut. Für den Fall, dass die Verteilung sich nicht kreisförmig um das Zentrum erstreckt, sondern eine Orientierung der Verteilung in eine Richtung erkennbar ist, liegt die Präferenz der Berechnung auf der Standardabweichungsellipse. Daher ermitteln wir für die Darstellung der Konzentration der Verteilung von obdachlosen Personen in der Nacht die Standardabweichungsellipse (Tab. 3.30).

Das arithmetische Mittelzentrum für die Verteilung der obdachlosen Personen in der Nacht ist durch die Koordinaten $\overline{P} = (1.145{,}71; 652{,}42)$ bestimmt (Formel 3.131). Dieser Wert fließt in die Berechnung des Rotationswinkels der Ellipse ein, und es ergeben sich folgende Zwischensummen:

$$\sum_{i=1}^{n} (x_i - \overline{x})^2 = 1.768.262{,}67 \tag{3.150}$$

$$\sum_{i=1}^{n} (y_i - \overline{y})^2 = 6.495.609{,}92 \tag{3.151}$$

$$\sum_{i=1}^{n} (x_i - \overline{x})(y_i - \overline{y}) = 2.196.082{,}36 \tag{3.152}$$

Laut (3.148) ergibt sich:

$$\tan \theta = \frac{\left(\sum_{i=1}^{n} (x_i - \overline{x})^2 - \sum_{i=1}^{n} (y_i - \overline{y})^2 \right)}{2 \sum_{i=1}^{n} (x_i - \overline{x})(y_i - \overline{y})} +$$

$$+ \frac{\sqrt{\left(\sum_{i=1}^{n} (x_i - \overline{x})^2 - \sum_{i=1}^{n} (y_i - \overline{y})^2 \right)^2 + 4 \left(\sum_{i=1}^{n} (x_i - \overline{x})(y_i - \overline{y}) \right)^2}}{2 \sum_{i=1}^{n} (x_i - \overline{x})(y_i - \overline{y})} =$$

$$= \frac{(1.768.262{,}67 - 6.495.609{,}92)}{2 (2.196.082{,}36)} +$$

$$+ \frac{\sqrt{(1.768.262{,}67 - 6.495.609{,}92)^2 + 4 \cdot (2.196.082{,}36)^2}}{2 (2.196.082{,}36)} =$$

$$= \frac{(-4.727.347{,}25) + 6.452.822{,}87}{4.392.164{,}72} = 0{,}392853121 \tag{3.153}$$

Tab. 3.30 Standorte von obdachlosen Personen im Innenstadtbereich (Nacht) sowie quadrierte Distanzen aller Punkte zum arithmetischen Mittelzentrum (Nacht)

Perso-nen	x-Koordinaten Nacht $(x_{i\text{-Nacht}})$	y-Koordinaten Nacht $(y_{i\text{-Nacht}})$	$(x_{i\text{-Nacht}} - \overline{x})^2$	$(y_{i\text{-Nacht}} - \overline{y})^2$	$(x_{i\text{-Nacht}} - \overline{x}) \cdot (y_{i\text{-Nacht}} - \overline{y})$
1	992,27	323,01	23.542,42	108.512,81	50.543,58
2	993,27	330,13	23.237,25	103.872,60	49.129,56
3	989,96	320,87	24.256,50	109.927,47	51.637,74
4	1.127,46	621,28	333,09	969,75	568,35
5	1.093,07	861,07	2.770,46	43.531,73	−10.981,94
6	1.122,29	422,70	548,44	52.772,67	5.379,86
7	1.123,99	601,15	471,53	2.629,21	1.113,44
8	1.111,42	615,04	1.175,28	1.397,65	1.281,65
9	499,68	188,52	417.352,03	215.203,60	299.692,61
10	1.133,91	625,62	139,07	718,33	316,07
11	996,87	327,16	22.152,75	105.796,10	48.411,51
12	988,59	319,60	24.684,08	110.768,30	52.289,71
13	1.116,70	421,04	841,14	53.536,85	6.710,58
14	990,30	321,17	24.152,26	109.726,44	51.479,53
15	995,63	325,72	22.522,32	106.732,12	49.029,13
16	983,89	319,61	26.184,25	110.762,24	53.853,75
17	993,22	324,43	23.252,43	107.582,24	50.015,49
18	1.085,80	859,98	3.588,62	43.080,23	−12.433,77
19	1.107,26	870,34	1.478,14	47.488,12	−8.378,19
20	1.116,21	867,00	870,21	46.043,50	−6.329,88
21	1.102,91	873,86	1.831,45	49.035,13	−9.476,58
22	1.118,79	877,83	724,71	50.808,58	−6.068,06
23	1.099,39	860,45	2.145,12	43.276,68	−9.635,01
24	1.092,66	869,26	2.813,39	47.020,44	−11.501,60
25	1.087,75	873,79	3.358,40	49.005,20	−12.828,83
26	1.093,79	887,34	2.695,69	55.184,58	−12.196,73
27	1.093,79	848,97	2.695,69	38.631,66	−10.204,84
28	1.122,20	422,01	552,76	53.091,31	5.417,25
29	1.129,51	423,80	262,46	52.268,26	3.703,82
30	1.129,15	421,18	274,21	53.474,58	3.829,26
31	1.125,54	414,85	406,80	56.438,85	4.791,59
32	1.121,21	417,52	600,09	55.178,11	5.754,30
33	1.126,17	404,16	381,84	61.635,02	4.851,27
34	1.124,84	418,71	435,30	54.621,26	4.876,12

Tab. 3.30 *Fortsetzung*

Personen	x-Koordinaten Nacht ($x_{i\text{-Nacht}}$)	y-Koordinaten Nacht ($y_{i\text{-Nacht}}$)	$(x_{i\text{-Nacht}} - \overline{x})^2$	$(y_{i\text{-Nacht}} - \overline{y})^2$	$(x_{i\text{-Nacht}} - \overline{x}) \cdot (y_{i\text{-Nacht}} - \overline{y})$
35	1.130,60	423,33	228,05	52.483,43	3.459,57
36	1.122,87	413,55	521,51	57.058,41	5.454,93
37	1.122,87	425,46	521,51	51.512,08	5.183,03
38	1.133,95	423,58	138,29	52.370,45	2.691,18
39	1.389,40	1.006,74	59.387,89	125.537,69	86.344,77
40	1.397,54	1.011,10	63.419,36	128.648,24	90.326,02
41	1.397,54	1.011,10	63.419,36	128.648,24	90.326,02
42	1.397,54	1.011,10	63.419,36	128.648,24	90.326,02
43	1.395,10	998,64	62.196,03	119.868,34	86.344,28
44	1.392,94	1.007,99	61.127,03	126.430,08	87.910,72
45	1.397,16	1.006,54	63.229,22	125.395,72	89.043,10
46	1.391,94	1.003,40	60.629,32	123.181,89	86.420,10
47	1.397,34	1.004,09	63.319,63	123.669,74	88.491,36
48	1.390,73	1.008,06	60.034,46	126.476,88	87.137,66
49	1.392,05	989,54	60.684,49	113.646,51	83.045,65
50	1.133,14	417,77	157,91	55.061,71	2.948,71
51	1.127,20	425,15	342,56	51.654,30	4.206,51
52	1.115,52	420,84	911,44	53.629,68	6.991,42
53	1.128,75	408,94	287,67	59.285,93	4.129,73
54	1.122,13	424,88	555,80	51.776,74	5.364,46
55	1.124,73	416,74	439,91	55.547,00	4.943,24
56	1.120,58	414,56	631,16	56.576,96	5.975,73
57	1.133,95	426,22	138,29	51.166,49	2.660,07
58	1.125,52	436,04	407,66	46.820,01	4.368,85
59	1.134,78	422,81	119,47	52.720,07	2.509,66
60	1.130,13	405,48	242,49	60.979,92	3.845,39
61	1.122,20	420,03	552,70	54.004,61	5.463,37
62	1.123,52	438,55	492,25	45.739,57	4.745,03
63	1.129,39	430,66	266,08	49.177,73	3.617,38
64	1.120,29	430,93	645,97	49.058,67	5.629,41
65	1.125,18	425,15	421,40	51.654,84	4.665,56
66	1.126,86	411,60	355,19	57.994,23	4.538,59
67	1.121,57	432,05	582,65	48.563,25	5.319,33
68	1.124,84	424,25	435,32	52.063,15	4.760,68
69	1.118,56	616,95	736,80	1.258,65	963,00

Tab. 3.30 *Fortsetzung*

Personen $(x_{i\text{-Nacht}})$	x-Koordinaten Nacht	y-Koordinaten Nacht $(y_{i\text{-Nacht}})$	$(x_{i\text{-Nacht}} - \overline{x})^2$	$(y_{i\text{-Nacht}} - \overline{y})^2$	$(x_{i\text{-Nacht}} - \overline{x}) \cdot (y_{i\text{-Nacht}} - \overline{y})$
70	1.124,37	617,87	455,24	1.194,24	737,34
71	1.121,88	415,53	567,63	56.119,49	5.644,06
72	1.113,63	878,08	1.028,88	50.919,54	−7.238,11
73	1.091,72	863,21	2.914,16	44.431,49	−11.378,95
74	1.104,53	865,25	1.695,81	45.295,83	−8.764,30
75	1.099,23	877,16	2.159,63	50.505,59	−10.443,81
76	1.102,24	867,99	1.889,40	46.467,92	−9.369,97
77	1.098,11	870,23	2.265,04	47.439,53	−10.365,94
78	1.392,26	1.006,74	60.787,99	125.538,54	87.356,95
79	1.388,29	1.008,06	58.846,71	126.477,73	86.271,66
80	1.384,32	1.000,12	56.936,98	120.895,00	82.966,24
81	1.391,65	1.002,50	60.489,79	122.552,91	86.099,94
82	1.095,59	865,27	2.511,56	45.304,90	−10.667,06
83	1.101,17	865,05	1.983,11	45.209,81	−9.468,68
84	987,13	327,07	25.145,36	105.853,55	51.591,91
85	1.114,09	859,06	999,57	42.700,08	−6.533,13
86	1.092,86	876,51	2.793,08	50.213,90	−11.842,78
87	1.120,64	875,18	628,42	49.622,77	−5.584,25
88	1.101,24	856,48	1.976,98	41.641,21	−9.073,26
89	1.109,02	879,80	1.345,58	51.701,79	−8.340,81
90	1.111,67	861,28	1.158,48	43.622,28	−7.108,82
91	1.109,07	867,94	1.342,28	46.448,47	−7.896,01
92	1.090,55	873,23	3.042,41	48.757,40	−12.179,50
93	1.125,39	422,79	412,65	52.730,18	4.664,69
94	1.386,57	1.003,61	58.013,16	123.330,40	84.585,97
95	1.396,99	1.001,14	63.144,36	121.604,30	87.627,77
$\sum$			1.768.262,67	6.495.609,92	2.196.082,36

Daten: fiktive Werte

Der Rotationswinkel θ errechnet sich:

$$\tan \theta = 0{,}392853121$$
$$\theta = \arctan(0{,}392853121) = 0{,}374330132 \tag{3.154}$$

Daraus folgt ein Rotationswinkel θ von

$$\theta = 21{,}44753669° = 21°26'51{,}13'' \tag{3.155}$$

Für die Berechnung der Standardabweichungen entlang der beiden Achsen der Ellipse, also die Berechnung der halben Achsenlängen der Haupt- und Nebenachse, verwenden wir (3.149),

$$s_x = \sqrt{\frac{\sum\limits_{i=1}^{n}\left((x_i - \overline{x})\cos\theta - (y_i - \overline{y})\sin\theta\right)^2}{n}} \quad \text{und}$$

$$s_y = \sqrt{\frac{\sum\limits_{i=1}^{n}\left((x_i - \overline{x})\sin\theta + (y_i - \overline{y})\cos\theta\right)^2}{n}}$$

und die Zwischenergebnisse

$$\cos\theta = 0{,}930752767 \tag{3.156}$$

$$\sin\theta = 0{,}365649129 \tag{3.157}$$

$$\cos^2\theta = 0{,}866300714 \tag{3.158}$$

$$\sin^2\theta = 0{,}133699286 \tag{3.159}$$

$$\cos\theta\sin\theta = 0{,}340328939 \tag{3.160}$$

für

$$s_x = \sqrt{\frac{\sum\limits_{i=1}^{n}\left((x_i - \overline{x})\cos\theta - (y_i - \overline{y})\sin\theta\right)^2}{n}} =$$

$$= \sqrt{\frac{\left(\sum\limits_{i=1}^{n}(x_i - \overline{x})^2\cos^2\theta\right) - 2\sum\limits_{i=1}^{n}(x_i - \overline{x})(y_i - \overline{y})\cos\theta\sin\theta + \left(\sum\limits_{i=1}^{n}(y_i - \overline{y})^2\sin^2\theta\right)}{n}} =$$

$$= \sqrt{\frac{(1.768.262{,}67 \cdot 0{,}866300714) - 2 \cdot (2.196.082{,}36) \cdot 0{,}340328939 + (6.495.609{,}92 \cdot 0{,}133699286)}{95}} =$$

$$= 97{,}6311 \tag{3.161}$$

und analog für

$$s_y = \sqrt{\frac{\sum\limits_{i=1}^{n}\left((x_i - \overline{x})\sin\theta + (y_i - \overline{y})\cos\theta\right)^2}{n}} = 278{,}3097 \tag{3.162}$$

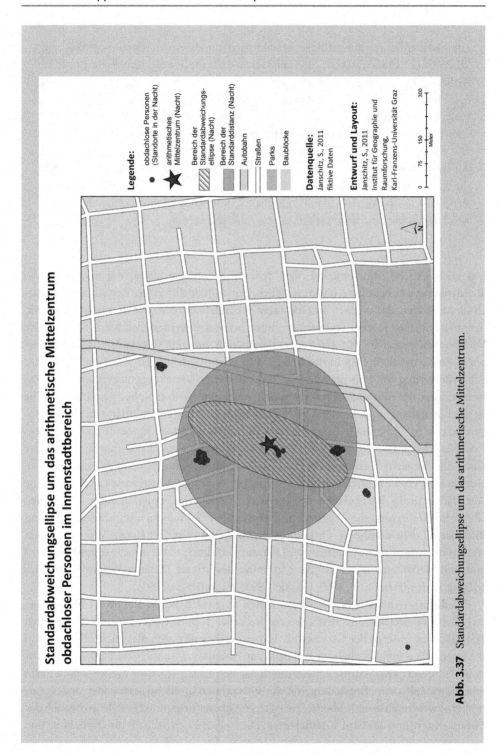

Abb. 3.37   Standardabweichungsellipse um das arithmetische Mittelzentrum.

Die Standardabweichungsellipse ist demnach durch einen Rotationswinkel von $21°\,26'\,51,13''$ charakterisiert, die Hauptachse der Ellipse neigt sich in nordöstliche Richtung. Der Einzugsbereich in Richtung der Hauptachse beträgt etwas mehr als 550 Meter, also rund einen halben Kilometer. Der Einzugsbereich entlang der Nebenachse beträgt hingegen lediglich knapp 200 Meter. Diese deutlich unterschiedlichen Angaben weisen auf die Abweichung von einer kreisförmigen Verteilung hin. Die Karte zeigt deutlich, dass die Standardabweichungsellipse die Verteilung der Aufenthaltsorte obdachloser Personen bei Nacht besser widerspiegelt, als dies durch die Standarddistanz erfolgt (Abb. 3.37). (*Hinweis*: Um dieses Ergebnis mit jenem in ArcGIS Desktop (Version 10.0) vergleichen zu können, sind die beiden Standardabweichungen mit einem Faktor von $\sqrt{2}$ zu multiplizieren.)

Das arithmetische Mittelzentrum, das Medianzentrum, die Standarddistanz sowie die Standardabweichungsellipse bilden lediglich den Auftakt für einen Bereich von statistischen Methoden, der vielfach als **Geostatistik** bezeichnet wird. Die deskriptive Statistik, deren Grundlagen in dem vorliegenden Buch behandelt werden, deckt sich für bivariate Verteilungen genau in den genannten Parametern mit der Geostatistik. Der Schwerpunkt der Geostatistik liegt in der Untersuchung von Verteilungen im Raum bzw. in der Schlussfolgerung von Informationen aus punktbasierten Verteilungen auf flächenhafte Informationen, der **räumlichen Interpolation**. Insbesondere in der physischen Geographie ist man darauf angewiesen, Messwerte, die man an einzelnen Standorten von Messstationen erfasst, in flächenhafte Informationen für einen Beobachtungsraum zu übertragen. Jede Niederschlagskarte, Bodentypisierungskarte, geologische Karte macht sich in der einen oder anderen Form diese Interpolationsverfahren zunutze, denn es ist unmöglich, eine gesamte Fläche hinsichtlich unterschiedlicher gemessener Merkmale zu erfassen. Eine Alternative für die Interpolation von Messwerten bildet die Fernerkundung – ihr stehen Mittel zur Verfügung, die es gestatten, flächenhafte Informationen unmittelbar aus dem Bildmaterial (Satellitenbilder, Orthofotos etc.) zu generieren. Der Geostatistik ist aus diesen Gründen ausreichend Raum in der Literatur gewidmet, zu deren Schwerpunkten unter anderem Methoden wie jene des Variogramms, des Inverse Distance Weighting und des Kriging zählen (z. B. Bachi, 1999; Cressie, 1993; Wackernagel, 2003).

Die **deskriptive Statistik räumlicher Daten** fungiert in diesem Kontext als **Bindeglied** zwischen zwei umfassenden Bereichen der Statistik – zum einen der Welt der deskriptiven Statistik, zum anderen der Geostatistik. Daher beschränken sich diese Ausführungen auf die essenziellen Inhalte, obgleich Potenzial zur Erweiterung in mehrere Dimensionen besteht. Die deskriptive Statistik erfährt durch das Betrachten von zwei Merkmalen in Form von Koordinaten eine **Ergänzung** von **der univariaten** in die **bivariate** oder, anders formuliert, **zweidimensionale Ebene**. Ein weiterer Anknüpfungspunkt besteht im Bereich der **Lorenz-Kurve** und des **Gini-Koeffizienten**. Diese eignen sich auch für die Darstellung und

Beschreibung von Verteilungen im Raum (Burt, Barber und Rigby, 2009, S. 127 f.), wenn die Merkmale auf räumliche Einheiten wie beispielsweise administrative Grenzen bezogen werden. Und eine dritte Komponente bildet etwa die Standardabweichungsellipse, deren Hauptachse der **Richtung der orthogonalen Regressionsgeraden** entspricht. Womit wir den ersten Schritt in die Richtung des nächsten Abschnitts gesetzt hätten – der Bewertung und Abschätzung des Zusammenhangs von zwei Variablen, die sich nun nicht mehr unbedingt durch einen Raumbezug charakterisieren lassen.

Lernbox

Die räumlichen Streuungsparameter werden durch die Standarddistanz und die Standardabweichungsellipse bestimmt (Abb. 3.38).

Gleichgewichtete Merkmale

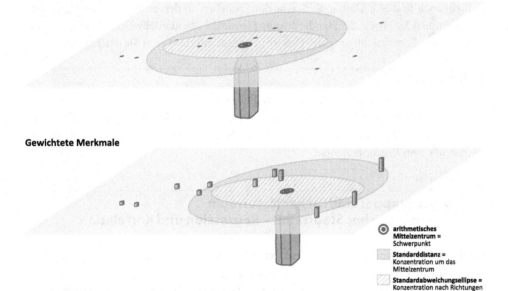

Gewichtete Merkmale

◉ **arithmetisches Mittelzentrum =** Schwerpunkt

▨ **Standarddistanz =** Konzentration um das Mittelzentrum

▨ **Standardabweichungsellipse =** Konzentration nach Richtungen

Abb. 3.38   Räumliche Streuung im Überblick.

Kernaussage

Die räumliche Streuung wird durch die Standarddistanz und die Standardabweichungsellipse ausgedrückt. Die Standarddistanz gibt die Streuung der Punkte um das arithmetische Mittelzentrum an, die Standarddistanzellipse verzerrt den Kreis der Standarddistanz in die vorherrschende Richtung der Verteilung der Punkte.

Übung 3.3.2.1

Rund um die Welt ereignen sich täglich zahlreiche Erdbeben. Besonders Kalifornien zählt zu einer jener Zonen, die einerseits dicht besiedelt ist, andererseits täglich von Erdbeben unterschiedlicher Stärke erschüttert wird. So wurden beispielsweise an den letzten Tagen im November 2012 bis zu 140 Beben täglich verzeichnet. Die Karte zeigt die einzelnen Standorte von 118 Beben am 27.11.2012, die Tabelle listet die Koordinaten der Beben auf. In Übung 3.3.1.1 wurden bereits das arithmetische Mittelzentrum sowie das Medianzentrum berechnet. Bestimmen Sie die Standarddistanz sowie die Standardabweichungsellipse und interpretieren Sie das Ergebnis. Die Daten und Informationen zu den Übungen finden Sie unter: www.springer.com/978-3-8274-2611-6.

Übung 3.3.2.2

Ähnlich wie für den Schwerpunkt und den Mittelpunkt der Verteilung in Übung 3.3.1.2, fließt auch in dieser Übung die Stärke der Erdbeben an den einzelnen Standorten ein. Bestimmen Sie erneut die Standarddistanz sowie die Standardabweichungsellipse, diesmal unter Berücksichtigung der Gewichtung und interpretieren Sie das Ergebnis.

Übung 3.3.2.3

In Übung 3.3.1.3 haben wir uns mit den Tatorten von Verbrechen in Baton Rouge beschäftigt. Bestimmen Sie für diese Daten auch die Standarddistanz sowie die Standardabweichungsellipse und interpretieren Sie das Ergebnis. Welche Konsequenzen könnte man aus dem Ergebnis ziehen?

3.4   Dritte Etappe: Städtischer Naturraum oder natürlicher Stadtraum – Regression und Korrelation

Mit der dritten Etappe neigt sich unsere Exkursion bereits dem Ende zu. Bislang haben wir unsere Themen vorwiegend einem der Aspekte der Geographie zugeordnet und unsere Etappen zuerst auf physiogeographische und dann auf humangeographische Fragestellungen in unserem Exkursionsgebiet ausgerichtet. Dieser – zugegebenermaßen – etwas einseitige Zugang wurde gewählt, um einerseits die geographische Komplexität zu reduzieren und damit gleichzeitig der statistischen Diskussion mehr Platz einzuräumen.

Mit der fortschreitenden Dauer unserer Exkursion nähern wir uns aber gleichzeitig dem Endziel unserer Ausführungen – sowohl aus Sicht der Geographie wie auch von statistischer Seite: der integrativen Verbindung von human- und physiogeographischen Fragestellungen und somit letztendlich der Erweiterung der Analyse eines Merkmals **in Richtung multivariater Analysen**. Einen ersten Schritt in diese Richtung haben wir bereits mit der räumlichen Statistik gewagt, nun legen wir den Fokus auf bivariate Analysen, die eine Untersuchung des **Zusammenhangs zwischen zwei Merkmalen** in den Mittelpunkt stellen, jedoch noch immer dem umfassenden Dach der deskriptiven Statistik untergeordnet sind.

Verlässt man die deskriptive Statistik und dehnt die multivariaten Analysen weiter aus, gelangt man zu den **explorativen statistischen Verfahren**. Den hier vorgestellten Methoden sind dann weitere strukturprüfende Verfahren wie die Varianz- oder Diskriminanzanalyse sowie strukturentdeckende Verfahren wie die Faktoren- oder Clusteranalyse hinzuzufügen. Mithilfe dieser Analysen werden auf der Grundlage vorliegender Informationen neue Informationen generiert bzw. Objekte kategorisiert – in der Datengrundlage verborgene Strukturen bzw. Informationen werden sichtbar gemacht. Doch zurück zu den bivariaten Analysen und unserer Exkursion.

Stichwort „Nachhaltigkeit": Insbesondere als Geographinnen und Geographen muss unser Augenmerk darauf gerichtet sein, unsere Umwelt in einem Maß zu erhalten und entsprechend zu gestalten, dass sie für nachfolgende Generationen lebenswert bleibt. Nicht zuletzt aufgrund der klimatischen, wirtschaftlichen und auch gesellschaftlichen Entwicklungen in den letzten Jahren wird dem Thema Nachhaltigkeit verstärkt Gehör geschenkt, jedoch wird der Begriff „Nachhaltigkeit" mit gewinnender Popularität zunehmend zu einer Floskel degradiert, die mit dem ursprünglichen Gedanken nicht mehr konsistent ist. Auch wir schenken diesem populären Thema im Rahmen der Nachhaltigkeitsdiskussion unsere Aufmerksamkeit, fokussieren unseren Blick allerdings auf ein Kernthema: Going Green.

Going Green können wir nicht mit einem einzigen Merkmal beschreiben – es bedarf zahlreicher Indikatoren. Der Prozess des Greening umfasst soziale Aspekte ebenso wie ökonomische Faktoren, Komponenten wie Versorgung, Bildung und Produktionskosten spielen gleichermaßen eine Rolle wie Energie, Ressourcen oder die Umwelt. Es ist ein vielschichtiges Thema, eine komplexe Herausforderung – statistisch ausgedrückt **multidimensional**, zahlreiche Merkmale integrierend. Jenseits der Frage, welche Merkmale zur Bewertung des Greening-Prozesses herangezogen werden – diese ist rein inhaltlich zu begründen und zu beantworten –, interessiert neben dem Kontext auch die **Frage nach dem Konnex** der Merkmale untereinander.

Und wieder sind wir mitten in der Statistik gelandet – was mittlerweile die Leserschaft wohl kaum mehr verwundert, sondern vielmehr bereits (lieb gewonnener) Usus geworden ist. An dieser Stelle des Weges angekommen, öffnen sich erneut zahlreiche Möglichkeiten, den Zusammenhang von Merkmalen zu untersuchen und darzustellen.

Da wir auf unserer Exkursion den Nachhaltigkeitsaspekt untersuchen, wählen wir für ein erstes Gedankenexperiment einige Indikatoren, die wir in den detaillierteren Ausführungen im Folgenden noch näher begründen werden: Bildungsstand, Gesundheit sowie Kinderanteil an der Gesamtbevölkerung aus dem humangeographischen Bereich einerseits sowie die Grünflächen als physisch-geographische Komponente andererseits. Wir gehen erst einmal davon aus, dass sich ein Zusammenhang zwischen den human- und physiogeographischen Merkmalen ableiten läßt. Doch wie „manifestiert" er sich, wie kann dieser nachgewiesen werden? Kann der Zusammenhang größenmäßig abgeschätzt werden, und wie können wir ihn beschreiben? Umgemünzt auf unsere Merkmale eröffnet dies Fragen wie etwa: Hängt der Bildungsstand der ansässigen Bevölkerung mit dem Grünanteil im untersuchten Gebiet zusammen? Ist ein Trend zwischen dem Kinderanteil an der Gesamtbevölkerung und dem Grünraumanteil erkennbar? Natürlich fließt in die Interpretation der Ergebnisse ein räumlicher Kontext ein, darüber hinaus sind eine städtebauliche oder kulturräumliche Begründung notwendig – für die Zusammenhangsfrage aus statistischer bzw. mathematischer Sicht sind diese Aspekte allerdings nicht von Bedeutung.

Diese Gedanken stehen lediglich am Beginn jenes Fragenkatalogs, der in den folgenden Ausführungen die statistische Analyse des **Zusammenhangs von zwei Merkmalen** aufspannt:

- Gibt es einen Zusammenhang zwischen den Merkmalen?
- Wenn ja, wie kann dieser Zusammenhang charakterisiert werden?
- Wie stark ist der Zusammenhang zwischen den Merkmalen?
- In welche Richtung lässt sich der Zusammenhang fortsetzen bzw. kann man aus diesem Zusammenhang einen Trend ablesen?
- Welche Möglichkeiten bestehen, den Zusammenhang zu visualisieren?

Die Analysen, die eine Antwort auf die diese Fragen ermöglichen, beginnen, wie bereits in der univariaten Statistik, mit der Darstellung des Zusammenhangs zweier Merkmale anhand von Tabellen – den zweidimensionalen **Häufigkeitstabellen** bzw. Kontingenztafeln. Ob ein Zusammenhang zwischen den Merkmalen besteht und wie stark dieser ist, wird mithilfe der **Korrelationsanalyse** ermittelt. Die Richtung des Zusammenhangs bestimmt man schließlich unter Verwendung der **Regressionsanalyse**.

Blickt man auf die Reihenfolge der oben angeführten Fragestellungen und die zugehörigen Analysen, bietet sich eigentlich dieselbe Reihenfolge für die Erläuterung der Inhalte an – doch wir zäumen das Pferd sozusagen von hinten auf und beginnen mit unseren Ausführungen bei der Regressionsanalyse. Der Grund hierfür liegt in der Komponente der **Visualisierung**, die einen intuitiven Zugang zu den Analysemethoden und deren Verständnis unterstreicht. An dieser Stelle sei auch auf Abschn. 4.3 verwiesen, der sich ausführlich der Visualisierung von statistischen Daten zuwendet. Wie bereits in den vorangegangenen Abschnitten wird die Grafik in diesem Kontext lediglich für die Heranführung an das Thema benutzt.

3.4.1   Going Green: Regressionsanalyse oder „Wohin geht der Trend"?

Lernziele

- Fragen formulieren, die mithilfe der Regressionsanalyse beantwortet werden können
- den Begriff „Regression" sowie den Gedanken der Annäherung erläutern
- die Idee der Ableitung skizzieren, die zur Regressionsgeraden führt
- die Parameter der Regressionsgerade verstehen und grafisch umsetzen
- die Parameter der Regressionsgerade rechnerisch ermitteln
- den Trend der Regressionsgeraden mit Worten formulieren

Für die dritte Etappe haben wir uns zum Ziel gesetzt, unser bisheriges Wissen aus der Humangeographie mit physisch-geographischen Inhalten zu verknüpfen. Da wir uns bereits auf der zweiten Etappe dem Thema Stadt zugewandt haben, bleiben wir in diesem städtischen Umfeld und richten unser Augenmerk auf die Flächennutzung und dabei konkret auf die Grünflächen der Stadt.

Unsere Kinder brauchen mehr Grün. Eine Forderung oder auch Feststellung, der wir ungeteilt zustimmen – insbesondere im städtischen Umfeld. „Grün" bezieht sich allerdings nicht mehr ausschließlich auf Parks und Grünflächen, sondern inkludiert die Themenkomplexe Energie, Mobilität, Architektur, Infrastruktur und auch wirtschaftliche Aspekte. Wie unschwer zu erkennen ist, wäre es der falsche Ort, sich ausgiebig diesem Thema zu widmen, daher legen wir unseren Fokus auf die beiden Merkmale in der eingangs getroffenen Feststellung – das Merkmal „Kinder" und das Merkmal „grün". Wir dehnen somit unsere Untersuchung von bislang einem Merkmal und dessen Verteilung auf zwei Merkmale aus.

Wir wollen die Feststellung, dass unsere Kinder mehr Grün benötigen, hinterfragen und beginnen daher zu ermitteln, wie viel Grün in unserem Untersuchungsgebiet vorhanden ist, wie viele Kinder im Bereich leben und schließlich wie sich der Zusammenhang zwischen den von uns gewählten Merkmalen charakterisieren lässt – vorausgesetzt natürlich, dieser existiert.

Auf den ersten Etappen unserer Exkursion haben wir uns jeweils einem Merkmal zugewandt, das wir hinsichtlich verschiedener Parameter untersucht haben – und auch in der Statistik räumlicher Daten ging es letztendlich lediglich um ein Merkmal, das wir auf seine räumlichen Besonderheiten bzw. Verteilung im Raum analysiert haben. Die Ausweitung der Untersuchung auf zwei Merkmale legt nahe, dass die **Verbindung** dieser beiden Merkmale von Interesse sein könnte. In den Mittelpunkt der Betrachtung rückt daher nicht der einzelne Faktor bzw. die Beschreibung eines einzelnen Merkmals, sondern ob sich ein Zusammenhang von mindestens zwei Merkmalen nachweisen lässt und wie stark dieser ausfällt.

Bereits ohne statistisches Wissen würden wir vermuten, dass ein Zusammenhang zwischen den beiden Merkmalen „Grün" und „Kinder" hergestellt werden kann. Auf unserer Exkursion durch das Stadtgebiet haben wir festgestellt, dass der Anteil von Frauen mit kleineren Kindern vor allem im Stadtrandgebiet hoch war, allerdings hatten wir ebenso den Eindruck, als wäre die Präsenz von kleineren Kindern, Frauen mit Kinderwägen und spielenden Kindern in den Stadtteilen nahe dem Zentrum sogar noch höher. Es gilt nun, diesen Eindruck zu bestätigen und die Anzahl der Familien mit Kindern nach Stadtbezirken zu ermitteln. Ebenso haben wir wahrgenommen, dass der Anteil an Grünflächen im Stadtumland höher ist als im Stadtzentrum, obgleich wir in der Stadtverwaltung erfahren haben, dass es Bestrebungen gibt, den Grünflächenanteil im Stadtkern zu erhöhen – dazu wurden und werden neue Parkanlagen, Bewegungsräume für Kinder, Sportstätten etc. geschaffen.

Natürlich ist aus geographischer Sicht anzumerken, dass sich zwar der Wunsch nach mehr Grünraum in der Stadt global verallgemeinern lässt und auch durch aktuelle Diskussionen und Trends bestätigt wird, sich die Umsetzung in der Realität aber zum einen sehr stark an kulturellen und zum anderen ebenso an sozialen und vor allem ökonomischen Rahmenbedingungen orientiert. Anders formuliert hängen die Einflussfaktoren von der jeweiligen Stadt ab, dem kulturellen und sozialen Hintergrund der Menschen, die in der Stadt leben, dem Budget der Stadtverwaltung etc.

Aber nicht der Stadtgeographie, sondern der Statistik und ihren Möglichkeiten gilt unsere Aufmerksamkeit. Wie gehen wir jetzt an die Untersuchung der Merkmale im Hinblick auf ihren potenziellen Zusammenhang heran? Da wir davon ausgehen, dass sich Familien mit Kindern dort ansiedeln, wo es ausreichend Bewegungsraum für die Kinder gibt, und wir einen Zusammenhang zwischen dem Kinderanteil an der Bevölkerung und dem Grünflächenanteil vermuten, machen wir uns – im wahrsten Sinne des Wortes – ein Bild von der Situation.

Beispiel 3.63
Tabelle 3.31 zeigt die Grünflächen- und Kinderanteile in den Bezirken der Stadt.

Tab. 3.31 Grünflächenanteile und Kinderanteile gemessen am jeweiligen Bezirk

Stadtbezirk	Anteil der Grünflächen an der Gesamtfläche des Bezirks (x_i) (in Prozent)	Anteil der Kinder unter 14 Jahren an der Bevölkerung im Bezirk (y_i) (in Prozent)
Bezirk 1	17,4	6,3
Bezirk 2	39,9	13,4
Bezirk 3	16,4	12,6
Bezirk 4	40,9	19,4
Bezirk 5	30,7	9,8
Bezirk 6	5,1	3,3
Bezirk 7	32,7	14,7
Bezirk 8	10,2	5,8
Bezirk 9	18,4	14,9
Bezirk 10	23,5	7,8
Bezirk 11	47,1	17,5
Bezirk 12	14,3	14,2
Bezirk 13	33,8	18,1
Bezirk 14	34,8	15,7
Bezirk 15	50,1	20,1
Bezirk 16	14,3	5,9
Bezirk 17	56,3	18,8
Bezirk 18	44,0	13,7

Daten: fiktive Daten (in Anlehnung an die Daten der Stadt Wien (2012a–c))

Abbildung 3.39 zeigt eine Punktwolke, die den Kinderanteil dem Grünflächenanteil in unserer Stadt gegenüberstellt. Entlang der x-Achse (Abszisse) sind die Prozentanteile der Grünfläche an der Gesamtfläche der einzelnen Bezirke dargestellt, auf der *y*-Achse (Ordinate) wurden die Prozentanteile der Kinder an der Gesamtbevölkerung des jeweiligen Bezirks aufgetragen. Wie kann ich die Punktwolke, die sich daraus ergibt, interpretieren? Die Grafik ist einfach zu lesen: Für den Punkt „Bezirk 8" steht ein Anteil von 10,2 % an Grünraum einem Kinderanteil von 5,8 % gegenüber. Je weiter man sich entlang der Achse nach rechts bewegt, also je mehr Grünflächen zu finden sind, desto höher wird auch der Kinderanteil, beispielsweise für den vierten Bezirk, der knapp 41 % Grünflächenanteil und bereits einen Kinderanteil von beinahe 20 % aufweist. Allerdings gibt es auch Ausnahmen: So ist das Verhältnis im Bezirk 18 44 % Grünflächenanteil zu 13,7 % Kinderanteil – also gibt es deutlich weniger Kinder als im vierten Bezirk. Die Punktwolke gibt somit einen ersten Eindruck wieder und bestätigt „vorsichtig" einen Zusammenhang zwischen den beiden Merkmalen. Es bleibt für uns aber bislang nur eine Vermutung.

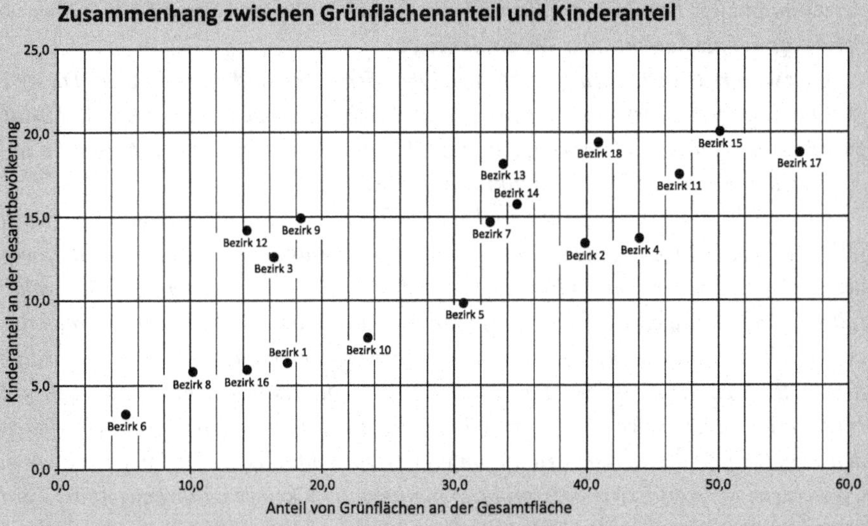

Abb. 3.39 Grünflächenanteil und Anteil der Kinder an der Wohnbevölkerung der Stadtbezirke.

Vor Ihnen läge kein Statistikbuch, würden wir nicht das Ziel verfolgen, diesen Eindruck, diese Vermutung auch formal festlegen und bestätigen zu wollen. Wir nähern uns der Zusammenhangsanalyse, wie zuvor festgestellt, über die Ermittlung eines Trends, der sich aus der Punktwolke ablesen lässt (z. B. Fahrmeir, Kneib und Lang, 2009). Dieser Trend kann durch eine Funktion ausgedrückt werden, und da wir uns auf einen Einstieg in die Statistik beschränken, wählen wir eine lineare Funktion – im Folgenden als **lineare Regression** bezeichnet.

Die Idee der Regression geht auf Sir Francis Galton zurück, der Ende des 19. Jahrhunderts im Zuge der Vererbungslehre den Zusammenhang zwischen der Körpergröße von

Eltern und ihren Kindern untersuchte und zur Schlussfolgerung kam, dass Kinder großer Eltern durchschnittlich kleiner waren als ihre Eltern. Er drückte diesen Zusammenhang grafisch aus und entwarf auf dieser Basis die Trenddarstellung mittels einer Geraden – der Regressionsgeraden (Fahrmeir, Kneib und Lang, 2009, S. 1 ff.). Mathematisch untermauert wurde der Ansatz der Regressionsgeraden durch die **Methode der kleinsten Quadrate**, deren Gedankenzugang in Exkurs 3.4 präsentiert wird.

Exkurs 3.4: Die Methode der kleinsten Quadrate

Die soeben angesprochene Herausforderung besteht darin, eine „optimale" Gerade durch eine Punktwolke zu legen. Optimal bedeutet, dass der Abstand zwischen den Punkten und der gesuchten Gerade minimiert wird. Für einen einzelnen Punkt ist es nicht sonderlich schwierig, den Abstand zu einer Geraden zu minimieren – man legt die Gerade ganz einfach durch diesen Punkt. Allerdings wirft dies sofort die Problematik auf, dass sich damit der Abstand zwischen der Geraden und den restlichen Punkten vergrößert – daher wird der Fokus auf die Summe aller Abstände gelegt.

*Eine weitere Unsicherheit besteht darin, den Term **Abstand** zu definieren. Dieser Begriff kann einerseits den Abstand im rechten Winkel, also den **orthogonalen Abstand**, zwischen dem Punkt und der Geraden bezeichnen und andererseits den Abstand parallel zu einer der beiden Achsen, den **senkrechten Abstand**.*

Ohne in diesem Kontext detailliert den Entwicklungsprozess nachzuvollziehen, wurden folgende Überlegungen bei der Minimierung des Abstands angestrengt und – meist wegen der fehlenden Existenz oder Eindeutigkeit der Lösung – wieder verworfen: Der wohl intuitivste und plausibelste Ansatz, das Problem zu lösen, besteht darin, eine Gerade durch zwei Punkte der Punktwolke zu legen. Wie unschwer zu erkennen ist, wird damit lediglich der Abstand zu diesen beiden Punkten minimiert, die restlichen Punkte bleiben unberücksichtigt. In der Folge wird versucht, die Summe der senkrechten Abstände zwischen den Punkten und der Geraden zu minimieren (Abb. 3.40a). Diese Variante muss verworfen werden, da dieses Extremwertproblem mathematisch keiner Lösung zugeführt werden kann bzw. Punkte auf beiden Seiten der Geraden dazu führen, dass die Summen der Abstände für mehrere Geraden null werden können. Die daraus resultierenden Varianten – entweder den Betrag der Abstände zu verwenden oder die Summe der Abstände zu den Punkten oberhalb der Geraden der Summe der Abstände zu den Punkten unterhalb der Geraden gleichzusetzen (Abb. 3.40b) – helfen zwar über das Vorzeichenproblem hinweg, führen aber dennoch zu keiner eindeutigen Lösung.

*Ein anderer Zugang verwendet die orthogonalen Abstände zwischen den Punkten und der Geraden (Abb. 3.40c). Diese Überlegung resultiert in der **orthogonalen Regressionsgeraden**, die zwar den Vorteil besitzt, mit der Richtung der Hauptachse der Standardabweichungsellipse identisch zu sein, aber den Nachteil aufweist, dass sie von einer „Gleichberechtigung", also einem ungerichteten Einfluss der Merkmale aufeinander, ausgeht. Der Gedanke der orthogonalen Regressionsgeraden wird insbesondere in der multivariaten statistischen Analyse erneut aufgegriffen (Schulze, 2007, S. 146).*

Varianten der Minimierung der Abstände zwischen Punkten und der Gerade

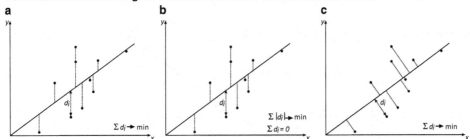

Abb. 3.40 Ableitung der Regressionsgeraden.
a Minimierung der Summe der senkrechten Astände, **b** Minimierung des Betrags der senkrechten Abstände oder Gleichsetzen der Abstände ober- und unterhalb der Gerade, **c** Minimierung der Summe der orthogonalen Abstände.

Tatsächlich durchgesetzt hat sich von allen Ansätzen letztendlich die **Methode der kleinsten Quadrate**, *die auf Carl Friedrich Gauß zurückgeht. Durch die Minimierung der Summe der senkrechten Abstände durch das* **Quadrieren der Abstände** *werden sowohl das Vorzeichenproblem wie auch die Herausforderung der Existenz und Eindeutigkeit der Geraden gelöst.*

Die Methode der kleinsten Quadrate (Abb. 3.41) liefert eine Geradengleichung für die Regressionsgerade, die eine „optimale Gerade" an die Punktwolke anschmiegt und somit den „optimalen Zusammenhang" verkörpert. Daraus lässt sich auch der Gedankenzugang ableiten, wonach die Abstände zwischen dieser Geraden und den Punkten in Richtung der Ordinate als **Fehler (Residuen)** *betrachtet werden – und die Methode der kleinsten Quadrate zur Minimierung dieses Fehlers, genau genommen zur Minimierung der Fehlerquadratsumme, führt.*

Formal geht man von folgender Geradengleichung aus:

$$\hat{y} = f(x) = ax + b \qquad (3.163)$$

Dabei gibt a die Steigung der Geraden und b den Abstand der Geraden vom Ursprung auf der Ordinate an. Diese Geradengleichung wird unter Verwendung des Kriteriums der kleinsten Quadrate nach den beiden Parametern aufgelöst. Das Minimum der Abstandsquadrate ermittelt sich aus

$$d_i^2 = \sum_{i=1}^{n} (\hat{y}_i - y_i)^2 = \sum_{i=1}^{n} (ax_i + b - y_i)^2 \qquad (3.164)$$

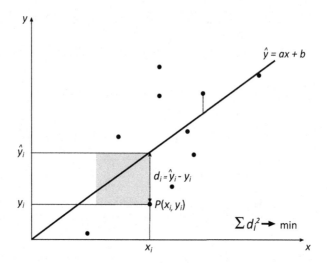

Abb. 3.41 Methode der kleinsten Quadrate.

Da die Funktion einem Minimum zugeführt werden soll, werden die Extremwerte der Funktion gesucht. Diese erhält man über die ersten partiellen Ableitungen:

$$\frac{\Delta d_i^2}{\Delta a} = 2 \sum_{i=1}^{n} x_i (ax_i + b - y_i) = 2 \left(\sum_{i=1}^{n} ax_i^2 + \sum_{i=1}^{n} bx_i - \sum_{i=1}^{n} x_i y_i \right) \tag{3.165}$$

$$\frac{\Delta d_i^2}{\Delta b} = 2 \sum_{i=1}^{n} (ax_i + b - y_i) = 2 \left(\sum_{i=1}^{n} ax_i + nb - \sum_{i=1}^{n} y_i \right) \tag{3.166}$$

Durch das Gleichsetzen mit null der partiellen Ableitungen erhält man die beiden Normalgleichungen

$$\sum_{i=1}^{n} ax_i^2 + \sum_{i=1}^{n} bx_i - \sum_{i=1}^{n} x_i y_i = 0 \tag{3.167}$$

$$\sum_{i=1}^{n} ax_i + nb - \sum_{i=1}^{n} y_i = 0 \tag{3.168}$$

Löst man (3.168) nach b auf, ergibt sich

$$b = \frac{\sum_{i=1}^{n} y_i - a \sum_{i=1}^{n} x_i}{n} \tag{3.169}$$

Ersetzt man b durch den Ausdruck (3.169) in (3.167), erhält man nach wenigen Rechenschritten a:

$$\sum_{i=1}^{n} ax_i^2 + \sum_{i=1}^{n} \left(\frac{\sum_{i=1}^{n} y_i - a \sum_{i=1}^{n} x_i}{n} \right) x_i - \sum_{i=1}^{n} x_i y_i = 0$$

$$n \sum_{i=1}^{n} ax_i^2 + \sum_{i=1}^{n} x_i \left(\sum_{i=1}^{n} y_i - a \sum_{i=1}^{n} x_i \right) = n \sum_{i=1}^{n} x_i y_i$$

$$n \sum_{i=1}^{n} ax_i^2 + \sum_{i=1}^{n} x_i \sum_{i=1}^{n} y_i - a \sum_{i=1}^{n} x_i \sum_{i=1}^{n} x_i = n \sum_{i=1}^{n} x_i y_i$$

$$n \sum_{i=1}^{n} ax_i^2 - a \sum_{i=1}^{n} x_i \sum_{i=1}^{n} x_i = n \sum_{i=1}^{n} x_i y_i - \sum_{i=1}^{n} x_i \sum_{i=1}^{n} y_i$$

$$a \left(n \sum_{i=1}^{n} x_i^2 - \sum_{i=1}^{n} x_i \sum_{i=1}^{n} x_i \right) = n \sum_{i=1}^{n} x_i y_i - \sum_{i=1}^{n} x_i \sum_{i=1}^{n} y_i$$

$$a = \frac{n \sum_{i=1}^{n} x_i y_i - \sum_{i=1}^{n} x_i \sum_{i=1}^{n} y_i}{n \sum_{i=1}^{n} x_i^2 - \left(\sum_{i=1}^{n} x_i \right)^2} \tag{3.170}$$

*Die beiden Werte a und b stellen die Parameter der Regressionsgeraden dar und werden als **Regressionskoeffizienten** bezeichnet. Der Parameter b findet sich in der Literatur auch als **Regressionskonstante**.*

In der überwiegenden Zahl der Statistikwerke wird die Methode der kleinsten Quadrate herangezogen, um die Regressionsgerade herzuleiten. Da wir uns aber aus einer intuitiven Sicht nähern und bereits in Abschn. 3.3 Punktwolken betrachtet und bewertet haben, wählen wir hier die Fortsetzung dieses Zugangs und führen den Gedanken basierend auf der Standardabweichungsellipse weiter.

Abschnitt 3.3.2 hat gezeigt, dass eine räumliche Verteilung, illustriert mittels einer Punktwolke, durch eine Ellipse hinsichtlich ihrer dominierenden Ausbreitungsrichtung charakterisiert werden kann. Die Hauptachse jener Ellipse entspricht der Hauptrichtung der Ausbreitung der Punktverteilung. Die Idee, welche mit der Regression verfolgt wird, ist identisch – mithilfe einer Geraden wird versucht, die „Hauptrichtung" der Punktwolke zu ermitteln und damit gleichzeitig die **Richtung eines Zusammenhangs**. Übertragen auf Abb. 3.39 bedeutet dies, dass wir nach einer Geraden suchen, die eine Tendenz des Zusammenhangs ausrückt.

Die Regressionsgerade

Es wird sehr rasch deutlich, dass ohne Zugrundelegen eines mathematischen Verfahrens zahlreiche unterschiedliche Gerade eingezeichnet werden können, die eine Tendenz ausdrücken. Es ist jedoch jene Gerade gefragt, die die Richtung des Zusammenhangs **opti-miert**. Diese Optimierung wird erreicht, indem die Abstände zwischen der Regressions-geraden und den Punkten in der Punktwolke minimiert werden. Exakt formuliert – dies resultiert aus der Methode der kleinsten Quadrate – wird die Summe der quadrierten Dis-tanzen einem Minimum zugeführt. Das Quadrieren der Abstände führt unter anderem dazu, dass negative Vorzeichen eliminiert werden. Auch dies ist kein neuer Gedanke, haben wir mit den quadrierten Distanzen bereits bei der Ermittlung der Standardabweichungsel-lipse gearbeitet.

Anhand von Exkurs 3.4, der vornehmlich dazu dient, die Idee der Methode der kleinsten Quadrate auszuführen sowie die Regressionskoeffizienten nach (3.169 und 3.170) abzulei-ten, sind wir in der Lage, die Regressionsgerade nach (3.163) zu definieren.

▸ **Definition**   Die **Regressionskoeffizienten** a und b bestimmen die **lineare Regressions-funktion**, auch als **Regressionsgerade** bezeichnet, von y auf x für n Wertepaare (x_i, y_i) mit $i = 1, \ldots, n$:

$$\hat{y} = f(x) = ax + b \tag{3.171}$$

wobei a die Steigung der Geraden indiziert:

$$a = \frac{n \sum\limits_{i=1}^{n} x_i y_i - \sum\limits_{i=1}^{n} x_i \sum\limits_{i=1}^{n} y_i}{n \sum\limits_{i=1}^{n} x_i^2 - \left(\sum\limits_{i=1}^{n} x_i \right)^2} \tag{3.172}$$

und b den Abstand der Geraden vom Ursprung auf der Ordinate bestimmt:

$$b = \frac{\sum\limits_{i=1}^{n} y_i - a \sum\limits_{i=1}^{n} x_i}{n} \tag{3.173}$$

Die Regressionskoeffizienten erfüllen dabei das Kriterium, dass die Summe der quadrierten Abstände von y_i und $\hat{y}_i$ minimal wird. ■

Bedeutung und Eigenschaften

- Aus der Definition ist klar zu erkennen, dass Merkmale, für die ein Zusammenhang mittels Regressionsgerade ermittelt werden soll, **metrisches Skalenniveau** aufweisen müssen. Darüber hinaus wird die **Normalverteilung** des abhängigen Merkmals vor-ausgesetzt.
- Anhand der Regressionsgeraden lässt sich ein **funktionaler Zusammenhang** zwischen den Merkmalen **feststellen**, der als **lineare Regression** bezeichnet wird.
- In den Ausführungen zur Methode der kleinsten Quadrate, insbesondere in Abb. 3.41, wurden die **Residuen**, das heißt die Abstände zwischen Punkt und Gerade, entlang der

y-Achse, der Ordinate ermittelt. Ebenso ist der Begriff des **ungerichteten Einflusses** gefallen, der an dieser Stelle noch erläutert werden soll.

Bei der Schätzung der Regressionsgeraden geht man in diesem Fall davon aus, dass die beiden Merkmale nicht „gleichberechtigt" in die Berechnung eingehen, sondern vielmehr eines der beiden Merkmale vom anderen Merkmal **abhängig** ist, also eine Richtung der Beeinflussung vorliegt. Zur Illustration sei hier etwa die Abhängigkeit der Lufttemperatur von der Sonnenscheindauer genannt, während die Lufttemperatur zweifelsfrei nicht die Sonnenscheindauer beeinflusst. Es liegt zwischen Lufttemperatur und Sonnenscheindauer ein gerichteter Einfluss vor.

Die Konsequenz daraus ist, dass die **Umkehrregression** von x auf y, $\hat{x} = f(y) = a^* y + b^*$, also die Regression die auf den Abständen in Richtung der x-Achse basiert, sich von der Regression in Ordinatenrichtung unterscheidet – also zu einer anderen Regressionsgerade führt (Assenmacher, 2003, S. 190) (Abb. 3.42).

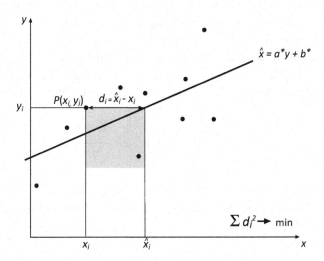

Abb. 3.42 Bestimmung der Umkehrregression.

- Selbstverständlich ist nicht für alle Merkmale eine Abhängigkeit zu ermitteln – die Merkmale können sich gegenseitig bedingen, es kann keine Richtung der Beeinflussung festgelegt und daher keine Regression ermittelt werden. Ändert sich die Einflussrichtung, ist daher sowohl die lineare Regression in x-Richtung wie auch jene in y-Richtung legitim. Die Optimierung erfolgt aber stets in eine der beiden Achsenrichtungen, und dementsprechend unterschiedlich werden die Ergebnisse ausfallen.

- Die **abhängige Variable** wird bei der linearen Regression auf der Ordinate, der y-Achse, aufgetragen. Sie wird häufig als **Regressand, Kriterium, endogene, Ziel-** oder **Effektvariable** bezeichnet.

- Die **unabhängige Variable** auf der x-Achse wird **Regressor, Prädiktor, erklärende, exogene** oder **Kontrollvariable** genannt.

- Da es einen unmittelbaren Zusammenhang zwischen der linearen Regression und dem Korrelationskoeffizienten nach Bravais-Pearson gibt (Abschn. 3.4.2 unter „Pearson'scher Korrelationskoeffizient"), ist es legitim, den funktionalen Zusammenhang der linearen Regression näher zu interpretieren und die Regressionsparameter etwas näher zu erläutern. Zum einen gibt die **Steigung** der Geraden Auskunft darüber, **wie deutlich** sich **der Zusammenhang** darstellt. Je größer die Steigung der Geraden, desto stärker zeichnet sich der Zusammenhang zwischen den Merkmalen ab. Das **Vorzeichen** der Steigung kennzeichnet zum anderen, ob die Regressionsgerade **steigt oder fällt.** Dies lässt – wie aus der Illustration der Regressionsgerade jeweils abzulesen ist – auf einen direkten oder indirekten Zusammenhang zwischen den Merkmalen schließen.
- Die lineare Regression optimiert den Verlauf einer Geraden durch eine Punktwolke. Auf der Grundlage der Regressionsfunktion ist es möglich, für unterschiedliche x-Werte die entsprechenden abhängigen Werte zu berechnen bzw. zu schätzen. Dies erlaubt eine **Trendabschätzung** und **Prognose** von Werten und somit die Beurteilung von Merkmalen hinsichtlich ihres Verhaltens in Bezug auf die Funktion.
- Aus der Berechnung der Regressionskoeffizienten, insbesondere aus Formel 3.173, geht hervor, dass das **arithmetische Mittelzentrum** $(\overline{x}, \overline{y})$ der Punktwolke stets auf der Geraden liegt oder, anders formuliert, dass beide Regressionsgeraden durch diesen Mittelpunkt führen. Das arithmetische Mittelzentrum $(\overline{x}, \overline{y})$ wird durch (3.129) mit

$$\overline{x} = \frac{\sum\limits_{i=1}^{n} x_i}{n} \quad \text{und} \quad \overline{y} = \frac{\sum\limits_{i=1}^{n} y_i}{n}$$

festgelegt.
- Weitere Kennzeichen, die aus dem Regressionskoeffizienten a abgeleitet werden können, sind die **Varianz s_x^2** im Nenner des Parameters sowie die **Kovarianz $s_{x,y}$** der Verteilung im Zähler des Parameters:

$$a = \frac{n \sum\limits_{i=1}^{n} x_i y_i - \sum\limits_{i=1}^{n} x_i \sum\limits_{i=1}^{n} y_i}{n \sum\limits_{i=1}^{n} x_i^2 - \left(\sum\limits_{i=1}^{n} x_i\right)^2} = \frac{s_{x,y}}{s_x^2} \tag{3.174}$$

Die Varianz s_x^2 geht hervor aus (3.80):

$$s_x^2 = \frac{\sum\limits_{i=1}^{n} (x_i - \overline{x})^2}{n} = \frac{1}{n} \sum\limits_{i=1}^{n} x_i^2 - \left(\frac{1}{n} \sum\limits_{i=1}^{n} x_i\right)^2 \tag{3.175}$$

Die Kovarianz $s_{x,y}$ entspricht

$$s_{x,y} = \frac{\sum\limits_{i=1}^{n} (x_i - \overline{x})(y_i - \overline{y})}{n} = \frac{1}{n} \sum\limits_{i=1}^{n} x_i y_i - \frac{1}{n^2} \sum\limits_{i=1}^{n} x_i \sum\limits_{i=1}^{n} y_i \tag{3.176}$$

- Die **Kovarianz** stellt einen Parameter dar, mit dessen Hilfe die Streuung zweier Merkmale beurteilt werden kann. Vergleicht man die beiden Formeln 3.175 und 3.176, ist die Kovarianz als Erweiterung der Varianz um eine zweite Dimension zu sehen. Sie gibt die Abweichung der Werte von ihren jeweiligen Mittelwerten an und indiziert damit, „in welche Richtung" die Werte streuen. Im Fall einer fallenden Regressionsgeraden – die beispielhaften Überlegungen hierfür seien der Leserschaft überlassen (Übung 3.4.1.2) – wird der Wert für die Kovarianz negativ, im Fall der steigenden Regressionsgeraden wird die Kovarianz positiv. Gibt es keinen linearen Zusammenhang zwischen den Merkmalen, nimmt die Kovarianz den Wert null an. Die Kovarianz bildet eine wesentlich Grundlage für die Bewertung der Intensität des Zusammenhangs der beiden Variablen und fließt – wie im Folgenden erläutert wird – in die Berechnung des Korrelationskoeffizienten maßgeblich mit ein. Der essenzielle Nachteil der Kovarianz, nämlich die Abhängigkeit der Größe des Wertes von den Werten der Merkmale – je größer die Merkmalswerte, umso größer der Wert der Kovarianz –, wird durch den Prozess der Normierung bei der Ermittlung des Korrelationskoeffizienten ausgeglichen.
- Für eine Herleitung der Varianz und Kovarianz aus dem Regressionskoeffizienten wird auf Exkurs 3.5 verwiesen.

Exkurs 3.5: Herleitung der Varianz und Kovarianz aus dem Regressionskoeffizienten

Umrechnung der Varianz aus (3.80) in den Term des Nenners des Regressionskoeffizienten **a:**

$$s_x^2 = \frac{\sum\limits_{i=1}^{n}(x_i - \overline{x})^2}{n} = \frac{1}{n}\sum_{i=1}^{n}x_i^2 - \left(\frac{1}{n}\sum_{i=1}^{n}x_i\right)^2 \qquad (3.177)$$

$$\frac{\sum\limits_{i=1}^{n}(x_i - \overline{x})^2}{n} = \frac{1}{n}\left(\sum_{i=1}^{n}x_i^2 - 2\sum_{i=1}^{n}x_i\overline{x} + \sum_{i=1}^{n}\overline{x}^2\right) =$$

$$da \ \sum_{i=1}^{n}\overline{x} = n\overline{x} \qquad = \frac{1}{n}\sum_{i=1}^{n}x_i^2 - \frac{2}{n}\overline{x}\sum_{i=1}^{n}x_i + \frac{1}{n}n\overline{x}^2 =$$

$$und \ \overline{x} = \frac{\sum\limits_{i=1}^{n}x_i}{n} \qquad = \frac{1}{n}\sum_{i=1}^{n}x_i^2 - 2\overline{xx} + \overline{x}^2 =$$

$$= \frac{1}{n}\sum_{i=1}^{n}x_i^2 - \overline{x}^2 =$$

$$= \frac{1}{n}\sum_{i=1}^{n}x_i^2 - \left(\frac{1}{n}\sum_{i=1}^{n}x_i\right)^2$$

Umrechnung der Kovarianz in den Term des Zählers des Regressionskoeffizienten **a:**

$$s_{x,y} = \frac{\sum\limits_{i=1}^{n}(x_i - \overline{x})(y_i - \overline{y})}{n} = \frac{1}{n}\sum\limits_{i=1}^{n}x_i y_i - \frac{1}{n^2}\sum\limits_{i=1}^{n}x_i\sum\limits_{i=1}^{n}y_i \qquad (3.178)$$

$$\frac{\sum\limits_{i=1}^{n}(x_i - \overline{x})(y_i - \overline{y})}{n} = \frac{1}{n}\sum\limits_{i=1}^{n}(x_i y_i - \overline{x}y_i - x_i\overline{y} + \overline{x}\overline{y}) =$$

$$= \frac{1}{n}\sum\limits_{i=1}^{n}x_i y_i - \frac{\overline{x}}{n}\sum\limits_{i=1}^{n}y_i - \frac{\overline{y}}{n}\sum\limits_{i=1}^{n}x_i + \frac{n}{n}\overline{x}\overline{y} =$$

$$= \frac{1}{n}\sum\limits_{i=1}^{n}x_i y_i - \overline{x}\overline{y} - \overline{x}\overline{y} + \overline{x}\overline{y} =$$

$$= \frac{1}{n}\sum\limits_{i=1}^{n}x_i y_i - \frac{\sum\limits_{i=1}^{n}x_i\sum\limits_{i=1}^{n}y_i}{n}}{n} =$$

$$= \frac{1}{n}\sum\limits_{i=1}^{n}x_i y_i - \frac{1}{n^2}\sum\limits_{i=1}^{n}x_i\sum\limits_{i=1}^{n}y_i$$

- Einen wesentlichen Gesichtspunkt bei der Bestimmung der Regressionsgeraden stellen – wie auch bereits in den vorhergehenden Abschnitten – **Ausreißer** in Form von **extremen Werten** in Verteilungen dar. Diese Ausreißer führen letztendlich zu einer „Verlagerung" der Regressionsgeraden in Richtung dieser Ausreißer oder, anders formuliert, zu einer Verfälschung der Parameter, da die Ausreißer nicht den „Trend" der übrigen Werte wiedergeben. Als Konsequenz dieser Situation soll die eingangs geforderte Voraussetzung einer Normalverteilung der Werte Sorge dafür tragen, dass die lineare Regression die Werteverteilung optimal annähert.

- Bislang wurde die lineare Regression als einzige Lösung einer Näherungsfunktion an eine bivariate Verteilung angegeben. Natürlich ist dieser Lösungsansatz nur einer von vielen. Je nach Verteilung können **nichtlineare Regressionen** zu einem besseren Ergebnis, also einer besseren Annäherung an die Punktwolke, führen. Die Funktionen können **Potenzfunktionen** bzw. **exponentielle, logarithmische** oder **polynomiale Funktionen** darstellen.

- Ein sehr anschauliches und häufig zitiertes Beispiel, das ein und dieselbe Regressionsgerade für vier unterschiedliche Verteilungen als Lösung darstellt, zeigt die eben genannten Problematiken, die aus der Annäherung einer Punktwolke durch eine Gerade entstehen können, sehr prägnant auf (Anscombe, 1973, S. 19 f.). Neben der Darstellung der klassischen linearen Regression (Abb. 3.43a), illustriert die dritte Regression (Abb. 3.43c) den Einfluss eines Ausreißers. Ohne diesen Wert würde die Regressionsgerade einen idealen Zusammenhang visualisieren, das heißt, sämtliche Punkte der Verteilung würden auf der Geraden liegen. Mit der zweiten Regressionsgeraden (Abb. 3.43b) wird versucht, eine Punktwolke anzunähern, die idealerweise nicht durch einen linearen Zusammenhang gekennzeichnet ist. Die Punkte wären eher durch eine polynomiale Funktion zu approximieren. Die letzte Darstellung zeigt eine Regression, die nur durch zwei Ausprägungen bestimmt wird (Abb. 3.43d) und trotzdem zum selben Ergebnis wie Abb. 3.43a führt.

Vier Verteilungen mit derselben Regressionsgeraden

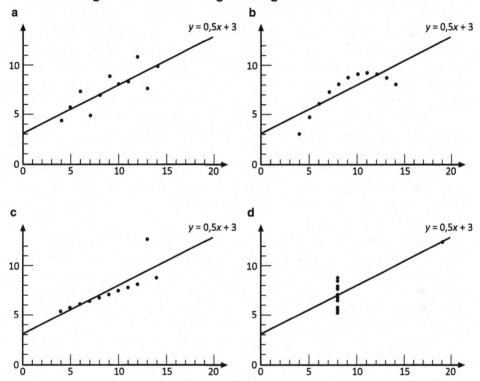

Abb. 3.43 Regressionsgerade nach Anscombe.
a Annäherung durch lineare Funktion, **b** Annäherung durch Polynomfunktion, **c** Verzerrung der Funktion durch Extremwert, **d** lediglich zwei Ausprägungen (Basierend auf Anscombe, 1973, S. 19 und 20).

- Eine andere **Ausdehnung des Lösungsspektrums** erfolgt in Richtung der **multivariaten Regression**, indem eine Variable hinsichtlich ihres Zusammenhangs zu mehreren anderen Variablen, die zueinander in wechselseitiger Beziehung stehen, untersucht wird (z. B. Backhaus, Erichson und Weiber, 2011; Fahrmeir, Hamerle und Tutz, 1996; Fahrmeir, Kneib und Lang, 2009; Stevens, 2009).

Beispiel 3.64

Setzen wir unsere Überlegungen fort, den Zusammenhang zwischen dem Grünanteil in einem städtischen Umfeld und der Anzahl der Kinder zu untersuchen. Basierend auf Abb. 3.39 wollen wir die Parameter der Regressionsgerade berechnen und danach diese in die Abbildung einfügen und interpretieren. Bevor wir jedoch zum mathematisch-rechnerischen Teil kommen, sollen einige Überlegungen angeführt werden, die für die weiteren Ausführungen noch von Bedeutung sein werden.

Ohne dies näher zu erläutern, sind wir davon ausgegangen, dass der Grünanteil in den Bezirken der Stadt auf der Abszisse, der Kinderanteil hingegen auf der Ordinate aufgetragen wird. Wir sollten uns an dieser Stelle nochmals bewusst machen, dass diese Zuordnung zu den einzelnen Achsen eine Abhängigkeit ausdrückt und sich demnach die Anzahl der Kinder in einem Bezirk nach dem Anteil an Grün richtet. Wir gehen also davon aus, dass Familien mit Kindern sich in Gegenden ansiedeln, die einen hohen Anteil an Grünflächen wie Spielplätzen, Sportflächen, Parks und (Haus-)Gärten aufweisen – dies ist in vielen Städten am Stadtrand der Fall. Bei diesem Ansatz muss allerdings auch berücksichtigt werden, dass sich Familien mit Kindern teilweise dem Preisdruck von Immobilien fügen müssen und daher auf günstigere Wohngegenden, die oft innerstädtischen Bereich unmittelbar um das Zentrum zu finden sind, auszuweichen gezwungen sind.

Diese Entwicklung tritt in den letzten Jahren verstärkt auf, und unser monodirektionales Abhängigkeitsverhältnis (Grün beeinflusst Kinderanteil) gerät ins Wanken, da Stadtverwaltungen bzw. -regierungen gezwungen sind zu reagieren (Tab. 3.32). Ausgehend von einer steigenden Kinderzahl in diesen Stadtbezirken werden Initiativen gefördert, die den Grünanteil im Innenstadtbereich intensivieren sollen. Diese Überlegung behalten wir im Moment nur im Hinterkopf und kommen später nochmals darauf zurück.

Die Parameter der Regressionsgeraden ergeben sich aus (3.172) und (3.173). Dazu werden als Hilfestellung bereits in Tab. 3.32 die Teilergebnisse und Zwischensummen bestimmt und nur noch in die Formel eingesetzt:

$$a = \frac{n\sum_{i=1}^{n} x_i y_i - \sum_{i=1}^{n} x_i \sum_{i=1}^{n} y_i}{n\sum_{i=1}^{n} x_i^2 - \left(\sum_{i=1}^{n} x_i\right)^2} = \frac{18 \cdot 7.896,8 - (529,9 \cdot 232,0)}{18 \cdot 19.461,3 - (529,9)^2} =$$

$$= \frac{142.143,2 - 122.940,0}{350.302,6 - 280.808,8} = \frac{19.203,1}{69.493,7} = 0,2763 \tag{3.179}$$

$$b = \frac{\sum_{i=1}^{n} y_i - a\sum_{i=1}^{n} x_i}{n} = \frac{232,0 - 0,2763 \cdot 529,9}{18} = \frac{232,0 - 146,4}{18} = \frac{85,6}{18} = 4,7538 \tag{3.180}$$

Letztendlich werden die beiden Regressionsparameter in die Geradenglei-chung 3.171 eingesetzt:

$$\hat{y} = f(x) = 0,2763x + 4,7538 \tag{3.181}$$

Tab. 3.32 Stadtbezirke nach Grünanteilen und Kinderanteilen sowie Teilsummen für die Be-rechnung der Regressionsparameter

Stadtbezirk	Anteil der Grün-flächen an der Gesamtfläche des Bezirks (x_i) (in Prozent)	Anteil der Kinder unter 14 Jahren an der Bevölke-rung im Bezirk (y_i) (in Prozent)	$x_i y_i$	x_i^2	y_i^2
1	17,4	6,3	109,6	302,4	39,7
2	39,9	13,4	534,6	1.591,8	179,6
3	16,4	12,6	206,2	267,9	158,8
4	40,9	19,4	793,8	1.674,4	376,4
5	30,7	9,8	300,8	941,9	96,0
6	5,1	3,3	16,9	26,2	10,9
7	32,7	14,7	481,2	1.071,6	216,1
8	10,2	5,8	59,3	104,7	33,6
9	18,4	14,9	274,4	339,1	222,0
10	23,5	7,8	183,5	553,6	60,8
11	47,1	17,5	823,5	2.214,5	306,3
12	14,3	14,2	203,4	205,1	201,6
13	33,8	18,1	611,0	1.139,7	327,6
14	34,8	15,7	546,1	1.209,8	246,5
15	50,1	20,1	1.007,6	2.512,7	404,0
16	14,3	5,9	84,5	205,1	34,8
17	56,3	18,8	1.057,8	3.165,8	353,4
18	44,0	13,7	602,6	1.935,0	187,7
Summe	529,9	232,0	7.896,8	19.461,3	3.455,8

Daten: fiktive Daten

Wie ist die Gleichung der Regressionsgeraden nun zu interpretieren? Ohne die Komponente der Visualisierung ist man gezwungen, auf die Geradengleichung zu-rückzugreifen.

Die Steigung der Regressionsgeraden gibt Auskunft darüber, wie sich der Kin-deranteil in Abhängigkeit vom Grünflächenanteil ändert. Ein Zuwachs von 10 % der

Grünfläche würde demnach in einem höheren Kinderanteil von knapp 2,8 % resultieren. Steigert man die Grünflächen um ein Drittel, würden wir sogar 9 % mehr Kinder in diesen Bezirken haben. Unsere eingehende Vermutung, dass es einen Zusammenhang zwischen den beiden Merkmalen in unserem städtischen Umfeld gibt, haben wir auf Basis des funktionalen Zusammenhangs mithilfe der Regressionsgeraden nachgewiesen.

Noch deutlicher spiegelt diesen funktionalen Zusammenhang Abb. 3.44 wider. Mithilfe der Regressionsparameter ist es nun möglich, die Regressionsgerade in der Punktwolke exakt zu verorten.

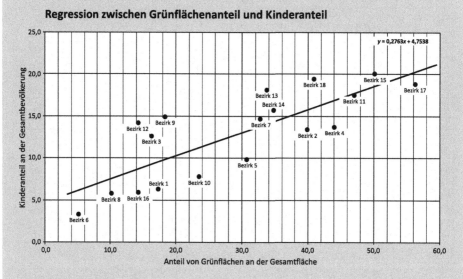

Abb. 3.44 Regressionsgerade des Zusammenhangs zwischen Grünflächenanteil und Kinderanteil.

Bestimmtheitsmaß

Aus der Forderung, dass die lineare Regression eine Punktwolke optimal annähert und somit den Fehler, die Residuen, zwischen den Punkten und der Geraden minimiert, erwachsen einerseits Einschränkungen – Ausreißer, Nichtlinearität, Eignung der Daten etc. –, andererseits ist auf Basis der linearen Funktion noch keinerlei Aussage darüber möglich – vielleicht mit Ausnahme einer optischen Einschätzung –, wie gut die Annäherung wirklich ist. Da Gütekriterien eine entscheidende Rolle in der Statistik spielen (Abschn. 4.2) und eigentlich erst eine Aussage und Interpretation ermöglichen, wenn sie in ausreichendem Maße erfüllt bzw. gewährleistet sind, wird an dieser Stelle ergänzend das **Gütekriterium der linearen Regression**, das **Bestimmtheitsmaß** oder der **Determinationskoeffizient** vorgestellt.

Wir greifen dazu nochmals die Varianz – im Fall der linearen Regression von y nach x – des abhängigen Merkmals y auf. Die Varianz (Abschn. 3.2.3 unter „(Empirische) Varianz") ist ein Wert, der die Streuung dieses abhängigen Merkmals festlegt. Die Varianz für das Merkmal y wird in Analogie zu (3.80) bestimmt durch

$$s_y^2 = \frac{\sum\limits_{i=1}^{n} (y_i - \bar{y})^2}{n} \tag{3.182}$$

Dem gegenüber stehen die „idealisierten" Werte – das sind die auf die Regressionsgerade projizierten Werte der Punktwolke, also die geschätzten Werte $\hat{y}_i$ (Abb. 3.41). Ihre Streuung wird ermittelt durch

$$s_{\hat{y}}^2 = \frac{\sum\limits_{i=1}^{n} (\hat{y}_i - \bar{y})^2}{n} \tag{3.183}$$

Das Bestimmtheitsmaß, das Aufschluss über die **Güte der linearen Regression** gibt, ergibt sich aus der Relation der beiden Varianzen und stellt letztendlich die Streuung der Schätzwerte jener der tatsächlichen Werte, auch als Gesamtstreuung bezeichnet, gegenüber:

$$R^2 = \frac{s_{\hat{y}}^2}{s_y^2} \tag{3.184}$$

Die Überlegung, dass sich die Gesamtstreuung der Punkte aus der Streuung der Schätzwerte – jener Streuung der geschätzten Punkte auf der Regressionsgeraden – und jener der Residuen – den Fehlern zwischen Punkten und geschätzten Punkten – zusammensetzt, kennt man in der Statistik als **Zerlegungssatz der Gesamtstreuung** (Backhaus, Erichson und Weiber, 2011, S. 63 ff.). Die Gesamtstreuung setzt sich demnach aus der **erklärten Streuung** und einer **nicht erklärten Streuung** zusammen, da das Abweichen der tatsächlichen Werte von jenen der Regressionsgeraden nicht plausibel interpretiert werden bzw. dem Zufall unterworfen sein kann.

Das Bestimmtheitsmaß entspricht im Fall der linearen Regression auch dem Produkt der Steigungen der Regressionsgeraden sowie der Geraden der Umkehrregression:

$$R^2 = a a^* \tag{3.185}$$

Dies bedeutet gleichzeitig, dass das Bestimmtheitsmaß sowohl für die lineare Regression sowie ihre Umkehrregression identisch ist.

Welche **Aussagekraft** besitzt das Bestimmtheitsmaß bzw. wie kann es interpretiert werden? Durch die Berechnung einer Relation zwischen zwei Varianzwerten kann das Bestimmtheitsmaß maximal den Wert **eins** annehmen. Dieser Fall tritt dann ein, wenn die Schätzwerte mit den realen Werten der Punktwolke übereinstimmen und somit die Residuen null sind. Visualisiert man diese Eigenschaft, liegen sämtliche Werte bzw. Punkte auf der Regressionsgeraden. Je weiter der Wert des Bestimmtheitsmaßes vom Idealwert eins abweicht, umso weiter liegen die Punkte von der Regressionsgeraden entfernt. Im anderen Extremfall – wenn sämtliche geschätzten Werte gleich sind und die Regressionsgerade damit parallel zur Achse liegt bzw. kein linearer Zusammenhang zwischen den Werten existiert – wird das Bestimmtheitsmaß **null**. Daraus folgt

$$0 \le R^2 \le 1 \tag{3.186}$$

Beispiel 3.65

Im Fall des Zusammenhangs des Grünraumes mit der Anzahl der Kinder in einem Stadtbezirk bleiben noch zwei Fragen zu klären: Zum einen wollen wir versuchen, eine Prognose für die Steigerung des Grünanteils zu berechnen – gibt doch die Regressionsgerade einen Trend wieder –, zum anderen möchten wir nach den Ausführungen zum Bestimmtheitsmaß dieses natürlich für unser Beispiel ermitteln.

Wir haben den linearen Zusammenhang zwischen Grünflächenanteil und Kinderanteil durch die Regressionsgerade mit (3.181)

$$\hat{y} = f(x) = 0{,}2763x + 4{,}7538$$

beschrieben. Aufgrund dieser Gleichung ist es daher möglich, die Werte für den Anteil der Kinder in Bezug auf eine vorgegebene Grünfläche zu schätzen. Wie entwickelt sich der Kinderanteil an der Bevölkerung im Bezirk, wenn wir den Grünanteil auf 70 % erhöhen, und was geschieht, wenn der Grünanteil auf 0 % reduziert wird?

Wir setzten für x einmal den Wert 70 ein, für die zweite Prognose wird x gleich null gesetzt:

$$\hat{y} = f(70) = 0{,}2763 \cdot 70 + 4{,}7538 = 24{,}1 \tag{3.187}$$

$$\hat{y} = f(0) = 0{,}2763 \cdot 0 + 4{,}7538 = 4{,}8 \tag{3.188}$$

Verbannt man sämtliche Grünflächen aus dem untersuchten Stadtbezirk, reduziert sich der Kinderanteil zwar um knapp 5 %, trotzdem leben noch immer Kinder im Bezirk – man kann nur hoffen, dass diese Kinder in den Nachbarbezirken Zugang zu Grünflächen haben, denn „vor der Haustür" im Grünen zu spielen, bleibt ihnen versagt. Die drastische Erhöhung des Grünflächenanteils auf 70 % würde laut Prognose zu einer Zunahme des Kinderanteils auf knapp 24 %, also nahezu einem Viertel der Bevölkerung, die in diesem Bezirk lebt, führen. Auch dieser Wert muss mit Vorsicht betrachtet werden, denn im städtischen Gebiet einen entsprechend hohen Grünflächenanteil zu erreichen, scheint nicht wirklich realistisch.

Wie gut sind nun unsere Schätzungen? Um dies bewerten zu können, ziehen wir das Bestimmtheitsmaß heran (Tab. 3.33).

Tab. 3.33 Stadtbezirke nach Grünanteilen und Kinderanteilen sowie Teilsummen für die Berechnung des Bestimmtheitsmaßes

Stadtbezirk	Anteil der Grünflächen an der Gesamtfläche des Bezirks (x_i) (in Prozent)	Anteil der Kinder unter 14 Jahren an der Bevölkerung im Bezirk (y_i) (in Prozent)	$(y_i - \overline{y})^2$	$\hat{y}_i$	$(\hat{y}_i - \overline{y})^2$
1	17,4	6,3	43,4	9,6	11,1
2	39,9	13,4	0,3	15,8	8,4
3	16,4	12,6	0,1	9,3	13,0
4	40,9	19,4	42,4	16,1	10,1
5	30,7	9,8	9,5	13,2	0,1
6	5,1	3,3	91,9	6,2	45,2
7	32,7	14,7	3,3	13,8	0,8
8	10,2	5,8	50,3	7,6	28,2
9	18,4	14,9	4,0	9,8	9,3
10	23,5	7,8	25,9	11,3	2,7
11	47,1	17,5	21,3	17,8	23,7
12	14,3	14,2	1,7	8,7	17,5
13	33,8	18,1	27,2	14,1	1,4
14	34,8	15,7	7,9	14,4	2,2
15	50,1	20,1	52,0	18,6	32,7
16	14,3	5,9	48,8	8,7	17,5
17	56,3	18,8	34,9	20,3	54,9
18	44,0	13,7	0,7	16,9	16,2
Summe	529,9	232,0	465,6		294,8

Daten: fiktive Daten

$$R^2 = \frac{s_{\hat{y}}^2}{s_y^2} = \frac{\frac{\sum_{i=1}^{n}(\hat{y}_i - \overline{y})^2}{n}}{\frac{\sum_{i=1}^{n}(y_i - \overline{y})^2}{n}} = \frac{\sum_{i=1}^{n}(\hat{y}_i - \overline{y})^2}{n} \cdot \frac{n}{\sum_{i=1}^{n}(y_i - \overline{y})^2} = \frac{\sum_{i=1}^{n}(\hat{y}_i - \overline{y})^2}{\sum_{i=1}^{n}(y_i - \overline{y})^2} = \frac{294,8}{465,6} = 0,63$$

$$(3.189)$$

Ein Bestimmtheitsmaß von 0,63 drückt aus, dass die Regressionsgerade die Punktwolke durchschnittlich gut approximiert. Anders formuliert werden 63 % der Gesamtstreuung durch die Schätzung der Regressionsgerade erklärt. Dies drückt auch aus, dass ein erheblicher Anteil von 37 % der Streuung unerklärt bleibt. Dabei ist allerdings zu beachten, dass die Bewertung des Bestimmtheitsmaßes stets von der

Fragestellung abhängt und auch die grafische Interpretation in die Bewertung der Güte mit einbezogen werden muss (Abb. 3.45).

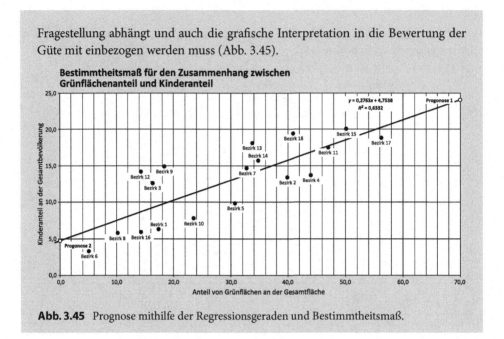

Abb. 3.45 Prognose mithilfe der Regressionsgeraden und Bestimmtheitsmaß.

Anwendung

Die Regressionsanalyse findet in der Geographie in allen Handlungsfeldern Einsatz. Besonders häufig findet man sie in der physischen Geographie im Bereich der Klimathematik, beispielsweise um Witterungseinflüsse zu untersuchen oder Auswirkungen des Klimawandels zu überprüfen, ebenso in der Hydrologie, etwa für eine Modellierung von Niederschlag und Abfluss, für die Untersuchung von Schadstoffeinflüssen im Bereich von Luft, Wasser und Boden, oder für die Analyse von Naturgefahren und deren Auswirkungen. Gleichermaßen umfangreich ist das Spektrum der Applikationen in der Humangeographie; so werden beispielsweise mittels Regressionen epidemiologische Fragestellungen der medizinischen Geographie beantwortet, Zusammenhänge in der Verkehrsgeographie untersucht oder Analysen im Bereich der Sicherheit durchgeführt. Ebenso wird die Regressionsanalyse im Kontext der Bevölkerungsentwicklung in Bezug auf Wohnraum, Infrastruktur, Bildung etc. oder in der Wirtschaftsgeographie angewendet.

Natürlich würde uns Geographinnen und Geographen an dieser Stelle auch die Applikation der Regressionsanalyse im räumlichen Kontext interessieren. Leider würden die Ausführungen den Rahmen dieses Buches sprengen, weshalb für eine detaillierte Darstellung auf die Literatur verwiesen wird (z. B. Anselin, 2009; Fahrmeir, Kneib und Lang, 2009, S. 404 ff.; Fotheringham, Brundson und Charlton, 2003). Zu den räumlichen Regressionsanalysen zählt beispielsweise die geoadditive Regression ebenso wie die geographisch gewichtete Regression. Die Idee der **geoadditiven Regression** etwa führt den Gedanken der linearen Regressionsanalyse fort und erweitert diese nicht nur um mehrere Einflussmerkmale zu einer multiplen Regression, sondern fügt den Merkmalen auch eine räumliche Variable, gekennzeichnet durch Koordinaten oder administrative Einheiten, hinzu. (*Anmerkung:* Während bei der **multiplen** Regression mehrere unabhängige Variablen der Regression hinzugefügt werden, erweitert die **multivariate** Regression zusätzlich auch das Spektrum der abhängigen Variablen.) Die räumliche Komponente wird mit einer Gewichtung versehen, sodass – wiederum unter Verwendung der Methode der kleinsten Quadrate – für jedes Element im Raum die lokalen Regressionskoeffizienten ermittelt werden. Die lokalen Regressionen führen schließlich zu einer Einschätzung, wie sich jedes räumliche Objekt im Vergleich zu seinem Umfeld verhält.

Besondere Relevanz erhält die geoadditive Regression durch die Implementierung als Tool von Geographischen Informationssystemen. Als Beispiel sei an dieser Stelle die geographisch gewichtete Regression genannt, die zusätzlich die Möglichkeit der räumlichen Verortung der Ergebnisse enthält. Die Visualisierung der lokalen Regressionskoeffizienten in Form einer Karte – die Werte werden unter Verwendung räumlicher Interpolation generiert – zeigt die Intensität des Zusammenhangs zwischen der abhängigen und den unabhängigen Variablen, also räumliche Heterogenität, und somit die räumlichen Unterschiede von Einflussfaktoren (ESRI, 2012b; Helbich und Görgl, 2010).

Lernbox

Die Regressionsgerade visualisiert den Zusammenhang von zwei Variablen (Abb. 3.46).

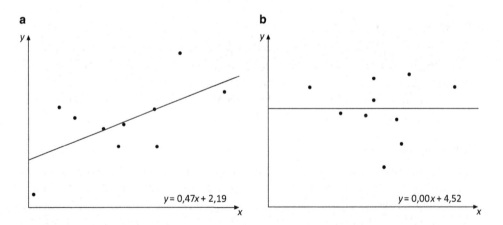

Abb. 3.46 Aussagekraft der Regressionsgeraden.
a Steigende Regressionsgerade ($k = a = 0{,}47$), positiver Trend, **b** Regressionsgerade ohne Steigung ($k = a = 0$), kein Trend sichtbar, **c** stark steigende Regressionsgerade ($k = a = 0{,}90$), stark positiver Trend, **d** fallende Regressionsgerade ($k = a = -0{,}75$), negativer Trend.

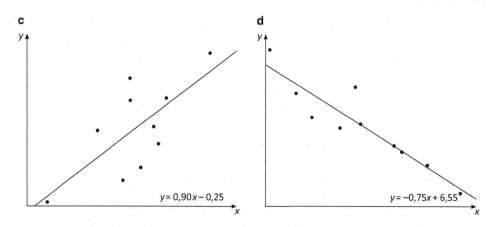

Abb. 3.46 *Fortsetzung*

Kernaussage

Mithilfe der linearen Regression wird die Tendenz eines Zusammenhangs von zwei Merkmalen beurteilt, wobei sich ein Merkmal durch Abhängigkeit vom anderen Merkmal auszeichnet. Die Regressionsgerade nähert sich dabei optimal an die Punktwolke der Merkmalspaare an. Das Bestimmtheitsmaß gibt an, wie gut diese Annäherung der Regressionsgeraden an die Punktwolke ist.

Übung 3.4.1.1

Die Informationen über Geburtenraten und Säuglingssterblichkeit (siehe Online-Unterlagen unter www.springer.com/978-3-8274-2611-6) legen die Vermutung nahe, dass es einen Zusammenhang zwischen den beiden Indikatoren gibt. Verifizieren Sie die Annahme, dass Länder mit einen höheren Anzahl an Lebendgeborenen pro 1.000 Einwohner gleichzeitig durch eine hohe Säuglingssterblichkeit charakterisiert sind.

Übung 3.4.1.2

Die Datentabelle (die Daten sind online verfügbar) zeigt die Monatsmitteltemperaturen sowie die monatlichen Mittelwerte der Luftfeuchtigkeit an der Messstation in Graz-Straßgang für das Jahr 2011. Gibt es einen Zusammenhang zwischen den Variablen, und, wenn ja, wie sieht dieser Zusammenhang aus? Beschreiben Sie den aus der Regression resultierenden Trend und ermitteln Sie die Luftfeuchtigkeit bei einer durchschnittlichen Temperatur von 25 °C. Kontrollieren Sie das errechnete Ergebnis anhand des Diagramms.

Übung 3.4.1.3

Die Grundstückspreise der westlichen Bundesländer Österreichs sind im Durchschnitt deutlich höher als jene im Osten Österreichs, natürlich mit Ausnahme der städtischen

Bereiche bzw. von Wien. Neben Faktoren wie der zunehmenden Knappheit der Ressource Bauland wird unter anderem auch der Tourismus als Ursache für die steigenden Preise vermutet. Untersuchen Sie, ob der Einfluss des Tourismus, der in Form von Übernachtungszahlen (2008) geltend gemacht wird, auf die Grundstückspreise nachweisbar ist.

Übung 3.4.1.4

Dass die Anzahl der Tage mit Neuschnee von der Seehöhe abhängt, scheint auf den ersten Blick klar. Doch dieser vermeintlich offensichtliche Zusammenhang wird einerseits von der Zunahme der Niederschlagshöhen mit der Seehöhe bestimmt, andererseits vom Jahresgang der Niederschläge (Niederschlag im Winter). Weisen Sie mittels Regressionsanalyse nach, dass die durchschnittliche Zahl der Tage mit Neuschnee mit der Seehöhe zunimmt. Die ausgewählten Stationen liegen in der Nordsteiermark und werden durch eine Nordstaulage charakterisiert.

3.4.2   Wie viele Kinder bringt ein Baum oder wie viele Bäume bringt ein Kind? – Korrelationsanalyse

---

Lernziele

- den Unterschied zwischen Regression und Korrelation erläutern
- verschiedene Korrelationskoeffizienten benennen und deren Anwendungsbereiche anführen
- Korrelationskoeffizienten berechnen und interpretieren

Durch die Regressionsanalyse ist es möglich geworden, zwei Merkmale im Hinblick auf ihren Zusammenhang zu bewerten. Die Regressionsanalyse bedient sich dabei einer Funktion, der linearen Regression, die den idealen Zusammenhang abbildet, schätzt und gleichzeitig eine Grundlage für eine „Vorausschau" bildet: Werte, die zwar nicht unmittelbar erhoben, aber im Umfeld bzw. Wertebereich der Untersuchung liegen, können interpoliert werden; aber auch Werte, die außerhalb des untersuchten Bereichs liegen, können abgeschätzt und damit prognostiziert werden.

Das auf unserer Exkursion gewonnene Bild hat sich durch unsere Analyse bestätigt. Ohne die räumliche Komponente berücksichtigt zu haben, ist uns der Nachweis in unserem Exkursionsgebiet gelungen, dass ein hoher Anteil an Grünflächen die Anzahl der Kinder, die im Bezirk leben, positiv beeinflusst. Durch das Potenzial der Regressionsanalyse, den Trend des Zusammenhangs aufzuzeichnen, sind wir sogar in der Lage abzuschätzen, welche Auswirkungen eine Anhebung bzw. Reduktion des Grünanteils auf den Kinderanteil haben könnte. Obwohl wir den Zusammenhang erkannt haben und diesen rechnerisch bestätigen konnten, ist es uns bislang jedoch nicht gelungen, den Zusammenhang zwischen den beiden Merkmalen zu **quantifizieren**. Die Regressionsanalyse bietet zwar die Möglichkeit, einen Zusammenhang und den daraus resultierenden Trend abzuschätzen, doch wie stark dieser Zusammenhang bzw. welcher Art der Zusammenhang ist, kann mittels Regressionsanalyse formal nicht gefolgert werden.

Rufen wir uns nochmals die Ergebnisse unseres Stadtrundgangs in Erinnerung: Sowohl in den Außenbezirken als auch im innerstädtischen Bereich unmittelbar um das Zentrum ist der Eindruck entstanden, als gäbe es dort sehr viele Kinder. Die Grafik der Regressionsgerade illustriert (Abb. 3.44), dass die Gerade mit zunehmendem Anteil an Grünflächen besser an die Punktwolke angepasst ist. Die Grafik verrät allerdings bereits bedeutend mehr in Bezug auf die Stärke des Zusammenhangs als lediglich die Gleichung der linearen Regression. Je enger sich die Punktewolke um die Gerade schart, umso besser fungiert die Regressionsgerade als Schätzer – aus der Funktionsgleichung lässt sich dieses Faktum allerdings nicht direkt ablesen. Wir sind demnach auf der Suche nach einem Parameter, der diese **Stärke der Abhängigkeit** formalisiert und in einen Parameter fasst.

Mithilfe des Bestimmtheitsmaßes ist es uns gelungen, die Qualität oder Güte der Regressionsgeraden zu bewerten. Das Bestimmtheitsmaß gibt Auskunft über jenen Anteil, der durch das unabhängige Merkmal erklärt wird. Andererseits haben wir die Kovarianz kennen gelernt und diese hat uns eine Auskunft über die Streuung beider Variablen geliefert. Die Kovarianz ist allerdings mit dem Nachteil behaftet, dass ihr Wert zwar einen Hinweis auf die Richtung des Zusammenhangs liefert, aber dennoch keine Auskunft über dessen Stärke beinhaltet.

Beispiel 3.66
Greifen wir nochmals unser Beispiel des Zusammenhangs von Grünflächen und Kinderzahl in der Stadt auf (Beispiel 3.63). Aus Tab. 3.32 nehmen wir die entsprechenden Werte und berechnen die Kovarianz basierend auf (3.176)

$$s_{x,y} = \frac{\sum\limits_{i=1}^{n}(x_i - \bar{x})(y_i - \bar{y})}{n} = \frac{1}{n}\sum_{i=1}^{n}x_i y_i - \frac{1}{n^2}\sum_{i=1}^{n}x_i \sum_{i=1}^{n}y_i =$$

$$= \frac{1}{18} \cdot 7.896,8 - \frac{1}{18^2} \cdot 529,9 \cdot 232,0 = 438,71 - 379,44 = 59,27$$

$$s_{x,y} = 59,27 \tag{3.190}$$

Die Kovarianz ergibt einen positiven Wert, was wiederum bedeutet, dass die beiden Merkmale positiv zusammenhängen – je mehr Grünfläche es gibt, umso mehr Kinder leben im entsprechenden Bezirk.

Das bedeutet, dass sich aus der Kovarianz bereits ableiten lässt, **wie** sich die beiden Merkmale gegenseitig beeinflussen. Die Stärke des Einflusses ist ebenfalls aus der Kovarianz ermittelbar, allerdings muss diese standardisiert werden, damit sie den Bezug zu den jeweiligen Einheiten der Merkmalswerte verliert und **dimensionslos** wird – dies geschieht durch die Division der jeweiligen Varianzen der Merkmale.

Pearson'scher Korrelationskoeffizient

Der **lineare Korrelationskoeffizient**, der auch **Pearson'scher Korrelationskoeffizient**, **empirischer Korrelationskoeffizient** oder **Produkt-Moment-Korrelation nach Bravais-Pearson** bezeichnet wird, resultiert somit als

$$r_{x,y} = \frac{s_{x,y}}{s_x s_y} \tag{3.191}$$

▶ **Definition** Der **Produkt-Moment-Korrelationskoeffizient nach Bravais-Pearson** $r_{x,y}$ für n Wertepaare (x_i, y_i) mit $i = 1, \ldots, n$ ist ein Maß für den linearen Zusammenhang von Merkmalen und ergibt sich aus der mittels der Standardabweichungen s_x und s_y standardisierten Kovarianz $s_{x,y}$ durch

$$r_{x,y} = \frac{n \sum_{i=1}^{n} x_i y_i - \sum_{i=1}^{n} x_i \sum_{i=1}^{n} y_i}{\sqrt{\left(n \sum_{i=1}^{n} x_i^2 - \left(\sum_{i=1}^{n} x_i \right)^2 \right) \left(n \sum_{i=1}^{n} y_i^2 - \left(\sum_{i=1}^{n} y_i \right)^2 \right)}} \tag{3.192}$$

Während die lineare Regression einen gerichteten Zusammenhang bewertet, **geht die Richtung der Beeinflussung** in der Korrelation **verloren** – die Korrelation drückt lediglich die **Stärke des Zusammenhangs** zwischen zwei Merkmalen aus. Diese wechselseitige Beeinflussung lässt sich auch aus folgender Überlegung ablesen. Betrachten wir nochmals die Regressionsgerade, die zugehörige Umkehrregression und ihr Bestimmtheitsmaß. Formel 3.185 zeigt das Bestimmtheitsmaß auch als Produkt der Steigungen dieser beiden Geraden. Stellt man dieses Produkt dem Korrelationskoeffizienten gegenüber, ergibt sich folgender Zusammenhang:

$$R^2 = a a^* = \frac{n \sum_{i=1}^{n} x_i y_i - \sum_{i=1}^{n} x_i \sum_{i=1}^{n} y_i}{n \sum_{i=1}^{n} x_i^2 - \left(\sum_{i=1}^{n} x_i \right)^2} \cdot \frac{n \sum_{i=1}^{n} x_i y_i - \sum_{i=1}^{n} x_i \sum_{i=1}^{n} y_i}{n \sum_{i=1}^{n} y_i^2 - \left(\sum_{i=1}^{n} y_i \right)^2} =$$

$$= \frac{\left(n \sum_{i=1}^{n} x_i y_i - \sum_{i=1}^{n} x_i \sum_{i=1}^{n} y_i \right)^2}{\left(n \sum_{i=1}^{n} x_i^2 - \left(\sum_{i=1}^{n} x_i \right)^2 \right) \left(n \sum_{i=1}^{n} y_i^2 - \left(\sum_{i=1}^{n} y_i \right)^2 \right)} = r_{x,y}^2$$

$$R^2 = r_{x,y}^2 \tag{3.193}$$

Somit entspricht das **Bestimmtheitsmaß** dem **quadrierten Korrelationskoeffizienten**; bei genauerem Hinsehen und dem Vergleich mit Formel 3.49 ist der Korrelationskoeffizient das geometrische Mittel der Steigungen der beiden Regressionsgeraden.

Bedeutung und Eigenschaften

- Der Korrelationskoeffizient ist ein Maß für die **Art** bzw. **Richtung** und **Stärke** bzw. **Grad** des Zusammenhangs zwischen zwei Merkmalen.

- Im Gegensatz zur Regression gibt der Korrelationskoeffizient keine Auskunft, **wie** sich die Variablen gegenseitig beeinflussen, also ob die erste Variable die zweite Variable beeinflusst oder ob der Einfluss umgekehrt ist. Die Korrelation zeigt lediglich an, dass sich die Variablen gegenseitig beeinflussen oder nicht.

- Auch für die Ermittlung der Korrelation ist ein **metrisches Datenniveau** erforderlich. Auf weitere Korrelationsmaße, die von metrischem Skalenniveau absehen, wird später noch eingegangen.

- Der Korrelationskoeffizient lässt sich gleichermaßen mithilfe der Mittelwerte ausdrücken durch

$$r_{x,y} = \frac{n \sum_{i=1}^{n} x_i y_i - \sum_{i=1}^{n} x_i \sum_{i=1}^{n} y_i}{\sqrt{\left(n \sum_{i=1}^{n} x_i^2 - \left(\sum_{i=1}^{n} x_i\right)^2\right)\left(n \sum_{i=1}^{n} y_i^2 - \left(\sum_{i=1}^{n} y_i\right)^2\right)}} = \frac{\sum_{i=1}^{n} (x_i - \overline{x})(y_i - \overline{y})}{\sqrt{\sum_{i=1}^{n} (x_i - \overline{x})^2 \sum_{i=1}^{n} (y_i - \overline{y})^2}}$$

(3.194)

- Der Korrelationskoeffizient nimmt stets **Werte aus dem Intervall [−1;+1]** ein. Die Begründung hierfür liegt in der Berechnungsgrundlage: Der Korrelationskoeffizient setzt sich aus dem **Anteil** der Kovarianz an der Varianz der Daten zusammen bzw. wird aus der Wurzel des Bestimmtheitsmaßes ermittelt.

- Die Interpretation des Korrelationskoeffizienten richtet sich einerseits nach dem **Wert**, den der Korrelationskoeffizient annimmt, andererseits nach dem **Vorzeichen**, das der Wert trägt.

- Der Wert des Korrelationskoeffizienten bestimmt die **Stärke** des Zusammenhangs, das Vorzeichen liefert die **Art** bzw. **Richtung** des Zusammenhangs.
  Ein **positives Vorzeichen** des Korrelationskoeffizienten – dies entspricht einem Wert aus dem Wertebereich (0;+1] – weist darauf hin, dass es sich um einen **direkten** Zusammenhang der beiden Merkmale handelt; ein **negatives Vorzeichen** – ein Wert aus dem Intervall [−1;0) – zeigt einen **indirekten** Zusammenhang auf. Der direkte Zusammenhang kann auch durch den Leit- bzw. Merksatz „je mehr, desto mehr" charakterisiert werden; analog dazu bedeutet ein indirekter Zusammenhang „je mehr, desto weniger" bzw. umgekehrt „je weniger, desto mehr". Der Wert **null** sagt aus, dass sich **kein Zusammenhang** zwischen den beiden Merkmalen identifizieren lässt.
  Wichtig: Von einer Bewertung des Korrelationskoeffizienten mit den Begriffen „gut" oder „schlecht" ist Abstand zu nehmen – der Korrelationskoeffizient liefert zwar Information über die Größe des Zusammenhangs, trifft aber **keine Aussage über die Qualität** dieses Zusammenhangs!

- Der Wert des Korrelationskoeffizienten spiegelt sich unmittelbar in der Regressionsgeraden wider. Ein positiver Korrelationskoeffizient ergibt das Bild einer steigenden Geraden, ein negativer Korrelationskoeffizient zeigt eine fallende Regressionsgerade. Der Betrag des Korrelationskoeffizienten wiederum drückt sich in der Steilheit der Geraden aus. Diesen Zusammenhang haben wir bereits in den Bedeutungen der Regressionsgeraden hervorgehoben, und auch im Kontext der Kovarianz wurde auf die Aussagekraft der Vorzeichen hingewiesen.

- Die Untergliederung des Korrelationskoeffizienten in „Stärkegrade" gestaltet sich je nach Literatur unterschiedlich. Ein durchaus praktikabler Zugang stellt die Einteilung aus Tab. 3.34 dar, die aber keinesfalls Anspruch auf Allgemeingültigkeit erhebt. Es finden sich auch Angaben, die lediglich die Werte 0,5 und 0,8 als Grenzwerte der Stärke anführen.

Tab. 3.34 Aussagekraft des Korrelationskoeffizienten

Betrag des Korrelationskoeffizienten	Stärke des Zusammenhangs
0 bis unter 0,4	kein Zusammenhang erkennbar
0,4 bis unter 0,6	schwacher Zusammenhang erkennbar
0,6 bis unter 0,8	deutlicher Zusammenhang ablesbar
0,8 bis unter 1	starker Zusammenhang feststellbar
1	perfekter Zusammenhang gegeben

- Natürlich beschränkt sich die Korrelationsanalyse – man vergleiche mit den Ausführungen zur linearen Regression – weder auf die Untersuchung des Zusammenhangs von lediglich zwei Variablen noch auf die Analyse eines linearen Zusammenhangs. Die Ausweitung des Variablenspektrums auf mehrere Variable firmiert in der Literatur unter der Bezeichnung **multiple** und **multivariate** oder **kanonische Korrelationsanalyse**, in der eine bzw. mehrere Variablen mit einem Variablenset korreliert werden. Ebenso wie die Regression nicht linear verlaufen muss, ist auch ein **nichtlinearer Zusammenhang** von Variablen mittels Korrelation möglich.
- Ein weiterer Aspekt des Zusammenhangs von Merkmalen ist durch die **partielle Korrelation** festzustellen. Mittels partieller Korrelation ist es möglich, verdeckte Einflüsse von Variablen – sogenannte Scheinkorrelationen – aus einer Korrelationsanalyse zu filtern und zu eliminieren (z. B. Bortz und Schuster, 2010, S. 339 ff.; Hellbrück, 2009, S. 165 ff.).
- Eine weitere Dimension der Korrelationsanalyse entsteht durch die Ausweitung der Untersuchung um eine **räumliche Dimension**. Dabei wird analysiert, ob Merkmalsträger, die räumlich nahe zueinander liegen, ähnliche Eigenschaften besitzen oder ob die räumliche Komponente keinen Einfluss auf die Ausprägungen der Merkmalsträger hat. Auch hier sei wieder auf die räumliche Statistik bzw. Geostatistik sowie den damit verbundenen Begriff der räumlichen Autokorrelation verwiesen (Rogerson, 2010; Wackernagel, 2003).
- Ein weiterer Aspekt, der vornehmlich im Zusammenhang mit der Anwendung von Statistiksoftware augenscheinlich wird, ist die Angabe der **Güte** des Korrelationskoeffizienten, wenn es sich bei der untersuchten Masse um eine Stichprobe handelt. Ohne darauf näher einzugehen (vgl. dazu Martens, 2003, S. 185 ff.), halten wir fest, dass man

davon ausgeht, es existiere kein Zusammenhang zwischen den untersuchten Variablen. Aufgrund einer **Irrtumswahrscheinlichkeit** ist es möglich zu entscheiden, ob die Korrelation signifikant ist und der Zusammenhang vorliegt oder ob dieser rein zufällig ist.

Anwendung

Die Bandbreite der Anwendungen der Korrelation ist in der Geographie ebenso umfassend wie für die Regression; eine hervorzuhebende Rolle besitzt die Korrelation darüber hinaus in der empirischen Sozialforschung.

Ohne die zahlreichen Anwendungsbereiche der Korrelationsanalyse näher zu erläutern, erscheint es in diesem Kontext relevant, auf die **Interpretation** der Ergebnisse der Korrelationsanalyse einzugehen. Vielfach wird den Ergebnissen der Korrelationsanalyse ein Ursachen-Wirkungs-Gefüge beigemessen. Damit ist gemeint, dass bei der Interpretation nicht nur der Zusammenhang in Bezug auf Stärke und Richtung festgestellt, sondern daraus auch eine Kausalität abgeleitet wird – nicht nur die Frage, ob, sondern fälschlicherweise auch die Frage, **warum** Daten zusammenhängen, wird häufig aus der Korrelation abgelesen. Eine Begründung für den Zusammenhang von Daten kann der Korrelationskoeffizient jedoch nicht liefern! Wir wollen dies plakativ an Beispiel 3.66 darstellen: Man könnte hier schlussfolgern, dass das Pflanzen eines Baumes die Geburt von Kindern mit sich bringt – es ist leicht zu erkennen, dass es sich dabei zweifelsfrei um einen Trugschluss handelt. Darüber hinaus haben wir gerade festgestellt, dass die Korrelation einen ungerichteten Einfluss nachweist: Das Gleichgewicht zwischen den beiden Variablen würde bedeuten, dass für jedes neugeborene Kind gleichzeitig neues Grün entstehen, also beispielsweise ein Baum gepflanzt, ein Garten angelegt oder ein Spielplatz gebaut werden muss.

Eine weitere Variante der **Fehlinterpretation** ergibt sich durch den Einfluss von zusätzlichen Merkmalen, die an der Korrelation nicht unmittelbar teilnehmen – das Ergebnis sind **Scheinkorrelationen**. Ein in der Literatur gängiges Beispiel stellt einen Zusammenhang von Störchen und Babys her – aufgrund der Geographierelevanz bemühen auch wir dieses Beispiel. Demzufolge kann ein hoher Zusammenhang zwischen der Geburtenrate und der Anzahl der Störche in Europa nachgewiesen werden. Doch mitnichten werden – wie das Beispiel belegt – die Babys von Störchen gebracht. Vielmehr erklärt sich diese Korrelation durch eine weitere Variable, den Verstädterungsgrad: je größer der Verstädterungsgrad, umso niedriger die Geburtenrate – in Städten sind weniger Geburten zu verzeichnen als im ländlichen Raum – und umso niedriger die Storchenpopulation. Anders ausgedrückt kommen in ländlichen Gebieten, wo sich auch vermehrt Störche ansiedeln, mehr Babys zur Welt als im städtischen Umfeld (Hard, 2003, S. 316 f.; Matthews, 2001). Als weitere Beispiele seien hier der Zusammenhang der Ärztedichte mit der Anzahl der Golfplätze angeführt oder der landwirtschaftliche Ertrag mit dem Maschineneinsatz. Während im ersten Fall die Interpretation der Altersstruktur der vor Ort lebenden Personen vonnöten ist – in der Nähe von Golfplätzen sind häufig ältere Menschen wohnhaft –, hängt der landwirtschaftliche Ertrag unter anderem von der Betriebsgröße und damit der Möglichkeit der Verwendung von Düngemitteln etc. ab. Größere Betriebe sind aber auch eher in der Lage, Maschinen einzusetzen (Abschn. 4.4).

Beispiel 3.67

Wir wollen an dieser Stelle den Korrelationskoeffizienten nach Barvais-Pearson für unser Beispiel der Grünflächen und des Kinderanteils (Beispiel 3.63) bestimmen. Laut Formel 3.192 lässt sich der Korrelationskoeffizient berechnen durch

$$r_{x,y} = \frac{n \sum\limits_{i=1}^{n} x_i y_i - \sum\limits_{i=1}^{n} x_i \sum\limits_{i=1}^{n} y_i}{\sqrt{\left(n \sum\limits_{i=1}^{n} x_i^2 - \left(\sum\limits_{i=1}^{n} x_i\right)^2\right)\left(n \sum\limits_{i=1}^{n} y_i^2 - \left(\sum\limits_{i=1}^{n} y_i\right)^2\right)}}$$

oder basierend auf dem Bestimmtheitsmaß (Formel 3.193). Beispiel 3.66 zeigt ebenso wie die Steigung der Regressionsgeraden ein positives Vorzeichen für die Kovarianz. Daraus folgt ein positiver Zusammenhang der beiden Merkmale (Tab. 3.35).

Tab. 3.35 Stadtbezirke nach Grünanteilen und Kinderanteilen sowie Teilsummen für die Berechnung des Bestimmtheitsmaßes

Stadtbezirk	Anteil der Grünflächen an der Gesamtfläche des Bezirks (x_i) (in Prozent)	Anteil der Kinder unter 14 Jahren an der Bevölkerung im Bezirk (y_i) (in Prozent)	$x_i y_i$	x_i^2	y_i^2
1	17,4	6,3	109,6	302,4	39,7
2	39,9	13,4	534,6	1.591,8	179,6
3	16,4	12,6	206,2	267,9	158,8
4	40,9	19,4	793,8	1.674,4	376,4
5	30,7	9,8	300,8	941,9	96,0
6	5,1	3,3	16,9	26,2	10,9
7	32,7	14,7	481,2	1.071,6	216,1
8	10,2	5,8	59,3	104,7	33,6
9	18,4	14,9	274,4	339,1	222,0
10	23,5	7,8	183,5	553,6	60,8
11	47,1	17,5	823,5	2.214,5	306,3
12	14,3	14,2	203,4	205,1	201,6
13	33,8	18,1	611,0	1.139,7	327,6
14	34,8	15,7	546,1	1.209,8	246,5
15	50,1	20,1	1.007,6	2.512,7	404,0
16	14,3	5,9	84,5	205,1	34,8
17	56,3	18,8	1.057,8	3.165,8	353,4
18	44,0	13,7	602,6	1.935,0	187,7
Summe	529,9	232,0	7.896,8	19.461,3	3.455,8

Daten: fiktive Daten

$$r_{x,y} = \frac{n\sum_{i=1}^{n} x_i y_i - \sum_{i=1}^{n} x_i \sum_{i=1}^{n} y_i}{\sqrt{\left(n\sum_{i=1}^{n} x_i^2 - \left(\sum_{i=1}^{n} x_i\right)^2\right)\left(n\sum_{i=1}^{n} y_i^2 - \left(\sum_{i=1}^{n} y_i\right)^2\right)}} =$$

$$= \frac{18 \cdot 7.896,8 - (529,9 \cdot 232,0)}{\sqrt{\left(18 \cdot 19.461,3 - 529,9^2\right)\left(18 \cdot 3.455,8 - 232^2\right)}} = \frac{19.203,14}{24.133.17} = 0,7957 \cong 0,8$$

$$(3.195)$$

$$r_{x,y} = \sqrt{R^2} = \sqrt{0,63} = 0,7957 \cong 0,8 \tag{3.196}$$

Ein positives Bestimmtheitsmaß und daraus folgend ein positiver Korrelationsko-effizient bedeutet, dass es einen positiven Zusammenhang zwischen dem Grünflä-chenanteil und dem Anteil von Kindern, die in dem jeweiligen Stadtbezirk leben, gibt. Der Wert des Korrelationskoeffizienten gibt darüber Auskunft, wie stark der Zusammenhang der Merkmale ist – laut Tab. 3.35 zeigt der Korrelationskoeffizi-ent von 0,8 einen starken direkten Zusammenhang zwischen dem Grünflächenanteil und dem Kinderanteil in einem Bezirk. Je größer der Anteil der Fläche von Grün-anlagen, Parkflächen, Spielplatzflächen etc. an der gesamten Fläche des Bezirks ist, desto höher ist der Anteil an Kindern unter 14 Jahren, die in dem Bezirk wohnen – der Merksatz „je mehr, desto mehr" charakterisiert unsere Variablen und unter-streicht das Ergebnis, das wir mit der Regressionsanalyse ermittelt haben (Abb. 3.44).

Rangkorrelationskoeffizient nach Spearman

Wir haben mithilfe des Pearson'schen Korrelationskoeffizienten zwar feststellen können, dass es einen deutlichen Zusammenhang zwischen den Grünflächen und dem Kinderanteil in unserer Stadt gibt, die Frage nach dem hohen Anteil an Kindern im Innenstadtbereich haben wir jedoch noch nicht ausreichend einer Lösung zugeführt. Wir wissen zwar, dass der Grünanteil im Stadtzentrum ausgeprägt ist, aber er alleine erklärt noch nicht, warum es einen sehr hohen Kinderanteil gibt. Es drängt sich eine weitere Vermutung auf, die wir abklären möchten: Wir folgen dem geographischen Ansatz, dass die Bevölkerungsstruktur in unserer Stadt einer sozialen Schichtung unterworfen ist, die zu einer sozialen Segrega-tion führt. Diese räumliche Trennung sozialer Gruppen zeigt sich unter anderem in einer Konzentration von ärmeren Bevölkerungsschichten in bzw. um das Stadtzentrum und der Ansiedlung wohlhabenderer Schichten in den suburbanen Gebieten. Da wir keinen Zugriff auf Einkommensdaten haben, verwenden wir als Indikator den Bildungsgrad der Bevöl-kerung in den Bezirken; ein weiterer Indikator, den wir bewusst außer Acht lassen, wäre beispielsweise die Ethnizität, die auf einen Migrationshintergrund hindeutet. Allerdings haben wir auch ein Problem, was die Daten zum Bildungsstand der Bevölkerung betrifft.

Wir können nicht auf Quoten wie den Anteil von Personen mit Hochschulabschluss oder Matura bzw. Abitur zurückgreifen; es liegen uns lediglich Informationen darüber vor, welcher Bezirk die höchste, zweithöchste etc. Hochschulquote aufweist.

Das eigentliche Problem erschließt sich damit in der **Eignung der Daten** für die Korrelationsanalyse. Bislang haben wir gefordert, dass die Daten mindestens intervallskaliert sein müssen, um den Korrelationskoeffizienten als Maß für den Zusammenhang zweier Variablen bestimmen zu können. Nun liegt der Bildungsgrad der Bevölkerung jedoch in Form von ordinalskalierten Daten vor – ein neuer Parameter ist gefordert.

Der **Rangkorrelationskoeffizient nach Spearman**, auch als **Spearman'scher Rangkorrelationskoeffizient** oder **Spearman's Rho** bezeichnet, wird für die Untersuchung von **ordinalskalierten** Merkmalen hinsichtlich eines Zusammenhangs angewendet. Neben dem Korrelationskoeffizienten nach Spearman gibt es noch weitere Korrelationskoeffizienten für ordinalskalierte Merkmale wie etwa den Korrelationskoeffizienten nach **Kendall** (Hartung, Elpelt und Klösener, 2009).

▸ **Definition**   Der **Rangkorrelationskoeffizient nach Spearman** r_s für n Wertepaare (x_i, y_i) mit $i = 1, \ldots, n$ wird berechnet durch

$$r_s = 1 - \frac{6 \sum\limits_{i=1}^{n} d_i^2}{n(n^2 - 1)} \tag{3.197}$$

wobei d_i die Differenz der Ränge der beiden Merkmale x und y bildet.   ■

Bedeutung und Eigenschaften

- Da sich der Rangkorrelationskoeffizient zwar hinsichtlich der Berechnung, nicht aber in Bezug auf die Interpretation vom Produkt-Moment-Korrelationskoeffizienten nach Pearson unterscheidet, gehen wir an dieser Stelle insbesondere auf diese Vorgehensweise ein.
- Wie aus (3.197) bereits auf den ersten Blick zu erkennen ist, tritt erstmals ein neuer Faktor bei der Berechnung des Rangkorrelationskoeffizienten auf: d_i – dieser ist als Differenz der Ränge der beiden Merkmale definiert. Zu diesen Rängen zu gelangen, ist meist die größte Herausforderung bei der Ermittlung dieses Parameters.
- Die Ränge $R_1, R_2, \ldots, R_n$ werden entsprechend der Größe der Merkmalswerte vergeben. Ränge – wir blicken auf die Erläuterung zu den ordinalskalierten Daten zurück (Abschn. 3.1.3 unter „Merkmalswert") –, stellen eine Rang- oder Reihenfolge dar, die den Daten inhärent ist. Jedes der beiden Merkmale wird seiner Reihenfolge entsprechend durchnummeriert.

Wichtig: Bei der Interpretation gilt es zu beachten, dass die **Nummerierung in gleicher Richtung** erfolgt: Beide Merkmale werden aufsteigend oder absteigend gereiht, die Reihung darf nicht gemischt werden. Sollte es zu einer Vermischung der Reihenfolgen kommen, trägt der Korrelationskoeffizient das falsche, also umgekehrte, Vorzeichen.

- Für den Fall, dass zwei oder mehrere identische Merkmalswerte für eine Variable existieren – man spricht in diesem Fall von **Bindung** der Werte –, wird das arithmetische Mittel der Rangnummern verwendet.
- Aus dieser Mittelwertbildung ist besonders deutlich abzulesen, dass die Berechnung des Rangkorrelationskoeffizienten nach Spearman mit einem Informationsverlust einhergeht. Die Ränge kaschieren die tatsächlichen Merkmalswerte und verzerren das Ergebnis – es bleibt bei einer **Schätzung** des Korrelationskoeffizienten, auch wenn ein realer Wert berechnet wird.
- Sind die Ränge festgelegt, wird die **Differenz der Ränge**, der neue Wert d_i, berechnet und im Anschluss quadriert. Das Quadrieren ist erforderlich, um negative Vorzeichen zu eliminieren.
- Im letzten Schritt wird die quadrierte Rangdifferenz in die Formel eingetragen und der Korrelationskoeffizient kalkuliert.
- Die Formel des Rangkorrelationskoeffizienten geht aus dem Produkt-Moment-Korrelationskoeffizienten nach Spearman hervor, indem die Merkmalswerte durch deren Ränge ersetzt werden. Für eine detaillierte Ableitung wird auf die Literatur verwiesen (Ferschl, 1985, S. 285).

Anwendung

Der Rangkorrelationskoeffizient wird vielfach für qualitative Ergebnisse aus Umfragen verwendet und demzufolge verstärkt in der Wirtschafts- und Sozialgeographie eingesetzt. Ein weiterer wesentlicher Anwendungsbereich findet sich in der Qualitätskontrolle. Außerdem ist der Rangkorrelationskoeffizient erforderlich bei der Untersuchung des Zusammenhangs zwischen Lebensqualität und Immobilienpreisen oder Einkommensklassen. Die Korrelation von Schadenszuständen nach Naturereignissen wie beispielsweise Opferzahlen in Abhängigkeit von der Erdbebenstärke etc. weist auf eine Verwendung in der physischen Geographie hin. Auch die Analyse des Zusammenhangs von Windgeschwindigkeiten mit der Pollenverbreitung, die Korrelation von Schadstoffeinträgen mit Vegetationstypen sowie chemische Konzentrationen in Bodenproben sind Beispiele für die Applikation des Rangkorrelationskoeffizienten in der physischen Geographie.

Beispiel 3.68
Wir kehren trotz dieser umfangreichen Palette von Anwendungen des Rangkorrelationskoeffizienten zu unserem Stadt-Beispiel und den Grünflächenanteilen (Beispiel 3.63) zurück. Tabelle 3.36 stellt den Grünflächenanteilen der Stadtbezirke die Wertigkeit im Hinblick auf den Bildungsgrad der Bevölkerung gegenüber. Dies bedeutet, dass anstelle des Prozentsatzes an Personen mit Hochschulabschluss als Bildungsindikator lediglich der entsprechende Rang des Bezirks in Bezug auf diesen Prozentsatz vorliegt. Jener Bezirk mit dem höchsten Anteil an Akademikern trägt

die höchste Rangzahl, dem gegenüber steht der Bezirk mit dem geringsten Akademikeranteil mit der Rangzahl 1.

Tab. 3.36 Stadtbezirke nach Grünanteilen und Bildungsstand der Wohnbevölkerung sowie Rangzahlen und Rangdifferenzen

Stadtbezirk	Anteil der Grünflächen an der Gesamtfläche des Bezirks (x_i) (in Prozent)	Bezirk nach Bildungsgrad der Wohnbevölkerung (y_i)	Ränge Grünflächenanteil (R_x)	Ränge Bildungsgrad (R_y)	Rangdifferenz (d_i)	quadrierte Rangdifferenz (d_i^2)
1	17,4	17	13	17	−4	16
2	39,9	11	6	11	−5	25
3	16,4	14	14	14	0	0
4	40,9	10	5	10	−5	25
5	30,7	12	10	12	−2	4
6	5,1	18	18	18	0	0
7	32,7	9	9	9	0	0
8	10,2	15	17	15	2	4
9	18,4	8	12	8	4	16
10	23,5	7	11	7	4	16
11	47,1	2	3	2	1	1
12	14,3	13	15,5	13	2,5	6,25
13	33,8	3	8	3	5	25
14	34,8	6	7	6	1	1
15	50,1	1	2	1	1	1
16	14,3	16	15,5	16	−0,5	0,25
17	56,3	5	1	5	−4	16
18	44,0	4	4	4	0	0
Summe	529,9	232,0				156,5

Daten: fiktive Daten

Besonders hingewiesen sei auf den Grünflächenanteil der Bezirke 12 und 16, der mit 14,3 % übereinstimmt. Da es sich hierbei um eine Bindung handelt, werden nicht die Ränge 15 und 16 für diese Bezirke vergeben – es ist leicht ersichtlich, dass es zu Problemen bei der Reihung kommt, denn welchem Bezirk wird der niedere Rang verliehen? –, sondern das arithmetische Mittel der beiden Ränge mit 15,5.

Die vierte Spalte in Tab. 3.36 enthält die Zuweisung der Rangzahlen für die Variable des Grünflächenanteils. Wie bereits zuvor vermerkt, ist es von Bedeutung, dass die Nummerierung in analoger Reihenfolge zur Variablen des Hochschulabschlusses erfolgt: Der Bezirk mit dem größten Grünflächenanteil erhält den höchsten Rang, Rang 18, während jener mit der geringsten Grünfläche den Rang eins bekommt. Die fünfte Spalte wäre für das vorliegende Beispiel nicht erforderlich, da die Variable des Bildungsgrades bereits in Form von Rangzahlen vorliegt. Um die Vorgehensweise bei der Berechnung des Rangkorrelationskoeffizienten ausführlich zu dokumentieren, ist diese nochmals angeführt.

Nun wird die Differenz der Ränge zeilenweise, pro Bezirk, berechnet und anschließend quadriert. Die Summe der quadrierten Rangdifferenzen fließt in Formel 3.197 ein:

$$r_s = 1 - \frac{6 \sum\limits_{i=1}^{n} d_i^2}{n\left(n^2 - 1\right)} = 1 - \frac{6 \cdot 156,5}{18 \cdot \left(18^2 - 1\right)} = 1 - \frac{939}{5.814} = 1 - 0{,}1615 = 0{,}8384 \approx 0{,}84 \quad (3.198)$$

Das Ergebnis zeigt einen starken direkten Zusammenhang zwischen dem Grünflächenanteil und dem Bildungsgrad: je höher der Grünflächenanteil, umso höher der Bildungsgrad der Bevölkerung in dem Bezirk. Das bedeutet, dass in den „grünen" Bezirken wohlhabendere Menschen wohnen als in unbegrünten Bereichen und demzufolge im Innenstadtbereich offensichtlich eine Aufwertung stattgefunden hat.

Kontingenzkoeffizient

Wie Sie vielleicht schon erahnen, wäre die vorliegende Aufzählung der Korrelationskoeffizienten nicht vollständig, würden wir nicht auch einen Koeffizienten für **nominalskalierte Merkmale** anführen. Wie bereits erwähnt, gibt es zahlreiche weitere Korrelationskoeffizienten, wir legen den Fokus in diesem Kontext auf den **Kontingenzkoeffizienten nach Pearson** (nicht zu verwechseln mit dem Produkt-Moment Koeffizienten nach Pearson!).

Die Berechnung des Kontingenzkoeffizienten erfordert in unseren Ausführungen vier Teilschritte:

1. die Darstellung der Häufigkeitsverteilung mithilfe einer Kontingenztabelle,
2. die Berechnung der erwarteten Häufigkeiten,
3. den Vergleich der erwarteten mit den tatsächlichen Häufigkeiten und die Berechnung des Parameters Chi-Quadrat,
4. die Bestimmung des Kontingenzkoeffizienten sowie des korrigierten Kontingenzkoeffizienten.

Kontingenztabelle

Für die Ermittlung von Chi-Quadrat χ^2 ist es erforderlich, einen weiteren Begriff, der in der bivariaten deskriptiven Statistik unabdingbar erscheint und die Analyse bivariater Verteilungen abrundet, einzuführen: **Kontingenztabellen mit Randhäufigkeiten**. Am plakativsten lässt sich eine Kontingenztabelle anhand eines Beispiels erläutern.

Beispiel 3.69

Wir bleiben bei unserem Beispiel der Grünflächen und Kinderanzahlen (Beispiel 3.63), verlagern unser Augenmerk jedoch auf eine Befragung in der Stadt zu dieser Thematik. Es wurden 2.000 Personen befragt, welche Rolle Grünflächen bei der Entscheidung zugunsten eines Wohnstandortes spielen. Die Befragten wurden hinsichtlich der Eigenschaft „Familientyp" nach drei Kriterien untergliedert: Singles, Familien ohne Kinder und Familien mit Kindern. Tabelle 3.37 zeigt die Ergebnisse der Befragung.

Tab. 3.37 Beurteilung der Wichtigkeit von Grünflächen im Rahmen einer Wohnstandortentscheidung

Familientyp (y) Priorität (x)	Singles (y_1)	Familie ohne Kinder (y_2)	Familie mit Kindern (y_3)	**Zeilensumme**
sehr wichtig (x_1)	137	114	98	**349**
wichtig (x_2)	154	178	282	**614**
weniger wichtig (x_3)	117	365	57	**539**
unwichtig (x_4)	327	44	127	**498**
Spaltensumme	**735**	**701**	**564**	**2.000**

Daten: fiktive Werte

Bereits auf den ersten Blick wird deutlich, dass sich Tab. 3.37 maßgeblich von den bisherigen Tabellen unterscheidet, sie zeigt nicht lediglich ein Merkmal mit den zugehörigen Häufigkeiten, sondern zwei Merkmale. Das erste Merkmal, die Wichtigkeit von Grünflächen, ist in Bezug auf die Ausprägungen wie üblich nach Zeilen gegliedert. Die Ausprägungen der Wichtigkeit sind nicht nur in einer Spalte dargestellt, sondern teilen sich auf mehrere Spalten auf, die der Familieneigenschaft zugeordnet sind.

Darüber hinaus haben wir die jeweiligen Spalten- und Zeilensummen hinzugefügt – jede Spalte bzw. jede Zeile wird individuell aufsummiert. Das vorliegende Resultat bildet natürlich wiederum eine Häufigkeitsverteilung, in diesem Fall jedoch eine zweidimensionale Häufigkeitsverteilung mit den zugehörigen Randverteilungen (Zeilen- und Spaltensummen). Das Resultat wird als Kontingenztabelle bezeichnet.

Die **Kontingenztabelle, Kreuztabelle, Kontingenztafel** oder **Assoziationstabelle** visualisiert eine **zweidimensionale Häufigkeitstabelle**, die in den Zellen sowohl absolute Häufigkeiten wie auch relative Häufigkeiten enthalten kann. Sie wird durch eine weitere Zeile sowie Spalte ergänzt, welche die jeweilige Spalten- oder Zeilensumme enthält. Die Zelle im Kreuzungspunkt der **Spalten- und Zeilensummen** gibt die **Anzahl der untersuchten Elemente** bzw. im Fall der relativen Häufigkeiten den Wert eins an. Die zusätzliche Spalte und Zeile mit den entsprechenden Summen werden **Randhäufigkeiten** genannt.

▸ **Definition** Die **Kontingenztabelle** für die beiden Merkmale x_i mit $i = 1, \ldots, k$ und y_j mit $j = 1, \ldots, l$ wird dargestellt durch die absoluten Häufigkeiten h_{ij} oder relativen Häufigkeiten f_{ij} der Merkmalspaare (x_i, y_j) sowie die absoluten oder relativen Randhäufigkeiten $h_{i.}$ und $h_{.j}$ bzw. $f_{i.}$ und $f_{.j}$:

x \ y	y_1	y_2	$\ldots$	y_l	Spaltensummen $h_{i.}$
x_1	h_{11}	h_{12}	$\ldots$	h_{1l}	$h_{1.} = \sum_{j=1}^{l} h_{1j}$
x_2	h_{21}	h_{22}	$\ldots$	h_{2l}	$h_{2.} = \sum_{j=1}^{l} h_{2j}$
$\ldots$	$\ldots$	$\ldots$	$\ldots$	$\ldots$	$\ldots$
x_k	h_{k1}	h_{k2}	$\ldots$	h_{kl}	$h_{k.} = \sum_{j=1}^{l} h_{kj}$
Zeilensummen $h_{.j}$	$h_{.1} = \sum_{i=1}^{k} h_{i1}$	$h_{.2} = \sum_{i=1}^{k} h_{i2}$		$h_{.l} = \sum_{i=1}^{k} h_{il}$	n

x \ y	y_1	y_2	$\ldots$	y_l	Spaltensummen $f_{i.}$
x_1	f_{11}	f_{12}	$\ldots$	f_{1l}	$f_{1.} = \sum_{j=1}^{l} f_{1j}$
x_2	f_{21}	f_{22}	$\ldots$	f_{2l}	$f_{2.} = \sum_{j=1}^{l} f_{2j}$
$\ldots$	$\ldots$	$\ldots$	$\ldots$	$\ldots$	$\ldots$
x_k	f_{k1}	f_{k2}	$\ldots$	f_{kl}	$f_{k.} = \sum_{j=1}^{l} f_{kj}$
Zeilensummen $f_{.j}$	$f_{.1} = \sum_{i=1}^{k} f_{i1}$	$f_{.2} = \sum_{i=1}^{k} f_{i2}$		$f_{.l} = \sum_{i=1}^{k} f_{il}$	1

◾

Beispiel 3.69 (Fortsetzung)
Versuchen wir nun, die Kontingenztabelle zu interpretieren, und berechnen wir dazu noch die Kontingenztabelle der relativen Häufigkeiten, angegeben in Prozent (Tab. 3.38).

Tab. 3.38 Beurteilung der Wichtigkeit von Grünflächen im Rahmen einer Wohnstandortentscheidung – relative Häufigkeiten

Familientyp (y)	Singles (y_1)	Familie ohne Kinder (y_2)	Familie mit Kindern (y_3)	**Zeilensumme**
Priorität (x)				
sehr wichtig (x_1)	6,9	5,7	4,9	**17,5**
wichtig (x_2)	7,7	8,9	14,1	**30,7**
weniger wichtig (x_3)	5,9	18,3	2,9	**27,0**
unwichtig (x_4)	16,4	2,2	6,4	**24,9**
Spaltensumme	**36,8**	**35,1**	**28,2**	**100,0**

Daten: fiktive Werte

Welche Aussagen lassen sich mit dieser Kontingenztabelle treffen? Zum einen kann man feststellen, dass für 614 Personen oder umgerechnet etwas mehr als 30 % der Befragten Grünflächen ein wichtiges Entscheidungskriterium bei der Wahl des Wohnstandortes sind, andererseits nur 44 Familien ohne Kinder (2,2 %) auf diese Tatsache keinen Wert legen. 19 % der Familien mit Kindern werten Grünflächen sogar als sehr wichtiges oder wichtiges Entscheidungskriterium, während nur jeweils knapp 15 % der Singles und Familien ohne Kinder dies ähnlich sehen. Damit hält sich insgesamt das Für und Wider (48 % zu 52 %) von Grünflächen für die Gesamtzahl der Befragten nahezu die Waage.

Erwartete Häufigkeiten

Bislang ist uns zwar der Begriff der absoluten und relativen Häufigkeiten untergekommen (Abschn. 3.2.1), wir haben uns jedoch noch nicht mit den **erwarteten Häufigkeiten** befasst. Wir beleihen diesen Begriff aus der Teststatistik, die der Inferenzstatistik zugeteilt werden kann. Dabei leitet man aus gegebenen Randhäufigkeiten ab, wie groß die jeweiligen Häufigkeiten sein müssten, setzt man voraus, dass die Merkmale nicht miteinander in Beziehung stehen. Diese erwarteten Häufigkeiten berechnen sich aus den Anteilen der Randhäufigkeiten an der Gesamthäufigkeit. Pro Zelle ergibt sich eine erwartete Häufigkeit.

▸ **Definition**   Die **erwartete Häufigkeit** h_{ij}^e wird errechnet aus

$$h_{ij}^e = \frac{h_{i.}h_{.j}}{n} \tag{3.199}$$

wobei die Summe der Häufigkeit der i-ten Zeile mit $h_{i.}$ gegeben ist, die Summe der Häufigkeit der j-ten Spalte durch $h_{.j}$. ∎

Beispiel 3.70

Die erwarteten Häufigkeiten errechnen sich auf Basis von (3.199) und führen zu Tab. 3.39:

Tab. 3.39 Beurteilung der Wichtigkeit von Grünflächen im Rahmen einer Wohnstandortentscheidung – erwartete Häufigkeiten

Familientyp (y)	Singles (y_1)	Familie ohne Kinder (y_2)	Familie mit Kindern (y_3)
Priorität (x)			
sehr wichtig (x_1)	128,3	122,3	98,4
wichtig (x_2)	225,6	215,2	173,1
weniger wichtig (x_3)	198,1	188,9	152,0
unwichtig (x_4)	183,0	174,5	140,4

Daten: fiktive Werte

$$h_{11}^e = \frac{h_{1.}h_{.1}}{n} = \frac{349 \cdot 735}{2.000} = 128,3 \tag{3.200}$$

oder

$$h_{32}^e = \frac{h_{3.}h_{.2}}{n} = \frac{539 \cdot 701}{2.000} = 188,9 \tag{3.201}$$

Tabelle 3.39 sagt beispielsweise aus, dass – vorausgesetzt die Daten sind voneinander unabhängig – 128 Singles, 122 Familien ohne Kinder und 98 Familien mit Kindern Grünflächen massiv in ihre Standortentscheidung integrieren müssten. Die Randhäufigkeiten stimmen natürlich wieder mit den tatsächlichen Werten überein – der Nachweis sei den Leserinnen und Lesern überlassen.

Vergleich der erwarteten mit den tatsächlichen Häufigkeiten – Chi-Quadrat

Stellen wir nun die erwarteten Häufigkeiten den tatsächlich gegebenen Häufigkeiten gegenüber, können wir auf dieser Basis **Chi-Quadrat** errechnen, das uns direkt zum Kontingenzkoeffizienten führt. Der Vergleich der erwarteten mit den gegebenen Häufigkeiten zeigt, wie stark die Werte voneinander unabhängig sind. Je größer der Unterschied ist, umso stärker hängen die Merkmale voneinander ab. Demzufolge ist ein hoher Chi-Quadrat-Wert ein Zeichen für den Zusammenhang der Merkmale, also ein Abweichen von der Unabhängigkeit der Merkmale zueinander, von der wir ursprünglich ausgegangen sind.

▸ **Definition   Chi-Quadrat** χ^2 oder **quadratische Kontingenz** ergibt sich aus den tatsächlichen Häufigkeiten h_{ij} und den erwarteten Häufigkeiten h_{ij}^e durch

$$\chi^2 = \sum_{i=1}^{k} \sum_{j=1}^{l} \frac{(h_{ij} - h_{ij}^e)^2}{h_{ij}^e} \tag{3.202}$$

Etwas einfacher formuliert berechnet sich Chi-Quadrat aus der Summe aller Teilergebnisse, die auf Formel 3.202 beruhen. Jedes einzelne Teilergebnis besteht aus dem Anteil der quadrierten Differenz von tatsächlicher und erwarteter Häufigkeit an der erwarteten Häufigkeit. Beispiel 3.71 zeigt den Gedankengang.

Beispiel 3.71

Für die erwartete Häufigkeit $h_{11}^e = 128{,}3$ und die tatsächliche Häufigkeit $h_{11} = 137$ errechnet sich das Teilergebnis für das Wertepaar (x_1, y_1) durch

$$\frac{\left(h_{11} - h_{11}^e\right)^2}{h_{11}^e} = \frac{(137 - 128{,}3)^2}{128{,}3} = 0{,}60 \tag{3.203}$$

woraus nach Berechnung sämtlicher Teilergebnisse Tab. 3.40 folgt.

Tab. 3.40 Beurteilung der Wichtigkeit von Grünflächen im Rahmen einer Wohnstandortentscheidung – Teilergebnisse für die Ermittlung von Chi-Quadrat

Familientyp (y) Priorität (x)	Singles (y_1)	Familie ohne Kinder (y_2)	Familie mit Kindern (y_3)	Zeilensumme
sehr wichtig (x_1)	0,60	0,57	0,00	**1,16**
wichtig (x_2)	22,75	6,43	68,43	**97,61**
weniger wichtig (x_3)	33,19	164,11	59,37	**256,68**
unwichtig (x_4)	113,28	97,64	1,29	**212,20**
Spaltensumme	**169,81**	**268,75**	**129,09**	**567,66**

Je höher der Wert der Zellen ist, umso stärker weichen die tatsächlichen Häufigkeiten von den erwarteten Häufigkeiten ab, was wiederum auf einen Zusammenhang der Merkmale hindeutet. Natürlich gilt dies auch für den Parameter Chi-Quadrat, da dieser aus der Summe der Teilergebnisse resultiert. Für Chi-Quadrat ergibt sich ein Ergebniswert von 567,66 – ein verhältnismäßig großer Wert, der darauf schließen lässt, dass es einen Zusammenhang zwischen den beiden Merkmalen „Wichtigkeit von Grünflächen" und „Familientyp" gibt.

Kontingenzkoeffizient und korrigierter Kontingenzkoeffizient

Es war doch ein deutlich längerer Umweg, den wir in Kauf nehmen mussten, damit wir nun abschließend über die erforderlichen Voraussetzungen verfügen, um den Kontingenzkoeffizienten nach Pearson für nominalskalierte Daten ermitteln zu können. Allerdings halten wir noch einmal fest, dass wir damit einerseits das **Spektrum der Korrelationskoeffizienten abgerundet**, andererseits den Zusammenhang von zwei Merkmalen mithilfe der zweidimensionalen Häufigkeitstabelle, der **Kontingenztabelle**, die in der deskriptiven Statistik eine wesentliche Rolle spielt, dargestellt haben.

▸ **Definition** Der **Kontingenzkoeffizient nach Pearson** C für die Wertepaare (x_i, y_j) mit $i = 1, \ldots, k$ und $j = 1, \ldots, l$ wird berechnet durch

$$C = \sqrt{\frac{\chi^2}{\chi^2 + n}} \qquad (3.204)$$

wobei Chi-Quadrat χ^2 ein Maß für die quadrierten Abweichungen der relativen und erwarteten Häufigkeiten, gemessen an den erwarteten Häufigkeiten, darstellt. ▪

Da der Kontingenzkoeffizient nach Pearson mit einem Nachteil behaftet ist, wird er zumeist durch den korrigierten Kontingenzkoeffizienten ersetzt. Dieser Nachteil liegt darin, dass bei endlicher Kontingenztabelle sich zwar der Wert null ergeben kann, wenn kein Zusammenhang vorliegt, der Wert eins auch bei perfektem Zusammenhang jedoch nie erreicht werden kann. Aus diesem Grund nimmt man als Korrektiv den Maximalwert des Kontingenzkoeffizienten (Bortz und Schuster, 2010, S. 180; Bourier, 2011, S. 96), der aus der bestehenden Zeilen- und Spaltenzahl errechnet wird durch

$$C_{max} = \sqrt{\frac{\min(k, l) - 1}{\min(k, l)}} \qquad (3.205)$$

▸ **Definition** Der **korrigierte Kontingenzkoeffizient nach Pearson** C_{korr} resultiert aus

$$C_{korr} = \frac{C}{C_{max}} \qquad (3.206)$$

und bewegt sich im Wertebereich $[0;1]$. ▪

Bedeutung und Eigenschaften

- Der Kontingenzkoeffizient nach Pearson wird angewendet, wenn es sich bei den vorliegenden Merkmalen um nominalskalierte Merkmale handelt.
- Im Gegensatz zu den bereits vorgestellten Korrelationskoeffizienten handelt es sich beim Kontingenzkoeffizienten um ein Maß, das von der **Unabhängigkeit** der Merkmale ausgeht.
- Der Wert des **korrigierten** Kontingenzkoeffizienten liegt im Wertebereich $[0;1]$ – dies macht auch deutlich, dass der Kontingenzkoeffizient lediglich die **Stärke des Zusammenhangs** ausdrückt, aber keine Information über die Richtung des Zusammenhangs gibt.
- Liegen für die Merkmale jeweils nur zwei Ausprägungen vor, kann als Spezialfall des Kontigenzkoeffizienten der **Vierfelderkoeffizient** oder **Phi-Koeffizient** berechnet werden.

Anwendung

Der Kontingenzkoeffizient kommt insbesondere bei der Auswertung von Fragebögen zum Einsatz, da Antwortmöglichkeiten häufig dichotom, also mit ja oder nein, gestaltet sind. Ein weiterer Aspekt in Fragebögen bzw. bei Untersuchungen human- oder bevölkerungsgeographischer Art ist die Auswertung in Bezug auf das Geschlecht.

Beispiel 3.72

Wir haben in den vorhergehenden Beispielen die Voraussetzung für die Ermittlung des Kontingenzkoeffizienten nach Pearson geschaffen, und es fehlen nur wenige Schritte für die Darstellung des Endergebnisses, des korrigierten Kontingenzkoeffizienten.

Summieren wir nochmals: Wir sind davon ausgegangen, dass die beiden Merkmale (Tab. 3.37) „Wichtigkeit von Grünflächen" bei der Wohnstandortentscheidung und „Familientyp" nicht miteinander in Beziehung stehen bzw. konnten wir einen Zusammenhang nicht unmittelbar aus der Kontingenztabelle ablesen.

Allerdings hat uns der Parameter Chi-Quadrat mit einem Wert von 567,66 bereits vermuten lassen – da dieser Wert vergleichsweise hoch ist –, dass sehr wohl ein Zusammenhang zwischen den beiden Merkmalen besteht. Diesen wollen wir nun nachweisen, indem wir zuerst den Kontingenzkoeffizienten und im Anschluss den korrigierten Kontingenzkoeffizienten berechnen. Aus (3.204) ergibt sich der Kontingenzkoeffizient nach Pearson mit

$$C = \sqrt{\frac{\chi^2}{\chi^2 + n}} = \sqrt{\frac{567{,}66}{567{,}66 + 2.000}} = 0{,}47 \qquad (3.207)$$

Dieser Wert wird verfeinert durch den Maximalwert des Kontingenzkoeffizienten nach (3.205) für vier Zeilen und drei Spalten:

$$C_{max} = \sqrt{\frac{\min(k,l) - 1}{\min(k,l)}} = \sqrt{\frac{\min(4,3) - 1}{\min(4,3)}} = \sqrt{\frac{3-1}{3}} = 0{,}82 \qquad (3.208)$$

Und daraus resultiert der korrigierte Kontingenzkoeffizient nach Pearson mit

$$C_{korr} = \frac{C}{C_{max}} = \frac{0{,}47}{0{,}82} = 0{,}58 \qquad (3.209)$$

Wir interpretieren analog zum Korrelationskoeffizienten, dass es einen deutlichen, wenn auch nicht sehr starken Zusammenhang zwischen den Merkmalen gibt. Die Wichtigkeit der Grünflächen bei der Wohnstandentscheidung hängt demnach deutlich mit dem Familientyp zusammen – ob dieser Zusammenhang direkt oder indirekt ist, kann aus dem Kontingenzkoeffizienten nicht abgelesen werden.

Mit diesen Ausführungen sind wir an das Ende des „mathematisch-statistischen" und formal geprägten Teiles unseres Buches und somit auch an das Ende der eigentlichen Exkursion gekommen. Das eigentliche „Abenteuer" ist beendet, die Exkursion damit allerdings noch nicht abgeschlossen. Nun folgt, besonders für Geographinnen und Geographen interessant, die Nachbereitung unserer Erkenntnisse in Form von Visualisierungen und Interpretationen.

Lernbox

Der Wert des Korrelationskoeffizienten drückt sich in der Anordnung der Punktwolke und die Regressionsgerade aus (Abb. 3.47).

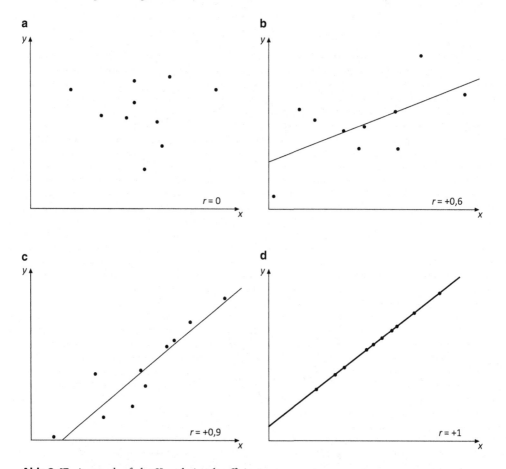

Abb. 3.47 Aussagekraft des Korrelationskoeffizienten.
a kein Zusammenhang zwischen den Merkmalen, **b** deutlicher direkter Zusammenhang „je mehr, desto mehr", **c** sehr starker direkter Zusammenhang „je mehr, desto mehr", **d** „optimaler" direkter Zusammenhang, **e** deutlicher indirekter Zusammenhang „je mehr, desto weniger", **f** „optimaler" indirekter Zusammenhang.

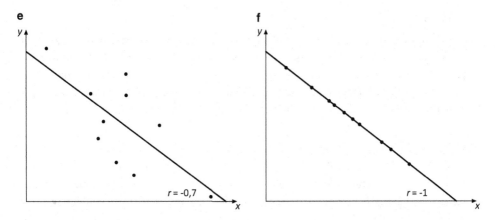

Abb. 3.47 *Fortsetzung*

Kernaussage

Der Korrelationskoeffizient gibt an, ob und wie stark der Zusammenhang von zwei Merkmalen ausgeprägt ist. Er bewegt sich im Intervall [−1;+1] – je näher bei −1 bzw. +1, umso stärker ist der Zusammenhang. Im Fall von null gibt es keinen bzw. keinen linearen Zusammenhang. Bei positivem Vorzeichen besteht ein direkter, bei negativem Vorzeichen ein indirekter Zusammenhang. Je nach Skalenniveau gibt es unterschiedliche Korrelationskoeffizienten: Produkt-Moment-Korrelationskoeffizient nach Pearson für metrischen Daten, Spearman'schen Korrelationskoeffizient bei Ordinaldaten und Kontingenzkoeffizient für Nominaldaten.

Übung 3.4.2.1

In Übung 3.4.1.1 haben wir mittels Regressionsanalyse eine Tendenz des Zusammenhangs zwischen der Geburtenrate und der Säuglingssterblichkeit nachgewiesen und festgestellt, dass es in Ländern mit hoher Geburtenrate auch eine hohe Rate der Säuglingssterblichkeit gibt, vor allem in den Ländern Afrikas. Bestimmen Sie nun den Grad der Korrelation anhand des Pearson'schen Korrelationskoeffizienten und interpretieren Sie das Ergebnis.

Übung 3.4.2.2

Die Datentabelle (Daten und Lösungen für die Übungen sind online unter www.springer.com/978-3-8274-2611-6 verfügbar) zeigt die Monatsmitteltemperaturen sowie die monatlichen Mittelwerte der Luftfeuchtigkeit an der Messstation in Graz-Straßgang für das Jahr 2011 aus Übung 3.4.1.2. Bestimmen Sie nun die Stärke und Richtung des bereits identifizierten Zusammenhangs zwischen der Temperatur und der Luftfeuchtigkeit.

Übung 3.4.2.3

In Übung 3.4.1.3 haben wir versucht herauszufinden, ob der Tourismus – festgemacht an den jährlichen Übernachtungszahlen – einen Einfluss auf die Höhe der Grundstückspreise hat. Diese Annahme hat sich bestätigt, und wir haben den Zusammenhang mittels eines positiven Trends beschrieben. Es bleibt die Frage zu beantworten, wie stark sich dieser Zusammenhang darstellt. Berechnen Sie dazu den Korrelationskoeffizienten.

Übung 3.4.2.4

Wir kehren nochmals zurück zu Übung 3.4.1.4, die den Zusammenhang von Seehöhe und durchschnittlicher Anzahl der Tage mit Neuschnee im Norden der Steiermark untersucht hat. Nachdem wir eine Abhängigkeit der Tage mit Neuschnee von der Seehöhe bestätigt haben, ist noch die Stärke dieses Zusammenhangs zu bestimmen. Verwenden Sie dazu den geeigneten Korrelationskoeffizienten.

Übung 3.4.2.5

Das Thema Weinbau spielt in der Steiermark eine bedeutende Rolle in der Landwirtschaft. Über einen Zeitraum von mehr als 20 Jahren hinweg wurden in einer Untersuchung verschiedene Klimafaktoren mit der Reifung der Trauben in Zusammenhang gebracht. Unter anderem wurden die Temperatursummen bis Ende September des betrachteten Jahres dem Lesedatum des Welschrieslings gegenübergestellt. Lässt sich aus diesen Daten ein Zusammenhang ablesen? Begründen Sie.

Übung 3.4.2.6

Der Human Development Index (HDI) bemisst die Entwicklung eines Landes umfangreicher und komplexer als das Gross Domestic Product (GDP) bzw. das Bruttoinlandsprodukt (BIP), da er neben ökonomischen Größen auch Bildungsaspekte und Aspekte der Lebenserwartung berücksichtigt. In der Tabelle sind 20 Länder nach ihrem HDI-Ranking 2011 aufgelistet. Wir wollen dem HDI die Ausgaben für die Gesundheitsversorgung jedes Landes, ausgedrückt als Prozentsatz am BIP (2009), gegenüberstellen. Welcher Zusammenhang geht aus den Daten hervor? Welcher Korrelationskoeffizient eignet sich für diese Daten?

Übung 3.4.2.7

Ein umfassendes Projekt über alle vier Grazer Universitäten setzte sich mit dem Mobilitätsverhalten der Studierenden und Beschäftigten auseinander, um – gestützt auf die Ergebnisse – Maßnahmen für eine nachhaltigere Mobilität zu setzen. Einer der Faktoren, die auf die Wahl des Verkehrsmittels Einfluss nehmen, zeigt sich in der zurückzulegenden Distanz zwischen dem Wohnort und der Universität. Weisen Sie diesen Zusammenhang mithilfe des Kontingenzkoeffizienten nach.

Übung 3.4.2.8

Die Präsidentenwahl in den USA am 06.11.2012 hat in den Exit Polls eine Stimmenaufteilung nach Altersgruppen ergeben (die entsprechenden Daten finden Sie unter www.springer.com/978-3-8274-2611-6). Die Anzahl aller abgegebenen Stimmen betrug 120.871.984. Berechnen Sie aus den vorliegenden Prozentanteilen die jeweilige Anzahl an Personen sowie die absoluten und relativen Summenhäufigkeiten und erstellen Sie eine Kontingenztabelle. Wie viele Personen unter 50 Jahren haben Obama erneut zum Präsidenten gewählt? Bevor Sie die Kontingenztabelle erstellen, interpretieren Sie die Datentabelle. Worauf ist dabei zu achten?

Ein Exkursionsbericht entsteht: Dateninterpretation und Visualisierung

4

Als Geographin bzw. Geograph ist man, an dieser Stelle des Buches angekommen, geneigt festzustellen, dass der schönste Teil unseres Vorhabens zu Ende ist – die Exkursion ist vorüber, und wir sind in unsere Heimatsdestination zurückgekehrt. Doch mitnichten. So wie ein Urlaub nach der Rückkehr noch ein gewisses Maß an Aufwand verlangt – sei es durch das Aufbereiten von Erinnerungsfotos, das Verteilen der Mitbringsel oder schlichtweg das Waschen der Schmutzwäsche –, wird eine geographische Exkursion erst durch ihre Nachbereitung abgerundet. In jedem Fall ist es erforderlich, die im Zuge der Exkursion gewonnenen Informationen, Daten, Erkenntnisse und Erlebnisse den vorab erarbeiteten Grundlagen hinzuzufügen – dies geschieht häufig in Form eines Exkursions- oder Reiseberichts. Auch wir wollen uns dieses Instrumentariums bedienen und in diesem abschließenden Kapitel die gewonnenen Ergebnisse sichern und die gesamte Information aufbereiten und visualisieren.

Dieser Idee folgend beschäftigen wir uns zum einen mit der **Interpretation der Ergebnisse** sowie mit **potenziellen Fehlerquellen**, zum anderen widmen wir uns ausführlich der **Visualisierung** in Form von statistischen Diagrammen und deren Potenzial zur **Manipulation**.

4.1 Der Erkenntnisgewinn: Interpretation von Daten und Ergebnissen

Lernziele

- Anwendungsbereiche und Anwendungen statistischer Ergebnisse aufzählen
- häufige Fehler bei Interpretationen anführen und erläutern

In der Statistik verhält es sich häufig so ähnlich wie auf einer Exkursion. Geographie-Studierende (und nicht nur diese) sind gerne unterwegs und lassen sich durchaus für viele

S. Zimmermann-Janschitz, *Statistik in der Geographie*, DOI 10.1007/978-3-8274-2612-3_4,   291
© Springer-Verlag Berlin Heidelberg 2014

unterschiedliche Themen begeistern – wenn es allerdings darum geht, diese nachzube-arbeiten oder aufzubereiten, lässt der Begeisterungsgrad sprunghaft nach. Entdecken ist spannend, unterwegs sein ist abwechslungsreich, fremde Kulturen kennen lernen ist bewe-gend, Lebensräume und Naturräume erfahren ist beeindruckend – solange ich diese Infor-mationen und Eindrücke „wirken" lassen kann. Wenn ich diese Wirkung binden möchte – und dies geschieht eben im Zuge des Nachbereitens –, wird es schon wieder „anstrengend". Eine Exkursion ist jedoch kein Selbstzweck, sondern dient der Erweiterung des Erfah-rungshorizonts, belegt in der Theorie Erfasstes und belebt dieses theoretische Vorwissen. Eine „erfolgreiche" Exkursion darf demnach – und dies obliegt natürlich in erster Linie der Exkursionsleitung – nicht mit dem Ende der Reise abgeschlossen sein.

Gleichermaßen verhält es sich in der Statistik – eine statistische Analyse, die der ab-schließenden Interpretation entbehrt, verfehlt ihr eigentliches Ziel. Sie reduziert sich, und dies geschieht erstaunlich oft, auf ihren reinen Selbstzweck und verliert damit nicht nur ihre Legitimation, sondern auch ihren potenziellen Mehrwert – die Generierung neuer Er-kenntnisse, die aus den Ergebnissen abgeleitet werden. Diese Betrachtung „bloßer Zahlen" und „Rechnungen" abseits einer Einbindung in den inhaltlichen Kontext stellt nicht nur eine Gefahr, sondern aus meiner Sicht auch einen Grund für jene Abneigung und oftmalig resultierende Inakzeptanz oder Ignoranz der Statistik gegenüber dar. Ohne Interpretation fehlt das Verständnis für die durchgeführte Analyse, und der Rückschluss auf die Frage-stellung geht verloren.

Stellen wir dieser Schwachstelle von statistischen Analysen ihre Möglichkeiten und Po-tenziale gegenüber. Was vermag Statistik zu leisten? Die Palette ist vielfältig und wird nur kurz angedeutet:

- Reduktion umfassender Datensets, Überblick über umfangreiche Daten,
- Entdecken von Strukturen und Gesetzmäßigkeiten in Daten,
- Absicherung theoretischer Zugänge und Überlegungen,
- Grundlage für Bewertungen bzw. Beurteilungen,
- Grundlage für Rück- bzw. Ausblick und Prognosen,
- Einsatz in der Entscheidungsunterstützung bzw. als Argumentationshilfe,
- Einsatz als Planungshilfe,
- Mittel zur Modellierung.

Schon diese wenigen Punkte illustrieren die Kraft (von „Macht" sprechen wir ein we-nig später), die dieses Werkzeug besitzt und dieses Werkzeug auch entsprechend reizvoll macht. (*Anmerkung:* Es steht außer Zweifel, dass Statistik für viele Wissenschaftsbereiche als Werkzeug fungiert, in der Mathematik jedoch einen eigenständigen Forschungsbe-reich darstellt.) Auf der Exkursion waren die Erlebnisse spannend – aber wir wären nicht Geographinnen und Geographen, wenn wir nicht unser Wissen aufbessern und ständig erweitern wollten.

Wie gehen wir nun mit unserem **Erkenntnisgewinn** auf und im Anschluss der Ex-kursion um – oder etwas exakter formuliert: Wodurch manifestiert sich dieser Erkennt-nisgewinn? Im Rahmen unserer Exkursion haben wir uns vorab ausführlich mit „Vorbereitungen" beschäftigt, die sich einerseits mit den organisatorischen Rahmenbedingungen auseinandergesetzt haben, andererseits mit den geographischen Inhalten. Auf der Exkursion – an jedem Etappenziel, aber auch ständig unterwegs – haben wir zahlreiche inhaltliche Komponenten näher betrachtet, diese mit Detailinformationen ausgeschmückt, mit „Insiderwissen" verfeinert und mit objektiven sowie subjektiven Eindrücken komplettiert. Jetzt, im Zuge der Aufarbeitung der Exkursionsinhalte, versuchen wir, Fragen, die wir uns im Rahmen der Vorbereitungen gestellt haben, zu beantworten, (Hypo-)Thesen, die wir vorab formuliert haben, mit den gewonnenen Informationen zu verifizieren oder zu verwerfen und schließlich durch das Hinzufügen der neuen Informationen unseren Theorierahmen zu ergänzen und das Wissensspektrum zu erweitern.

Im Exkursionsbericht werden die Aufzeichnungen, die im Zuge der Vorbereitung entstanden sind, sowohl durch Textpassagen mit neuen Inhalten ergänzt als auch durch Tabellen, Diagramme, Skizzen, Bilder und Karten untermauert. Nicht auszuschließen ist, dass aufgrund dieser Ergänzungen wiederum neue Fragen aufgeworfen werden, sich neue Themenfelder eröffnen und neue Blickwinkel bzw. Sichtweisen entstehen.

Transferieren wir diese exkursionsbezogenen Gedanken auf die statistische Untersuchung, sind wir am letzten Punkt des empirischen Forschungsprozesses angelangt – der **Interpretation** (⑧ in Abschn. 2.4). Und obwohl auf den ersten Blick sehr einfach, bereitet die Interpretation immer wieder erhebliche Schwierigkeiten im Rahmen statistischer Analysen – insbesondere wenn man die ersten Analysen durchführt und sprichwörtlich am Beginn der statistischen Reise steht. Diese „Schwierigkeiten" konzentrieren sich auf einige Aspekte, die im Folgenden strukturiert zusammengefasst und kurz erläutert werden. Es ist selbstsprechend, dass Interpretationen von der jeweiligen Forschungsfrage und der gewählten Methode abhängen und damit nicht zu verallgemeinern sind – der Rahmen bzw. die Kriterien für Interpretationen bleiben allerdings unabhängig von Frage und Design gleich. Daher erscheint es wichtig, die häufigsten Fehler bzw. Probleme im Kontext von Interpretationen anzusprechen.

1. Die **Interpretation fehlt**: Die Interpretation wird nicht berücksichtigt bzw. vergessen. Die Konsequenz, die sich daraus ergibt, ist, dass der Forschungsprozess nicht abgeschlossen wird und der Erkenntnisgewinn dadurch verloren geht. Dieser Mangel tritt vielfach dadurch ein, dass zwar ein Ergebnis präsentiert, aber nicht interpretiert wird.

Beispiel 4.1

Die Aussage „die Korrelation beträgt +0,8" ist noch keine Interpretation des Ergebnisses, sondern lediglich eine Darstellung des Ergebniswertes durch Worte. Erst die Erläuterung des Ergebnisses in Bezug auf die Fragestellung ergibt die erforderliche Interpretation. In unserem Beispiel würde man aus dem Wert +0,8 für den Korrelationskoeffizienten ablesen, dass „der Grünflächenanteil in einem Stadtbezirk deutlich mit dem Anteil von Kindern an der Bevölkerung in dem jeweiligen Stadtteil zusammenhängt. Stadtteile mit größerem Grünanteil weisen einen hohen Kinderanteil auf."

Die Konsequenz, die daraus abzulesen ist, wäre beispielsweise, dass sich Familien mit Kindern in Bereichen der Stadt ansiedeln, die den Kindern viel Grün bieten, damit diese im Garten, im Park, im Hof spielen können – kurz gesagt, damit Kindern möglichst viel Freiraum zur Verfügung steht, um sich draußen zu bewegen. Umgekehrt wäre es auch möglich, dass eine Stadtregierung auf die Wünsche der Bevölkerung eingeht und in jenen Stadtteilen, die einen hohen Kinderanteil an der Bevölkerung besitzen, verstärkt Erholungsflächen schafft. Dies geschieht auch aus der Intention heraus, die Gesundheit der Bevölkerung positiv zu beeinflussen, dem Gedanken folgend, dass mehr Grünraum Bewegung fördert und damit zweifellos zu einer Verbesserung der Gesundheit beiträgt. An dieser Stelle wird gleichzeitig auf die Gefahr der kausalen Interpretation von Korrelationen hingewiesen, die nicht unmittelbar aus der Korrelation, möglicherweise aber aus der Fragestellung abzulesen ist.

2. Die Interpretation nimmt **keinen Bezug** auf die **Fragestellung**: Hauptziel der Analyse besteht in der Beantwortung der Forschungsfrage. Im Falle einer Hypothese wird die Verifizierung oder Falsifizierung somit nicht vollständig durchgeführt. Wird dieses Ziel nicht erreicht, ist der analytische Prozess nicht vollständig abgeschlossen.

Beispiel 4.2

Eine Untersuchung zielt darauf ab herauszufinden, wo eine zentrale Versorgung mit Lebensmitteln im Fall einer Erdbebenkatastrophe kurzfristig positioniert werden soll, damit möglichst viele Menschen im Umkreis erreicht werden. Die Standarddistanz gibt zusätzliche Information über den Einzugsbereich, der ausgehend vom Mittelzentrum versorgt werden kann, und beträgt im vorliegenden Beispiel 5,7 Kilometer.

Die Darstellung, dass eine Reichweite von 5,7 Kilometer vorliegt, ohne den Bezug auf den Ausgangspunkt dieser Distanz herzustellen, ist als Ergebnis wertlos. Die Versorgungsreichweite von 5,7 Kilometer bezieht sich ausschließlich auf einen bestimmten Standort und ist nicht auf jeden beliebigen Punkt im Erdbebengebiet übertragbar.

Wiederum wird deutlich, dass nur das Nennen des Ergebnisses oder der Zahl nicht ausreicht um einen Erkenntnisgewinn zu erlangen.

„Als optimaler Standort für die Errichtung eines kurzfristigen Versorgungszentrums bietet sich der Stadtpark an. Von diesem Punkt aus sind Menschen in einem Umkreis von 5,7 Kilometern gut zu versorgen."

3. Die Interpretation ist **mangelhaft** oder **falsch** bzw. es werden **falsche Schlussfolgerungen** gezogen: Dieser Punkt bietet Platz für mehrere potenzielle Fehler in der Interpretation und ist sozusagen ein „Klassiker". Einerseits kann eine falsche Interpretation aus einer **Unkenntnis der statistischen Methoden** resultieren – je komplexer die Methode, umso fehleranfälliger ist sie im Hinblick auf die Interpretation. Andererseits werden statistischen Werten frei nach dem Motto „Zahlen lügen nicht" im wahrsten Sinne des Wortes Fakten „angedichtet". Die Interpretation von statistischen Kennzahlen muss sich allerdings sehr wohl an die tatsächliche Aussage halten und kann nicht frei nach Wahl Informationen den tatsächlichen Aussagen hinzufügen. Ein weiterer Aspekt, der in Abschn. 4.4 noch behandelt wird, ist der **Manipulationsgedanke**. Statistische Ergebnisse werden aus dem Kontext gerissen, damit eine entsprechende Aussage erzielt wird. Vorsicht ist auch beim **Vergleich von Ergebnissen** im Zuge der Interpretation geboten, da dies nicht immer zulässig ist – wozu sonst gäbe es eigene Parameter wie beispielsweise den Variationskoeffizienten.

Beispiel 4.3

Ein Beispiel für eine falsche Interpretation ist zu behaupten, dass ein Korrelationskoeffizient von +0,8 darauf hinweist, dass Grünflächen in einem Bezirk mit dem Kinderanteil im jeweiligen Bezirk indirekt korrelieren und demzufolge weniger Kinder in einem Stadtteil leben, der mehr Grünflächen aufweist.

Bleiben wir bei unserem Beispiel der Korrelation, die einen Wert von +0,8 liefert und somit einen direkten Zusammenhang von Grünflächenanteil und Kinderanteil in Stadtbezirken nachweist. Es wäre eine freie und somit falsche Interpretation daraus zu folgern, dass sich das Mobilitätsverhalten der Bewohnerinnen und Bewohner in den „grünen" Stadtteilen ändert, da Grün zu alternativen Mobilitätsformen animiert – es wird verstärkt das Fahrrad verwendet bzw. man geht zu Fuß – und darüber hinaus eine hohe Präsenz von Kindern im Straßenbild Menschen generell vom Autofahren abhält (Risikofaktor oder Rücksichtnahme). Diese Schlussfolgerungen gehen zu weit und entbehren jeglicher Grundlage in den vorliegenden Daten.

Für jedes Kind wird ein Baum in der Stadt gepflanzt. Auch diese Schlussfolgerung hält den Tatsachen nicht stand, da zwar eine Korrelation zwischen dem Kinderanteil und dem Grünflächenanteil hergestellt wurde, jedoch die aktive Bereitstellung von Grünflächen im Sinne des Bepflanzens durch die Bürger einer Stadt auf dieser Datengrundlage nicht nachgewiesen werden kann. Die Steigerung des Grünflächenanteils geht in erster Linie mit Planungsstrategien der Stadt einher, die zwar auf den Kinderanteil Rücksicht nehmen kann, aber zweifelsfrei zahlreiche weitere Faktoren wie etwa Platzressourcen, Verbauungsdichte, Kosten etc. berücksichtigen muss.

Nehmen wir noch ein anderes Beispiel: Eine aktuelle Umfrage zeigt, dass ein erheblicher Teil des Feinstaubes durch den Individualverkehr erzeugt wird. Zu einer Stellungnahme aufgefordert, sagt ein Befragter, dass dies ihn nicht betreffen würde, da er ja überwiegend das Fahrrad benutzt. Da der Feinstaub aber unabhängig von der persönlichen Fortbewegungsart vorhanden ist bzw. sogar jene Personen stärker von der Problematik betroffen sind, die nicht das Auto benutzen, ist diese Schlussfolgerung als falsch zu entlarven.

4. Die Interpretation **täuscht Tatsachen vor**: Sehr oft wird mithilfe der Statistik **Genauigkeit vorgetäuscht**, wo diese entweder keine Rolle spielt oder aber schlichtweg nicht vorhanden ist. Häufig passiert dies durch die Darstellung von zahlreichen Nachkommastellen, auf die in der überwiegenden Zahl der Fälle verzichtet werden kann. Der Ergebniswert wird durch eine höhere Zahl an Nachkommastellen lediglich bei einer geringen Zahl an Untersuchungen verbessert, in den meisten Fällen wird lediglich ein höheres Genauigkeitsmaß fingiert.

   Ein anderer Zugang, der ebenso Genauigkeit unterstellt, sind **Gütemaße und Signifikanzniveaus** (Nachtigall und Wirtz, 2006, S. 215). Ein letzter Gedanke sei den Objekten, die an einer Untersuchung teilnehmen, gewidmet. Insbesondere wenn es um die Verallgemeinerbarkeit der Ergebnisse geht, stellt sich die Frage nach der **Repräsentativität**, die vielfach ausschließlich über die Stichprobengröße bzw. Anzahl der Objekte, die in eine Untersuchung einfließen, definiert wird. Repräsentativität richtet sich aber nach einer möglichst hohen Übereinstimmung der Stichprobe mit der Grundgesamtheit in Bezug auf die untersuchten Merkmale und wird in erster Linie über die verschiedenen Erhebungsverfahren von Stichproben bestimmt (Bortz und Döring, 2006, S. 397; Moosbrugger und Kelava, 2012).

   Obgleich nicht unmittelbar als falsch anzusehen, wird an dieser Stelle noch auf die Verwendung von **einfacher Sprache** hingewiesen. Statistische Ergebnisse, insbesondere wenn diese für ein nicht facheinschlägig vorbelastetes Publikum bestimmt sind, sind nicht immer leicht verständlich. Werden sie zusätzlich durch Fachbegriffe und komplizierte Formulierungen präsentiert, stiften sie eher Verwirrung, als dass sie zur Aufklärung und Entscheidungsunterstützung beitragen.

5. Die Interpretation stützt sich auf **falsche Ergebnisse**: Im Zuge der Interpretation von Ergebnissen muss auch festgestellt werden, dass an jenem Punkt, wo die Interpretation der Ergebnisse beginnt, vorausgesetzt wird, dass die Ergebnisse, die aus dem Analyseprozess hervorgehen, richtig sind. Dieser Annahme stehen zahlreiche Optionen für Fehler im Laufe sowie am Ende des Forschungsprozesses entgegen, auf die wir in Abschn. 4.2 detaillierter eingehen.

6. Die Interpretation bedient sich fehlerhafter oder **falscher Illustrationen**: Buchtitel wie *So lügt man mit Statistik* (Krämer, 2000), *How to Lie with Statistics* (Huff und Geis, 1993) wie auch *How to Lie with Charts* (Jones, 2006) oder *How to Lie with Maps* (Monmonier, 1996) weisen auf die große Bandbreite hin, die sich aus falschen Illustrationen ergeben. Wichtige Aspekte in Bezug auf grafische Darstellungen in der Statistik werden in Abschn. 4.4 vorgestellt.

Lernbox

Checkliste für die Überprüfung der Interpretation:

❏ Die Interpretation ist vorhanden.

❏ Die Interpretation liefert eine Antwort auf die Fragestellung.

❏ Die Interpretation ist einfach formuliert.

❏ Die Interpretation nimmt Abstand von der Vortäuschung falscher Tatsachen wie Genauigkeit, Signifikanz oder Repräsentativität.

❏ Die Grundlagen für die Interpretation – die Ergebnisse in Form von Daten und Visualisierungen – sind korrekt.

Kernaussage

Die Interpretation ist unabdingbarer Bestandteil jeder statistischen Analyse – fehlt diese, ist sie nicht umfassend und beantwortet die Fragestellung, bzw. ist sie falsch, zählt der Forschungsprozess als unvollständig.

Übung 4.1.1

In den bisherigen Übungen haben wir zahlreiche Interpretationen vorgenommen. Um Sie ein wenig für mangelhafte Interpretationen zu sensibilisieren, sind Sie aufgefordert, in der nächsten Woche einige Seminararbeiten, aber auch die Medien im Hinblick auf fehlerhafte Interpretationen statistischer Ergebnisse zu durchforsten – Sie werden überrascht sein, was man so alles findet.

4.2   Gefahren und Irrwege: Grundsätzliches über Fehlerquellen

Lernziele

- wichtigste Fehlerquellen im Forschungsprozess angeben
- häufige Fehler erläutern
- Fehler erkennen und vermeiden

Die Interpretation statistischer Ergebnisse fungiert gleichermaßen als Sicherung des Erkenntnisgewinns wie die Dokumentation neuer Inhalte auf bzw. nach einer Exkursion. Ein Exkursionsbericht bietet allerdings nicht nur Platz für geographische Inhalte und Erfahrungen, sondern ist darüber hinaus ein Kompendium, das fachliche Inhalte mit persönlichen Eindrücken sowie Herausforderungen, die im Zuge der Exkursion aufgetreten sind, vereint.

Den geographischen/statistischen Inhalten haben wir uns bereits ausführlich gewidmet. Wenden wir uns nun den **Herausforderungen** zu, die es sowohl im Vorfeld wie auch auf der Exkursion zu beachten gilt und die sich sowohl auf organisatorische wie auch inhaltliche Aspekte beziehen. Einige davon haben wir schon im Rahmen der Vorbereitungen bedacht:

Die Logistik und Organisation der Reise bietet zahlreiche Stolperstellen, die von der Abstimmung der Reise- und Fahrzeiten bis zur Reservierung und Buchung der Unterkünfte reichen; ebenso sind Gesundheitsaspekte zu bedenken wie die Zugänglichkeit zu medizinischer Versorgung im Notfall, aber auch die Versorgung von täglichen Wehwehchen mithilfe einer gut bestückten Reiseapotheke. Dafür haben wir im Vorfeld unterschiedliche Checklisten aufbereitet. Auf der Exkursion selbst fügt man dieser Palette Hindernisse und Einschränkungen, wie sie beispielsweise durch schlechte Straßenverhältnisse, unzugängliche Punkte, fehlende zeitliche Ressourcen oder nicht mehr existente Beobachtungsobjekte etc. entstehen, hinzu. Parallel dazu vermerkt man inhaltliche Schwächen, die etwa aus unergiebigen Zielen, sich wiederholenden Szenarien bzw. Phänomenen, unvorhersehbaren Veränderungen, schlechten Vorbereitungen etc. resultieren.

Übertragen wir diese Überlegungen auf den statistischen Analyseprozess bzw. den empirischen Forschungsprozess, gibt es auch hier zahlreiche Ansatzpunkte für Probleme, die in diesem Kontext als **Fehlerquellen** bezeichnet werden. Die Idee, die den nachfolgenden Ausführungen zugrunde liegt, besteht in einer Art **Bewusstseinsbildung**, ein kritisches Hinterfragen des Ansatzes, Prozesses und Ergebnisses anzuregen, und zielt weder auf Vollständigkeit der angeführten Punkte noch auf eine möglichst ausführliche und umfangreiche Darstellung ab (z. B. Good und Hardin, 2009). Der Grund, warum nicht nur im Rahmen der Interpretation von Forschungsergebnissen großer Wert darauf gelegt wird, vor Fehlern und Problemen zu warnen, liegt darin, dass Fehler, die am Beginn des Prozesses oftmals minimal anmuten, sich quasi in eine Lawine ergießen und sich somit im Laufe der Schritte ausweiten und verstärken – es kommt zu einer **Fehlerfortpflanzung**. Ein weiteres Anliegen, das diesen Ausführungen zugrunde liegt, besteht natürlich darin, die Aufmerksamkeit auf potenzielle Fehler zu richten und die Leserinnen und Leser davor **zu bewahren**, selbst in diese Fallen zu tappen.

Bevor auf die Fehlerquellen entlang des Forschungsprozesses eingegangen wird, ist vorab eine grundsätzliche Unterscheidung von zwei Fehlerformen zu treffen. Man unterscheidet den **zufälligen Fehler** vom **systematischen Fehler**. Während der zufällige Fehler – wie die Begriffsbezeichnung bereits verrät – zufällig und daher unvorhergesehen auftritt, liegt dem systematischen Fehler eine Regelhaftigkeit zugrunde. Obwohl der zufällige Fehler jedem Messverfahren unabhängig von der Messmethode anhaftet, kann dieser geschätzt und „berechnet" werden, ebenso wie die daraus resultierende Fehlerfortpflanzung. Dem systematischen Fehler, der sich häufig durch einen konstanten Verschiebungsfaktor in den Werten ausdrückt, ist einerseits durch die Verfeinerung bzw. Änderung der Methodenwahl, andererseits durch die Verbesserung der Qualität des Messverfahrens zu begegnen.

Beginnen wir bei der **Auswahl der Forschungsfrage** (Abschn. 2.4). Bereits bei der Beschreibung des empirischen Forschungsprozesses wurde hervorgehoben, dass von einer **exakten** Formulierung der Forschungsfrage der Erfolg der Untersuchung zu einem wesentlichen Teil abhängt. Die Fehler, die im Zuge der Formulierung bzw. Abgrenzung der Untersuchung entstehen, liegen in erster Linie darin, dass entweder keine **Abgrenzung** des Zieles erfolgt, diese nicht deutlich genug erfolgt oder gar **keine Frage** gestellt wird.

Beispiel 4.4
Die Forschungsfrage nach der „Lebensqualität in einer Stadt" ist unscharf formuliert und lässt eine große Vielfalt im Design und an Methoden zu – von einer Befragung der Bewohnerinnen und Bewohner bis hin zu einer GIS-technischen Analyse eröffnet sich die gesamte Bandbreite human- wie auch physiogeographischer Ansätze (und natürlich auch deren Kombination).

Der **theoretische Rahmen** eröffnet ebenso zahlreiche Stolperfallen. Fehlender Bezug zur **Literatur**, die falsche Literatur, die Wahl der falschen Theorie oder die Verfehlung der diesbezüglichen State-of-the-Art-Standards resultieren in veralteten, unsachgemäßen, unzeitgemäßen oder falsch reflektierten Fragestellungen, Methoden und/oder **Modellen**.

Beispiel 4.5
Eine Modellierung der Lebensqualität, ohne dabei den kulturellen Rahmen oder die menschliche Vielfalt zu implementieren und lediglich Umweltaspekte in die Fragestellung zu integrieren, führt zu einer unvollständigen Aufarbeitung der Problemstellung. Lebensqualität wird in verschiedenen Kulturen unterschiedlich bewertet, dabei spielen nicht nur ökologische, sondern auch ökonomische und soziale Rahmenbedingungen eine große Rolle.

Jene Fehler, die sich auf Forschungsfrage, Literatur und Modellierung beziehen, sind nur schwer zu artikulieren und dementsprechend schwierig zu entdecken. Sie haben aber weitreichende Folgen, da sie sich auf den weiteren Prozess auswirken, gleichgültig wie exakt und methodenkonform dieser ausgeführt wird – sie durchwirken diesen und führen unweigerlich zu falschen Ergebnissen.

Am Schritt der Bestimmung des **Forschungsdesigns** bzw. der **Operationalisierung** angelangt, werden die Ansatzpunkte für Fehler bereits wesentlich plakativer, damit leichter erkennbar und entsprechend beschreibbar. Fehler im Forschungsdesign weisen auf eine falsche **Implementierung** des theoretischen Rahmens und eine fehlerhafte **Abstimmung** der Methoden bezüglich der Forschungsfrage hin. Die gewählte Methode verfehlt demnach die Zielsetzung. Es werden falsche **Indikatoren**, zu viele oder zu wenige Indikatoren, unpassende Skalenniveaus für die gewählten Indikatoren etc. definiert. Eine weitere Hürde entsteht dadurch, dass die Indikatoren entweder mit falschen Daten bestückt oder, da die Daten nicht verfügbar sind bzw. nicht erhoben werden können, diese hochgerechnet oder mit anderen Indikatoren substituiert werden. Dabei besteht die Gefahr, dass Daten und Indikatoren nicht (mehr) übereinstimmen.

Beispiel 4.6

Illustriert am Beispiel der Lebensqualität wurde „Lärm" als Indikator ausgewählt. Da entsprechende Lärmmessungen fehlen bzw. diese nur an wenigen Einzelstandorten gemessen werden, wurde die Lärmbelastung durch Interpolation für das gesamte Untersuchungsgebiet berechnet. Dabei wurde nicht bedacht, dass Hindernisse wie Häuserfronten, Mauern oder Bäume die Lärmausbreitung entscheidend beeinflussen. Man denke dabei nur an die Situation eines Innenhofes im Vergleich zu der straßenseitigen Ausrichtung einer Gebäudefront.

Mit ähnlich folgenschweren Auswirkungen behaftet sind Fehler, die im Zuge der **Auswahl der Untersuchungseinheit** entstehen. Zum einen handelt es sich dabei um den **Stichprobenfehler (Zufallsfehler)**, zum anderen um Fehler, die im Zuge einer **Stichprobenermittlung** entstehen. Diese beiden Fehlerarten sind zu unterscheiden, da der sogenannte Stichprobenfehler den **zufälligen Fehlern** zuzuordnen ist und damit eine berechenbare Größe darstellt (ter Hofte-Frankhauser und Wälty, 2011, S. 45 f.; Wewel, 2010, S. 266 f.), Fehler im Zuge der Auswahl einer Stichprobe jedoch nicht abschätzbar bzw. kalkulierbar sind.

Der Stichprobenfehler entsteht im Rahmen jeder Analyse von Zufallsstichproben und bezeichnet jenen Unterschied, der für eine statistische Analyse zwischen dem Ergebnis für die Stichprobe und dem Ergebnis für die Grundgesamtheit vorliegt. Den **systematischen Fehlern** zuzuordnen sind hingegen Fehler bei der Art der Stichprobenermittlung, bei der Wahl des Stichprobenumfangs, bei der Festlegung der Grundgesamtheit oder bei der Wahl der Merkmalsträger etc. (Kuß, 2012, S. 178; Rinne, 2008, S. 16 ff.).

Fehler können sich jedoch gleichermaßen in die Untersuchung einer **Grundgesamtheit** einschleichen. Sie decken sich zum Teil mit den soeben genannten systematischen Fehlern, die unmittelbar die Untersuchungseinheiten, den Umfang der Daten sowie die Wahl der statistischen Masse betreffen.

Beispiel 4.7

Als Beispiel sei hier die Auswahl der Stichprobe für eine Online-Befragung zum Thema Lebensqualität angeführt, deren Grundgesamtheit mit Facebook-nutzenden Personen festgelegt wird. Mit dieser Zielgruppe wird keinesfalls ein Bild über die Bewertung der Lebensqualität durch die Bevölkerung einer Region oder eines Landes abgebildet, da entscheidende Personenkreise (Nicht-Facebook-Nutzerinnen und -Nutzer) in der Erhebung fehlen.

Obgleich der Inferenzstatistik zuzuordnen, werden noch die beiden Begriffe des **Fehlers erster Art** und des **Fehlers zweiter Art** genannt. Beide Termini beziehen sich auf das Testen der Ausgangs- oder Nullhypothese. Im Fall des Fehlers erster Art wird eine Ausgangshypothese verworfen, obgleich sie richtig ist. Der Fehler zweiter Art besteht darin, eine Nullhypothese anzunehmen, obwohl diese abgelehnt werden muss, da sie falsch ist. Beide Fehlerwahrscheinlichkeiten sind kalkulierbare Größen (z. B. Schira, 2009).

Fehler in statistischen Analysen werden in der Literatur häufig – und wie man den obigen Ausführungen entnimmt fälschlicherweise – nur im Zuge der **Datenerhebung** oder der -verarbeitung genannt, da diese besonders augenscheinlich, allerdings nicht unbedingt leichter erfassbar sind. Diese stehen in unmittelbarem Bezug zu den Erhebungsmethoden, die in Abschn. 3.1.2 ausführlich behandelt wurden. Grob kategorisiert unterscheidet man zwischen Fehlern, die im Rahmen der Primärerhebung von Daten, vorwiegend dem Messen entstehen, gefolgt von Fehlern in Sekundärdatenmaterial.

Insgesamt umfassen Messfehler eine breite Palette an potenziellen Fehlern. Diese beginnen bei den Messgeräten selbst (**Gerätefehler**), die falsch kalibriert, unsachgemäß eingestellt, ungünstig positioniert, fehlerhaft geeicht etc. sein können, reichen über eigentliche Messfehler, also dem Erzielen eines falschen **Messergebnisses**, bis hin zu Fehlern, die aus der **Übertragung** der Messwerte resultieren. Eine weitere Gruppe an Fehlern entsteht im Zuge von Befragungen bzw. Fragebogenerhebungen. Diese betreffen **fehlerhafte**, ungenaue oder unwahre **Angaben** durch die befragte Person und können bewusst oder unbewusst entstehen. Übertragungs- bzw. Übermittlungsfehler entstehen im Zuge des elektronischen Transfers oder sind den Personen zuzuschreiben, die mit den Messwerten arbeiten. Diese Art von Problemen steht unmittelbar am Übergang zur Datenverarbeitung und beinhaltet Störungen bei der Übertragung der Daten, unvollständige Vorgänge sowie falsches Ablesen der Daten, Tippfehler, Transkriptionsfehler, Zeichen- und Digitalisierfehler etc.

Eine weitere Fehlerquelle, die sich im Umgang mit Sekundärdaten eröffnet, entsteht in Form von **fehlenden Werten** bzw. resultiert aus dem **Datenschutz**. Sind Werte etwa aus Gründen des Datenschutzes nicht verfügbar, ist darauf explizit hinzuweisen bzw. sind die Daten fehlenden Werten gleichzusetzen. Der Datenschutz tritt beispielsweise in Kraft, wenn die Anzahl der Merkmalsträger so gering ist, dass aus der – meist amtlichen – Statistik auf die Einzelperson oder das Einzelobjekt rückgeschlossen werden könnte. Dies ist (im deutschsprachigen Raum) ungesetzlich und würde persönliche Informationen öffentlich zugänglich machen. Daher werden diese Daten unter Verschluss gehalten. Der Umgang mit fehlenden Werten ist nicht eindeutig geregelt; in den meisten Softwarepaketen werden aber unterschiedliche Optionen angeboten, diese zu definieren bzw. zu behandeln (z. B. Brosius, 2011; Cleff, 2012, S. 25 ff.).

Der **größte Fehler** im Bereich von **Sekundärdaten** besteht in der Annahme, dass diese, da von anderen Personen und Institutionen erhoben, **frei** von Fehlern sind. Natürlich beinhalten Sekundärdaten dasselbe umfassende und soeben skizzierte Fehlerpotenzial wie selbst erhobene Daten. Dabei ist allerdings ein entscheidender Nachteil gegenüber Primärdaten anzuführen – die Fehlerkontrolle gestaltet sich als schwierig, da die Nachvollziehbarkeit nicht gegeben ist. In vielen Fällen fehlt darüber hinaus die Information auf der Metaebene, also **Metadaten** (Abschn. 3.1.2), die diese Nachvollziehbarkeit unterstützen – die Fehlerkontrolle beschränkt sich daher in den meisten Fällen auf eine **Plausibilitäts-**

kontrolle. Auch die Plausibilitätskontrolle gliedert sich in der Statistik wiederum in zwei Ansätze. Jener Zugang, der im Kontext der induktiven Statistik Verwendung findet, bemisst die Plausibilität im Sinne von Likelihood als Schätzwert von Stichprobenereignissen auf die Grundgesamtheit. Dieser Parameter für Plausibilität kann wertemäßig berechnet werden (z. B. Bortz und Döring, 2006, S. 407 ff.).

Plausibilität, wie der Begriff vorwiegend in der Statistik benützt wird, bezeichnet die **Vernünftigkeit** von Ergebnissen und unterstützt demnach Ergebnisse, die „augenscheinlich" fehlerfrei sind. Auf den ersten (und auch auf den zweiten) Blick ist kein Fehler erkennbar. Zu den offensichtlichen Fehlern zählen beispielsweise Ausreißer, unkonventionelle Werte, untypische Werte gleichermaßen wie logische Fehler, falsche Eingabewerte etc. (Schendera, 2007, S. 201 ff.).

So wie Validität und Reliabilität nicht nur in Verbindung mit dem eigentlichen Messvorgang gesehen werden sollen, ist es erforderlich, auch die Plausibilitätskontrolle auf den gesamten Prozess der statistischen Analyse auszuweiten. Erst die Beachtung dieser Kriterien parallel mit dem Voranschreiten der statistischen Analyse reduziert die Fehleranfälligkeit des Prozesses und resultiert in einem fehlerfreien Ergebnis.

Ein Punkt, der nicht unmittelbar den Fehlern zuzuordnen ist, aber insbesondere Sekundärdatenmaterial betrifft, soll in diesem Zusammenhang noch besonders hervorgehoben werden, da er für statistische Analysen von großer Bedeutung ist, aber für Studierende (vor allem in den ersten Semestern) oft nicht relevant erscheint. Angesprochen ist hier die **Aktualität der Daten**. Veraltete Daten bergen in Abhängigkeit von den Inhalten ein hohes Risiko in sich, die Grundlage für falsche Schlussfolgerungen zu liefern. Auf der Basis von alten Daten werden statistische Analysen häufig wertlos und sind sogar irreführend.

Beispiel 4.8
Nehmen wir das Beispiel einer Statistik, die Auskunft über die Nutzung von Social Media gibt. Auswertungen, die eine aktuelle Situation beschreiben sollen, jedoch zwei oder drei Jahre alt sind, haben ihr Ziel verfehlt, da die Entwicklung zu rasch vonstattengeht, um mit diesen Daten eine gültige Aussage zu treffen.

Zwei Schlagworte, die in der Literatur in Bezug auf **Messergebnisse** genannt werden, sind neben dem Kriterium der **Objektivität**, die Forderung nach **Validität** und **Reliabilität**. Meist sucht man in jenen statistischen Lehrbüchern, die den Naturwissenschaften zugeordnet werden, vergeblich nach diesen Begriffen, da sie überwiegend in den Sozialwissenschaften Anwendung finden (Sachs und Hedderich, 2006). Der Grund liegt vermutlich darin, dass Messungen zwar sowohl mit zufälligen wie auch systematischen Messfehlern behaftet sind, aber sowohl die Zuverlässigkeit von Messergebnissen als auch deren Güte für quantitative Daten gut abschätzbar sind. Schwieriger wird es im Fall von Befragungen und Beobachtungen, da diese „Messinstrumente" keinen objektiven Kriterien unterliegen.

Da sich die Geographie einerseits der Interdisziplinarität verschrieben hat, andererseits insbesondere im Bereich der Humangeographie stark von den Sozialwissenschaften und deren Methoden beeinflusst wird, ist es ein Anliegen, diese Begriffe, die auf den gesamten Forschungsprozess anzuwenden sind, zu erläutern. Insgesamt ist festzuhalten, dass verschiedene Wissenschaftsdisziplinen sich unterschiedlicher statistischer Verfahren bedienen. Die Naturwissenschaften – überzeichnet und generalisierend formuliert – tendieren zu quantitativen Methoden, während Sozialwissenschaften vielfach qualitativen Verfahren den Vorzug geben. Die Grenzen diesbezüglich sind weich und verschwimmen, dennoch wird insbesondere in der Basisliteratur und in der Präsentation der statistischen Inhalte in den verschiedenen Lehrbüchern dieser Ansatz noch heute verfolgt. Gelehrt wird vorwiegend, was häufig benötigt wird, leider wird der Blick über den Tellerrand verschmäht oder vergessen – zugegeben ist die Bandbreite der Statistik auch so umfassend, dass dies kaum verwirklichbar ist.

Die **Gültigkeit** oder **Validität** von Messergebnissen bewertet, wie gut das angewendete Verfahren bzw. der Indikator das zu Messende tatsächlich erfasst (Muijs, 2011, S. 56 ff.; Schnell, Hill und Esser, 2008, S. 146 ff.). Nach Cohen, Manion und Morrison (2007) wurde diese Definition in den letzten Jahren deutlich ausgeweitet und von der engen Beurteilung der Messwerte auf den gesamten Analyseprozess übertragen.

Beispiel 4.9

Nehmen wir wieder unser Beispiel der Lebensqualität (Beispiel 4.7). Wollen wir einen Index für die Lebensqualität ermitteln, definieren wir als Einflussfaktoren die Lärmbelastung, den Grünflächenanteil, die Nähe von Nahversorgungseinrichtungen und die gute Erreichbarkeit öffentlicher Verkehrseinrichtungen. Würden wir einen dieser Faktoren für die Berechnung weglassen, wäre diese Untersuchung nicht mehr valide. Jene Faktoren, die die Lebensqualität unserer Untersuchung messen, sind nicht mehr vollständig abgebildet.

Neben validen Messergebnissen wird auch das Kriterium der **Reliabilität**, der Zuverlässigkeit, eingefordert. Die Ergebnisse müssen bei wiederholtem Messvorgang unter gleichen Rahmenbedingungen bestätigt werden – dies ermöglicht einerseits die Adaption einer Analyse auf ähnliche Problemstellungen und sichert andererseits die Qualität des Ergebnisses ab. Messergebnisse sind demzufolge beliebig reproduzierbar. Gleichzeitig wird mit der Reliabilität angestrebt, Messfehler in Ergebnissen zu minimieren. Reliabilität lässt sich mithilfe von Parametern darstellen, die als **Reliabilitätskoeffizienten** bezeichnet werden und in der Schätz- und Testtheorie (induktive Statistik) zum Einsatz kommen (Bühner, 2011, S. 161 ff.). Eine Möglichkeit, Reliabilität von Messergebnissen zu gewährleisten, besteht darin, diese in vorab geführten Testverfahren abzusichern – dabei kann es sich um Messserien unter Zuhilfenahme von verschiedenen Instrumenten gleichermaßen handeln wie um Pre-Tests von Fragebögen (z. B. Meier Kruker und Rauh, 2005, S. 30 ff.).

Die **Datenaufbereitung** ist jener Schritt des empirischen Forschungsprozesses, für den eine Fehlerkontrolle bzw. die Bereinigung von Fehlern im Datenmaterial gleichermaßen wie für die Datenerhebung besonders oft erwähnt wird und ebenso offensichtlich erscheint. Nicht nur eine falsche Übertragung der Daten von der Messstation, vom Fragebogen, aus dem Interview oder bei der Beobachtung sind an dieser Stelle als Fehlerquelle in Betracht zu ziehen, auch eine falsche Codierung, die fehlerhafte Handhabung fehlender Werte, Redundanz in den Daten bzw. die Zuordnung zu einem unzutreffenden Skalenniveau ziehen falsche Analyseergebnisse nach sich, sei es dass inkorrekte Analysemethoden aufgrund des Skalenniveaus gewählt oder Codierungsfehler zu einer Verzerrung des Ergebnisses führen.

Bei der Datenaufbereitung entsteht insbesondere für Geographinnen und Geographen eine weitere Quelle für die Produktion von Fehlern, die eventuell bereits bei der Formulierung der Forschungsfrage berücksichtigt werden kann bzw. muss. Spätestens an diesem Punkt angelangt, ist der Detailgrad der Daten in Form der **Generalisierung** sowie des **Maßstabs** zu entscheiden. Diese Aspekte, die das Genauigkeitsniveau der Daten betreffen, sind für raumrelevante Informationen hinlänglich aus der Kartographie bekannt, können aber gleichermaßen auf Daten ohne Raumbezug übertragen werden.

Beispiel 4.10

Ein Beispiel, das diese Überlegungen illustriert, wäre die Beurteilung der durchschnittlichen Änderung der Fließgeschwindigkeit eines Gewässers. Werden im Verlauf des Flusses nur drei Messwerte herangezogen, obwohl der Fluss im Gegensatz zum mäandrierenden Unterlauf im Oberlauf ein größeres Gefälle und einen geraderen Verlauf besitzt, wird das Ergebnis vermutlich nicht stimmen, da die Messstationen aufgrund einer zu starken Generalisierung falsch positioniert wurden.

Das Spektrum der **Datenanalyse** offeriert vor allem **Fehlern in methodischer Hinsicht** ausreichend Platz. Die Verantwortung kann allerdings in diesem Schritt von der technischen Komponente wie der Software oder der Messung hin zur bearbeitenden Person transferiert werden. Es ist überwiegend die Wahl eines unzutreffenden Werkzeugs, einer falschen Routine oder eines inkorrekten Tools, das in einem falschen Ergebnis mündet – die Ursache liegt selten in dem mathematisch-analytischen Prozess, der in der Software implementiert ist. Das treffende Zitat „garbage in – garbage out" illustriert diese Schwachstelle im Prozess deutlich: Auch das beste Computerprogramm ist nicht in der Lage, korrekte Informationen aus mangelhaften Daten abzuleiten.

An dieser Stelle wird nochmals die Bedeutung der Plausibilitätsprüfung ins Bewusstsein gerufen. Die Verwendung des sogenannten Hausverstands bewahrt die Anwenderin und den Anwender hier vor größerem Schaden, indem das Ergebnis aus dem analytischen Prozess hinsichtlich seiner Richtigkeit überschlagsmäßig geprüft wird. Die Software wird – mit Ausnahme von Syntaxfehlern – keine Hinweise auf inkorrekte Verwendung von Tools liefern und auch auf falscher oder fehlerhafter Datengrundlage Ergebnisse berechnen, selbst wenn diese nicht interpretiert werden können. **Rechenfehler** stellen eine weitere Möglichkeit im Rahmen des analytischen Fehlerspektrums dar und entstehen in erster Linie durch die fehlerhafte Verknüpfung von Ergebnissen oder im Rahmen von Verfahren, die sich keiner softwareorientierten Lösung bedienen. Das Fehlerpotenzial von Visualisierungen wird in Abschn. 4.3 näher beleuchtet.

Selbst wenn sämtliche Schritte eines Analyseprozesses „fehlerfrei", also mit einem zu vernachlässigenden Anteil an Fehlern behaftet sind, kann im letzten Schritt des Verfahrens, der **Interpretation** und **Dissemination**, noch viel passieren. An dieser Stelle sei wiederum auf Abschn. 4.1 verwiesen, wo wir uns der Interpretation von statistischen Ergebnissen gewidmet haben. Falsche, mangelhafte, unzureichende oder unter Verwendung fehlender Fakten interpretierte Ergebnisse machen selbst einen korrekt abgelaufenen Forschungsprozess zunichte.

Fehler finden sowohl im empirischen Forschungsprozess als auch in der eigentlichen statistischen Analyse ausreichend Raum (Abb. 4.1).

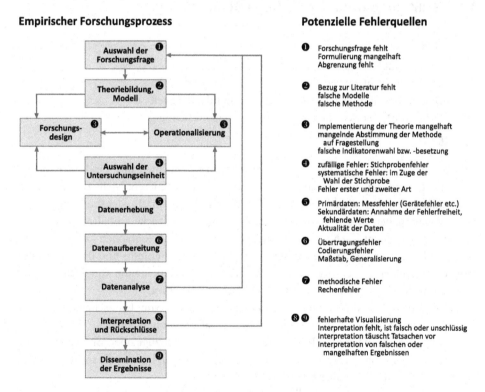

Abb. 4.1 Potenzielle Fehlerquellen im empirischen Forschungsprozess.

Fehlerquellen im statistischen Analyseprozess betreffen nicht nur die Datenanalyse selbst, sondern begleiten den gesamten empirischen Forschungsprozess.

Übung 4.2.1

In Übung 2.4.2 waren Sie gefordert, den Forschungsprozess für die Erfassung und Kartierung von Biotopen zu dokumentieren. Geben Sie für jeden Schritt im Forschungsprozess mindestens eine potenzielle Fehlerquelle an.

Übung 4.2.2

In Übung 2.4.3 war es Ihre Aufgabe, die Landnutzung an zehn unterschiedlichen Standorten Ihres Bundeslandes zu erfassen und in Bezug auf Nachhaltigkeit zu beurteilen. Geben Sie auch für diese Übung die Fehlerquellen im Forschungsablauf an.

4.3   Nicht nur bunt: Zehn wichtige Diagrammregeln

Lernziele

- Diagrammtypen skizzieren und unterscheiden
- Vor- und Nachteile verschiedener Diagramme benennen
- Diagramme dem Datenmaterial entsprechend anfertigen
- Diagramme dem Grundregelwerk entsprechend richtig gestalten
- Diagramme interpretieren

Nahezu alle, die von einer Urlaubsreise zurückkehren, möchten ihre Eindrücke, die sie auf Fotos gebannt haben, Freunden und Verwandten präsentieren. Nicht zuletzt mit der Entwicklung der Digitalkamera ist dieses Festhalten zu einem „Breitensport" geworden, Social Media haben diesen Trend und das Verlangen, Eindrücke zu teilen, noch weiter verstärkt. Dies gilt natürlich ebenso für Geographinnen und Geographen – allerdings mit einem kleinen, aber **essenziellen** Unterschied. Neben Gruppenfotos und dem Festhalten sozialer Aktivitäten in der Gruppe zählt die bildliche Dokumentation von Sachverhalten zu einem wesentlichen Aspekt einer geographischen Exkursion.

„**Geographische" Bilder** unterstreichen die Eindrücke von Landschaften, Städten, Menschen und Kulturen. Ob es Bodenprofile, Lavaformationen, einzelne Pflanzen, Bewässerungseinrichtungen oder Innenhöfe, Friedhöfe, Straßenzüge oder Menschen bei der Arbeit sind – der geographische Blickwinkel legt den Fokus auf Details, die sonst verborgen bleiben oder nicht unmittelbar erfasst werden können.

„**Statistische" Bilder** besitzen dieselbe Funktion: Sie werden verwendet, um statistische Inhalte bzw. Ergebnisse statistischer Analyseprozesse festzuhalten. Obwohl kaum Fotos hierfür verwendet werden, sind es Abbildungen im eigentlichen Sinn, gleichgültig ob es sich um Diagramme, Piktogramme, Kartogramme oder thematische Karten handelt. Die Zielsetzungen sind ähnlich und unterscheiden sich in erster Linie in der **räumlichen Dimension**. Statistische Bilder finden folgende Verwendung:

Informationsaufbereitung: Die Visualisierung von statistischen Ergebnissen unterstützt die Interpretation von statistischen Werten und bietet eine zusätzliche Möglichkeit der Präsentation von Daten und Ergebnissen.

Informationsvermittlung: Statistische Inhalte werden durch Visualisierung rascher und leichter vermittelt als Zahlenmaterial. Sie unterstützen die verstärkte Aufnahme von Information über den optischen Sinneskanal.

Informationsverdichtung und Datenreduktion: Umfangreiches Datenmaterial wird in kompakter Form dargestellt. Unüberschaubare Datenvolumina werden durch Datenreduktion mittels statistischer Parameter einfach dargestellt, die Komplexität wird reduziert.

Informationsgenerierung: Statistische Inhalte werden durch die Visualisierung erst sichtbar gemacht. Neue Information wird durch Visualisierungen gewonnen und plakativ dargestellt.

Besonders Geographinnen und Geographen folgen während der Bilddokumentation unausgesprochenen Regeln, die man als „Geokodex" bezeichnen könnte. (*Anmerkung:* Friedrich M. Zimmermann hat diesen Begriff im Rahmen der Orientierungswoche am Beginn des Geographie-Studiums geprägt. Der „Geokodex" mahnt den Respekt von Jungstudierenden gegenüber Dritten ein.) Es gibt Situationen, die es gebieten, aus ethischen Gründen auf ein (direktes) Bild zu verzichten, oder in denen es erforderlich ist, die Erlaubnis der betroffenen Personen einzuholen. Der Ansatz „Erlaubt ist, was gefällt" mag für Urlaubsreisen zutreffen – und wird häufig schamlos „befolgt" –, aber nicht für geographische Exkursionen.

Der Geokodex lässt sich problemlos auf die statistische Visualisierung übertragen. Auch hier darf nicht illustriert werden, wie es gefällt, es gelten – mehr oder weniger klare – Voraussetzungen und Richtlinien für das Erstellen von Grafiken und Karten, die abschließend mit den Dos and Donts, die in diesem Abschnitt als **zehn Grundregeln der Diagrammgestaltung** bezeichnet sind, zusammengefasst werden.

Bleibt noch, bevor wir uns ans Werk machen, zu klären, welche Darstellungsformen in den nächsten Ausführungen präsentiert werden. Bisher wurde der Fokus auf die Berechnung, das Anwendungspotenzial sowie die Interpretation von statistischen Parametern gelegt – immer wieder haben wir dabei auf das vorliegende Kapitel verwiesen. Warum erfolgen die Ausführungen zur Illustration statistischer Daten so spät? Dies hat natürlich nichts mit der Wertigkeit von Grafiken zu tun – im Gegenteil. Gerade da der Bedeutung von Grafiken ausreichend Platz eingeräumt wird und ihre Vorteile gegenüber reinem Zahlenmaterial herausgearbeitet werden, ist statistischen Diagrammen ein eigener Abschnitt gewidmet. Die Positionierung am Ende des Buches ist bewusst gewählt – der Umgang mit Datenmaterial und Parametern ist nun geläufig, die Darstellung wird damit erleichtert. Die Inhalte umfassen zunächst einfache Visualisierungen in Form von Stab- bzw. Säulen-, Balken-, Linien- und Kreisdiagrammen. Das Histogramm, das als Sonderform des Säulendiagramms in der Geographie einen hohen Stellenwert einnimmt, ergänzt die

Palette der einfachen Diagramme. Angepasst an die Reihenfolge der Bearbeitung der statistischen Parameter der univariaten Statistik erfolgen Ergänzungen im Bereich der Visualisierung durch das Box-Whisker-Plot und das Stamm-Blatt Diagramm. Lorenz-Kurve (Abschn. 3.2.4 unter „Lorenz-Kurve") und Scattergramm beschließen den Reigen der Diagramme (Abb. 4.2).

Diagramme besitzen im Vergleich zu Tabellen, Ergebnissen in Form von Zahlenwerten und Texten einen entscheidenden Vorteil: Sie vermitteln Informationen in grafischer Form **auf einen Blick** – und es gilt, sich genau diesen Vorteil zunutze zu machen. Dafür ist es allerdings erforderlich, jene Grundlagen, die für die Erstellung von Diagrammen gelten, zu beachten und umzusetzen. Eine fehlerhafte oder mangelhafte Darstellung – in Anbindung an Abschn. 4.2 – vermittelt falsche Informationen und – als Vorausschau auf Abschn. 4.4 – „lügt".

Einfache Diagramme zu generieren, ist unter Zuhilfenahme von Software (Tabellenkalkulation, Datenbanken, Statistiksoftware, Informationssysteme etc.) nahezu so problemlos, wie ein Foto mit einer einfachen Digitalkamera zu schießen – bei Fotos ist das Motiv anzuvisieren und der Auslöser zu betätigen, und schon ist das Bild im Kasten; für Diagramme sind die Daten zu wählen und ist der Diagrammtyp zu definieren, den Rest übernimmt die Software, und das Diagramm ist erstellt. Allerdings ist noch keine Rede davon, dass dieses auch korrekt ist.

Einer der größten Mängel, der Diagrammen anhaftet, ist das Fehlen einer vollständigen und sinngebenden **Beschriftung**. Bereits der Titel muss die Leserin und den Leser darauf aufmerksam machen, welche Inhalte präsentiert werden und welchen Zeitpunkt oder Zeitraum diese beschreiben. Die Achsenbeschriftungen sind dann erforderlich, wenn aus der Skalierung nicht unmittelbar zu erkennen ist, um welche Einheiten es sich handelt. Werden etwa Jahre an der Abszisse aufgetragen, kann die zusätzliche Information „Jahre" entfallen. Wird hingegen der Niederschlag in Millimetern an der Ordinate aufgetragen, ist die minimale Beschriftung „in mm", besser „Niederschlag in mm", eine Unterstützung bei der Interpretation der Grafik. Einen weiteren wesentlichen Aspekt der Beschriftung stellt die Legende dar. Sie ist erforderlich, wenn mehr als ein Merkmal visualisiert wird, beispielsweise wenn mehrere Merkmale miteinander verglichen werden. Eine Legende ist unumgänglich, wenn thematische Karten oder Kartogramme zur Visualisierung statistischer Daten herangezogen werden. Legenden, die keine zusätzliche Information enthalten, wie bei der Darstellung der eindimensionalen Häufigkeit eines Merkmals, tragen eher zur Verwirrung bei und sollten weggelassen werden. Zur Beschriftung zählen natürlich auch Angaben zu Verfasserin oder Verfasser des Diagramms sowie der Hinweis auf den Ursprung der Daten in Form einer Quellenangabe.

Bevor überhaupt eine Beschriftung angebracht werden kann, ist den Daten der **richtige Diagrammtyp** zuzuordnen. Je nach Software gibt es eine Vielzahl verschiedener Diagrammtypen, Voreinstellungen für deren Gestaltung sowie Auswahlkategorien aus vorgefertigten Diagrammen. Allerdings nicht alles, was von unterschiedlicher Software angeboten wird, sollte unbedenklich übernommen werden. Gerade bei statistischen Diagrammen kommt es auf die Aussagekraft des Diagramms an, und da gilt die Devise „Weniger ist

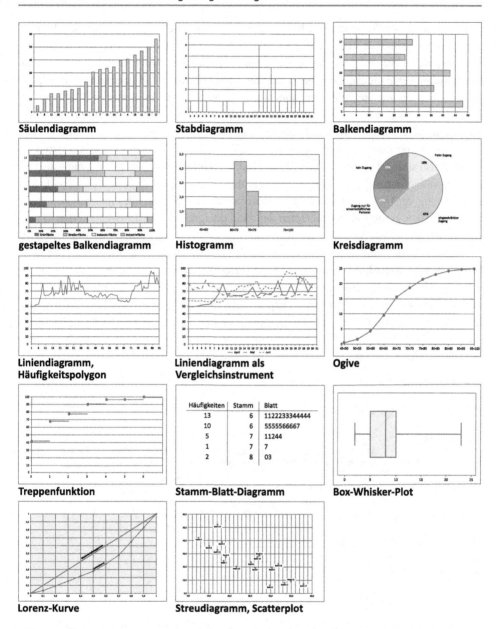

Abb. 4.2   Übersicht der wichtigsten Diagrammtypen.

mehr" – auf grafische Effekte, möglichst bunte Farben und unübliche Darstellungsformen kann getrost verzichtet werden.

Welche **Richtlinien** können jetzt **für die Diagrammwahl** herangezogen werden? Besonders die Unterscheidung der Anwendung von Stab-, Säulen-, Balken- oder Liniendiagrammen wirft die Frage auf, welches Diagramm für welche Daten geeignet ist. Die Unterscheidung richtet sich nach der **Zeit**, auf die sich die Daten beziehen. Werte, die sich auf **Zeitpunkte** beziehen, werden mithilfe von **Liniendiagrammen** visualisiert, während **Zeitspannenwerte** die Ausgangsbasis für **Stab-, Säulen- oder Balkendiagramme** bilden. Diese Definition unterschiedlicher Bemessungszeiten von Datenmaterial ist uns bereits in Abschn. 3.1.3 begegnet, wo wir zwischen Bestandsmassen – zu einem Zeitpunkt erhoben – und Bewegungsmassen – in einem Zeitintervall erhoben – unterschieden haben. Als kleine Gedankenstütze kann man sich merken, dass in Diagrammen Zeitpunkte tatsächlich als Punkte dargestellt werden; die Punkte verbindet man mit einer Linie – also ist das Liniendiagramm der zu wählende Diagrammtyp. Ein Intervall besitzt eine (zeitliche) Ausdehnung, die im Diagramm durch entsprechend breite Säulen oder Balken visualisiert wird. Das Histogramm als Sonderform des Säulendiagramms wird bei klassierten Daten verwendet. Dabei gilt zu beachten, dass die Säulenhöhe proportional zur Klassenbreite ist – die **Fläche** der Säulen ist daher im Vergleich zum einfachen Säulendiagramm relevant. Bleibt noch das Kreisdiagramm, das auch als Tortendiagramm bezeichnet wird. Ein Kreisdiagramm stellt immer Anteile eines Ganzen dar, die Kreisfläche visualisiert stets **100 %** der statistischen Masse. Da die weiteren Diagrammtypen sich nach spezifischen statistischen Inhalten/Ergebnissen richten, wird darauf im Zuge der Erläuterungen des Diagrammtyps noch detailliert eingegangen; auf eine separate Darstellung im Sinne eines Entscheidungskriteriums wird verzichtet.

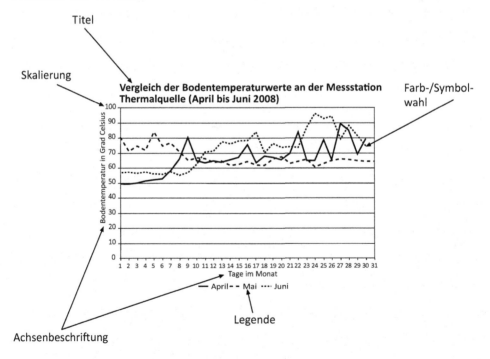

Abb. 4.3 Vollständiges Diagramm.

Auch das Thema **Farbgebung** soll, bevor konkret auf die einzelnen Diagramme eingegangen wird, kurz abgehandelt werden. Bei dieser Thematik ist besonders auf die Mängel der Softwarepakete hinzuweisen. Die Standardeinstellungen bei der Diagrammgestaltung entsprechen kaum jenen Gepflogenheiten, die eine sinngebende Farbgestaltung berücksichtigen. Für Geographinnen und Geographen, die wenigstens über eine kartographische Grundausbildung verfügen, sind die erlernten kartographischen Usancen ebenso bei der Erstellung von Diagrammen einzuhalten. Neben assoziativen Farben – dies bedeutet, dass die Farben mit dem Merkmal intuitiv verbunden werden – ist vereinbarten Konventionen zu folgen, etwa Blau für „kalt" und Rot für „warm". Im Hinblick auf die digitale Gestaltung ist auch das Medium zu berücksichtigen, mit dem das Ergebnis präsentiert wird. So unterscheidet sich eine Darstellung für eine Homepage von einer Grafik, die für ein Handout Verwendung findet. Besonders bei Diagrammen in Graustufen ist der Unterscheidbarkeit der Elemente ausreichend Aufmerksamkeit zu schenken (Abb. 4.3).

4.3.1 Stab-, Säulen- oder Balkendiagramm

Grundsätzliches

- Auf der Abszisse werden die Merkmalsausprägungen aufgetragen, entlang der Ordinate die zugehörigen absoluten oder relativen Häufigkeiten.
- Dieser Diagrammtyp eignet sich sowohl für qualitative wie auch quantitative, diskrete Merkmale. Häufig werden nominal- und ordinalskalierte Daten präsentiert. Die Daten können in klassierter Form vorliegen. Liegen nominalskalierte Werte vor, erfolgt die Zuordnung der Merkmalsausprägungen zur Achse entweder willkürlich oder nach der Reihung ihrer absoluten bzw. relativen Häufigkeiten. Ab ordinalem Skalenniveau wird die Reihenfolge der Merkmalsausprägungen der Achsenskalierung zugrunde gelegt.
- Die Unterscheidung zwischen Stab-, Säulen- und Balkendiagramm richtet sich nach der Stärke und Orientierung der Säule. Demnach wird die linienhafte und flächenlose Ausprägung einer Säule als Stabdiagramm bezeichnet, die Ausrichtung ist vertikal. Das Balkendiagramm weist eine horizontale Ausrichtung der Säulen auf.
- Säulen- und Balkendiagramme treten durch ihre Fläche in Erscheinung. Die Breite der Säulen bzw. Balken und deren Abstände werden für das Diagramm einheitlich gewählt, da diese Breite keine zusätzliche Information liefert. Bei klassierten Daten sind die Klassen so zu wählen, dass sie die gleiche Breite aufweisen. Die Höhe der Säulen entspricht dann der jeweiligen Häufigkeit.
- Stab-, Säulen- und Balkendiagramm finden für Daten Anwendung, die eine Zeitspanne, ein Zeitintervall bzw. einen Zeitraum überdecken.
- Sie werden für die Illustration einzelner Merkmale gleichermaßen eingesetzt wie für den Vergleich mehrerer Merkmale, wobei sich für den Vergleich von Merkmalen relative Darstellungen besser eignen.

- Eine weitere Form von Säulen- bzw. Balkendiagrammen stellen die gestapelten Säulen bzw. Balken dar. Auch für diese Sonderform gliedert man in Darstellungen absoluter Werte und in relative Darstellungen. Gestapelte Säulen absoluter Werten ordnen lediglich die Häufigkeiten von üblicherweise nebeneinander gereihten Säulen übereinander an und sind damit schwer zu vergleichen. Für einen unmittelbaren Vergleich der Werte bietet sich die prozentuelle Darstellung an, da sich sämtliche Stäbe jeweils auf 100 % ergänzen.

Wichtige Hinweise

- Es gilt zu beachten, dass der Gesamtwert nicht in die Darstellung integriert wird, da andernfalls die Proportionalität der Grafik verloren geht. Besonders einfach lässt sich dies am Beispiel der Bevölkerung aller Bundesländer erläutern. Werden nicht nur die Bevölkerungswerte der Bundesländer, sondern auch jene des gesamten Staates in einer Grafik visualisiert, geht die Aussagekraft der Grafik verloren – die Höhe der Säulen der Bundesländer, an denen man in erster Linie interessiert ist, ist im Vergleich zu jener der Gesamtbevölkerungszahl sehr gering. Die Unterschiede sind demzufolge nicht ablesbar.
- Einem ähnlichen Gedanken folgt der Hinweis, lediglich Merkmale in einer Grafik mit absoluten Häufigkeiten miteinander zu vergleichen, die einen ähnlichen Wertebereich umfassen. Andernfalls ist eine relative Darstellung vorzuziehen.
- Zu viele Merkmalsausprägungen darzustellen, ist verwirrend – der Überblick über die Daten leidet unter der Menge der Darstellung. Es ist schwierig, dafür einen Grenzwert zu nennen, da sich die Darstellung immer nach dem Inhalt richtet; 15 Säulen sind aber bereits ein zu hoher Wert. Werden mehrere Merkmale verglichen, sollten ungefähr sieben Werte – das ist jene Zahl, die man auf einmal erfassen kann – in Relation gesetzt werden.

Anwendung

Stab-, Säulen- und Balkendiagramm werden für sämtliche Themenbereiche der Geographie verwendet und illustrieren absolute wie relative Häufigkeiten von einem oder mehreren Merkmalen. Neben dem einfachen Diagramm werden gestapelte Säulen- bzw. Balkendiagramme eingesetzt, wenn mehrere Objekte hinsichtlich ihrer Merkmale zu charakterisieren sind. Dabei benützt man sowohl absolute wie auch relative Darstellungen.

Beispiel 4.11

Kehren wir zurück zu Beispiel 3.63, den Grünflächen. Es würde wenig Sinn ergeben, die Grünflächenanteile in unserer Stadt sowie die Kinderanteile mittels Säulendiagramm zu visualisieren – dazu haben wir das Scatterplot verwendet, das der Darstellung bivariater Daten zuzuordnen ist, und auf das wir im Kontext der Scatterplots nochmals zurückkommen. Im Gegensatz dazu bietet es sich jedoch an, die Aufteilung der Grünflächenanteile pro Bezirk anzusehen. Obwohl wir 18 Bezirke haben, ist die Darstellung noch akzeptabel, da wir lediglich eine Merkmalsausprägung, die Grünflächen, darstellen. Zusammen mit der Angabe des arithmetischen Mittels, das 29,4 Prozent beträgt, sowie einer Standardabweichung von 14,6 können wir uns ein gutes Bild über die Verteilung machen. Die Grünflächenanteile variieren zwischen 5 % und 56 Prozent; das bedeutet, dass manche Bezirke über nahezu keine Grünflächen verfügen, während in anderen Bezirken die Hälfte der Bezirksfläche von Grün dominiert wird (Abb. 4.4).

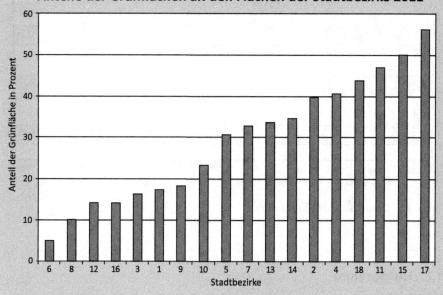

Abb. 4.4 Säulendiagramm.

Damit nicht genug. Wir möchten darüber hinaus wissen, wie sich die Aufteilung auf die restliche Nutzung der Flächen in den einzelnen Bezirken gestaltet. In einem einfachen Säulen- oder Balkendiagramm visualisiert würde das bedeuten, dass sich vier Stäbe – wir haben vier Nutzungsklassen mit Grünflächen, Straßenflächen, bebauten Flächen und Gewerbeflächen – für jeden Bezirk aneinanderreihen. Das Resultat ist ein unübersichtliches und schwer zu interpretierendes Diagramm mit 72 (!) Säulen – davon nehmen wir natürlich Abstand. Wir fokussieren daher auf jene Bezirke, die den höchsten, den niedrigsten und einen durchschnittlichen Grünanteil aufweisen, und verwenden als Diagrammtyp gestapelte Balken. Die relative Darstellung ermöglicht einerseits den Vergleich der Bezirke zueinander, andererseits wird das Diagramm durch die Datenreduktion übersichtlicher. Es zeigt, dass insbesondere Grünanteil und Straßenflächen einander ergänzen; das Verhältnis dieser Flächen zu bebauter Fläche und Industriefläche variiert hingegen vergleichsweise wenig (Abb. 4.5).

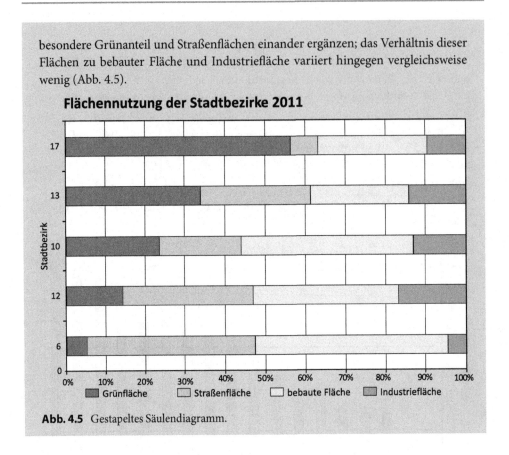

Abb. 4.5 Gestapeltes Säulendiagramm.

4.3.2   Histogramm

Grundsätzliches

- Histogramme als Spezialfall der Säulendiagramme werden für stetige Daten verwendet. Die Eigenschaft der Stetigkeit wird optisch wiedergegeben, indem die einzelnen Säulen, welche die absoluten oder relativen Häufigkeiten repräsentieren, ohne Abstand aneinandergereiht werden.
- Im Gegensatz zum Säulen- und Balkendiagramm besitzt die Fläche des Histogramms Aussagekraft: Die Fläche jeder Säule stellt die absoluten oder relativen Häufigkeiten dar, die Summe der Flächen aller Säulen ergibt demzufolge die Anzahl der Elemente der statistischen Masse bzw. den Wert eins oder 100 %. Die **Fläche** jeder Säule ist **proportional zur** (relativen) **Häufigkeit** der Merkmalsausprägung – in anderen Worten wird die Säulenhöhe berechnet, indem die (relative) Häufigkeit des Merkmals durch die Klassenbreite dividiert wird. Dies gilt in jedem Fall für Verteilungen mit **ungleichen**

Klassenbreiten. Wenn gleiche Klassenbreiten vorliegen, reicht es, die (relative) Häufigkeit auf der Ordinate aufzutragen, da das Verhältnis der Säulen zueinander sich nicht ändert.

- Durch diese Eigenschaft kann das Histogramm sowohl für den Vergleich von Verteilungen wie auch für die Darstellung klassierter Daten mit ungleichen Klassenbreiten verwendet werden. Die verschiedenen Breiten der Klassen werden durch die Anpassung der Säulenhöhe relativiert.

- Der Nachteil, der mit der Darstellung von klassiertem Datenmaterial einhergeht, gleicht jenem der klassierten Daten: Durch die Zusammenfassung der Daten geht Detailinformation verloren, man gewinnt jedoch gleichzeitig einen besseren Überblick über die Verteilung selbst.

Wichtige Hinweise

- Histogramme werden in der Literatur nicht immer korrekt dargestellt – in zahlreichen Fällen werden lediglich die Säulen eines Standardsäulen- bzw. Balkendiagramms ohne Abstand dargestellt – das entscheidende Kriterium, die **Anpassung der Säulenhöhe**, wird nicht berücksichtigt. Die **Flächentreue** ist aber das wichtigste Kriterium in der Darstellung des Histogramms und muss durch die entsprechende Säulenhöhe ausgedrückt werden. Insbesondere bei der Darstellung von Histogrammen über klassierte Daten mit gleicher Klassenbreite wird die Häufigkeit über den Klassen aufgetragen, ohne die Klassenbreite zu berücksichtigen. Streng genommen ist aber, mit Ausnahme von Klassen der Breite eins, auch bei gleicher Klassenbreite diese bei der Säulenhöhe zu berücksichtigen und die Besatzdichte als Säulenhöhe zu verwenden – dies geschieht im Regelfall nicht.

Anwendung

In der Statistik wird das Histogramm zur Visualisierung von univariaten Verteilungen eingesetzt. Einer Visualisierung der Daten ist zu entnehmen, wie sich die Verteilung eines Merkmals in Relation zu Normalverteilung verhält; Modalität, Schiefe sowie Wölbung sind bereits optisch zu bewerten.

Für den Einsatz von Histogrammen gibt es in der Geographie einige Bereiche, die besonders hervorzuheben sind. Ein breiter und traditioneller Anwendungsbereich von Histogrammen ist die Bevölkerungsgeographie, in der Histogramme zur Darstellung von Bevölkerungspyramiden verwendet werden (Laube und Rossé, 2009). Aus der Form des Histogramms wird der Überalterungsgrad einer Bevölkerung abgelesen. Ein weiterer Themenkomplex ist der Kartographie zuzurechnen, wo Histogramme im Bereich der Bildverarbeitung herangezogen werden, um die Belichtung zu beurteilen und zu beeinflussen. Auch hier sind der Vergleich zur Normalverteilung, die Streuung der Werte sowie deren Modalität relevant. Diese Anwendung schließt lückenlos an die Fernerkundung an, die sich der Histogramme bedient, um Grau- bzw. Farbwerte eines Bildes in Bezug auf ihre Häufigkeiten darzustellen. Die Verteilung der Grau- bzw. Farbwerte gibt über den jeweiligen Grad der Reflexion Auskunft (Gibson und Power, 2000) und bildet die Basis für Maßnahmen zur Bildverbesserung.

Beispiel 4.12

Natürlich ist die Beispielpalette von Diagrammanwendungen nicht so eingeschränkt, wie sie sich vielleicht hier darstellt. Aber wir haben uns bewusst darin versucht, die Daten, die in die bisherigen Beispiele eingegangen sind, für unsere Visualisierungen zu verwenden. Zweifelsfrei mag es idealtypische Visualisierungsbeispiele geben, doch genau darin liegt die Kluft zwischen „Theorie" und der Praxis – reale Anwendungsbeispiele sind kaum ideal und stellen oft eine Herausforderung dar. Auch für unser Histogramm verwenden wir bereits bekannte Daten – in unserem Fall die Daten der klassierten Bodentemperaturen. Wir haben die absoluten Häufigkeiten bereits in einem Säulendiagramme dargestellt (Abb. 3.7); die Säulen sind aneinandergefügt, da die visualisierten Intervalle aneinandergrenzen – ein Ausdruck der Stetigkeit.

Die Tabellen 3.16 und 3.17 zeigen die klassifizierten Bodentemperaturdaten für die Monate April bis Juni 2008 an der Messstation Thermalquelle sowie Bodentemperaturdaten, die als Grundlage der Zugangsregelung für Besucher dienen – ihnen liegt eine Klassierung mit unterschiedlich breiten Klassen zugrunde. Für die Visualisierung der relativen Häufigkeiten in einem Histogramm gilt, dass die Höhe der Säulen durch die jeweilige Klassenbreite dividiert wird – nur so ergibt sich eine Gesamtfläche von 100 % der dargestellten Häufigkeiten. Das aus dieser Darstellung resultierende Bild bei gleicher Klassenbreite (Abb. 4.6a) unterscheidet sich mit Ausnahme der Achsenskalierung nicht von der Darstellung mittels Säulendiagramm (Abb. 4.6b) – die Proportionen stimmen überein. Sehr wohl gewinnt die Darstellung der ungleichen Klassen ein völlig anderes Aussehen: Abbildung 4.6c zeigt die fehlerhafte Visualisierung ohne Berücksichtigung der verschiedenen Klassenbreiten, während Abb. 4.6d die korrekte Darstellung enthält. In der fehlerhaften Abbildung wurden lediglich die relativen Häufigkeiten über den Klassen aufgetragen – ohne Relativierung in Bezug auf die unterschiedlichen Klassenbreiten. Es resultiert ein verzerrtes Ergebnis, das die Klasse von 75 °C bis unter 100 °C mit der höchsten Klassenbelegung vorspiegelt.

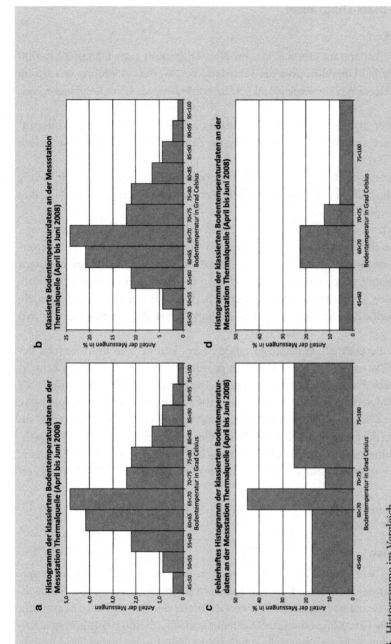

Abb. 4.6 Histogramme im Vergleich.

a Korrekte Darstellung eines Histogramms für klassierte Daten auf Basis gleicher Klassenbreite, **b** Darstellung klassierter Daten mit gleicher Klassenbreite durch ein Säulendiagramm; die Säulenhöhe entspricht den relativen Häufigkeiten in % (übliche Darstellung), **c** falsche Darstellung eines Histogramms für klassierte Daten auf Basis unterschiedlicher Klassenbreiten; die Säulenhöhe entspricht den relativen Häufigkeiten, **d** korrekte Darstellung eines Histogramms für klassierte Daten auf Basis unterschiedlicher Klassenbreiten; die Säulenhöhe resultiert aus relativen Häufigkeiten durch Klassenbreite.

4.3.3   Stamm-Blatt-Diagramm

Grundsätzliches

- Ähnlich dem Histogramm gibt das Stamm-Blatt-Diagramm oder Stängel-Blatt-Diagramm einen guten Überblick über die Verteilung von Werten. Allerdings werden im Stamm-Blatt-Diagramm vorwiegend unklassifizierte Daten, vor allem Rohdaten, visualisiert.

- Erst im Zuge der Darstellung erfolgt eine Aufteilung der Daten in Bereiche oder Intervalle. Geeignet sind kleinere Datenmengen, die eine metrische Skalierung aufweisen müssen.

- Die Daten werden geordnet und anschließend gruppiert. Der Basis der Gruppierung wird vielfach die halbe, einfache oder doppelte Potenz von zehn zugrunde gelegt, dies kann aber variieren (Polasek, 1994, S.19 ff.).

- Im nächsten Schritt werden die Stämme der Daten extrahiert und – vertikal geordnet – linksseitig angeschrieben. Im einfachsten Fall sind dies die Einer-, Zehner-, Hunderterstellen etc. Die restlichen Stellen werden, im Bedarfsfall gerundet, rechts des jeweiligen Stammes als Blätter angegeben; zusätzlich können die Häufigkeiten für jeden Stamm angeführt werden. Die Blätter werden der Größe nach geordnet und separat dargestellt; es erfolgt also keine Zusammenfassung nach Häufigkeiten (mit Ausnahme der Gesamthäufigkeit).

- Versucht man die Darstellung einfacher zu erläutern, könnte man dies wie folgt beschreiben: Die Daten werden der Größe nach geordnet, danach in Einer- und Zehner- bzw. Zehner- und Hunderterstellen etc. zerlegt. Die größere Stelle, beispielsweise die Zehnerstelle, fungiert als Stamm und wird der Größe nach geordnet links aufgetragen; die Einerstellen dienen als Blätter und werden den Stämmen der Reihe nach rechts zugeordnet – links die größere Stelle, rechts die der Gesamtzahl zugehörige kleinere Stelle.

- Die daraus resultierende Darstellung bildet eine Erweiterung einer tabellarischen Form, fungiert jedoch als grafisches Element, das die Form der Verteilung, Ausreißer etc. erkennen lässt.

- Der Vorteil des Stamm-Blatt-Diagramms gegenüber anderen Grafiken liegt in der Visualisierung der Einzelwerte.

Wichtige Hinweise

- Die Darstellung von Stamm-Blatt-Diagrammen in der Literatur wird äußerst unterschiedlich gehandhabt. Während einmal Nachkommastellen durch Runden vernachlässigt werden, dienen sie in anderen Grafiken als Blätter des Stamm-Blatt-Diagramms. Die Gruppierung bzw. Klassierung zur Darstellung wird nach unterschiedlichsten Kriterien vorgenommen. Es wird einerseits lediglich eine Stelle für den Stamm eines Wertes herangezogen, andererseits mehrere Stellen verwendet und lediglich die Einerstelle des Wertes als Blatt gewertet. Da es das Ziel der Methode ist, einen raschen Überblick der Daten zu generieren, richtet sich die Art der Gliederung nach dem Inhalt, den die Werte repräsentieren, oder – ganz pragmatisch – nach den Optionen, die die Software zur Verfügung stellt.

Anwendung

Das Stamm-Blatt-Diagramm wird nicht nur als Instrument der deskriptiven Statistik, sondern auch als Werkzeug der explorativen Datenanalyse gesehen (Burt, Barber und Rigby, 2009, S. 64 f.).

Beispiel 4.13

Anhand der Bodentemperaturdaten von Mai 2008 am Standort Thermalquelle (Beispiel 3.27) ist gut zu illustrieren, wie unterschiedlich Stamm-Blatt-Diagramme gehandhabt werden. Die Bodentemperaturdaten von Mai 2008:

61,0; 61,9; 62,0; 62,1; 62,6; 63,2; 63,4; 63,9; 64,5; 64,5; 64,5; 64,7; 64,8; 65,2; 65,2; 65,3; 65,7; 65,7; 66,2; 66,3; 66,3; 66,9; 67,3; 71,3; 71,3; 72,1; 74,7; 74,7; 76,8; 80,7; 83,9

Abbildung 4.7a zeigt die Bodentemperaturen, bei denen die Zehnerstelle den Stamm im Diagramm bildet, die Einerstelle ist den Blättern pro Stamm zugewiesen – Nachkommastellen bleiben unbeachtet. Abbildung 4.7b legt hingegen den Fokus auf die Nachkommastellen: Den Stamm bilden die Zahlen vor dem Komma, die Nachkommastellen sind den Blättern zugeordnet. Aus den unterschiedlichen Darstellungen resultieren zwei Interpretationen: Während das Stamm-Blatt-Diagramm der ganzzahligen Werte eine Häufung der Werte im Bereich der 60 °C bis unter 65 °C zeigt und in Richtung der höheren Temperaturen kontinuierlich abflacht, zeigt die Aufteilung der Nachkommawerte zwar ebenso eine Ballung der Werte im oberen Temperaturbereich, aber insgesamt eine Streckung der Werte über den gesamten Betrachtungsbereich. Extra vermerkt sind zwei Extremwerte, die zu weit entfernt für eine Darstellung im Stamm-Blatt-Diagramm liegen.

a

Häufigkeiten	Stamm	Blatt
13	6	1122233344444
10	6	5555566667
5	7	11244
1	7	7
2	8	03

b

Häufigkeiten	Stamm	Blatt
2	61	09
3	62	016
3	63	249
5	64	55578
5	65	22377
4	66	2339
1	67	3
	68	
	69	
	70	
2	71	33
1	72	1
	73	
2	74	77
	75	
1	75	8
2	Extremwerte	>80

Abb. 4.7 Zwei unterschiedliche Stamm-Blatt-Diagramme.
a Basierend auf ganzzahligen Werten, **b** basierend auf Nachkommawerten.

4.3.4   Kreisdiagramm

Grundsätzliches

- Das Kreis-, Kreisscheiben- oder Tortendiagramm illustriert Häufigkeiten eines Merkmals und wird vorwiegend für **nominal-** sowie **ordinalskalierte Daten** verwendet. Obwohl oder gerade weil dieser Diagrammtyp sehr oft angewendet wird, gehen zahlreiche Fehler mit dieser Visualisierung einher.
- Das Kreisdiagramm eignet sich nicht für gruppiertes Datenmaterial bzw. klassierte Verteilungen.
- Es ist besonderer Wert darauf zu legen, dass die Kreissektoren die relativen Anteile der Merkmalsausprägungen repräsentieren und somit die Kreisfläche die Grundgesamtheit bzw. Stichprobe ergibt. Kreissektoren sind somit **Anteile an einem Ganzen**. Wird dieses Faktum nicht berücksichtigt, kommt es zu einer Verzerrung der Anteile und somit zu einer fehlerhaften Aussage des Diagramms.
- Die relativen Häufigkeiten einer Verteilung werden in Winkel der Kreissektoren umgerechnet, indem die Häufigkeiten mit der Winkelsumme im Kreis von 360° multipliziert werden.
- Die Anzahl der Kreissegmente ist ebenso wie bei der Verwendung von Säulendiagrammen zu beschränken, um deren Übersichtlichkeit nicht zu gefährden. Gleichermaßen ist von der Verwendung von Kreisdiagrammen für zwei Merkmalswerte Abstand zu nehmen, da zwei Werte auch in Form von Zahlen eher Aussagekraft besitzen.
- Insgesamt sind Kreisdiagramme schlecht zu interpretieren, da die Größe von Kreissektoren schwer abzuschätzen ist. Die Gefahr von Fehlinterpretationen ist daher besonders hoch.
- Der unmittelbare Vergleich von Häufigkeitsverteilungen basiert auf Kreisdiagrammen, deren Kreisgröße identisch ist und die sich nur in Bezug auf die Sektoren unterscheiden. Wird auch die Bezugsgröße der Kreise als Information benutzt, spricht man von größendifferenzierten Kreisdiagrammen.
- Darüber hinaus gibt es die Möglichkeit, Kreisdiagramme in einer Karte zu verorten. In dieser Form der Darstellung ist dafür Sorge zu tragen, dass es nicht zu einer Überladung des Kartogramms kommt.

Wichtige Hinweise

- Besonders wesentlich ist die Beschriftung des Kreisdiagramms durch eine Legende oder durch die Beschriftung der einzelnen Kreissektoren. Die Lesbarkeit wird durch die zusätzliche Angabe der Häufigkeiten erhöht.
- Es ist darauf zu achten, dass die Kreissegmente ihrer Priorität nach geordnet werden – dies kann sowohl die Reihung nach Werten wie auch die Reihung nach Bedeutung beinhalten –, wobei die Reihung **im Uhrzeigersinn** und **beginnend mit 12 Uhr** erfolgen muss.
- Die dreidimensionale Darstellung ist insbesondere bei Kreisdiagrammen, die dann als Tortendiagramme bezeichnet werden, zu vermeiden, da es zu einer Verfälschung der

Aussage durch Verzerrungen kommt. Mit zunehmender Neigung der dreidimensionalen Darstellung wird der vordere Bereich des Kreises optisch vergrößert und damit hervorgehoben.

- In Bezug auf die Visualisierung von Fragebogenergebnissen ist zu beachten, dass Mehrfachantworten nicht mithilfe eines Kreisdiagramms visualisiert werden dürfen – die Summe der Antworten überschreitet dann 100 %.

Anwendung

Mit Ausnahme der Bevorzugung von nominal- und ordinalskalierten Daten gibt es für die Anwendung von Kreisdiagrammen in der Geographie keine Einschränkungen oder vornehmliche Anwendungsbereiche – sie werden in allen Teilbereichen eingesetzt und ubiquitär verwendet.

Beispiel 4.14

Die Bodentemperaturdaten der Monate April bis Juni 2008 (Beispiel 3.25) wurden herangezogen um, basierend auf ihrer Klassifizierung, den Zugang der Besucherinnen und Besucher für gewisse Areale in der Nähe der Thermalquellen zu regeln. Mithilfe eines Kreisdiagramms visualisieren wir die Zeiten in den drei Monaten im Hinblick auf die Zugänglichkeit der touristischen Attraktionen. Wir stellen dem einfachen Kreisdiagramm (Abb. 4.8a) ein dreidimensionales Diagramm gegenüber (Abb. 4.8b), um auf die Probleme der 3-D-Darstellung explizit hinzuweisen.

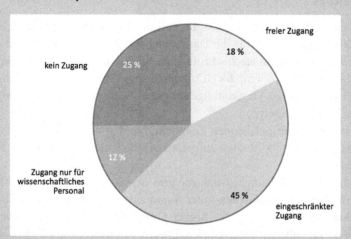

a

Zutrittsmöglichkeiten zu touristischen Attraktionen in den Monaten April bis Juni 2008

Abb. 4.8 Kreisdiagramm mit und ohne 3-D-Effekt.
a Darstellung mittels Kreisdiagramm, **b** Darstellung mittels 3-D-Kreisdiagramm.

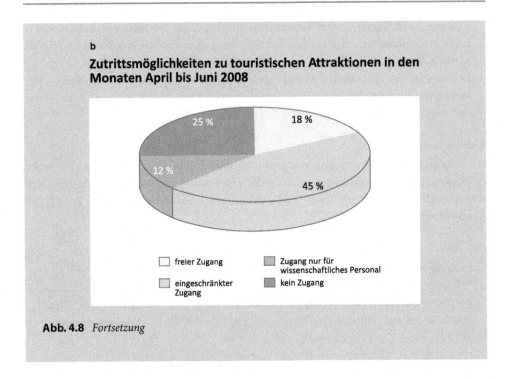

b

Zutrittsmöglichkeiten zu touristischen Attraktionen in den Monaten April bis Juni 2008

Abb. 4.8 *Fortsetzung*

4.3.5 Liniendiagramm

Grundsätzliches

- Das Linien- oder Kurvendiagramm, im Fall der Darstellung von Häufigkeiten auch **Häufigkeitspolygon**, wird für die Darstellung von **Zeitpunktwerten** benutzt, worin auch der wesentlichste Unterschied zum Stab-, Säulen- und Balkendiagramm zu finden ist. Wie bereits erläutert, wird das Histogramm eingesetzt, wenn es gilt, stetiges Datenmaterial zu präsentieren. Liegen **stetige Daten** aus Zeitpunktwerten vor verwendet man daher das Häufigkeitspolygon.
- Die Daten für die entsprechenden Zeitpunkte werden der Ordinate zugewiesen, die Zeitpunkte selbst auf der Abszisse aufgetragen. Durch die Verbindung der Punkte entsteht der Polygonzug.
- Unmittelbar aus dem Häufigkeitspolygon geht eine Sonderform des Liniendiagramms hervor: die **Summenhäufigkeits-** oder **Summenkurve**. Für die Darstellung der relativen Summenhäufigkeit ist der Begriff **Ogive** gebräuchlich. Die Ogive illustriert demnach die kumulierten relativen Häufigkeiten. Ein wesentlicher Mehrwert der Ogive besteht darin, Lageparameter wie Quartile unmittelbar aus der Grafik ablesen zu können.

- Für klassierte Daten wird der Datenpunkt am Beginn jedes Intervalls bzw. jeder Klasse gesetzt, geht man davon aus, dass die Klassierung in aufsteigender Reihung erfolgt ist.
- Ein weiterer Sonderfall tritt ein, wenn mithilfe der Summenkurve diskrete Merkmale dargestellt werden. In diesem Fall entsteht eine Grafik in **Treppenform** – da die Werte nicht in Beziehung zueinander stehen, dürfen sie auch nicht durch eine Linie verbunden werden. Die Sprunghöhe entspricht den jeweiligen absoluten oder relativen Häufigkeiten. Die der Diagrammdarstellung zugrunde liegende Funktion der Zuordnung von Häufigkeiten zu einem Beobachtungswert ist in der Statistik auch als **empirische Verteilungsfunktion** bekannt (Schlittgen, 2003, S. 26 ff.).

Wichtige Hinweise

- Augenmerk ist der Zuweisung der Datenpunkte zur Abszisse zu schenken. Zahlreiche Softwarepakete setzen die Datenpunkte zwischen die Skalierungen, was als Fehler zu werten ist. Die Datenpunkte beziehen sich (in den meisten Fällen) auf einen konkreten Zeitpunkt und sind daher vertikal über dem Zeitpunkt aufzutragen.

Anwendung

In der Geographie finden Liniendiagramme in der physischen Geographie insbesondere zur Visualisierung von Messwertreihen Anwendung. Der wohl bekannteste Vertreter ist hier zweifelsfrei die Temperaturkurve, aber auch die Entwicklung von Schneedecken, Energieressourcen, Schadstoffeinträgen oder von Populationen in Habitaten (Flora und Fauna) zählen dazu. Das Pendant hierzu in der Humangeographie wären unterschiedliche Zeitreihen, beispielsweise Bevölkerungsentwicklungen sowie die Entwicklung verschiedener Bevölkerungsgruppen (Altersklassen, Geburten, Erkrankungen etc.), wirtschaftliche Indikatoren wie Ertragsentwicklungen, monetäre Entwicklungen etc. Der Vorteil, der Liniendiagramme auszeichnet, liegt einerseits in der Komprimierung umfangreicher Daten – aus den Rohdaten lässt sich nicht unmittelbar eine Entwicklung ablesen –, andererseits in der Darstellung eines Trends – Entwicklungen über einen Zeitraum werden vergleichbar und im Fall von prozentuellen Angaben relativiert. Im Gegensatz zu den Einzeldaten kann eine generelle Tendenz wie steigend oder fallend abgelesen werden.

Beispiel 4.15

In Abb. 3.6 haben wir uns bereits mit der Visualisierung von Häufigkeiten sowie Summenhäufigkeiten befasst – allerdings aus dem Blickwinkel der Häufigkeitsdarstellung – und haben dafür das Säulendiagramm gewählt. Mittlerweile haben wir die Ogive als optimales Darstellungsinstrument von Summenhäufigkeiten kennen gelernt; daher strapazieren wir nochmals die Bodentemperaturen (Die vollständigen Bodentemperaturdaten sind online unter www.springer.com/978-3-8274-2611-6 verfügbar). Bislang haben wir meist auf die gereihten Temperaturdaten geblickt – wir waren an den statistischen Parametern wie dem Median interessiert. Jetzt legen wir unseren Fokus auf den Temperaturverlauf in den Monaten April bis Mai und visualisieren die ungeordneten Einzeldaten – entsprechend ihrer Aufnahme an der Messstation Thermalquelle. Es zeigt sich ein unruhiges Bild, das im Vergleich zu Lufttemperaturdaten starke Schwankungen aufweist. Auch die Schwankungsbreite ist auffällig und kann nur durch den extrem gewählten Standort erklärt werden.

Doch Zentrum dieser Erläuterungen ist nicht eine physisch-geographische Erklärung des Phänomens, sondern vielmehr die Visualisierung der Daten (Abb. 4.9a). Vielfach wird das Liniendiagramm auch für den Vergleich verschiedener Merkmale herangezogen, wie Abb. 4.9b anhand derselben Daten nochmals illustriert. Die größte Schwankungsbreite ist – wie im ersten Drittel von Abb. 4.9a – im April abzulesen, während die Temperatur im Mai kontinuierlich leicht fällt, um im Juni wieder anzusteigen. Der Vergleich zeigt im Gegensatz zur Gesamtdarstellung darüber hinaus, dass sich die Werte insbesondere in den Monatsmitten weniger unterscheiden als in der jeweils ersten und letzten Woche der betrachteten Zeiträume.

Die Ogive in Abb. 4.9c stellt die relativen Summenhäufigkeiten der klassierten Temperaturwerte aus Tab. 3.16 dar. Aus dieser Darstellung lässt sich ablesen, dass knapp über die Hälfte der gemessenen Temperaturen, nämlich im Bereich von 70 °C bis unter 75 °C, bereits zwei Drittel der gemessenen Werte aufgetreten sind. Aus dem Flachen der Kurve kann man folgern, dass die Klassen mit höheren Temperaturen eine geringere Besetzung aufweisen. Die Treppenfunktion, da sie für diskrete Daten Anwendung findet, folgt zwar in der Konstruktion demselben Prinzip wie die Ogive – die relativen Häufigkeiten werden über den Merkmalsausprägungen aufgetragen –, doch werden die Punkte nicht miteinander durch eine Linie verbunden.

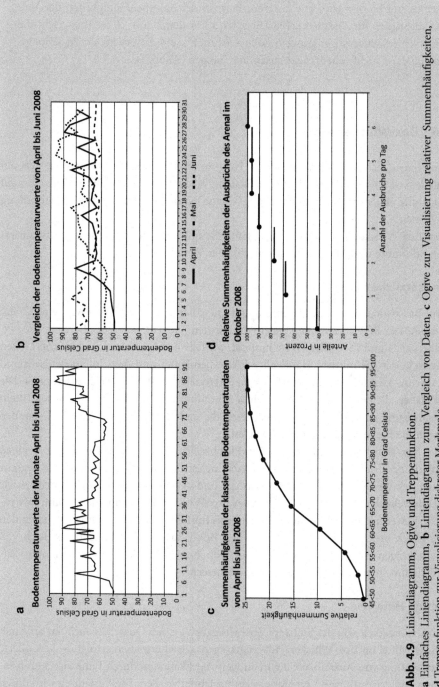

Abb. 4.9 Liniendiagramm, Ogive und Treppenfunktion.
a Einfaches Liniendiagramm, **b** Liniendiagramm zum Vergleich von Daten, **c** Ogive zur Visualisierung relativer Summenhäufigkeiten, **d** Treppenfunktion zur Visualisierung diskreter Merkmale.

Der Grund hierfür wird aus unserem Beispiel der Summenhäufigkeiten der Vulkanausbrüche für Oktober 2008 (Beispiel 3.21) deutlich – es ist unlogisch, die unterschiedlichen Ausprägungen „kein Ausbruch", „ein Ausbruch" etc. zu verknüpfen, da diese nicht miteinander zusammenhängen (Abb. 4.9d).

4.3.6 Box-Whisker-Plot

Bislang haben sich die Ausführungen zu Diagrammen und deren Anwendung stets auf Häufigkeitsverteilung unterschiedlicher Skalenniveaus bezogen, allerdings sind – bis auf die Quantile in der empirischen Verteilung – keine Parameter in die Diagrammdarstellung eingeflossen.

Das Box-Whisker-Plot stellt in dieser Hinsicht eine Ausnahme dar, denn es visualisiert neben Minimum und Maximum die Quartile der Verteilung.

Grundsätzliches

- Auf Basis von Minimum, Maximum und Quartilen einer Verteilung wird eine Grafik erstellt. Der Bereich zwischen erstem und drittem Quartil, also jener Bereich, der zwischen 25 % und 75 % aller Werte umfasst, wird als Box bezeichnet und indiziert jenen Bereich, der die mittlere Hälfte aller Werte beinhaltet und dem Interquartilsabstand (Abschn. 3.2.3 unter „Interquartils- und Interquantilsabstand") gleichzusetzen ist. Die **Whisker**, die beiden Bereiche zwischen Minimum und erstem Quartil sowie drittem Quartil und dem Maximum, visualisieren die andere Hälfte der Werte und spannen somit die Breite der Verteilung visuell auf.

- Das Box-Whisker-Plot, oft nur als **Box-Plot** bezeichnet, vermittelt durch die Box einen Überblick über die Symmetrie der Verteilung, stellt Ausreißer aufgrund der Begrenzung des Wertebereichs des Merkmals dar und visualisiert die Streuungsbreite sowie Spannweite der Verteilung. Die Form des Box-Whisker-Plots ermöglicht somit eine rasche Bewertung einer Verteilung anhand von **fünf Parametern** und erlaubt zudem den Vergleich mehrerer Verteilungen. Werden Box-Whisker-Plots für den Vergleich von Verteilungen verwendet, gelten ähnliche Bedingungen wie für den Vergleich unter Zuhilfenahme von Lage- oder Streuungsparametern.

Wichtige Hinweise

- In Abhängigkeit von der Software wird zusätzlich zu den Quartilen auch das arithmetische Mittel im Box-Whisker-Plot eingetragen. Gleichermaßen erfolgt die gesonderte Ausweisung von Ausreißern, die in einigen Applikationen durch Punktsignaturen separat von der restlichen Verteilung gekennzeichnet werden. Die Verteilung wird durch ein Vielfaches des Interquartilsabstands, das – je nach Definition – zwischen 1,5 und 3 liegt, begrenzt.

Anwendung

Box-Whisker-Plots visualisieren kompakt die Form einer Verteilung – sowohl Schiefe wie auch Streuung und Zentralität sind aus dem Diagramm abzulesen. Demnach wird es eingesetzt, wo Daten miteinander verglichen werden. Ob dies Faktoren der Biodiversität, Emissionen, Temperaturen, Bodenbeschaffenheit, Sedimenteinträge oder Besatzzahlen sind, Bevölkerungsanteile, Indikatoren über touristische Supra- und Infrastruktur oder gesundheitliche Risikofaktoren, das Box-Plot wird überall eingesetzt, wo es gilt, die Datenstruktur in Bezug auf Umfang und Streuung rasch zu kennzeichnen und miteinander in Relation zu setzen – entweder weil sich die Daten ähneln oder, aus dem gegenteiligen Grund, weil sie sehr unterschiedlich sind und diese Divergenz charakterisiert werden soll.

Beispiel 4.16

Als gutes Beispiel für recht unterschiedliche Daten fungieren erneut die Ausbrüche des Arenals. Abbildung 4.10a zeigt das Box-Whisker-Plot für den Ausbruch des Arenal im Oktober 2006 – in diesem Monat war der Vulkan sehr aktiv, wurde mindestens zweimal täglich aktiv und zeigte bis zu 23 Aktivitäten täglich. Der Median liegt bei acht Eruptionen, das bedeutet, dass in der Hälfte der Tage im Monat acht oder mehr Ausbrüche täglich stattgefunden haben – auch dieser Wert unterstreicht die hohe Aktivität des Vulkans. Die Box – jener Bereich zwischen erstem und drittem Quartil – liegt zwischen fünf und zehn Ausbrüchen und nimmt die mittleren 50 % der Verteilung ein. Zusammengefasst zeigt Abb. 4.10a, dass der Vulkan im Oktober 2006 zwischen zwei- und 23-mal täglich ausgebrochen ist, an einem Viertel der Tage bis zu fünfmal, an weiteren 50 % zwischen fünf- und zehnmal täglich und in einem weiteren Viertel sogar zwischen zehn- und 23-mal täglich.

Wie hoch diese Aktivität ist, zeigt der Vergleich des Oktobers der Jahre 2006, 2007 und 2008 (Abb. 4.10b). Sowohl im Oktober 2007 wie auch im Oktober 2008 gibt es Tage ohne Eruption, und die Hälfte der beiden Monate hat der Vulkan geschwiegen bzw. ist nur einmal am Tag aktiv gewesen. Dies wird durch das Fehlen der unteren Whisker deutlich. Während im Oktober 2006 bis zu neun Ausbrüche täglich zu verzeichnen waren, lag die Zahl der Eruptionen im Oktober 2008 sogar bei nur sechs Ausbrüchen. Der Vergleich der Boxen zeigt durch die Lage an, wo das Zentrum – illustriert durch den Median der Verteilungen – lag; die Breite der Box spiegelt die Umfänge der Ausbrüche wider – je breiter die Box, umso deutlicher variiert die Anzahl der täglichen Eruptionen. Um den Kreis zu den vorhergehenden Ausführungen zu schließen, zeigt Abb. 4.10c die Schiefe der Verteilungen und unterstreicht damit die Aussagekraft des Box-Whisker-Plots.

a

Box-Whisker-Plot der Vulkanausbrüche von Oktober 2006

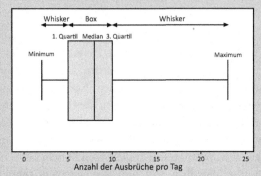

b

Box-Whisker-Plot der Vulkanausbrüche von Oktober 2006, 2007 und 2008

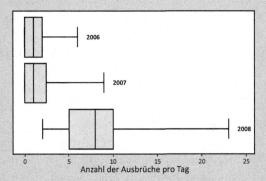

c

Häufigkeitsverteilungen der Vulkanausbrüche von Oktober 2006, 2007 und 2008 im Vergleich

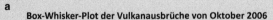

Abb. 4.10 Box-Whisker-Plot für ein und mehrere Merkmale.
a Box-Whisker-Plot einer einzelnen Datenreihe, **b** Box-Whisker-Plot von mehreren Datenreihen im Vergleich, **c** Darstellung der Schiefen der drei Häufigkeitsverteilungen.

4.3.7 Streudiagramm

Bereits in Abschn. 3.4 haben wir die Ebene der univariaten Statistik verlassen, haben erste Schritte in der bivariaten Statistik unternommen und Merkmale im Hinblick auf deren Zusammenhang untersucht. Wir sind an die Thematik mittels einer Visualisierung herangegangen, die die Wertepaare basierend auf den beiden Merkmalen dargestellt hat. Neben der Lorenz-Kurve (Abschn. 3.2.4 unter „Lorenz-Kurve"), die bereits zwei Variablen einander gegenübergestellt hat, ist das **Streudiagramm** oder **Scatterplot** der wichtigste Vertreter von Visualisierungen zweidimensionaler Statistiken.

Grundsätzliches

- Streudiagramme werden herangezogen, um den **Zusammenhang** von zwei metrischen Variablen **darzustellen** und basierend auf dieser Darstellung den **Zusammenhang** zu **beurteilen**.
- Jedes der beiden Merkmale wird auf einer der beiden Achsen aufgetragen. Dabei gilt es zu beachten – wie im Fall der Regression ausführlich erläutert (Abschn. 3.4) –, ob eine Abhängigkeit der beiden Merkmale voneinander vorliegt.
- Im Fall einer Abhängigkeit ist das unabhängige Merkmal der Abszisse zuzuordnen, während das abhängige Merkmal auf der Ordinate aufgetragen wird.
- Die Wertepaare (x_i, y_i) werden in dem von den beiden den Merkmalen aufgespannten Koordinatensystem als Punkte aufgetragen.
  Die Lage der Punkte zueinander stellt den Zusammenhang der Merkmale zueinander dar. Je verstreuter die Punkte sind, desto geringer ist der Zusammenhang; je kompakter die Punktwolke ist, umso eher ist ein Zusammenhang gegeben. Der Zusammenhang ist optimal, wenn sich die Punkte entlang einer Linie (linearer Zusammenhang) oder einer Kurve (exponentieller, polynomialer etc. Zusammenhang) formieren. Ausreißer sind deutlich von der Punktwolke abgesetzt.
- Visualisiert man den Zusammenhang der beiden Variablen durch eine Gerade, spricht man von linearer Regression. Fasst man den Zusammenhang durch einen statistischen Parameter in einen Zahlenwert, bedient man sich der Korrelation – das Streudiagramm kann also als Instrument der Regressions- und Korrelationsanalyse gesehen werden.

Wichtige Hinweise

- Insbesondere bei einer umfangreichen Anzahl von Ausprägungen ist darauf zu achten, dass sich die Punkte in der Punktwolke nicht überlagern. Dies würde bei einer Interpretation, die sich auf eine visuelle Auswertung beschränkt, zu einer Fehlinformation führen. Als Lösung dieses Problems ist entweder die Reduktion der Fallzahl erforderlich oder die Wahl einer Punktskalierung durch deren Größe oder Farbe, wobei sich diese Option in erster Linie nach der Verfügbarkeit in der jeweiligen Software richtet.

- Eine weitere Möglichkeit, die vorliegende Information transparenter zu gestalten, ist die Beschriftung der einzelnen Datenpunkte mit den Bezeichnungen der Merkmalsträger, um diese identifizieren zu können.
- Bei der Interpretation gilt gleichermaßen wie bei der Korrelationsanalyse, darauf zu achten, dass nicht fälschlicherweise Kausalitäten produziert werden.
- Ein Augenmerk ist auch auf die Skalierung der Achsen zu legen: Werden die Intervalle der beiden Achsen sehr unterschiedlich gewählt, kann es zu einer Verzerrung der Punktwolke kommen. Die Intervalle sind demnach „ähnlich" zu gestalten, wobei es an dieser Stelle schwierig ist, diesen Begriff näher zu definieren. Wenn die Intervalle der beiden Achsen die Wertebereiche vollständig überdecken und Ausreißer entsprechend berücksichtigt werden, ist ein probates Bild zu erzielen.

Anwendung

Wie aus den obigen Ausführungen hervorgeht, wird das Streudiagramm in erster Linie als unterstützendes Instrument der Regressions- und Korrelationsanalyse eingesetzt. Es liefert einerseits einen ersten Eindruck des Zusammenhangs der Merkmale und unterstreicht andererseits, insbesondere wenn die Regressionsgerade in die Grafik eingefügt wird, die Ergebnisse der Regressions- und Korrelationsanalyse. In diesem Sinn decken sich die Anwendungsbereiche mit jenen der beiden Analysemethoden.

Beispiel 4.17

Wir haben das Streudiagramm bereits in Abschn. 3.4 verwendet, entsprechend konstruiert und interpretiert. Im Kontext der Diagrammdarstellung wollen wir lediglich das Konstruktionsprinzip wiederholen, ohne ausführlich auf die inhaltliche Interpretation Bezug zu nehmen. Um nicht exakt das gleiche Diagramm zu reproduzieren, stellen wir den Grünflächenanteilen die Anteile der Straßenflächen in unseren Bezirken gegenüber. Da die beiden Merkmale nicht voneinander abhängen, wählen wir als Bezugsachse der Grünflächenanteile erneut die Abszisse, der Straßenflächenanteil wird auf der Ordinate aufgetragen.

Der Punkt für den Stadtbezirk 6 entsteht im Koordinatensystem, indem 5,1 Einheiten auf der Abszisse, der x-Achse, aufgetragen werden und darüber entlang der Ordinate, der y-Achse, 41,9 Einheiten. Die Skalierung der Achsen liegt in Prozenten vor, die einerseits den Grünflächenanteil, andererseits den Straßenflächenanteil angeben. Da in Tab. 4.1 nur jene Bezirke mit dem niedrigsten, dem höchsten und einem durchschnittlichen Anteil der beiden Flächen dargestellt sind, ist bei der Interpretation Vorsicht geboten. Man kann jedoch feststellen, dass für die dargestellten Bezirke ein deutlicher Zusammenhang zwischen Grünflächenanteil und Verkehrsfläche besteht: Es gilt, je mehr Grünfläche es im Bezirk gibt, umso geringer ist der Anteil der Straßenfläche. Der vorliegende Zusammenhang ist indirekt – die Punktwolke strebt in Richtung x-Achse – und stark – die Punktwolke lässt sich durch eine

Gerade anpassen. Diesen Zusammenhang unterstreicht auch ein Produkt-Moment-Korrelationskoeffizient von −0,92. Im Vergleich dazu wird der Zusammenhang bei der Darstellung aller Bezirke etwas abgeschwächt, der Korrelationskoeffizient beträgt nur noch −0,84. Zwar treten in der Punktwolke mehr Punkte in Erscheinung, diese verstärken den Eindruck des indirekten Zusammenhangs jedoch deutlicher als im Fall der fünf Bezirke (Abb. 4.11).

Tab. 4.1 Stadtbezirke nach Anteilen der Flächennutzung

Stadtbezirk	Grünflächen-anteil	Anteil Straßenfläche	bebaute Fläche	Industriefläche
6	5,1	41,9	47,5	4,5
10	23,5	20,5	43,1	12,9
12	14,3	32,7	36,2	16,7
13	33,8	27,6	24,4	14,2
17	56,3	7,2	27,3	9,3

Daten: fiktive Werte

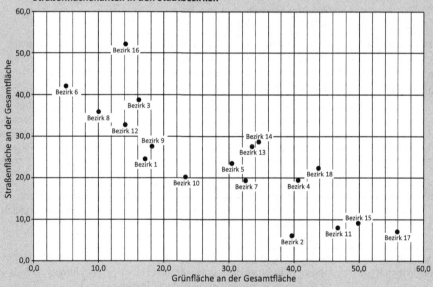

Abb. 4.11 Streudiagramm aus Grünflächen- und Verkehrsflächenanteilen.

Die zehn Grundregeln der Diagrammgestaltung

1. **Übersichtlichkeit:** Ein Diagramm steht für sich alleine und ist mit einem Blick erfassbar. Es transportiert die Kernaussage der Daten, daher sind zusätzliche Textangaben weder für das Verständnis noch für die Interpretation erforderlich.
2. **Plausibilität:** Die Daten sind auf Vollständigkeit, Richtigkeit, Genauigkeit und Sinnhaftigkeit zu überprüfen. Übernehmen Sie kein Datenmaterial unkritisch und unreflektiert aus der Literatur.
3. **Wahl des richtigen Diagrammtyps:** Bei der Verwendung des Diagrammtyps sollte auf die richtige Darstellung des Sachverhalts geachtet werden (Tab. 4.2).

Tab. 4.2 Diagrammtypen nach Inhalten und Anwendungen

Diagrammtyp	Inhalte	Beispiele	Anwendung
Säulendiagramm, Stabdiagramm	Darstellung und Vergleich von Werten; die Werte sind von der Dauer der Zeitspanne abhängig bzw. geben einen Durchschnittswert an (Zeitspannenwerte)	Übernachtungszahlen, Produktionszahlen, monatliche Niederschlagshöhen etc.	Zeitreihenvergleich
Balkendiagramm	Darstellung und Vergleich von Werten (nicht für Zeitreihen)	Altersstruktur einer Bevölkerung (Alterspyramide)	Rangfolgenvergleich
Histogramm	Darstellung und Vergleich von Häufigkeiten; die Werte sind stetig und vielfach klassiert; zeigt Modalität, Schiefe und Wölbung	Grauwerte eines Satellitenbildes	analog zu Säulendiagrammen, aber insbesondere Darstellung klassierter Daten mit ungleichen Klassenbreiten
Kreisdiagramm	Vergleich von Anteilen an einer Grundgesamtheit bzw. von Prozentanteilen	Wirtschaftssektoren, Herkunftsländer im Tourismus	Strukturvergleich, Gliederungsvergleich
Liniendiagramm, Häufigkeitspolygon	Beobachtungen über längere Zeiträume; die Werte haben zu einem Zeitpunkt Gültigkeit (Zeitpunktwerte)	Bevölkerungsentwicklung in einer Gemeinde; Lufttemperatur	zeitliche Abläufe, Entwicklungen, Trends
Stamm-Blatt-Diagramm	visuelle Umsetzung einer Häufigkeitstabelle	Temperaturwerte; Belagszahlen	Ergänzung zu Häufigkeitstabellen

Tab. 4.2 *(Fortsetzung)*

Diagrammtyp	Inhalte	Beispiele	Anwendung
Box-Whisker-Plot	Darstellung des Zentrums und der Streuung einer Variable bzw. der Vergleich mehrerer Variablen	Sedimentationen; Niederschläge	Visualisierung von Kennwerten bzw. deren Vergleich
Lorenz-Kurve	Darstellung des Grades der Ungleichverteilung im Verhältnis zur Gleichverteilung	Einkommensverteilung, Verteilung von Ressourcen	Disparitäten
Streuungsdiagramm	Darstellung der Beziehung zwischen Wertepaaren bzw. deren Abhängigkeit voneinander	Temperatur und Verdunstung, BSP und Umsatz eines Unternehmens	Regression, Korrelation

4. **Keine 3-D-Darstellung:** Vermeiden Sie perspektivische Darstellungen (z. B. bei Balken-, Säulen- oder Kreisdiagrammen). Die dritte Dimension ist erlaubt, wenn ihr eine Aussage zugeordnet wird, wie dies bei der Darstellung von Volumina der Fall ist.

5. **Vollständige Beschriftung:** Das Diagramm ist nach dem Prinzip „was" (Titel), „wann" (Zeitraum, Zeitpunkt der Gültigkeit), „wo" (eindeutige Orts-/Raumangabe), „wer" (Quelle, Bearbeiter) mit entsprechendem Titel, achsennahen Beschriftungen, wenn erforderlich einer Legende sowie Quellenangaben (auch wenn die Daten einer Primärerhebung entstammen) zu versehen, um eine schnelle Interpretation zu gewährleisten. Der Titel fasst den Inhalt des Diagramms zusammen und spricht für sich.

6. **Fachbezogene und assoziative bzw. traditionell-konventionelle Farbwahl:** Die Farbwahl erfolgt nach kartographischen Grundregeln entweder assoziativ (z. B. Blau für kühle und Rot für warme Temperaturen) oder traditionell/konventionell (allgemein übliche Verwendung). Die Farben oder Graustufen sind so zu wählen, dass sie gut unterscheidbar sind.

7. **Keine „Überladung" des Diagramms:** Achten Sie auf eine rasche Erfassbarkeit des Inhalts – dazu erfolgt die gestalterische Reduktion auf das Wesentliche. Es gilt die Devise „Weniger ist mehr". Im Fall von klassierten Daten sind Randklassen zusammenzufassen.

8. **Prinzip der Proportionalität:** Die Proportionen im Diagramm folgen den Richtlinien der Kartographie – das Verhältnis von Höhe, Breite und Abständen ist aufeinander abzustimmen.

9. **Vermeidung von Verzerrungen:** Die bewusste Manipulation ist zu vermeiden. Diagramme sollen Tatsachen abbilden und nicht verfälschen! So ist beispielsweise

für die Zeitachse die Abszisse von links nach rechts fortschreitend mit konstanten Intervallen zu verwenden. Eine Skalenunterbrechung sollte vermieden werden. Wenn sie jedoch zur Anwendung kommt (etwa um eine Verzerrung bei großem Werteunterschied zu vermeiden), muss die Unterbrechung deutlich kenntlich gemacht werden.

10. **Software:** Die Voreinstellungen der meisten Softwarepakete (insbesondere Microsoft Excel) entsprechen, insbesondere hinsichtlich der Diagramm- und Farbwahl, kaum den oben angeführten Anforderungen und damit nicht den Bedürfnissen der Geographin bzw. des Geographen. Passen Sie diese Einstellungen entsprechend den Grundregeln an.

Kernaussage

Das Diagramm ist so zu gestalten, dass es als Instrument der Statistik für sich alleine stehen kann und ohne weitreichende Zusatzinformation interpretierbar ist. Neben der richtigen Wahl des Diagrammtyps ist auf eine korrekte Beschriftung, Farbwahl und Achsenskalierung zu achten.

Übung 4.3.1

In Übung 3.2.1.1 und Übung 3.4.2.7 haben wir uns mit der Aufteilung der Befragten nach benutzten Verkehrsmitteln, dem sogenannten Modal Split, beschäftigt. Die Visualisierung des Modal Split erfolgt typischerweise mittels Säulendiagrammen. Insbesondere wenn mehrere Mengen miteinander verglichen werden, werden gestapelte Säulen verwendet. Sie lassen den Vergleich der Beteiligung der Modi untereinander zu. Stellen Sie die Daten aus Übung 3.2.1.1 mit einem Säulendiagramm dar. Überprüfen Sie, ob die Grundregeln der Diagrammgestaltung eingehalten wurden. Vergleichen Sie darüber hinaus die Darstellung der Absolutwerte mit jener der Darstellung relativer Häufigkeiten. Die Daten und Ergebnisse für die Übungsbeispiele finden Sie unter www.springer.com/978-3-8274-2611-6.

Übung 4.3.2

Ergänzend zu Übung 4.3.1 soll eine klassische Darstellung des Modal Split aus den Daten (die Daten finden Sie online) mittels gestapelten Säulen erfolgen. Die Grafik ist auch in Übung 3.4.2.7 dargestellt.

Übung 4.3.3

Wiederum ein klassisches Beispiel für die Darstellung mittels Säulendiagramm bilden Niederschlagsmesswerte. Stellen Sie die Werte (diese sind online verfügbar), die die durchschnittlichen Niederschlagssummen im Jahr der Periode 1971 bis 2000 repräsentieren, entsprechend dar. Interpretieren Sie die Grafik.

Übung 4.3.4

Ein weiteres Beispiel in der Reihe der Stab-, Säulen- und Balkendiagramme ist der Vergleich von Werten über Länder. Diese Daten werden häufig mittels Balkendiagrammen dargestellt; allerdings ist darauf hinzuweisen, dass ein Säulendiagramm ebenso Verwendung finden kann. Das Balkendiagramm kommt vorwiegend zum Einsatz, wenn sich die horizontale Visualisierung aus Übersichtlichkeitsgründen anbietet bzw. es um die Visualisierung von Rankings geht.

Übung 4.3.5

In Übung 3.2.2.3, dessen Visualisierung in Übung 3.2.5.2 zu finden ist, wurden die Windgeschwindigkeiten, die innerhalb eines Jahres aufgetreten sind, dargestellt. Erstellen Sie aus den Angaben ein Stabdiagramm und vergleichen Sie. (Lösung in Übung 3.2.5.2)

Übung 4.3.6

In Übung 3.2.3.3 werden zwei Häufigkeitsdiagramme dargestellt. Interpretieren Sie diese Darstellungen. (Lösung in Übung 3.2.3.3)

Übung 4.3.7

Der Ausschnitt des Satellitenbildes des Oberen Scheiblsees in der Bösensteingruppe liefert unterschiedliche Grauwerte. Für die potenzielle Bildkorrektur haben wir bereits Lage- und Streuungsparameter bestimmt. Stellen Sie ein Histogramm der Grauwerte dar und beurteilen Sie dieses.

Übung 4.3.8

Wir kehren nochmals zurück zur Straßenverkehrsstatistik aus Übung 3.2.2.4 und Übung 3.2.3.4. Stellen Sie die Werte mittels Histogramm dar.

Übung 4.3.9

Ein weiteres Beispiel, das sich zur Illustration mittels Histogramm sehr gut eignet, sind die Ergebnisse der Lohnsteuerstatistik aus Übung 3.2.2.5 bzw. 3.2.3.5. In Übung 3.2.5.3 haben wir bereits ein Säulendiagramm erstellt, um die Verteilung der Werte darzustellen. Visualisieren Sie nun die Daten mit einem Histogramm. Beachten Sie dabei die unterschiedlichen Klassenbreiten. Die Daten sind unter www.springer.com/978-3-8274-2611-6 verfügbar.

Übung 4.3.10

Die Datentabelle zeigt die Ergebnisse der Befragung der Studierenden der Karl-Franzens-Universität über ihr Mobilitätsverhalten im Rahmen des Projektes „Nachhaltiger Campus" (Übung 3.2.1.4). Erstellen Sie aus diesen Rohdaten für die Ausprägungen Winter und Sommer jeweils ein Stamm-Blatt-Diagramm.

Übung 4.3.11

Die Tabelle aus Übung 3.2.1.5 listet die Seehöhen einiger steirischer Gewässer auf. Versuchen Sie, aus diesen Angaben ein Stamm-Blatt-Diagramm zu erstellen, und suchen Sie nach zwei unterschiedlichen Lösungsansätzen.

Übung 4.3.12

Eine weitere Übung, die sich mit der Visualisierung von Daten durch ein Stamm-Blatt Diagramm beschäftigt, geht aus Übung 3.2.2.1 hervor, die den Vergleich der Sonnenstunden im November und Dezember 2011 zum Ziel hatte.

Übung 4.3.13

Kuba-Urlaub boomt, und damit zählt Kuba zu jenen Destinationen, die in den letzten Jahren sowohl an Urlaubern gewonnen als auch ein breiteres Publikum angesprochen haben. Zeigen Sie mittels Kreisdiagrammen auf, woher die meisten Kuba-Urlauber kommen. Achten Sie dabei, dass eine Zusammenfassung der Daten erforderlich ist. Begründen Sie Ihre Darstellung.

Übung 4.3.14

Das Praktikum zur nachhaltigen Stadt- und Regionalplanung hat sich mit dem Thema der Smart City auseinandergesetzt. Ziel war es herauszufinden, welche Anreize geschaffen werden müssten, um die Bürgerinnen und Bürger der Stadt Graz zu bewegen, an der „smarteren" Gestaltung der Stadt mitzuarbeiten. Die Statistik zeigt die Ergebnisse der Befragung nach Anreizen zur Steigerung der Lebensqualität im Stadtteil (Die Daten finden Sie unter www.springer.com/978-3-8274-2611-6). Visualisieren Sie die beiden Ergebnisse und vergleichen Sie.

Übung 4.3.15

Gegenstand der Visualisierung ist die durchschnittliche Bewegung der Pasterze pro Jahr in einem Beobachtungszeitraum von 1947 bis zum Jahr 2012. Die Werte, die die Bewegung an der Burgstalllinie zeigen (Übung 3.2.2.6) sind mit einem geeigneten Diagramm darzustellen.

Übung 4.3.16

Ein ähnliches, wenn auch etwas schwierigeres Beispiel ergibt sich aus Übung 3.2.2.7, in der aus fünf Bevölkerungsständen der Steiermark ein Mittelwert errechnet wurde. Die fünf Bevölkerungsstände wurden um die restlichen Werte, die aus der Statistik hervorgehen, ergänzt.

In vielen humangeographischen Fragestellungen sind Bevölkerungszahlen, meist gemessen an Stichtagen wie Volkszählungen, gegeben, anhand derer eine Entwicklung dargestellt werden soll. Die Schwierigkeit liegt in den nicht gleichabständigen Jahresangaben, das heißt in der Skalierung der Abszisse.

Übung 4.3.17

Ein „Klassiker" unter den Liniendiagrammen ist wohl zweifelsfrei die „Temperaturkurve" – uns allen nicht zuletzt aus dem täglichen Wetterbericht im Fernsehen bekannt. Drücken Sie die Statistik (Übung 3.4.1.2) mittels Liniendiagramm aus und vergleichen Sie die Werte. Achten Sie dabei auf eine sorgfältige Beschriftung.

Übung 4.3.18

In Übung 3.2.1.3 haben wir die Niederschlagssummen des April sowie des Juni 2011 miteinander verglichen. Die Werte sind tageweise gegeben. Stellen Sie den kumulierten Niederschlag für jeden Monat in einer Grafik dar und vergleichen Sie.

Übung 4.3.19

In Übung 3.2.2.6 haben wir uns mit den Ergebnissen der Gletschermessungen an der Pasterze, die regelmäßig vom Institut für Geographie und Raumforschung durchgeführt werden, befasst. In der vorliegenden Übung liegt der Fokus allerdings nicht auf der Gletscherbewegung, sondern auf der mittleren Höhenänderung der Pasterze. Stellen Sie die Gesamtänderung der „Dicke" des Gletschers über den gesamten Zeitraum dar.

Übung 4.3.20

Die vorliegende Übung greift auf Übung 3.2.3.1 zurück, die die Zahl der Sonnenstunden im November und Dezember des Jahres 2011 beleuchtet hat. Stellen Sie anhand von fünf Kennwerten die beiden Verteilungen dar.

Übung 4.3.21

Übung 3.2.3.2 folgend, blicken wir erneut auf den Ausschnitt des Satellitenbildes in der Bösensteingruppe. Stellen Sie die Charakteristika des Bildausschnitts mithilfe eines Box-Whisker-Plots dar.

Übung 4.3.22

Wir kehren zurück zur Einkommenssituation der Österreicherinnen und Österreicher (Übung 3.2.2.5 und 3.2.3.5). Illustrieren Sie die Verteilung mit einem Box-Whisker-Plot und erläutern Sie die Besonderheiten der Darstellung.

Übungen zur Lorenz-Kurve finden Sie in den Übungen in Abschn. 3.2.4.
Übungen zu Streudiagrammen finden Sie in den Übungen in Abschn. 3.4.

4.4 Wie für die Werbung gemacht: Die Macht der Daten und Bilder

Was lockt uns Geographinnen und Geographen in neue Destinationen, welche Motive und Auslöser gibt es dafür, sich für eine bestimmte Region, ein bestimmtes Land zu entscheiden? Es wäre zu trivial und auch vermessen, die Grundlagen für eine Reiseentscheidung auf ein paar wenige Überlegungen zu reduzieren. Eines ist aber gewiss: Neben zahlreichen inhaltlichen und themenbezogenen Gründen, die uns in ein Land locken und die Entscheidung von Geographinnen und Geographen beeinflussen, sind es zweifelsfrei Beweggründe, die allgemein auch „herkömmliche Standardurlauber" anziehen. Dazu zählen unter anderem Faktoren wie Natur, Landschaft, Sonne, Kultur, Menschen und Sehenswürdigkeiten. Aufmerksam werden wir auf Destinationen durch Fachartikel, Journale, Reise- und Exkursionsführer, durch Berichte und Fotos über Reisen von Bekannten, aber auch durch die Werbung – und diese bedient sich in erster Linie verschiedener Bildmaterialien, um – im Sinne von Blickfängen – unsere Aufmerksamkeit zu gewinnen.

Wie gelangen wir jedoch von Reiseprospekten und Fotos zur „Macht" von Bildern und Daten in der Statistik? Die beiden Themen sind näher aneinandergelagert als zunächst vermutet. Wenn bereits ein Foto einer Destination – gleichgültig, ob es sich um einen weißen Sandstrand mit Palmen, ein luxuriöses Hotel, Berggipfel, eine Stadt, ein Wahrzeichen oder ein Symbol handelt – uns dazu inspiriert, diesen Platz zu erkunden, wie stark ist das Potenzial eines Bildes, das zusätzliche Information trägt wie etwa ein Diagramm?

In jedem Fall lösen Bilder – gleichgültig welcher Art – Erinnerungen und Emotionen aus. Mit jeder Grafik, mehr als mit Geschriebenem, verbinden wir Gefühle, Erlebnisse, Geschmäcker, Gerüche, Wünsche oder Sehnsüchte. So wie in der Urlaubswerbung wird auch in der Statistik nicht immer mit zulässigen bzw. fairen Mitteln und Methoden gearbeitet – es geht schließlich häufig um (viel) Geld. Die Motive, die Landschaften werden „optimiert", von jedem Makel bereinigt und im wahrsten Sinne des Wortes „ins rechte Licht" gerückt – dabei kann schon die Sonne vom Plakat lachen, wo sie in der Realität niemals hingelangen kann, zum Beispiel in den Norden einer Stadt.

In dieses „rechte Licht" werden gerne auch Statistiken gesetzt. Und dabei wollen wir nicht einmal Mutwilligkeit unterstellen – ausschließen jedoch auch nicht. In vielen Fällen handelt es sich um Unkenntnis, die zu mangelhaften Diagrammdarstellungen oder Karten führen, und natürlich eröffnet die breite Palette an Software vielfältige Möglichkeiten. Diagramme und Statistiken können mit wenigen Mausklicks erstellt werden – allerdings sind die Voreinstellungen von Softwarepaketen nicht immer vorteilhaft oder „regelkonform". Insbesondere statistische Parameter erfordern häufig einen zweiten Blick, wenn beispielsweise der Berechnung einerseits Grundgesamtheiten, andererseits Stichproben zugrunde gelegt werden.

Aufgabe dieses Abschnitts ist es daher, Sie einerseits in Bezug auf die Anwendung und Gestaltung von statistischen Diagrammen für Ihre persönliche Arbeit zu sensibilisieren und Sie vor den gängigsten Fehlern zu bewahren. Andererseits, da Sie auch als Geographin oder Geograph bzw. als Geographie-Lehrende sowohl in der wissenschaftlichen Literatur wie auch im Alltag zum Konsumierenden mutieren, sollen Sie davor bewahrt werden, (grafische) Informationen unreflektiert an- und hinzunehmen. Das Ziel lautet daher, Ihren Blick zu schärfen und Sie zur **kritischen Reflexion** von Diagrammen und statistischen Visualisierungen anzuregen.

4.4.1   Die Macht der Daten

Kehren wir zurück zu unserer Exkursion bzw. zum Exkursionsbericht. Sie haben mithilfe von zahlreichen (bis unzähligen) Fotos jede Etappe der Exkursion festgehalten und dokumentiert. Für den Exkursionsbericht wählen Sie jedoch aus der Vielzahl der Fotos aus – nach Wichtigkeit, nach dem Bildausschnitt, nach Inhalt und letztendlich auch nach der Qualität. Die Wertigkeiten des Fotos zusammengefasst, repräsentiert es in optimaler Form den zu transportierenden Inhalt bzw. unterstreicht in dieser Hinsicht die entsprechende Textpassage. Genau dasselbe Ziel sollte die statistische Darstellung verfolgen: die **bestmögliche grafische Aufbereitung von statistischen Kennwerten**.

Allerdings sind wir, weder in Bezug auf statistische Darstellungen noch bei der Wahl von Exkursionsfotos, davor gefeit, die Wahl zwar „nach bestem Wissen und Gewissen", aber dennoch nicht frei von Beeinflussungen – also dem Prinzip der Objektivität folgend – zu treffen.

Es ist Ihnen bestimmt schon passiert, dass Sie einem Exkursionsbericht ein Bild hinzugefügt haben, weil es Ihnen besonders gut gefällt, gleichgültig, ob es einem Thema zugeordnet werden konnte – einfach nur um das Foto verwendet zu haben. Eine ähnliche Problematik tritt bei der Diagrammdarstellung auf. Häufig werden Diagramme „einfach so" benützt, ohne Abstimmung auf den umrahmenden Text, aus dem Kontext gerissen bzw. „irgendwelche" Daten visualisierend. Auf diese Art von Diagrammen kann getrost verzichtet werden; sie sind wertlos und sogar irreführend. Dasselbe gilt für die Visualisierung von Daten in Form von Tabellen. Lediglich beliebige Daten einzufügen, um den Text „aufzupeppen", ist nicht zielführend. Insbesondere in wissenschaftlichen Texten ist auf die **richtige Wahl der Informationen**, die präsentiert werden, zu achten.

Die erste Etappe hat uns zu einem Vulkan geführt, Thema waren das Ausbruchsverhalten, Bodentemperaturen etc. Das Bild, das diese Etappe dokumentiert, zeigt einen spektakulären Blick auf einen der Vulkanschlote, der eine Fontäne von Lava hoch in die Luft

Abb. 4.12 Spuckende Bestie oder schlafender Riese?
a Eruption des Arenal bei Nacht, **b** Arenal mit leichter Aktivität. (Fotos: Loidolt, 2012)

schleudert, noch dazu handelt es sich um eine Nachtaufnahme. Die Wahl hätte ebenso auf ein Bild fallen können, das bei Tag den gesamten Vulkan zeigt, aus dessen Schloten kleine Rauchschwaden entweichen. Ein und derselbe Vulkan – zwei Bilder – zwei Eindrücke (Abb. 4.12).

Während Abb. 4.12a suggeriert, dass sich der Vulkan sehr aktiv und destruktiv zeigt, suggeriert Abb. 4.12b einen ruhenden, ungefährlichen Riesen. Damit ist das Stichwort gefallen, das die Statistik teils gefährlich dominiert: **Suggestion**. Der unterschwellige Transport von Eindrücken, die damit häufig verbundene Absicht und die hervorgerufene Beeinflussung des Betrachtenden avancieren zu einem beachtlichen Risiko, das entsprechende Aufmerksamkeit sowohl beim Betrachtenden wie auch beim Produzierenden einfordert.

Beispiel 4.18

Als Beispiel knüpfen wir an die erste Etappe auf unserer Exkursion an. Wollen wir das Ausbruchsverhalten mittels Diagrammen bzw. Daten charakterisieren, kann die Wahl sowohl auf den Monat mit den geringsten oder meisten Ausbrüchen fallen als auch auf einen tatsächlich repräsentativen Monat mit durchschnittlichem Ausbruchsverhalten. Jede Darstellung vermittelt eine andere Botschaft (Abb. 4.10).

Ein anderes Beispiel: Eine Karte, die Standorte der Obdachlosen einer Stadt darstellt präsentiert je nach **Maßstab** die Information in einem anderen Rahmen. Der detaillierte Ausschnitt erzeugt ein Bild, das zahlreiche obdachlose Menschen in diesem Bereich der Stadt zeigt, während eine generalisierte Karte des gesamten Stadtgebiets nur punktuelle Vorkommen von Obdachlosen zeigt.

Der Kakaobaum (*Theobroma cacao*) trägt wundervolle, aber unscheinbare Blüten. Da wir noch nie einen Kakaobaum oder eine Kakaoblüte gesehen haben, möchten wir ihn für unser Herbarium mitnehmen – natürlich nur auf Foto gebannt. Die Blüten sind sehr klein, daher ist die Standardeinstellung der Digitalkamera ungeeignet. Aber anstelle des Makros wählen wir versehentlich die Einstellungen für ein Porträt. Das Resultat ist wenig überzeugend, kein Teil des Bildes ist scharf – leider entdecken wir diesen Fehler erst nach der Rückkehr, und uns trifft die Erkenntnis, dass wir eine unpassende Einstellung, also eine **falsche Methode bzw. Technik**, gewählt haben. Sowohl bei Diagrammen bzw. Karten wie auch für die Ermittlung statistischer Parameter stellt dies eine weitere wichtige Ursache für mangelhafte Ergebnisse dar. Daher sind wir auf diese Fehler- bzw. Manipulationsquelle bereits mehrfach in den vorherigen Ausführungen eingegangen. Illustrieren wir die Auswirkung der falschen Methode nochmals an einem Beispiel.

Beispiel 4.19

Für unseren Vulkan liegen uns die Bodentemperaturdaten der Monate April bis Juni klassifiziert in 5-Grad-Klassen vor, die einen Wertebereich von 45 °C bis 100 °C umfassen (Tab. 3.16). Will man die durchschnittliche Temperatur erfassen, ist es aufgrund der Klassifizierung erforderlich, das gewogene arithmetische Mittel heranzuziehen (Beispiel 3.36), das eine durchschnittliche Bodentemperatur von 68,7 °C für die Monate April bis Juni ergibt. Würde man fälschlicherweise das arithmetische Mittel ohne Gewichtung verwenden, also die Klassenmitten einfach aufsummieren und durch die Anzahl der Messungen dividieren, würde daraus ein Mittelwert von 72,5 °C resultieren – auf den erste Blick ein Ergebnis, das keinen markanten Unterschied erkennen lässt. Spinnt man den Gedanken allerdings weiter, ist die Tragweite der falschen Methode zu erkennen. Der soeben berechnete Durchschnitt bezieht sich lediglich auf drei Monate. Erweitert man den Untersuchungszeitraum auf eine Periode von mehreren Jahren, würde ein Unterschied von beinahe 4 °C erhebliche Auswirkung auf Vegetation, Mikroorganismen, Ausfällung von Mineralstoffen, verändertes Strahlungsverhalten etc. besitzen.

Der Exkursionsbericht wird jedoch unantastbar und unanzweifelbar, wenn wir ihn **mit Zahlen untermauern** – zumindest erhebt er durch das Einfügen von Statistiken eben diesen Anspruch. Gleichgültig, ob es sich um Tabellen mit Bevölkerungszahlen aus der Region, die Angabe von Entfernungen zwischen den Etappenzielen, Preise von Exportgütern oder Temperaturdaten handelt, Zahlen runden den Exkursionsbericht ab. Nehmen wir beispielsweise die Kilometerangaben zwischen den Etappenzielen, dürfen wir daraus keine Rückschlüsse auf den benötigten Zeitaufwand ziehen, um diese Strecke zurückzulegen: Selbst eine Strecke von nur 80 Kilometern kann aufgrund desolater Straßenverhältnisse mehrere Stunden in Anspruch nehmen. **Zahlen** – und wir verwenden hier nochmals bewusst denselben Begriff – **suggerieren Wissenschaftlichkeit** und **Realitätsbezug**. Was in Zahlen verpackt bzw. gepackt werden kann, ist messbar, ist „echt" und richtig, ist exakt. Wie wir soeben an unserem Exkursionsbericht gesehen haben, trifft dies jedoch nicht uneingeschränkt zu. Zahlen vermögen Sachverhalte kompakt auszudrücken; ihnen haftet der Ruf der Unfehlbarkeit an. Die Zahl repräsentiert tatsächlich einen Wert, sei es ein Messwert, eine Beobachtung oder ein codierter Merkmalswert – die diesbezüglichen Fehlerquellen haben wir hinlänglich erörtert. Hinzu kommt, **welche Zahlen** für die Dokumentation herangezogen werden. Fehlerfrei, im richtigen Kontext dargestellt und entsprechend dem Zielpublikum eingesetzt, werten sie einen (wissenschaftlichen) Text auf. Aus dem Kontext gezogen, falsch interpretiert und mit Fehlern behaftet, richten sie mehr Schaden als Nutzen an und leiten den Lesenden in die Irre.

Beispiel 4.20
„Die hohe Aktivität des Vulkans wird durch sein Ausbruchsverhalten bezeugt – im September ist er bis zu 76-mal täglich ausgebrochen." Bei dem Wert 76 handelt

es sich um eine korrekte Angabe, der Wert wurde im September 2008 tatsächlich gemessen – an einem Tag. Liest man diese Feststellung, nimmt man an, dass der Vulkan täglich eine so hohe Anzahl von Eruptionen aufweist. Der Wert täuscht ein Ausbruchsverhalten vor, das so nicht vorliegt. Er wird sofort relativiert, wenn man hinzufügt, dass es sich bei diesem Wert um einen Extremwert handelt. Der Vulkan ist im September – gemessen ohne dieses Maximum – durchschnittlich zweimal am Tag ausgebrochen, über das gesamte Jahr gemessen lediglich dreimal täglich. Zwar bezeugt das im Vergleich zu anderen Vulkanen noch immer eine starke Aktivität, ist aber mit weiteren Vulkanen am Feuerring durchaus vergleichbar.

Exkursionsberichte, Exkursionsführer bzw. Reiseführer sind mit zahlreichen Fakten in Form von Daten, Tabellen und Grafiken untermauert. Ziel dieser Informationen ist es, räumliche, soziale, physische Dimensionen greifbar zu machen. Die Darstellung eben jener Größen ist jedoch ein weiterer Angriffspunkt der Statistik bzw. der Vermittlung von Information. Nicht nur die Formalisierung von Inhalten mittels Zahlen, sondern auch die Wiedergabe derselben mit möglichst hoher **Genauigkeit** vermittelt den Charakter der Seriosität.

Nicht selten ist zu lesen, dass in einer Berufssparte 54,23 % Frauen und 45,77 % Männer bei einem Personalstand von 1.371 Personen arbeiten, dass es 312.654 Übernachtungen gegeben hat, wovon 128.543 auf Urlaubende aus dem Inland entfallen sind. Wir sind diese Zahlenangaben nicht nur aus Exkursionsberichten gewohnt, sondern auch aus den Medien bzw. dem Internet und werden täglich mit diesen numerischen Werten konfrontiert. Angaben dieser Art irritieren uns nicht (mehr) – Prozentsätze mit Nachkommastellen und exakte Zahlenwerte zeugen von der Exaktheit, Überprüfbarkeit und Genauigkeit der präsentierten Information. Der nähere Blick zeigt uns, dass wir das Detail in der Regel überlesen – automatisch runden wir den Zahlenwert oder „übersetzen" ihn in Anteile, die wir uns leichter vorstellen können, beispielsweise mehr als 125.000 Übernachtungen oder etwas mehr als die Hälfte Frauen. Vielfach macht es auch wenig Sinn, die **Nachkommastellen** von Anteilen in absolute Werte zu übertragen. Obwohl es sich um exakte Werte handelt, sind die zugehörigen absoluten Werte wenig überzeugend: So würde die Anzahl der aus Prozentwerten errechneten Frauen den Wert 655,61 ergeben und die Anzahl der Männer 715,39, was bedeutet, dass genau genommen eine Person weder der weiblichen noch der männlichen Belegschaft hinzuzuzählen ist. In vielen Fällen und durch unzählige Beispiele belegbar sind zahlreiche Nachkommastellen oder auf die einzelne Einheit bezogene Daten nicht gleichzeitig durch einen höheren Informationsgehalt ausgezeichnet. Im Gegenteil – der Vergleich, die Relation zu bekannten, einfachen und „umgangssprachlichen" Daten steigern einerseits die Lesbarkeit von Texten, andererseits erhöhen sie den Informationsgehalt dadurch, dass mehr Information durch den Lesenden aufgenommen wird. Nachkommastellen vermitteln eine Messgenauigkeit, die häufig nicht einmal durch das Instrumentarium, womit gemessen wird, gewährleistet werden kann.

Beispiel 4.21
In Beispiel 3.61 haben wir den Einzugsbereich des mobilen tierischen Versorgungszentrums mit einer Distanz von 390,39 Metern errechnet. Für die Interpretation
ist es allerdings völlig ausreichend festzustellen, dass für obdachlose Menschen, die
sich in einem Umkreis von rund 400 Metern aufhalten, dieses mobile Zentrum gut
erreichbar ist – die Verortung der Aufenthaltsorte kann variieren und besitzt eine
Schwankungsbreite, die in dieses Ergebnis nicht einfließt.

Wer von uns hat sich nicht schon dabei ertappt, dem gerade gesehenen Werbespot Glauben
zu schenken? In einigen Werbesendungen folgt dem Anpreisen des Produkts die entsprechende statistische Legitimation: „95 % bestätigen dieses Ergebnis." Diese Aussage ver-
letzt gleich zwei Grundprinzipien statistischer Analysen bzw. Auswertungen, denn zum
einen sollte man den Nachsatz dieser Behauptung beachten, der zumeist mit einem kleinen Sternchen gekennzeichnet als sprichwörtlich Kleingedrucktes häufig überlesen wird
und Informationen über die Personenzahl, die befragt wurde, bereitstellt. Zum anderen
wird basierend auf dieser Aussage und der entsprechenden Zahl Befragter eine Schlussfolgerung gezogen bzw. wird die Aussage auf „die Kunden" übertragen.

Es ist in der Werbung durchaus üblich, mit Wortspielen zu punkten und etwas salopp
mit Statistiken umzugehen, daher ziehen wir dies als Ausgangspunkt heran. Parallelen
hierzu finden sich auch im Exkursionsbericht, wenn etwa angegeben wird, dass sich die
Ananasproduktion laufend verdoppelt. Noch augenscheinlicher: Die untersuchten Proben
zeigen deutlich eine hohe Nitratbelastung des Wassers. Spätestens hier in diesem Buch sollten die Alarmglocken bei Ihnen schrillen, wenn Sie Feststellungen wie diese lesen. Warum?
Die Aussagen sind korrekt, oder? Tatsächlich gibt es an der Aussage selbst nur zu bemän-
geln, dass sie **nicht die gesamte Information** zur Verfügung stellt, um eine Schlussfolgerung ableiten zu können. Es **fehlt** ein entscheidender Hinweis, nämlich die Information
über die **Bezugsgröße**, von der gesprochen wird.

Im Fall unseres Werbungsbeispiels nimmt man natürlich an, dass von den Kunden
des Produkts gesprochen wird – das müssen wohl sehr viele sein, es wird immerhin TV-
Werbung für das Produkt betrieben. Im Kleingedruckten dann die überraschende Zusatzinformation: Es wurden 20 Personen über ihre Zufriedenheit mit dem Produkt befragt.
Das bedeutet, lediglich 19 Befragte haben der Qualität des Produkts beigepflichtet; wir
sprechen nicht von Hunderten oder gar Tausenden Personen. Ähnlich verhält es sich mit
den Wasserproben: Wie viele Proben wurden gezogen, welchen räumlichen Bereich decken die Proben ab, und zu welchem Zeitpunkt wurden die Proben entnommen? **Fehlende**
oder **falsche Bezugsgrößen** führen zu einseitigen Aussagen – diese sind in der Regel nicht
falsch, allerdings drücken sie nur einen Teil des Sachverhalts, also einen Teil der Wahrheit,
aus.

Beispiel 4.22

Wie bereits festgestellt, hat sich die Ananasproduktion in Costa Rica laufend verdoppelt. Was bedeutet „laufend", von welchem Ausgangsjahr gehen wir aus, und welche Menge ist in diesem Jahr produziert worden? In Tab. 3.18 haben wir die Produktion von Ananasfrüchten in Tonnen pro Jahr angeführt. Sie beginnt im Jahr 1990 mit 423.000 Tonnen und beträgt im Jahr 2000 903.125 Tonnen. In diesen zehn Jahren hat also eine Verdoppelung stattgefunden. Eine weitere Steigerung der Produktion um 100 % erfolgte bis zum Jahr 2010. Der Zeitraum relativiert den Eindruck, dass eine Verdoppelung der Früchteproduktion von Jahr zu Jahr erfolgte. Gemessen am Gesamtzeitraum drückt die Wachstumsrate den jährlichen Produktionszuwachs effektiv aus.

Damit geht auch die fehlerhafte Schlussfolgerung aus den Daten einher, die auf diesen mangelhaften Aussagen basieren. Die **Daten** werden für die Grundgesamtheit **extrapoliert**, ohne die Regelwerke der schließenden Statistik zu beachten. Eine generelle Kundenzufriedenheit aus 20 Personen zu folgern, zeugt von der Gefahr, die in der Verallgemeinerung von Informationen steckt, die auf falschen Bezugsgrößen fußen. Auch der Nitratgehalt bietet Ansatzpunkte zum Verzerren der Aussage: Es macht einen Unterschied, ob drei Wasserproben an einem See rund um den Einfluss des Baches genommen wurden oder ob diese über den gesamten See verteilt sind – das ruft uns das Stichwort Repräsentativität in Erinnerung. Gleichgültig, ob es sich um einen großen oder kleinen See handelt, drei Probenergebnisse zu verallgemeinern, resultiert in einer unzuverlässigen Aussage.

Beispiel 4.23

Ein weiteres Beispiel soll die Relevanz fehlender bzw. falscher Bezugsgrößen illustrieren. Bei einer Datenrecherche wurde der Anteil von Menschen mit besonderen Bedürfnissen in Österreich ermittelt und der amtlichen Statistik entnommen. Um die Vergleichbarkeit mit anderen deutschsprachigen Ländern herzustellen, war es erforderlich, die Erhebungsmethode bzw. die Bezugsgröße, auf der die Angabe beruht, festzustellen. Das Ergebnis der Recherche führte zur Anbringung eines Hinweises in der statistischen Auswertung – die Zahl beruht auf den Ergebnissen des Mikrozensus sowie der Selbsteinschätzung der befragten Personen. Zwei Informationen, die für die Interpretation und Vergleichbarkeit der Zahlen essenziell sind.

Beispiel 4.23 führt uns zu einem Hinweis, der für Geographinnen und Geographen relevant ist, da zahlreiche Untersuchungen und vor allem EU-Projekte einen grenzüberschreitenden Vergleich von Daten erforderlich machen. Insbesondere bei der **Verwendung mehrerer Datenquellen** sowie von Datenbanken, beispielsweise Statistiken der Europäischen Union,

World Trade Organisation, World Tourism Organisation etc., sind neben der Datendefinition die Bezugsgrößen und Erhebungsmethoden der Datensätze zu vergleichen und bei Analysen zu berücksichtigen.

Die Daten der Ananasproduktion bezeugen es: Die Steigerung der Ananasproduktion hängt mit der Reduktion der Tapire zusammen. Stellt man die jährliche Ananasproduktion, die in unserem Exkursionsgebiet stetig gewachsen ist, der Anzahl der Tapire im Land gegenüber, ist der Zusammenhang klar erkennbar: Die Zahl der Tapire sinkt ständig – glücklicherweise nicht im Umfang der Produktionssteigerung, aber immerhin ist der negative Trend ablesbar. Dehnen wir wie in unserem Buch die Analysen von einer auf mehrere Variablen aus, legen wir also den Fokus auf den Zusammenhang von Daten, gelangen wir unmittelbar zum Thema der **Scheinkorrelationen**, das wir bereits in Abschn. 3.4.2 umfassend erläutert haben. Trotzdem möchten wir den Kerngedanken hier nochmals zusammenfassen.

> **Beispiel 4.24**
> Auch in diesem Beispiel verhält es sich ähnlich: Die Daten sind korrekt. Sowohl die Ananasproduktion hat zugenommen, ebenso hat sich die Anzahl der Tapire vermindert. Das Problem bei unserer Interpretation liegt darin, dass die beiden Daten nicht unmittelbar miteinander in Beziehung stehen und auch nicht direkt in Bezug gestellt werden dürfen. Der Zusammenhang lässt sich über den Faktor „Produktionsflächen" herstellen. Die Gewinne in der Ananasproduktion führen zu einer ständigen Produktionssteigerung und damit zu einer, wollen wir es vorsichtig ausdrücken, „Umwidmung" von Flächen in Produktionsflächen – dazu ist es nötig, Waldflächen zu roden. Diese wiederum sind Lebensbereiche von Tapiren. Nur Naturschutzgebiete bzw. Nationalparks bieten Rückzugsgebiete und geeigneten Lebensraum für die stark gefährdete Population.

Scheinkorrelationen beruhen demnach auf einer oder mehreren weiteren Variablen, die den Zusammenhang der beiden dargestellten Merkmale indirekt steuern. Die beiden Variablen korrelieren nicht selbst miteinander, sondern bedürfen einer weiteren Informationsebene, um einen Zusammenhang herstellen bzw. interpretieren zu können.

4.4.2   Die Macht der Bilder

Parallel sind die soeben angeführten Punkte, die das Augenmerk auf die Daten und Ergebnisse einer Untersuchung gelegt haben, in der **grafischen Umsetzung von Daten** und statistischen Werten zu finden. Nahezu gleichlautend zu unseren Diagrammregeln, die wir in der Lernbox am Ende von Abschn. 4.3 aufgelistet haben, ist es uns möglich, Manipulations- bzw. Fehlerquellen zu benennen, die mit der Erstellung von Diagrammen bzw. statistischen

Visualisierungen einhergehen. Zusammengefasst beginnt dies bei der Wahl eines falschen Diagrammtyps, geht über die Verzerrung von Diagrammen durch eine dritte Dimension bzw. der Überhöhung der dritten Dimension und endet bei der Unvollständigkeit von Diagrammen in Bezug auf Daten, Skalierung und Beschriftung der Achsen.

Schließen wir an unsere letzten Ausführungen an: Die fehlende oder mangelhafte Bezugsgröße bei statistischen Werten deckt sich in der Visualisierung mit der **fehlenden Achsenbeschriftung**. Wir neigen dazu, nicht dargestellte Informationen durch Annahmen zu ersetzen – und exakt an dieser Stelle besteht in der grafischen Umsetzung der Ansatzpunkt für die Manipulation, wie Beispiel 4.25 belegt.

Beispiel 4.25

Abbildung 4.13a illustriert die Entwicklung der Tapirzahlen und zeigt deutlich einen Rückgang der Population. An dieser Stelle soll darauf hingewiesen werden, dass trotz umfangreicher Recherche keine detaillierten Informationen über die Größe der Population von Tapiren in Costa Rica ermittelt werden konnten. Die Werte sind Schätzwerte und entsprechen ungefähren Größenangaben, die stark variieren können (Matola, Cuarón und Rubio-Torgler, 1997, S. 38).

Bei näherer Betrachtung ist es augenscheinlich, dass die Grafik nicht falsch, aber unvollständig ist. Die Achsenbeschriftung fehlt, und lediglich die Überschrift weist darauf hin, dass es sich um eine Darstellung der Tapirpopulation in unserer Untersuchungsregion handelt. Die Achsen deuten zwar durch eine Skalierung an, dass der Grafik reelle Werte zugrunde gelegt wurden – weder der Zeitraum, noch die Anzahl der Tiere sind dem Diagramm zu entnehmen. Abbildung 4.13b,c zeigt auf, welche Bandbreite von Werten sich durch die fehlende Beschriftung eröffnet.

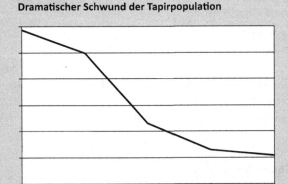

a

Dramatischer Schwund der Tapirpopulation

Abb. 4.13 Konsequenz aus fehlender Achsenbeschriftung.
a Liniendiagramm ohne Achsenbeschriftungen bzw. Werteangaben, **b** Liniendiagramm mit Achsenbeschriftungen und Werten mit Realbezug (siehe Anmerkung), **c** Liniendiagramm mit alternativer Achsenbeschriftung (fiktive Werte).

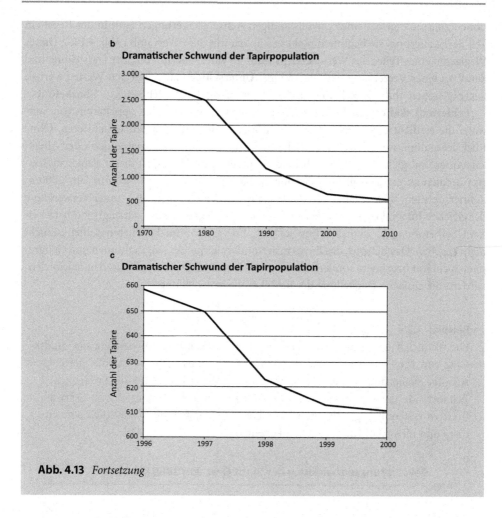

Abb. 4.13 *Fortsetzung*

Nicht nur Beispiel 4.25 zeigt deutlich, wie irreführend eine fehlende Achsenbeschriftung sein kann. In den Medien, insbesondere in Nachrichten- und Dokumentarsendungen, werden wir mit unvollständigen Grafiken konfrontiert – weder Beschriftung noch Skalierung oder Werteangaben sind in diesen Abbildungen vollständig gegeben. Die Ursache hierfür – nehmen wir eine positive Sichtweise ein – liegt darin, dass die Grafiken dem Betrachtenden erläutert werden. Dies steht jedoch jener Überlegung entgegen, die das Diagramm als eigenständiges Erklärungsinstrument sieht. Wir kommen aus dieser Zwickmühle von mangelhaftem Angebot und unseren Erwartungen nur heraus, indem wir jedes Diagramm kritisch hinterfragen und prüfen, ob die dargestellten Sachverhalte der Realität entsprechen können – womit wir wieder beim Thema der Plausibilität sind.

Ein weiterer „Klassiker", der Ihnen mit an Sicherheit grenzender Wahrscheinlichkeit bereits begegnet ist, sind **fehlerhaft skalierte Achsen** bzw. **unvollständig dargestellte Achsen**. Fehlerhaft skalierte Achsen stellen Intervalle oder Einheiten dar, denen falsche Proportionen zugrunde gelegt sind. Unvollständigen Achsenskalierungen fehlt in der Regel ein Teil der Skalierung, sie beginnen nicht wie üblich mit dem Wert null (Abb. 4.13c). Dieses Weglassen eines Teiles des Wertebereichs führt zu einer Überhöhung der Darstellung und damit zu einer Verzerrung des Diagramms. **Unterschiede** zwischen den Werten werden hervorgehoben und – in Relation zum Gesamtumfang des Wertebereichs – **überbetont**.

Fehlerhaft skalierte Achsen resultieren in erster Linie aus der Applikation von Software, die es nicht ermöglicht, ungleiche Klassen oder Intervalle zu visualisieren. Ohne Rücksichtnahme werden vor allem Jahreszahlen, aber auch Messzeitpunkte oder Alterskategorien mit gleichen Intervallabständen aufgetragen. Häufig ist dieser Fehler in Tourismusdaten zu entdecken: Sie präsentieren häufig Jahresangaben bis zum Jahr 2000 in Zehnerschritten, ab dem Jahr 2000 werden jährliche Daten dargestellt – unter Verwendung der gleichen Intervallbreite. Diese irreführende Vorspiegelung von Genauigkeit führt zu einer Überbetonung der aktuellen Entwicklung, ein Vergleich zu den älteren Zahlen ist nicht mehr gegeben. Das Beispiel, das Ihnen insbesondere als junge Geographinnen und Geographen nicht nur begegnen, sondern Sie vermutlich unmittelbar betreffen und herausfordern wird, ist die einfache Darstellung der Bevölkerungsentwicklung.

Beispiel 4.26

Der Vergleich der beiden Darstellungen der Bevölkerungsentwicklung der Stadt Graz von 1869 bis 2011 macht es deutlich. Abbildung 4.14a weist eine gleichabständige Skalierung der Abszisse auf, während Abb. 4.14b Grafik die tatsächlichen Zeitabstände darstellt. Der unreflektierte bzw. unkritische Einsatz von Software führt zu ersterem Ergebnis; die rechte, korrekte Darstellung ist natürlich aufwendiger und nicht „auf Knopfdruck" zu erzeugen.

a

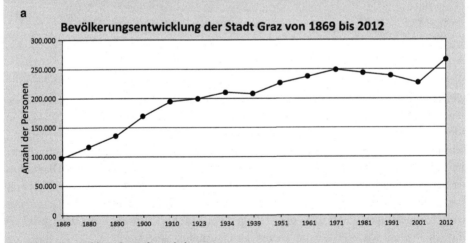

Abb. 4.14   Problem der Achsenskalierung.
a Liniendiagramm mit gleichabständiger Skalierung, **b** Liniendiagramm mit datenbasierter Skalierung.

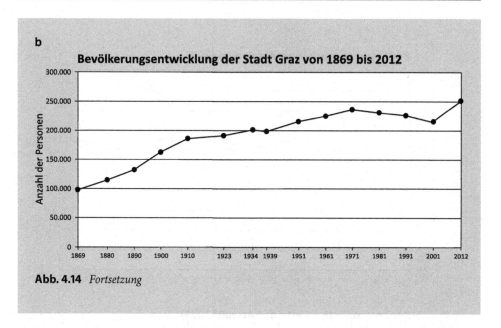

Abb. 4.14 *Fortsetzung*

Das Beispiel, das in der Literatur an erster Stelle im Kontext von **unvollständigen Skalierungen** der Achsen rangiert, ist die Darstellung von Wirtschaftsdaten mehrerer Unternehmen. Um die Unterschiede der Daten besonders prägnant zu machen und zu unterstreichen, beginnt die Skalierung der Ordinate erst in jenem Bereich, in dem sich die Zahlen der Unternehmen ähneln.

Beispiel 4.27

Um nicht dasselbe Beispiel erneut zu strapazieren, verwenden wir unsere Bodentemperaturdaten an der Messstation Thermalquelle von Mai 2008 (Beispiel 3.27). Die Darstellung im Vergleich mit den Monaten April und Juni (Abb. 4.9b) zeigt eine abflachende Kurve, die wir in Abb. 4.15a nochmals separat darstellen. Wir lesen eine geringe Schwankungsbreite aus der Grafik von ca. 25 °C ab. Dem entgegen steht Abb. 4.15b, die ein völlig anderes Bild vermittelt – bei völlig identischen Daten.

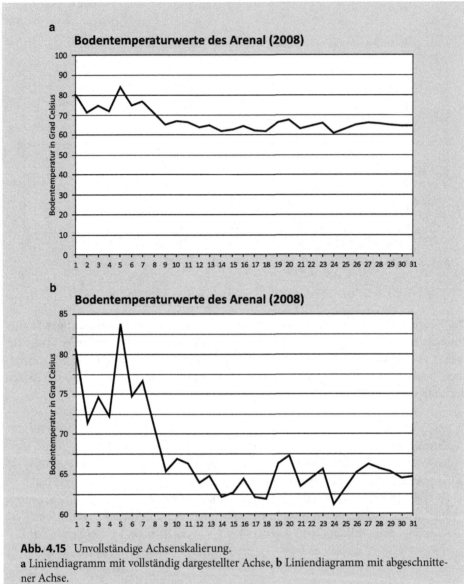

Abb. 4.15 Unvollständige Achsenskalierung.
a Liniendiagramm mit vollständig dargestellter Achse, **b** Liniendiagramm mit abgeschnittener Achse.

Wir komplettieren das Thema der **Unvollständigkeit von Diagrammen**, indem wir einen abschließenden Blick auf den **Umgang mit fehlenden Werten** werfen. Dem Thema „fehlende Werte" wird in der Literatur ausreichend Platz gewidmet – hier nur einige Ansatzpunkte, inwiefern der falsche Umgang zu weitreichenden Konsequenzen führen kann. Für die Handhabung von fehlenden Werten sind seitens der Theorie unterschiedliche Prozedere vorgesehen, die gleichermaßen in der Statistiksoftware implementiert sind. Eine Variante des mangelnden Umgangs ist es, die **Information**, dass es sich bei der Ausprägung um fehlende Werte handelt, einfach **wegzulassen**. Dies führt in thematischen Karten zu undokumentierten „blinden Flecken", in Diagrammen zu unkommentierten Elementen. Eine weitere Variante besteht darin, **fehlende Werte** gar **nicht darzustellen** – besonders bei der Angabe relativer Werte unter Umständen ein fataler Fehler, wird der entsprechende Anteil nicht mitkalkuliert. Auch der Verzicht der Darstellung von fehlenden oder aggregierten Werten, die unter dem Label „sonstige" zusammengefasst sind, verfälscht die transportierte Information.

Besonders rasch ist die Konsequenz des Vorenthaltens von Informationen in einem Kreisdiagramm ersichtlich. Wird ein Sektor nicht dargestellt, stimmen die Größen der restlichen Kreissektoren nicht mehr – sie werden größer und entsprechen nicht mehr den Anteilen, die sie repräsentieren.

Beispiel 4.28
Da wir in unserem Buch bewusst keine Aufgaben mit „fehlenden Werten" behandelt haben, greifen wir auf die Häufigkeitsdarstellung der Ausbrüche des Arenal im Oktober zurück (Beispiel 3.21), die 13 Tage ohne Ausbruch verzeichnet (Tab. 3.10). Die Häufigkeitstabelle beinhaltet demnach die Ausprägung „null" (Abb. 4.16a). Wird diese Merkmalsausprägung aus Abb. 4.16b entfernt, sind sämtliche Ausprägungen fehlerhaft dargestellt.

a

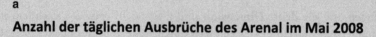

Anzahl der täglichen Ausbrüche des Arenal im Mai 2008

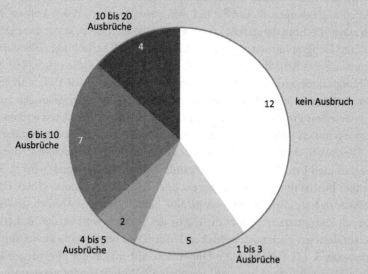

Abb. 4.16   Fehlende Merkmalsausprägungen.
a Kreisdiagramm mit Angabe der Ausprägung „kein Ausbruch", **b** Kreisdiagramm ohne Angabe der Ausprägung „kein Ausbruch".

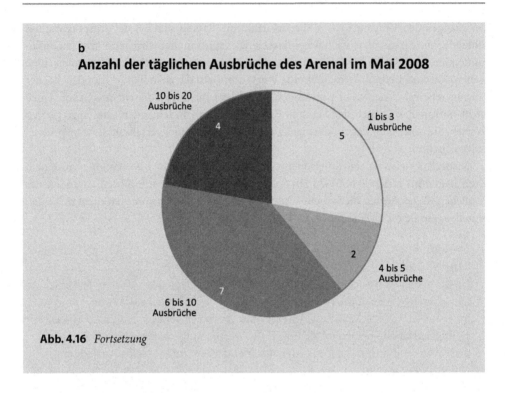

b

Anzahl der täglichen Ausbrüche des Arenal im Mai 2008

10 bis 20
Ausbrüche

4

1 bis 3
Ausbrüche

5

2

4 bis 5
Ausbrüche

7

6 bis 10
Ausbrüche

Abb. 4.16 *Fortsetzung*

Überhöhungen und **die dritte Dimension** sind zwei Stichworte, die, nachdem uns der Vulkan mit unterschiedlichen Fragestellungen durch weite Teile des Buches begleitet hat, neue Bedeutung erlangen. Stellen Sie sich vor, unser Anstieg auf den Vulkan wird im Tourenbuch stark überhöht dargestellt – hätten Sie nicht auch Respekt vor dieser Herausforderung gezeigt? Geographinnen und Geographen ist diese Überhöhung vielleicht weniger aus Diagramm- als aus Reliefdarstellungen ein Begriff. 3-D-Modelle beinhalten häufig einen Überhöhungsfaktor und lassen Berggipfel höher und steiler sowie Höhenunterschiede imposanter erscheinen. Jene Überhöhung ist auch in Diagrammdarstellungen zu finden und führt zu derselben Problematik. Die Differenzen zwischen den Daten wirken stärker und sind hervorgehoben – ähnlich wie dies bei der unvollständigen Skalierung der Achsen der Fall ist. Wesentlich deutlicher möchten wir aber die **dritte Dimension** in der Darstellung von Diagrammen betonen. Die überwiegende Zahl der Diagramme wird in 3-D abgebildet, darüber hinaus noch verzerrt, gedreht oder gekippt. Das Motto dieser Darstellungen kann jedoch nur als „Erlaubt ist, was gefällt" betitelt werden. Ähnlich gestaltet sich der Umgang mit Piktogrammen. Nicht die Fläche des Symbols wird bei der Skalierung berücksichtigt, sondern lediglich nach optischen Eindrücken bzw. in eine Dimension vergrößert (Krämer, 2000, S. 111 ff.). Die dritte Dimension entbehrt in der überwiegenden Zahl der Fälle einer Datengrundlage und wird lediglich als Designelement verwendet. Wie bereits bei den Kreisdiagrammen erläutert wurde (Abb. 4.8), kommt es zu einer Verfälschung der Aussage. Durch die Verfügbarkeit dieser Option in der statistischen Software hat sich die

Anwendung dieser „Effekte" auch im wissenschaftlichen Bereich durchgesetzt – was diese Abbildungen keineswegs korrekt macht. Von dreidimensionalen Darstellungen ist daher, wie in den Diagrammregeln festgehalten, grundsätzlich abzusehen.

Beschriftung der Achsen, Skalierung der Achsen, der Umgang mit fehlenden Werten und Dreidimensionalität sind wesentliche Ansatzpunkte, um die Aussage eines Diagramms bewusst oder unbewusst beeinflussen und verändern zu können, ohne die Daten manipulieren zu müssen. Ähnlich den Fehlerquellen in der statistischen Analyse beinhaltet letztendlich noch die **Wahl des Diagrammtyps** eine potenzielle Manipulationsquelle, wobei diese in erster Linie auf die Unkenntnis des Werkzeugs zurückzuführen ist. Ein sehr plakatives, wenn auch schmerzhaftes Beispiel der Diagrammdarstellung für jeden Lehrenden resultiert aus einer Arbeitsaufgabe. In dieser wurde gefordert, die Werte von Niederschlagsmessungen zu visualisieren. Eine Lösung stellte die Niederschlagswerte mithilfe eines Kreisdiagramms dar! Fehler wie diese sind nicht zu toppen, zählen aber glücklicherweise zu den Ausnahmen.

Beispiel 4.29

Die Aufteilung der touristischen Beherbergungsbetriebe nach Kategorien führt beispielsweise zu einem Fehler, der auf den ersten Blick nicht so gravierend erscheint – will man jedoch die Grafik interpretieren, wird die damit verbundene Problematik ersichtlich. Abbildung 4.17a zeigt die Betten nach Hotelkategorien in Österreich. Der Diagrammtyp eines Säulendiagramms entspricht den Anforderungen an die Daten – sie repräsentieren Zeitspannenwerte, die Säulen sind zum Zweck des Ver-

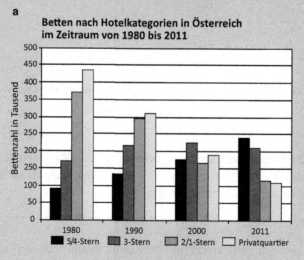

Abb. 4.17 Falsche Wahl des Diagrammtyps.
a Richtige Darstellung von Zeitspannenwerten mit einem Säulendiagramm, **b** falsche Darstellung von Zeitreihenwerten mit gestapelten Linien.

gleichs nebeneinander angeordnet. Abbildung 4.17b täuscht eine korrekte Grafik vor – verwendet wurde ein Diagramm mit gestapelten Linien –, die einzelnen Kategorien werden aggregiert dargestellt, was weder einen Vergleich der Kategorien untereinander noch die Entwicklung der einzelnen Kategorien zulässt. Darüber hinaus repräsentieren Liniendiagramme Zeitpunktwerte – damit wurde der Diagrammtyp gleich in Bezug auf mehrere Kriterien verfehlt.

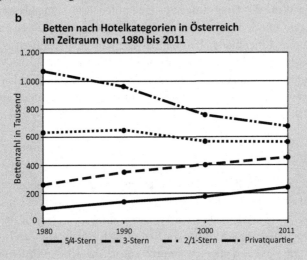

b

Betten nach Hotelkategorien in Österreich im Zeitraum von 1980 bis 2011

Abb. 4.17 *Fortsetzung*

Abbildung 4.18 fasst die wichtigsten Ansätze der Manipulation statistischer Ergebnisse zusammen.

Kernaussage

Statistische Ergebnisse und Diagramme liefern zahlreiche Ansatzpunkte zur – bewussten oder unbewussten – Manipulation. Ergebnisse und Diagramme sind daher stets kritisch zu beleuchten und zu hinterfragen.

Übung 4.4.1

Dem Themenbereich „Suggestion" in der Statistik könnte man eine unendlich große Zahl an Beispielen widmen, dafür reicht der Raum in diesem Kontext nicht aus. Stellvertretend wählen wir eine einfache Grafik, die rasch deutlich macht, wie stark wir von unserer Erfahrung geprägt sind. Die Darstellung (Sie finden die entsprechende Illustration samt Lösung unter www.springer.com/978-3-8274-2611-6) entspricht den

Das Produkt:
Diagramme

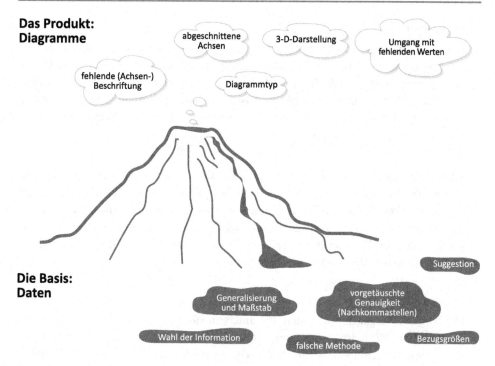

Die Basis:
Daten

Abb. 4.18 Die Macht der Daten und Bilder.

Diagrammregeln und ist somit korrekt. Wo ist der Stolperstein, oder haben Sie den richtigen Schluss gezogen?

Übung 4.4.2

Ein häufig auftretendes Beispiel einer falschen Methodenwahl ist die Mittelung von Windrichtungen. Die vorliegende Tabelle zeigt für den Monat April die Angaben der Windrichtung an der Messstation Graz Universität, erfasst nach einer 32-teiligen Untergliederung der Windrose. Häufig wird als „mittlere Windrichtung" das arithmetische Mittel der Werte berechnet. Begründen Sie, warum diese Methode unzulässig bzw. falsch ist.

Übung 4.4.3

Der Spruch „Ein Bild sagt mehr als tausend Worte" ist uns allen bekannt. In Anlehnung dazu könnte man formulieren: „Eine Zahl belegt die Bedeutung, die Richtigkeit und die Wissenschaftlichkeit des Inhalts." Leider ist dem nicht immer so. Sehen Sie selbst und hinterfragen Sie!

Übung 4.4.4

Wir haben bereits festgestellt, dass Zahlen und Fakten Wissenschaftlichkeit und Seriosität vorspiegeln. Ein ähnliches Phänomen resultiert aus übergroßer Genauigkeit. Damit ist die Genauigkeit, die jedoch keinen Mehrwert für die Interpretation bzw. Schlussfolgerung generiert, gemeint. Lesen Sie die Aussagen (diese sind online verfügbar) kritisch durch und beurteilen Sie, welche der Aussagen berechtigt exakte Zahlen verwendet.

Übung 4.4.5

Schlagzeilen, die sich auf Umfrageergebnisse berufen, stehen an der Tagesordnung. Die Themen decken sämtliche Bereiche unseres Lebens ab, von Gesundheit über Wirtschaft bis hin zur Umwelt. Neben Tageszeitungen bedienen sich auch Journale dieser Statistiken – nur einige dieser Statistiken sind zweifelhaft, insbesondere dann, wenn keine Angaben über die Zahl der Befragten zu finden sind. Bewerten Sie die Feststellung, deren Angaben sie in den Online-Materialien finden.

Übung 4.4.6

Der sorglose Vergleich von Daten aus unterschiedlichen Quellen birgt ebenso eine große Gefahr, die Statistik zu „missbrauchen". Suchen Sie dazu nach Daten zum Thema „Menschen mit Behinderung" für Österreich, Deutschland und die Schweiz. Sie werden überrascht sein, welche unterschiedlichen Zahlen es zu diesem Thema gibt.

Übung 4.4.7

„Die Zahlen belegen es! Die Nutzung des Mobiltelefons macht uns unfruchtbar!" So oder ähnlich könnten Schlagzeilen titeln. Untersuchen Sie, ob ein Zusammenhang der Zahlen vorliegt und interpretieren Sie.

Übung 4.4.8

„Tourismusanbieter und -regionen wittern mehr Geschäft: Die ausländischen Tagesgäste retten den österreichischen Tourismus" ruft eine Wirtschaftszeitung in großen Lettern aus. Erläutern Sie die Darstellung und zeigen Sie bestehende Schwachstellen auf.

Übung 4.4.9

Wie wichtig die korrekte Angabe der Achsenskalierung ist, haben uns bereits einige Übungen gezeigt. So haben wir in Übung 4.3.7 gesehen, dass die Visualisierung der Häufigkeiten von Grau- oder Farbwerten von Satellitenbildern immer auf das gesamte verfügbare Spektrum bezogen werden muss. Auch Jahresangaben an der x-Achse sind immer wieder ein heikles Thema (Übung 4.3.16) – zumeist werden gleiche Abstände in der Grafik verwendet, obwohl die zeitlichen Abstände zwischen den Werten unterschiedliche Zeitspannen umfassen.

Die vorliegende Übung zeigt die Visualisierung der steirischen Bevölkerung nach Altersgruppen. Worauf müssen Sie bei dieser Darstellung achten? Wo ist bei der Diagrammdarstellung ein Fehler passiert?

Übung 4.4.10

Die Bilder aus Sizilien sind uns als Warnung in Erinnerung: Müllberge wohin man blickt! Und auch wir umgeben uns mit immer mehr Müll. Die Konsumgesellschaft fordert immer mehr Tribut und ließ die Müllberge in nur fünf Jahren drastisch ansteigen! Kommentieren Sie diese Aussage anhand der Grafik – wie viel Müll produzieren wir tatsächlich?

Übung 4.4.11

Der Umgang mit fehlenden Werten oder nicht zuordenbaren Informationen wie beispielsweise der Ausprägung „keine Angabe" in Fragebögen ist aus statistischer Sicht festgelegt. In jedem Fall müssen fehlende Werte in der Auswertung wie auch in der Interpretation berücksichtigt werden (Übung 4.3.14). Die unsachgemäße Handhabung dieser Daten wird aus den vorliegenden Diagrammen (diese sind online unter www.springer.com/978-3-8274-2611-6 zu finden) ersichtlich. Erläutern Sie kurz, wo sich die Fehler eingeschlichen haben.

Übung 4.4.12

Nicht nur die dritte Dimension kann zu einer Verzerrung von Aussagen in Diagrammen führen und ist, von wenigen Ausnahmen abgesehen, nur ein vermeintliches Beschönigen der Darstellung, auch das Drehen, Kippen und Neigen tragen nicht wirklich zu einer leichteren Wahrnehmung des Diagramms bei, sondern lenken vom eigentlichen Inhalt ab. Primäres Ziel einer Visualisierung von Daten ist allerdings immer die schnelle Erfassung von Inhalten – dies wird häufig aus den Augen verloren. Interpretieren Sie das Diagramm und zeigen Sie die Fehler auf!

Übung 4.4.13

„Während die Beschäftigtenzahlen steigen, stagniert die Zahl der Arbeitgeber." Fehlende Achsenbeschriftungen, fehlerhafte Werte, falsche Skalierungen etc. haben wir in den letzten Übungen bearbeitet. Abschließend lenken wir den Fokus noch auf die Wahl des richtigen Diagrammtyps. Warum ist das Diagramm nicht glaubhaft?

Liebe Leserinnen und Leser,

In den bisherigen Übungen haben wir zahlreiche Varianten von Fehlern und Mängeln in Statistiken und Diagrammen gesehen, die bewusst oder unbewusst entstanden sind. Jetzt, am Ende unserer Ausführungen angekommen, glauben Sie, dass die Macht der Daten und Bilder überschätzt und überzeichnet dargestellt wird und dass man den einen oder anderen Fehler getrost tolerieren darf? Ich möchte Sie dazu animieren, in den nächsten Tagen bewusst eine Tageszeitung oder ein Journal zur Hand zu nehmen und die „Macht der Daten und Diagramme" selbst kritisch zu hinterfragen – oder sich die Visualisierungen von Informationen in Nachrichtensendungen bzw. Werbeeinschaltungen anzusehen. Sie werden überrascht sein, wohin Sie diese Reise führt … und Sie beginnen damit Ihren ersten Schritt einer ganz persönlichen Reise in die Statistik.

Statistische Begriffe Deutsch-Englisch

(absolute) Häufigkeit frequency

arithmetisches Mittel, Mittelwert (arithmetic) mean, (arithmetic) average

arithmetisches Mittelzentrum mean center, mean point

Ausreißer, extremer Wert outlier

Befragung survey, interview

Beobachtung observation

Beobachtungswert observed value

Bestandsmasse stock

Bestimmtheitsmaß R-squared statistic, coefficient of determination

Bewegungsmasse, Ereignismasse flow

Chi-Quadrat Chi-square

Datenakquisition, Datenerhebung data acquisition, data collection, gathering data

Datenanalyse data analysis

Datenquellen data sources

Datenrecherche data research, data search

Determinationskoeffizient coefficient of determination

Diagramm diagram, chart

   Säulen-, Balken-, Stab- bar chart, bar diagram, bar graph

   Linien- line chart, line diagram, line plot

   Streu- scatter diagram, scatterplot

   Kreis- pie chart

   Stamm-Blatt- stem-and-leaf display, stem-and-leaf-plot

   Box-Plot, Box-Whisker-Plot boxplot, box and whiskers plot

Disparitätenindex index of disparity

Dispersionsmaße measures of dispersion

S. Zimmermann-Janschitz, *Statistik in der Geographie*, DOI 10.1007/978-3-8274-2612-3,
© Springer-Verlag Berlin Heidelberg 2014

Dissemination dissemination

durchschnittliche/mittlere absolute Abweichung mean/absolute deviation

empirischer Forschungsprozess empirical research process

Enthropie entropy

Erhebungsfehler survey error, observation error

Experiment experiment

explorative Datenanalyse (EDA) exploratory data analysis (EDA)

fehlende Werte missing values

Fehler 1. und 2. Art type I and type II error

Fehlerkontrolle statistical process control

Fernerkundung remote sensing

Forschungsdesign research design

Forschungsfrage research question

Fragebogen (online) questionnaire (online)

geoadditive Regression geoadditive regression

geometrisches Mittel geometric mean

Gerätefehler instrument/device error

getrimmter Mittelwert trimmed mean

gewichtetes arithmetisches Mittelzentrum weighted mean center

gewichtetes Medianzentrum weighted median center

Gini-Koeffizient, Gini-Index Gini-coefficient, Gini-index

Grundgesamtheit population

harmonisches Mittel harmonic mean

Häufigkeitsdichte frequency density

Häufigkeitspolygon frequency polygon

Häufigkeitstabelle frequency table

Häufigkeitsverteilung frequency distribution

Herfindahl-Index Herfindahl-index

Histogramm histogram

Hypothese hypothesis

Interpretation interpretation

Interquartilsabstand interquartile range

Intervallskala interval scale (of measurement)

Interview (Telefoninterview) interview (telephone interview)

Kartierung (field) mapping

Klassen- class-

  grenze limit

  mitte center

  anzahl number

  breite width

Klassierung, Klassifizierung classification

Kontingenztabelle contingency table

Kontrollvariable controlled variable

Konzentration concentration

  absolute absolute

  relative relative

Korrelationskoeffizient correlation coefficient, Pearson's r

Lageparameter location parameters

lineare Regression linear regression

logarithmisches Mittel logarithmic mean

Lorenz-Kurve Lorenz curve

Maße der zentralen Tendenz measures of central tendency

Median, Zentralwert median

Medianzentrum (Medianpunkt) median center, median point

Merkmal attribute

Merkmalsausprägung domain

Merkmalsträger entity, object, unit

Merkmalswert value, data

Messfehler observational error

Messung recording, measurement

Metadaten meta data

Methode der kleinsten Quadrate ordinary least squares estimation

metrische Daten numerical data

mittlerer Quartilsabstand medium/mean quartile range

Modalklasse modal class

Modalzentrum (Modalpunkt) modal center, modal point

Modus, Modalwert mode

Nominalskala nominal scale (of measurement)

Normalverteilung normal distribution

Objektivität objectivity

offene Randklasse, Flügelklasse open ended class

Ogive ogive

Operationalisierung operationalization

Ordinalskala ordinal scale (of measurement)

Pearson'scher Korrelationskoeffizient Pearson's correlation coefficient, Pearson's r

Plausibilität likelihood

politische Arithmetik political arithmetic

Primärdaten primary data

Problemstellung problem statement

Quartilsabstand quartile range

Rangkorrelationskoeffizient von Spearman Spearman's rank correlation coefficient

Rationalskala ratio scale (of measurement)

Regressand regressand

Regressionsgerade regression line

Regressionskoeffizient coefficient of regression, regression coefficient

Regressor regressor

relative Häufigkeit relative frequency

Reliabilität reliability

Residuen residuals

Scattergraph scattergraph

Scatter-Plot, Streudiagramm scatterplot, scatter diagram

Schiefe skewness

Sekundärdaten secondary data

Semiquartilsabstand semiquartile range

Skalenniveau scales of measurement, levels of measurement

Spannweite range

Standardabweichungsellipse standard deviational ellipse

Standarddistanz standard distance

statistische Grundmenge, Population statistical population

Statistik statistics

   amtliche official

   deskriptive, beschreibende descriptive

induktive, schließende, Inferenzstatistik inferential

Stichprobe sample

Stichprobenfehler sampling error

Streuungsparameter measures of variation, deviation, variability

Strichliste tally marks, counts

Summe sum

Summenhäufigkeit cumulative frequency

  absolute absolute

  relative relative

Summenhäufigkeitspolygon cumulative frequency polygon

systematischer Fehler systematic error

Teilerhebung sub-set

Universitätsstatistik university statistics

Untersuchungseinheit unit, entity

Urliste raw data table

Validität validity

Variable variable, item

  abhängig dependent

  unabhängig independent

  erklärend explanatory

  exogen exogenous

  endogen endogenous

  quantitativ quantitative

  qualitativ qualitative

  diskret discrete

  stetig continous

Varianz variance

  empirische empirical

  theoretische, induktive theoretical

Variationskoeffizient coefficient of variation

Wahrscheinlichkeitsrechnung probability calculus, theory of probability

Wahrscheinlichkeitstheorie theory of probability

Wölbung, Exzess, Kurtosis kurtosis

Zielvariable response variable

zufälliger Fehler random error

Formelsammlung

Formelbezeichnung	Formel	Formel-nr.
absolute Häufigkeit	$h\left(a_j\right)$	
relative Häufigkeit	$f_j = f(a_j) = \frac{h(a_j)}{n}$	(3.2)
absolute Summenhäufigkeit	$H_j = H(a_j) = h_1 + h_2 + \ldots + h_j = \sum\limits_{i=1}^{j} h_i$	(3.4)
relative Summenhäufigkeit	$F_j = F(a_j) = f_1 + f_2 + \ldots + f_j = \sum\limits_{i=1}^{j} f_i =$ $= \sum\limits_{i=1}^{j} \frac{h(a_i)}{n}$	(3.6)
Häufigkeitsdichte	$d_j = \frac{h_j}{x_j^o - x_j^u}$	(3.12)
Modus für klassierte Daten unterschiedlicher Klassenbreite	$\overline{x}_{mod} = x_m^u + \frac{d_m - d_{m-1}}{(d_m - d_{m-1}) + (d_m - d_{m+1})} (x_m^o - x_m^u)$	(3.20)
Median bei ungerader Anzahl von Merkmalswerten	$\overline{x}_{med} = x_{\frac{n+1}{2}}$	(3.23)
Median bei gerader Anzahl von Merkmalswerten	$\overline{x}_{med} = \frac{x_{\frac{n}{2}} + x_{\frac{n}{2}+1}}{2}$	(3.24)
Median für klassierte Daten	$\overline{x}_{med} = x_m^u + \frac{0{,}5 - F_{m-1}}{(F_m - F_{m-1})} (x_m^o - x_m^u)$	(3.27)
arithmetisches Mittel	$\overline{x} = \frac{\sum\limits_{i=1}^{n} x_i}{n}$	(3.40)
Quantile für nicht ganzzahlige Produkte $n \cdot p$	$\overline{x}_p = x_i$	(3.29)
Quantile für ganzzahlige Produkte $n \cdot p$	$\overline{x}_p = \frac{x_i + x_{i+1}}{2}$	(3.30)
Quantile für klassierte Daten	$\overline{x}_p = x_p^u + \frac{p - F_{p-1}}{(F_p - F_{p-1})} (x_p^o - x_p^u)$	(3.37)
gewichtetes arithmetisches Mittel	$\overline{x} = \frac{\sum\limits_{j=1}^{m} a_j h_j}{n} = \sum\limits_{j=1}^{m} a_j f_j$	(3.41)

Formelbezeichnung	Formel	Formel-nr.
gewichtetes arithmetisches Mittel für klassierte Daten mit gegebener Klassenmitte	$\overline{x} = \dfrac{\sum\limits_{j=1}^{k} x_j^* h_j}{n} = \sum\limits_{j=1}^{k} x_j^* f_j$	(3.46)
gewichtetes arithmetisches Mittel für klassierte Daten mit gegebenen Klassenmittelwerten	$\overline{x} = \dfrac{\sum\limits_{j=1}^{k} \overline{x}_j h_j}{n} = \sum\limits_{j=1}^{k} \overline{x}_j f_j$	(3.47)
geometrisches Mittel	$\overline{x}_G = \sqrt[n]{x_1 \cdot x_2 \cdot \ldots \cdot x_n} = \sqrt[n]{\prod\limits_{i=1}^{n} x_i}$	(3.49)
gewichtetes geometrisches Mittel	$\overline{x}_G = \sqrt[n]{\prod\limits_{j=1}^{m} a_j^{h_j}}$	(3.53)
harmonisches Mittel	$\overline{x}_H = \dfrac{n}{\sum\limits_{i=1}^{n} \frac{1}{x_i}}$	(3.56)
gewichtetes harmonisches Mittel	$\overline{x}_H = \dfrac{n}{\sum\limits_{j=1}^{m} h_j \frac{1}{a_j}} = \dfrac{n}{\sum\limits_{j=1}^{m} \frac{h_j}{a_j}}$	(3.58)
Entropie	$E = -\sum\limits_{j=1}^{m} f_j \log_2\left(f_j\right)$	(3.61)
Spannweite	$w = x_{max} - x_{min} = x_{(n)} - x_{(1)}$	(3.62)
Spannweite für klassierte Daten	$w = x_k^o - x_1^u$	(3.64)
Interquartilsabstand	$IQR = Q_3 - Q_1 = \overline{x}_{0{,}75} - \overline{x}_{0{,}25}$	(3.66)
mittlerer Quartilsabstand	$MQR = \dfrac{IQR}{2}$	(3.67)
Interquantilsabstand	$Q_p = \overline{x}_{1-p} - \overline{x}_p$	(3.72)
Semiquantilsabstand	$\overline{Q}_p = \dfrac{Q_p}{2}$	(3.73)
durchschnittliche absolute Abweichung	$\overline{d} = \dfrac{\sum\limits_{i=1}^{n} |x_i - \overline{x}|}{n}$	(3.74)
durchschnittliche absolute Abweichung für Häufigkeitsverteilungen	$\overline{d} = \dfrac{\sum\limits_{j=1}^{m} h_j |a_j - \overline{x}|}{n} = \sum\limits_{j=1}^{m} f_j |a_j - \overline{x}|$	(3.75)
durchschnittliche absolute Abweichung für klassierte Daten	$\overline{d} = \dfrac{\sum\limits_{j=1}^{k} h_j |x_j^* - \overline{x}|}{n} = \sum\limits_{j=1}^{k} f_j |x_j^* - \overline{x}|$	(3.78)
(empirische) Varianz	$s^2 = \dfrac{\sum\limits_{i=1}^{n} (x_i - \overline{x})^2}{n}$	(3.80)
(empirische) Varianz für Häufigkeitsverteilungen	$s^2 = \dfrac{\sum\limits_{j=1}^{m} h_j (a_j - \overline{x})^2}{n} = \sum\limits_{j=1}^{m} f_j \left(a_j - \overline{x}\right)^2$	(3.81)
(empirische) Varianz für klassierte Daten	$s^2 = \dfrac{\sum\limits_{j=1}^{k} h_j \left(x_j^* - \overline{x}\right)^2}{n} = \sum\limits_{j=1}^{k} f_j \left(x_j^* - \overline{x}\right)^2$	(3.86)
(empirische) Standardabweichung	$s = \sqrt{s^2} = \sqrt{\dfrac{\sum\limits_{i=1}^{n} (x_i - \overline{x})^2}{n}}$	(3.88)

Formelbezeichnung	Formel	Formel-nr.
(empirische) Standardabweichung für Häufigkeitsverteilungen	$s = \sqrt{\dfrac{\sum_{j=1}^{m} h_j (a_j - \overline{x})^2}{n}} = \sqrt{\sum_{j=1}^{m} f_j \left(a_j - \overline{x}\right)^2}$	(3.89)
(empirische) Standardabweichung für klassierte Daten	$s = \sqrt{\dfrac{\sum_{j=1}^{k} h_j \left(x_j^* - \overline{x}\right)^2}{n}} = \sqrt{\sum_{j=1}^{k} f_j \left(x_j^* - \overline{x}\right)^2}$	(3.92)
Variationskoeffizient	$v = \dfrac{s}{\overline{x}}$	(3.94)
Gini-Koeffizient	$GK = \sum_{i=1}^{n} \left(\dfrac{2i-1}{n}\right) q_i - 1$	(3.111)
Gini-Koeffizient für Häufigkeitsverteilungen	$GK = \sum_{i=1}^{m} \left(u_i + u_{i-1}\right) q_i - 1$	(3.112)
Gini-Koeffizient für klassierte Daten	$GK = \sum_{i=1}^{k} \left(u_i + u_{i-1}\right) q_i - 1$	(3.113)
normierter Gini-Koeffizient	$GK_{norm} = \dfrac{n}{n-1} GK$	(3.114)
Momentkoeffizient der Schiefe	$a_3 = \dfrac{\sum_{i=1}^{n} (x_i - \overline{x})^3}{ns^3}$	(3.116)
Momentkoeffizient der Schiefe für Häufigkeitsverteilungen	$a_3 = \dfrac{\sum_{j=1}^{m} (a_j - \overline{x})^3 h_j}{ns^3}$	(3.117)
Momentkoeffizient der Schiefe für klassierte Daten	$a_3 = \dfrac{\sum_{i=1}^{k} (x_i^* - \overline{x})^3 h_i}{ns^3}$	(3.118)
Pearson'sche Schiefe	$a_P = \dfrac{3(\overline{x} - \overline{x}_{med})}{s}$	(3.119)
Wölbung	$a_4 = \dfrac{\sum_{i=1}^{n} (x_i - \overline{x})^4}{ns^4} - 3$	(3.120)
Wölbung für Häufigkeitsverteilungen	$a_4 = \dfrac{\sum_{j=1}^{m} (a_j - \overline{x})^4 h_j}{ns^4} - 3$	(3.121)
Wölbung für klassierte Daten	$a_4 = \dfrac{\sum_{i=1}^{k} (x_i^* - \overline{x})^4 h_i}{ns^4} - 3$	(3.122)
arithmetisches Mittelzentrum	$\overline{x} = \dfrac{\sum_{i=1}^{n} x_i}{n}, \ \overline{y} = \dfrac{\sum_{i=1}^{n} y_i}{n}$	(3.129)
gewichtetes arithmetisches Mittelzentrum	$\overline{x}_g = \dfrac{\sum_{i=1}^{n} g_i x_i}{\sum_{i=1}^{n} g_i}, \ \overline{y}_g = \dfrac{\sum_{i=1}^{n} g_i y_i}{\sum_{i=1}^{n} g_i}$	(3.132)
Medianzentrum	$\overline{x}_{med} = \dfrac{\sum_{i=1}^{n} \frac{x_i}{d_i}}{\sum_{i=1}^{n} \frac{1}{d_i}}, \ \overline{y}_{med} = \dfrac{\sum_{i=1}^{n} \frac{y_i}{d_i}}{\sum_{i=1}^{n} \frac{1}{d_i}}$	(3.134)
gewichtetes Medianzentrum	$\overline{x}_{med} = \dfrac{\sum_{i=1}^{n} \frac{g_i x_i}{d_i}}{\sum_{i=1}^{n} \frac{g_i}{d_i}}, \ \overline{y}_{med} = \dfrac{\sum_{i=1}^{n} \frac{g_i y_i}{d_i}}{\sum_{i=1}^{n} \frac{g_i}{d_i}}$	(3.137)
Standarddistanz	$s_d = \sqrt{\dfrac{\sum_{i=1}^{n} (x_i - \overline{x})^2}{n} + \dfrac{\sum_{i=1}^{n} (y_i - \overline{y})^2}{n}}$	(3.144)

Formelbezeichnung	Formel	Formel-nr.
gewichtete Standarddistanz	$s_{d_g} = \sqrt{\dfrac{\sum\limits_{i=1}^{n} g_i(x_i-\overline{x})^2}{\sum\limits_{i=1}^{n} g_i} + \dfrac{\sum\limits_{i=1}^{n} g_i(y_i-\overline{y})^2}{\sum\limits_{i=1}^{n} g_i}}$	(3.145)
Rotationswinkel der Standardabweichungsellipse	$\tan\theta = \dfrac{\left(\sum\limits_{i=1}^{n}(x_i-\overline{x})^2 - \sum\limits_{i=1}^{n}(y_i-\overline{y})^2\right) + \sqrt{\left(\sum\limits_{i=1}^{n}(x_i-\overline{x})^2 - \sum\limits_{i=1}^{n}(y_i-\overline{y})^2\right)^2 + 4\left(\sum\limits_{i=1}^{n}(x_i-\overline{x})(y_i-\overline{y})\right)^2}}{2\sum\limits_{i=1}^{n}(x_i-\overline{x})(y_i-\overline{y})}$	(3.148)
Standardabweichungen entlang der Achsen der Standardabweichungsellipse	$s_x = \sqrt{\dfrac{\sum\limits_{i=1}^{n}((x_i-\overline{x})\cos\theta - (y_i-\overline{y})\sin\theta)^2}{n}}$ $s_y = \sqrt{\dfrac{\sum\limits_{i=1}^{n}((x_i-\overline{x})\sin\theta + (y_i-\overline{y})\cos\theta)^2}{n}}$	(3.149)
Gleichung der Regressionsgeraden	$\hat{y} = f(x) = ax + b$	(3.171)
Steigung der Regressionsgeraden	$a = \dfrac{n\sum\limits_{i=1}^{n}x_i y_i - \sum\limits_{i=1}^{n}x_i \sum\limits_{i=1}^{n}y_i}{n\sum\limits_{i=1}^{n}x_i^2 - \left(\sum\limits_{i=1}^{n}x_i\right)^2}$	(3.172)
Abstand der Regressionsgeraden vom Ursprung	$b = \dfrac{\sum\limits_{i=1}^{n}y_i - a\sum\limits_{i=1}^{n}x_i}{n}$	(3.173)
Kovarianz	$s_{x,y} = \dfrac{\sum\limits_{i=1}^{n}(x_i-\overline{x})(y_i-\overline{y})}{n} =$ $= \dfrac{1}{n}\sum\limits_{i=1}^{n}x_i y_i - \dfrac{1}{n^2}\sum\limits_{i=1}^{n}x_i \sum\limits_{i=1}^{n}y_i$	(3.176)
Bestimmtheitsmaß	$R^2 = \dfrac{s_{\hat{y}}^2}{s_y^2}$	(3.184)
Produkt-Moment-Korrelationskoeffizient	$r_{x,y} = \dfrac{n\sum\limits_{i=1}^{n}x_i y_i - \sum\limits_{i=1}^{n}x_i \sum\limits_{i=1}^{n}y_i}{\sqrt{\left(n\sum\limits_{i=1}^{n}x_i^2 - \left(\sum\limits_{i=1}^{n}x_i\right)^2\right)\left(n\sum\limits_{i=1}^{n}y_i^2 - \left(\sum\limits_{i=1}^{n}y_i\right)^2\right)}}$	(3.192)
Rangkorrelationskoeffizient nach Spearman	$r_s = 1 - \dfrac{6\sum\limits_{i=1}^{n}d_i^2}{n(n^2-1)}$	(3.197)
erwartete Häufigkeit	$h_{ij}^e = \dfrac{h_{i\cdot}h_{\cdot j}}{n}$	(3.199)
Chi-Quadrat	$\chi^2 = \sum\limits_{i=1}^{k}\sum\limits_{j=1}^{l}\dfrac{(h_{ij}-h_{ij}^e)^2}{h_{ij}^e}$	(3.202)
Kontingenzkoeffizient nach Pearson	$C = \sqrt{\dfrac{\chi^2}{\chi^2+n}}$	(3.204)
korrigierter Kontingenzkoeffizient nach Pearson	$C_{korr} = \dfrac{C}{C_{max}}$	(3.206)

Literatur und Datenquellen

Literatur

Albertz, J. (2009): Einführung in die Fernerkundung. Grundlagen der Interpretation von Luft- und Satellitenbildern. Wissenschaftliche Buchgesellschaft, Darmstadt.

Anscombe, F. J. (1973): Graphs in Statistical Analysis. In: The American Statistician 27/1, S. 17–21. http://links.jstor.org/sici?sici=0003-1305%28197302%2927%3A1%3C17%3AGISA%3E2.0.CO%3B2-J (Zugriff: Mai 2012).

Anselin, L. (2009): Spatial Regression. In: Fotheringham, S. A.; Rogerson, P. A. (Hrsg.): The SAGE Handbook of Spatial Analysis. Sage, London. S. 255–276.

Arthus-Bertrand, Y. (2011): Faszination Erde – Der Blick von oben. Universum Dokumentation. Österreichischer Rundfunk, 21.07.2011.

Assenmacher, W. (2003): Deskriptive Statistik. Springer, Berlin/Heidelberg/New York.

Atteslander, P. (2010): Methoden der empirischen Sozialforschung. Schmidt, Berlin.

Auer, B. R.; Rottmann, H. (2011): Statistik für Ökonometrie für Wirtschaftswissenschafter. Eine anwendungsorientierte Einführung. Gabler, Wiesbaden.

Bachi, R. (1999): New Methods of Geostatistical Analysis and Graphical Presentation. Distributions of Populations over Territories. Kluwer Academic/Plenum Publishers, New York.

Backé, B. (1983): Was heißt geographisch betrachten? In: Backé, B.; Seger, M. (Hrsg.): Klagenfurter Geographische Schriften, Heft 4. Institut für Geographie, Klagenfurt. S. 1–12.

Backhaus, K.; Erichson, B.; Weiber, R. (2011): Fortgeschrittene Multivariate Analysemethoden: Eine anwendungsorientierte Einführung. Springer, Berlin/Heidelberg.

Bähr, J.; Jentsch, C.; Kuls, W. (1992): Bevölkerungsgeographie. Lehrbuch der Allgemeinen Geographie. de Gruyter, Berlin/New York.

Bahrenberg, G.; Giese, E.; Mevenkamp, N. (2008): Statistische Methoden in der Geographie. Bd 2: Multivariate Statistik. Borntraeger, Stuttgart.

Bahrenberg, G.; Mevenkamp, N.; Giese, E.; Nipper, J. (2010): Statistische Methoden in der Geographie. Bd. 1: Univariate und bivariate Statistik. Borntraeger, Stuttgart.

Barsch, H.; Billwitz, K.; Bork, H.-R. (Hrsg.) (2000): Arbeitsmethoden in Physiogeographie und Geoökologie. Klett, Gotha.

Bartels, D. (1970): Wirtschafts- und Sozialgeographie. Kiepenheuer & Witsch, Köln.

Bibliographisches Institut GmbH (2011): Duden. Bibliographisches Institut, Mannheim. www.duden.de (Zugriff: August 2011).

Bortz, J.; Döring, N. (2006): Forschungsmethoden und Evaluation für Human- und Sozialwissenschaftler. Springer, Berlin/Heidelberg.

Bortz, J.; Schuster, C. (2010): Statistik für Human- und Sozialwissenschaftler. Lehrbuch mit Online-Materialien. Springer, Berlin/Heidelberg.

Bourier, Günther (2011): Beschreibende Statistik. Praxisorientierte Einführung. Gabler, Wiesbaden.

Brace, I. (2008): Questionnaire Design. How to Plan, Structure and Write Survey Material for Effective Market Research. Kogan Page, London.

Brosius, F. (2011): SPSS 19. mitp, Heidelberg/München/Landsberg/Frechen/Hamburg.

Budke, A.; Wienecke, M. (Hrsg.) (2009): Exkursion selbst gemacht. Innovative Exkursionsmethoden für den Geographieunterricht. Praxis Kultur- und Sozialgeographie. Universitätsverlag Potsdam.

Bühner, M. (2011): Einführung in die Test- und Fragebogenkonstruktion. Pearson Studium, München.

Burt, J. E.; Barber, G. M.; Rigby, D. L. (2009): Elementary Statistics for Geographers. Guilford Press, New York.

Chappell, A. (2010): An Introduction to Geostatistics. In: Clifford, N.; Shaun, F.; Valentine, G. (Hrsg.): Key Methods in Geography. Sage, London.

Cleff, T. (2012): Deskriptive Statistik und moderne Datenanalyse. Eine computergestützte Einführung mit Excel, PASW (SPSS) und STATA. Gabler, Wiesbaden.

Cohen, L.; Manion, L.; Morrison, K. (2007): Research Methods in Education. Routledge, Oxon.

Cressie, N. A. C. (1993): Statistics for Spatial Data. Wiley & Sons, New York.

Degen, H.; Lorscheid, P. (2011): Statistik-Lehrbuch mit Wirtschafts- und Bevölkerungsstatistik. Oldenbourg, München.

Delbosc, A.; Currie, G. (2011): Using Lorenz Curves to Assess Public Transport Equity. In: Journal of Transport Geography 19, S. 1252–1259.

Döring, J.; Thielmann, T. (Hrsg.) (2008): Spatial Turn. Das Raumparadigma in den Kultur- und Sozialwissenschaften. transcript, Bielefeld.

Ebdon, D. (1985): Statistics in Geography: A Practical Approach. Wiley-Blackwell.

Eckey, H.-F.; Kosfeld, R.; Türck, M. (2005): Wahrscheinlichkeitsrechnung und induktive Statistik. Grundlagen – Methoden – Beispiele. Gabler, Wiesbaden.

Eckey, H.-F.; Kosfeld, R.; Türck, M. (2008): Deskriptive Statistik. Grundlagen – Methoden – Beispiele. Gabler, Wiesbaden.

ESRI (Environmental Systems Research Institute) (2012a): How Directional Distribution (Standard Deviational Ellipse) Works. http://help.arcgis.com/en/arcgisdesktop/10.0/help/index.html#//005p0000001q000000 (Zugriff: März 2012).

ESRI (Environmental Systems Research Institute) (2012b): Geographisch gewichtete Regression (GWR) (Räumliche Statistiken). http://help.arcgis.com/de/arcgisdesktop/10.0/help/index.html#//005p00000021000000 (Zugriff: Juni 2012).

Fahrmeir, L.; Hamerle, A.; Tutz, G. (Hrsg.) (1996): Multivariate statistische Verfahren. de Gruyter, Berlin.

Fahrmeir, L.; Kneib, T; Lang, S. (2009): Regression: Modelle, Methoden und Anwendungen. Springer, Berlin/Heidelberg.

Ferschl, F. (1985): Deskriptive Statistik. Physica, Würzburg.

Fotheringham, S. A.; Brundson, C.; Charlton, M. (2003): Geographically Weighted Regression. The Analysis of Spatially Varying Relationships. Wiley & Sons, New York.

Gibson, P. J.; Power, C. H. (2000): Introductory Remote Sensing. Digital Image Processing and Applications. Routledge, London/New York.

Good, P. I.; Hardin, J. W. (2009): Common Errors in Statistics (and How to Avoid Them). Wiley & Sons, Hoboken, New Jersey.

Grabmeier, J.; Hagl, S. (2010): Statistik: Grundwissen und Formeln. Haufe-Lexware, Freiburg.

Grohmann, H. (2011): Volkszählung und Mikrozensus. In: Grohmann, H.; Krämer, W.; Steger, A. (Hrsg.): Statistik in Deutschland. 100 Jahre Deutsche Statistische Gesellschaft. Springer, Berlin/Heidelberg.

Hake, G.; Grünreich, D.; Meng, L. (2002): Kartographie. Visualisierung raum-zeitlicher Informationen. de Gruyter, Berlin/New York.

Hard, G. (2003): Dimensionen Geographischen Denkens. Osnabrücker Studien zur Geographie, Bd. 23. Universitätsverlag Osnabrück.

Hartung, J.; Elpelt, B.; Klösener, K.-H. (2009): Statistik. Lehr- und Handbuch der angewandten Statistik. Oldenbourg, München.

Heineberg, H. (2006): Einführung in die Anthropogeographie/Humangeographie. Schöningh, Paderborn.

Heinritz, G. (2003) (Hrsg.): Integrative Ansätze in der Geographie – Vorbild oder Trugbild? Eine Dokumentation. Münchner Symposium zur Zukunft der Geographie. 28. April 2003, Passau.

Helbich, M.; Görgl, P. J. (2010): Räumliche Regressionsmodelle als leistungsfähige Methoden zur Erklärung der Driving Forces von Zuzügen in der Stadtregion Wien? In: Raumforschung und Raumordnung 68/2, S. 103–113.

Hellbrück, R. (2009): Angewandte Statistik mit R. Eine Einführung für Ökonomen und Sozialwissenschaftler. Gabler, Wiesbaden.

Hofte-Frankhauser, K. ter; Wälty, H. F. (2011): Marktforschung: Grundlagen mit zahlreichen Beispielen, Repetitionsfragen mit Antworten und Glossar. Compendio Bildungsmedien, Zürich.

Huff, D.; Geis, I. (1993): How to Lie with Statistics. Norton, New York/London.

Hüttner, M.; Schwarting, U. (2002): Grundzüge der Marktforschung. Oldenbourg, München.

Jann, B. (2005): Einführung in die Statistik. Oldenbourg, München.

Jeske, R. (2003): Spaß mit Statistik. Aufgaben, Lösungen und Formeln zur Statistik. Oldenbourg, München.

Jones, G. E. (2006): How to Lie with Charts. La Puerta Productions.

Kerski, J. (2011): Analyzing the Spatial and Temporal Aspects of Tornadoes Using GIS. GIS Education Community. Blog. http://blogs.esri.com/esri/gisedcom/2011/05/20/analyzing-the-spatial-and-temporal-aspects-of-tornadoes-using-gis/ (Zugriff: April 2012).

Kirchhoff, S.; Kuhnt, S.; Lipp, P.; Schlawin, S. (2010): Der Fragebogen. Datenbasis, Konstruktion und Auswertung. VS, Springer, Wiesbaden.

Knies, C. G. A. (1850): Die Statistik als selbstständige Wissenschaft. Zur Lösung des Wirrsals in der Theorie und Praxis dieser Wissenschaft. Zugleich ein Beitrag zu einer kritischen Geschichte der Statistik seit Achenwall. Verlag der Luckhardt'schen Buchhandlung, Kassel.

Kohlstock, P. (2010): Kartographie. 2. Aufl. Schöningh, Paderborn.

Krämer, W. (2000): So lügt man mit Statistik. Piper, München.

Kromrey, H. (2009): Empirische Sozialforschung. Modelle und Methoden der standardisierten Datenerhebung und Datenauswertung. Lucius & Lucius, Stuttgart.

Krug, W.; Nourney, M.; Schmidt, J. (2001): Wirtschafts- und Sozialstatistik. Gewinnung von Daten. Oldenbourg, München.

Kuß, A. (2012): Marktforschung: Grundlagen der Datenerhebung und Datenanalyse. Gabler, Wiesbaden.

Kuß, A.; Eisend, M. (2010): Marktforschung. Grundlagen der Datenerhebung und Datenanalyse. Gabler, Wiesbaden.

Lai, P.; Kwong, K. (2010): Spatial Analysis of the 2008 Influenza Outbreak in Hong Kong. In: Taniar, D. et al. (Hrsg): Computational Science and Its Applications – Iccsa 2010. International Conference, Fukuoka, Japan, March 23–26, Proceedings, Part I. Springer, Berlin/Heidelberg.

Lange, N. de (2006): Geoinformatik in Theorie und Praxis. Springer, Berlin/Heidelberg.

Laube, P.; Rossé, F. (2009): Anthropogeographie: Kulturen, Bevölkerung und Städte. Lerntext, Aufgaben mit Lösungen und Kurztheorie. Compendio Bildungsmedien, Zürich.

Lee, J.; Wong, D. W. S. (2001): Statistical Analysis with Arc View GIS. Wiley & Sons, New York/Chichester/Weinheim/Brisbane/Toronto/Singapur.

Lieb, G. K. (1995): Gletschermessungen Pasterze. Teil 2. Video des Instituts für Geographie und Raumforschung der Universität Graz. http://www.youtube.com/watch?v=fIto4bzeCVI (Zugriff: August 2011).

Lieb, G. K. (2004): Die Pasterze – 125 Jahre Gletschermessungen und ein neuer Führer zum Gletscherweg. In: Österreichische Geographische Gesellschaft Zweigstelle Graz (Hrsg.): GEOGRAZ 34, S. 3–6.

Lippe, P. von der (1993): Deskriptive Statistik. Fischer, Stuttgart/Jena. http://von-der-lippe.org/downloads4.php (Zugriff: Oktober 2011).

Lippe, P. von der (2006): Deskriptive Statistik. Formeln, Aufgaben, Klausurtraining. Oldenbourg, München.

Martens, J. (2003): Statistische Datenanalyse mit SPSS für Windows. Oldenbourg, München.

Matola, S.; Cuarón, A.; Rubio-Torgler, H. (1991): Status and Action Plan of Baird's Tapir (*Tapirus bairdii*). In: Brooks, D. M.; Bodmer, R. E.; Matola, S.: Tapirs. Status Survey and Conservation Action Plan. International Union for Conservation of Nature and Natural Resources, Information Press, Oxford. S. 29–45.

Matthews, R. (2001): Der Storch bringt die Babys zur Welt (p = 0.008). In: Stochastik in der Schule 21/2, S. 21–23.

Meier Kruker, V.; Rauh, J. (2005): Arbeitsmethoden der Humangeographie. Geowissen kompakt. Wissenschaftliche Buchgesellschaft, Darmstadt.

Meißner J.-D. (2004): Statistik verstehen und sinnvoll nutzen. Anwendungsorientierte Einführung für Wirtschaftler. Oldenbourg, München.

Menges, G. (1960):Versuch einer Geschichte der internationalen Statistik von ihren Vorläufern im Altertum bis zur Entstehung des Völkerbundes. In: Statistical Papers 1/1, S. 22–64.

Möhring, W.; Schlütz, D. (2010): Die Befragung in der Medien- und Kommunikationswissenschaft. Eine praxisorientierte Einführung. VS, Springer, Wiesbaden.

Monmonier, M. (1996): How to Lie with Maps. The University of Chicago Press, Chicago/London.

Moosbrugger, H.; Kelava, A. (2012): Testtheorie und Fragebogenkonstruktion. Springer, Berlin/Heidelberg.

Muijs, D. (2011): Doing Quantitative Research in Education with SPSS. Sage, London.

Nachtigall, C.; Wirtz, M. (2006): Wahrscheinlichkeitsrechnung und Inferenzstatistik. Statistische Methoden für Psychologen, Teil 2. Juventa, Weinheim/München.

Pal, S. K. (1998): Statistics for Geoscientists. Techniques and Applications. Concept Publishing Company, New Delhi.

Pflaumer, P.; Heine, B.; Hartung, J. (2009): Statistik für Wirtschafts- und Sozialwissenschaften: Deskriptive Statistik. Oldenbourg, München.

Piazolo, M. (2011): Statistik für Wirtschaftswissenschaftler. Daten sinnvoll aufbereiten, analysieren und interpretieren. Verlag Versicherungswirtschaft., Karlsruhe.

Polasek, W. (1994): EDA Explorative Datenanalyse. Einführung in die deskriptive Statistik. Springer, Berlin/Heidelberg/New York/Tokio.

Porst, R. (2009): Fragebogen. Ein Arbeitsbuch. Studienskripten zur Soziologie. VS, Wiesbaden.

Porter, J. C. (2007): Public Perception and Knowledge of the Dust Bowl as Region, Era, and Event. Doctoral Thesis, Oklahoma State University.

Raithel, J. (2008): Quantitative Forschung. Ein Praxiskurs. VS, Wiesbaden.

Rinne, H. (2008): Taschenbuch der Statistik. Deutsch, Frankfurt am Main.

Rogerson, P. A. (2010): Statistical Methods for Geography: A Students Guide. Sage, London.

Rose, G. (2003): On the Need to Ask How, Exactly, Is Geography „Visual"? In: Antipode. Blackwell, Oxford/Malden.

Sachs, L. (1990): Statistische Methoden 2. Planung und Auswertung. Springer, Berlin/Heidelberg.

Sachs, L.; Hedderich, J. (2006): Angewandte Statistik. Methodensammlung mit R. Springer, Berlin/Heidelberg.

Saint-Exupéry, A. de (1983): Der kleine Prinz. Die Arche, Zürich. [Originalausgabe: Le Petit Prince (1945) Editions Gallimard, Paris]

Saint-Mont, U. (2011): Statistik im Forschungsprozess. Eine Philosophie der Statistik als Baustein einer integrativen Wissenschaftstheorie. Physica, Heidelberg.

Schendera, C. (2007): Datenqualität mit SPSS. Oldenbourg, München.

Schira, J. (2009): Statistische Methoden der VWL und BWL: Theorie und Praxis. Pearson, München.

Schlittgen, Rainer (2003): Einführung in die Statistik. Analyse und Modellierung von Daten. Oldenbourg, München.

Schnell, R.; Hill P. B.; Esser, E. (2008): Methoden der empirischen Sozialforschung. Oldenbourg, München.

Scholl, A. (2009): Die Befragung. UVK, Konstanz.

Schönwiese, C. D. (1985): Praktische Statistik für Meteorologen und Geowissenschaftler. Borntraeger, Berlin/Stuttgart.

Schulze, P. M. (2007): Beschreibende Statistik. Oldenbourg, München.

Selke, S. (2004): Private Fotos als Bilderrätsel – Eine soziologische Typologie der Sinnhaftigkeit visueller Dokument im Alltag. In: Ziehe, I.; Hägele, U. (Hrsg.): Fotografien vom Alltag – Fotografieren als Alltag. LIT, Münster.

Smith, M. de; Longley P.; Goodchild, M. (2011): Geospatial Analysis – A Comprehensive Guide. http://www.spatialanalysisonline.com/output/ (Zugriff: November 2011).

Steland, A. (2010): Basiswissen Statistik. Kompaktkurs für Anwender aus Wirtschaft, Informatik und Technik. Springer, Heidelberg/Dordrecht/London/New York.

Stevens, J. P. (2009): Applied Multivariate Statistics for the Social Sciences. Routledge, New York.

Vandenbulcke-Plasschaert, G. (2011): Spatial Analysis of Bicycle Use and Accident Risks for Cyclists. Presses Universitaires de Louvain.

Voss, W. (Hrsg.) (2004): Taschenbuch der Statistik. Hanser, München/Wien.

Wackernagel, H. (2003): Multivariate Geostatistics. Springer, Berlin/Heidelberg.

Wallnöfer, M.; Eurich, M. (2008): Welche Bedeutung hat die Forschungsfrage? ETH Zürich. http://www.tim.ethz.ch/education/courses/courses_fs_2008/course_docsem_fs_2008/papers/13.pdf (Zugriff: August 2011).

Weichhart, P. (2008): Der Mythos vom „Brückenfach". In: Geographische Revue 10/1, S. 59–69.

Weisberg, S. (2005): Applied Linear Regression. Wiley & Sons, Hoboken.

Weischer, C. (2007): Sozialforschung. UVK, Konstanz.

Werlen, B. (2008): Sozialgeographie. UTB, Stuttgart/Bern/Wien.

Wewel, M. C. (2010): Statistik im Bachelor-Studium der BWL und VWL. Methoden, Anwendung, Interpretation. Pearson, München

Wirths, H. (1999): Die Geburt der Stochastik. In: Stochastik in der Schule 19/3, S. 3–30.

Wirtz, M.; Nachtigall, C. (2012): Deskriptive Statistik. Statistische Methoden für Psychologen, Teil 1. Beltz Juventa, Weinheim/Basel.

Wong, D. W. S.; Lee, J. (2005): Statistical Analysis of Geographic Information with Arc View GIS and ArcGIS. Wiley & Sons, New York/Chichester/Weinheim/Brisbane/Toronto/Singapur.

Wußing, H. (2008): Vorlesungen zur Geschichte der Mathematik. Nachdruck der 2. Aufl. 1989. Deutsch, Frankfurt am Main.

Wytrzens, H. K.; Schauppenlehner-Kloyber, E.; Sieghardt, M.; Gratzer, G. (2010): Wissenschaftliches Arbeiten. Facultas, Wien.

Zwerenz, K. (2011): Statistik. Einführung in die computergestützte Datenanalyse. Oldenbourg, München.

Weiterführende Literatur

Asquith, D. (2008): Learning to Live with Statistics. From Concept to Practice. Lynne Rienner Publishers, Boulder/London.

Borsdorf, A. (2007): Geographisch denken und wissenschaftlich arbeiten. Springer, Berlin/Heidelberg.

Bosch, K. (2007): Basiswissen Statistik. Einführung in die Grundlagen der Statistik mit zahlreichen Beispielen und Übungsaufgaben mit Lösungen. Oldenbourg, München.

Bühner, M.; Ziegler, M. (2009): Statistik für Psychologen und Sozialwissenschaftler. Pearson Studium, München.

Gallin, P. (2010): Die geometrisch echte Ausgleichsgerade. In: Verein der Schweiz. Mathematik- und Physiklehrkräfte (Hrsg.): Bulletin 113, S. 23–25. http://www.vsmp.ch/de/bulletins/bulletin113.page (Zugriff: April 2012).

Ghanbari, S. A. (2002): Einführung in die Statistik. Einführung in die Statistik für Sozial- und Erziehungswissenschaftler. Springer, Berlin/Heidelberg.

Gonick, L.; Smith, W. (2005): The Cartoon Guide to Statistics. HarperCollins, New York.

Haneber, W. C. (2004): Computational Geosciences with Mathematica. Springer, Berlin/Heidelberg/New York.

Heinrich, G. (2006): Grundlagen der Mathematik, der Statistik und des Operations Research für Wirtschaftswissenschaftler. Oldenbourg, München.

Hudec, M.; Neumann, C. (o. J.): Regression. Eine anwendungsorientierte Einführung. http://www.stat4u.at/download/1424/Regreges.pdf (Zugriff: Mai 2012).

Kuckartz, U.; Ebert, T.; Rädiker, S.; Stefer, C. (2009): Evaluation online. Internetgestützte Befragung in der Praxis. Lehrbuch. VS, Wiesbaden.

Monka, M. l.; Schöneck, N. M.; Voß, W. (2008): Statistik am PC: Lösungen mit Excel. Hanser, München.

Montello, D. R.; Sutton, P. C. (2006): An Introduction to Scientific Research Methods in Geography. Sage, London.

Oestreich, M.; Romberg, O. (2010): Keine Panik vor Statistik! Erfolg und Spaß im Horror-fach nichttechnischer Studiengänge. Springer Spektrum, Wiesbaden.

Reimann, C.; Filzmoser, P.; Garrett, R.; Dutter, R. (2008): Statistical Data Analysis Explained: Applied Environmental Statistics with R. Wiley & Sons, Hoboken.

Sachs, L. (2006): Einführung in die Stochastik und das stochastische Denken. Deutsch, Frankfurt.

Salkind, N. J. (2000): Statistics for People Who (Think they) Hate Statistics. Sage, Thousand Oaks/London/New Delhi.

Walford, N. (2011): Practical Statistics for Geographers and Earth Scientists. Wiley & Sons, Hoboken.

Wermuth, N.; Streit, R. (2007): Einführung in statistische Analysen: Fragen beantworten mit Hilfe von Daten. Springer. Berlin/Heidelberg.

Datenquellen

FAO (Food and Agriculture Organization of the United Nations) (2012): FAOSTAT. http://faostat.fao.org/site/291/default.aspx (Zugriff Jänner 2012)

Institut für Wetter- und Klimakommunikation (2012): Wetterspiegel.de. Das aktuelle Wetter der Station Hannover/Flughafen im Mai 2008. http://www.wetterspiegel.de/de/europa/deutschland/niedersachsen/14306w103380x23.html (Zugriff: Juli 2012).

Land Salzburg (2012): HYDRIS ONLINE Messdatenbereitstellung – ein Service des hydro-graphischen Dienstes Salzburg. http://www.salzburg.gv.at/wasserwirtschaft/6-64-seen/hdweb/stations/203794/station.html (Zugriff: Januar 2012).

OVSICORI-UNA (Observatorio Vulcanológico y Sismológico de Costa Rica, Universidad Nacional) (2011): State of the Volcanoes. http://www.ovsicori.una.ac.cr/vulcanologia/estado_sis_volcan.htm (Zugriff: September 2011).

Stadt Wien (2012a): Stadtgebiet nach Nutzungsklassen und Gemeindebezirken 2009. http://www.wien.gv.at/statistik/lebensraum/tabellen/nutzungsklassen-bez.html (Zugriff: März 2012).

Stadt Wien (2012b): Bevölkerungszusammensetzung – Statistiken. http://www.wien.gv.at/statistik/bevoelkerung/demographie/bevoelkerungszusammensetzung.html (Zugriff: März 2012).

Stadt Wien (2012c): Straßen und Verkehrsflächen – Statistiken. http://www.wien.gv.at/statistik/verkehr-wohnen/strassen/index.html#bezirk (Zugriff: März 2012).

Statistik Austria (2012): Ein Blick auf die Gemeinde Graz. Volkszählungsergebnisse, Statistik der Standesfälle, Datenbank POPREG. http://www.statistik.at/blickgem/blick1/g60101.pdf (Zugriff: August 2012).

United States Census Bureau (2011): United States Census 2010. Center of Population. http://2010.census.gov/2010census/data/center-of-population.php (Zugriff: März 2012).

USGS (2012): Soil Temperature Near Vixen Geyser, Yellowstone National Park. http://
volcanoes.usgs.gov/volcanoes/yellowstone/yellowstone_monitoring_41.html (Zugriff:
Juli 2012).

Sachverzeichnis

Printed in the United States
By Bookmasters